Peter Greiner | Peter E. Mayer | Karlhans Stark

Baubetriebslehre – Projektmanagement

T0206204

Peter Greiner | Peter E. Mayer | Karlhans Stark

Baubetriebslehre – Projektmanagement

Erfolgreiche Steuerung von Bauprojekten

4., aktualisierte Auflage

Mit 139 Abbildungen

STUDIUM

**VIEWEG+
TEUBNER**

Bibliografische Information der Deutschen Nationalbibliothek
Die Deutsche Nationalbibliothek verzeichnet diese Publikation in der
Deutschen Nationalbibliografie; detaillierte bibliografische Daten sind im Internet über
<http://dnb.d-nb.de> abrufbar.

1. Auflage 2000
2. Auflage 2002
3. Auflage 2005
4., aktualisierte Auflage 2009

Lektorat: Karina Danulat | Sabine Koch

Vieweg+Teubner ist Teil der Fachverlagsgruppe Springer Science+Business Media.
www.viewegteubner.de

Umschlaggestaltung: KünkelLopka Medienentwicklung, Heidelberg
Technische Redaktion: Dipl.-Vw. Annette Prenzer
Druck und buchbinderische Verarbeitung: Krips b.v., Meppel
Gedruckt auf säurefreiem und chlorfrei gebleichtem Papier.

ISBN 978-3-8348-0658-1

Vorwort zur 4. Auflage

In die nunmehr 4. Auflage des Buchs sind nebend den Änderungen der DIN Normen 276 und 277 weitere Überarbeitungen nach dem aktuellen Stand der Technik eingeflossen. In diesem Zusammenhang danken wir allen Lesern, Kollegen und Studenten, die uns geholfen haben, das Werk weiter zu verbessern. Der Fokus blieb dabei auf der praxisnahen Gestaltung und der Konzentration auf das Projektmanagement von Bauinvestitionen.

München, im März 2009

Peter Greiner
Peter Eduard Mayer
Karlhans Stark

Vorwort zur 3. Auflage

Auch die zweite Auflage dieses Kompendiums hat gute Resonanz gefunden. Wir danken den Kollegen aus Hochschule und Praxis für ihr Interesse und ihre wertvollen Kommentare, die nach Möglichkeit in dieses Buch Eingang gefunden haben. Der Zielsetzung eines relativ knappen Überblicks über den „Stand der Kunst" folgend konnte nicht jeder Aspekt berücksichtigt werden. Neben der Überarbeitung der bestehenden Kapitel wurden aber neue Entwicklungen im Informationswesen und derzeit viel diskutierte neue Abwicklungsformen zusätzlich aufgenommen.

München, im November 2005

Peter Greiner
Peter Eduard Mayer
Karlhans Stark

Vorwort zur 2. Auflage

Die 1. Auflage dieses Buches hatte erfreulichen Erfolg. Das fachliche Echo war positiv. Die Autoren danken dem Verlag für die Möglichkeit, mit der zweiten Auflage neben Fehlerbeseitigungen aktualisierte Darstellungen und neue Entwicklungen im Projektmanagemement zu integrieren. Wir hoffen auf ähnliche Resonanz wie zur ersten Auflage.

München, im Juli 2002

Peter Greiner
Peter Eduard Mayer
Karlhans Stark

Vorwort

Das vorliegende Buch ist auf Anregung des Verlags Vieweg als in sich selbständiger Band zu Kernthemen der Baubetriebslehre entstanden.

Primäre Zielgruppe des Buches sind Lernende, von Studierenden des Bauingenieurwesens bis zu Studierenden in der postuniversitären Weiterbildung. Ihnen und den interessierten Praktikern soll der Kenntnisstand zum Projektmanagement im Bauwesen am Ende des ausgehenden Jahrtausends in seinen Kernkompetenzen in leicht verständlicher Form vermittelt werden.

Eine ausgesprochene Besonderheit ist die Autorenschaft: Nach gemeinsamer Abstimmung der Basisstrategie und der zugeordneten Arbeitsfelder hat jeder Autor seine Teile weitestgehend unabhängig in das vereinbarte Konzept eingepasst. Die Handschrift eines jeden blieb dabei erhalten. Bei der Durchgängigkeit der Basisphilosophien gab es ohnehin keine Konflikte. Alle drei Autoren sind Professoren an bayerischen Hochschulen und stimmen sich laufend zu den sachlichen Themen des Projektmanagements ab. Gleichzeitig sind alle drei Gesellschafter jeweils verschiedener unabhängiger Ingenieurbüros und stehen sich trotz unterschiedlicher Schwerpunkte im Markt nicht selten als Konkurrenten gegenüber.

Dies soll dem lernenden Leser zeigen, dass auch in einem während der letzten Jahre völlig neu strukturierten Immobilienmarkt und in einer schwierigen Wettbewerbssituation, die mittlerweile auch die Dienstleister erreicht hat, der Mut zur gemeinsamen Meisterung der Zukunft durch Projektmanagement bleibt. Philosophien, Strategien, Kenntnisse und Methoden soll dieses Buch für Nutzer und Dienstleister der Zukunft vermitteln.

Bei Personenbezeichnungen schließt der Gebrauch des männlichen Geschlechts (z. B. Projektsteuerer, Bauherr) keinesfalls das weibliche Geschlecht aus. Ebensowenig schließt der Gebrauch der Einzahl die Mehrzahl aus (wo dies der Sinn erlaubt) und umgekehrt. Auf eingebürgerte Kunstformen (z. B. Bauherrin) wurde verzichtet.

München, im Dezember 1999

Peter Greiner
Peter Eduard Mayer
Karlhans Stark

Inhaltsverzeichnis

1 Einführung

Projekt, Projektmanagement und *Projektsteuerung* sind Begriffe, die gerade im Bauwesen häufig auftreten. Obwohl diese Begriffe zum Teil normiert sind, werden sie in der Praxis unterschiedlich verwendet. Bevor im Weiteren Leistungsgegenstände, Leistungsdefinitionen und Leistungsinhalte behandelt werden, erscheint eine Klarstellung der Begriffe und der Konzeption des Projektmanagements sinnvoll.

1.1 Projektbegriff

Projekte, Projektwirtschaft und *Projektmanagement* sind keine Erfindungen der Neuzeit. Ohne systematische Bewältigung komplexer Vorhaben wären beispielsweise weder die Pyramiden im alten Ägypten noch antike Weltwunder entstanden.

Heute findet man Großprojekte nicht nur im Bereich der Baukunst, sondern in einer Vielzahl von Bereichen wie Forschung und Entwicklung, Raumfahrt, Rüstung usw. Gerade in Bereichen außerhalb des Bauwesens verbreiteten sich ab Ende der 50er Jahre zunehmend methodische Vorgehensweisen für die Durchführung von Projekten mit Computerunterstützung. Projektmanagement mit Computerunterstützung begann in den USA mit der Entwicklung der Netzplantechnik und setzte sich wenige Jahre später auch im deutschsprachigen Raum fort.

Zunehmend wurden englische und deutsche Begriffe gemischt und unterschiedlich verwendet. Zur Begriffsvereinheitlichung bildete sich 1967 der Ausschuss für Netzplantechnik im Deutschen Normenausschuss, dessen Benennung später auf das Projektmanagement ausgedehnt wurde.

Ein wesentliches Arbeitsergebnis dieses Ausschusses ist die DIN 69901 [1]. Sie präzisiert *Projekt* als Vorhaben, das im Wesentlichen durch Einmaligkeit der Bedingungen in der Gesamtheit gekennzeichnet ist, wie z. B.

- Zielvorgabe
- zeitliche, finanzielle, personelle oder andere Begrenzungen
- Abgrenzung gegenüber anderen Vorhaben
- projektspezifische Organisation

Neben der Definition der DIN haben viele Fachleute erweiterte Definitionen aufgestellt, die nicht immer zur Klarheit beigetragen haben. Für die Praxis sind aus diesen Forschungen (z. B. [2]) zwei weitere Merkmale hilfreich, nämlich

- Komplexität
- Interdisziplinarität

Im Bauwesen sind diese Merkmale, ausgenommen Serienfertigungen, bei nahezu jedem Objekt gegeben, wenn auch mit unterschiedlicher Gewichtung. Gleichzeitig ist jedoch der Unterschied zwischen *Projekt* und *Objekt* zu präzisieren.

Nach der reinen Lehre beschreibt das *Projekt* im Bauwesen das Gesamtvorhaben, beispielsweise die Deckung des Bedarfes an weiteren Arbeitsplätzen durch ein Bauvorhaben. So könnte das Projekt mit den ersten Studien der Bedarfsdeckung beginnen und mit dem Einzug enden. Noch weitergehende Definitionen könnten das Projektende mit dem Abbruch bzw. dem Verkauf des Gebäudes definieren. *Objekt* beschreibt demgegenüber das Bauwerk selbst und die direkt zu seiner Realisierung erforderlichen objektspezifischen Aufgaben.

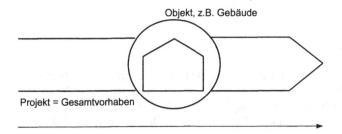

Bild 1.1   Projekt/Objekt

Oft werden diese unterschiedlichen Begriffe (z. B. *Projekt*steuerung, *Objekt*steuerung) für die Bezeichnung identischer Aufgaben verwendet. Das Verständnis dieser Abgrenzung ist dennoch erforderlich, weil beispielsweise die Honorarordnung für Architekten und Ingenieure (HOAI [3]) deutlich zwischen projektbezogenen Aufgaben und Aufgaben der Objektplanung unterscheidet.

Die Begriffe Vor*projekt* und *Projekt* treten auch als Bezeichnung für Fachplanerleistungen auf. In der Praxis werden damit häufig Vorentwürfe bzw. Entwürfe von Fachplanern für haustechnische Gewerke benannt.

Im Folgenden soll als *Projekt* ein Vorhaben mit allen erforderlichen Aktivitäten im Vorfeld und auf der Bauherrnseite beschrieben werden, als *Objekt* gegenständliche Produkte inklusive aller unmittelbaren Aktivitäten, die zur objektspezifischen Realisierung führen (beispielsweise inkl. der Erstellung von Bauplänen).

1.2 Bauprojekte

Die Literatur differenziert nach Projektarten (z. B. [4]). Geläufig ist die Unterscheidung nach
– Investitionsprojekten
– Forschungs- und Entwicklungsprojekten
– Organisationsprojekten

Diese Projektarten unterscheiden sich nicht nur nach dem gegenständlichen Bereich, sondern auch und vor allem nach Freiheitsgraden bei Zielen, Terminen, Ressourcen und Kosten und damit nach den Schwerpunkten der Projektphasen und einzusetzenden Projektmanagement-Konzepten.

Bauprojekte sind grundsätzlich Investitionsprojekten zuzuordnen. In der Regel haben derartige Projekte fest umrissene Ziele und Ergebnisse sowie fixierte Termine und Kosten. Allein die Ressourcen sind variabel. Durch geeignete Konzepte gilt es, die Ressourcen optimal zur Erreichung der festgesetzten Ziele, Ergebnisse, Termine und Kosten zu managen.

Diese klare Abgrenzung ist bei konkreten Bauvorhaben selten gegeben. So sind vielfach bei Beginn eines Vorhabens die Bauherrnwünsche (= Ziele, gewünschte Ergebnisse) unklar. Termine werden überschritten und sind damit keine Fixpunkte mehr. In der Praxis immer wieder auftretende Kostenüberschreitungen lassen am Kostenziel als Fixpunkt zweifeln. Diese Schwierigkeiten sind beim Bau von Einfamilienhäusern ebenso häufig wie bei der Realisierung von Großprojekten. Aufgabe des Projektmanagements ist es, gerade diese Probleme zu meistern.

1.3 Projektmanagement, Projektsteuerung

Die DIN 69901 [1] definiert Projektmanagement als Gesamtheit von Führungsaufgaben, -organisation, -techniken und -mittel für die Abwicklung eines Projektes.

Ausgehend von der Projektdefinition sind diese Leistungen neben reinen Fachleistungen erforderlich, da nur so komplexe und interdisziplinäre Aufgaben bewältigt werden können. Zur Zielerreichung müssen Ressourcen beschafft, kombiniert, koordiniert und genutzt werden.

Nach Staehle [5] können Koordinationsaufgaben gelöst werden durch

- Hierarchie
  (extrem: Befehl und Gehorsam)
- Selbstabstimmung
  (z. B. durch Projektkonferenzen mit gleichberechtigten Teilnehmern)
- Programme und Regeln
  (z. B. Projekthandbücher)
- Pläne

Bei Bauprojekten wird diese Aufgabe im Wesentlichen durch Hierarchie und Pläne geregelt, wobei Programme und Regeln hierfür den Rahmen bilden.

Die HOAI definiert unter § 31 ein Leistungsbild der *Projektsteuerung*. In Abgrenzung zu Objektplanungsleistungen sind dort delegierbare Funktionen des Auftraggebers bei der Steuerung von Projekten mit mehreren Fachbereichen definiert. Die Beschreibungen dieser Leistungen gehen von einer klassischen Beratung aus, d. h. von der Erbringung dieser Leistung ohne Vollmachten in Stabsfunktion zur eigentlichen Projektleitung und grenzt die Leistungen streng von Grundleistungen und Besonderen Leistungen der Objektplanung ab (z. B. bei der Koordination der ausführenden Unternehmer).

Schwerpunkte bilden in der Praxis die Leistungsbereiche (vgl. [6])

- Organisation und Dokumentation
- Qualitäten und Quantitäten
- Kosten und Finanzmittel (lt. AHO Heft, s.u., Finanzierung statt Finanzmittel)
- Termine und Kapazitäten (lt. AHO Heft inkl. Logistik, die aber impliziter Bestandteil einer baubetrieblich schlüssigen Terminplanung ist)

Das folgende Bild illustriert diese Bereiche. Diese Art der Leistungsgliederung entspricht den Ergebnissen der beiden maßgeblichen Verbände in Deutschland für Projektmanagementleistungen (Gesellschaft für Projektmanagement GPM und Deutscher Verband der Projektmanager in der Bau- und Immobilienwirtschaft DVP) und findet den Niederschlag im Vorschlag zu einer Gebührenordnung des AHO [7].

Hiermit sind zunächst nur Aufgabenfelder beschrieben. Diese Aufgaben können im Rahmen der Bauherrn-Projektleitung von einer Person oder einem Team wahrgenommen werden. Sie können aber auch als Beratungsleistungen durch Fachbüros erbracht werden und dienen dann der Unterstützung der Projektleitung.

Die Lösung der Aufgabenfelder ist der Betriebswirtschaft und der Technik gleichermaßen zuzuordnen. Gefordert werden Führungsdisziplinen in der Organisation, Verwaltung und Koordination sämtlicher Aufgaben am Projekt. Ebenso ist technisches Führungswissen bei der Beurteilung aller Aufgaben und der Wertung der Ergebnisse verlangt.

Projektmanagement geht weiter. Der Begriff Management schließt Führungsaufgaben in der Bauprojekthierarchie mit ein. Der Projektmanager verfügt im Gegensatz zum Projektsteuerer über bestimmte Vollmachten als Delegierter des Auftraggebers und ist in die Linie der Projektabwicklung eingebunden.

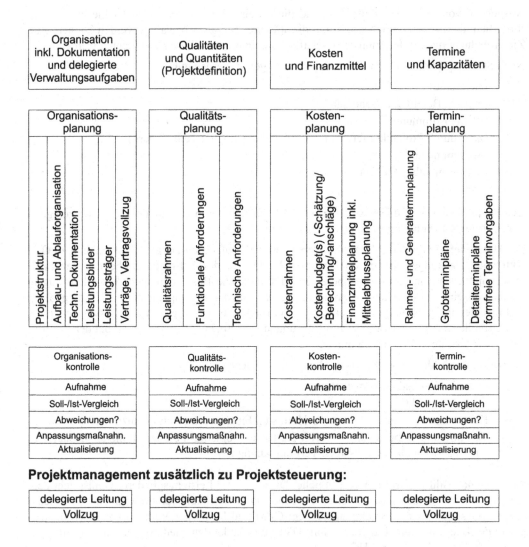

Bild 1.2   Leistungssäulen Projektmanagement/-steuerung

Die Linien-Einbindung des Projektmanagers kann nie vollständig sein. Gewisse Aufgaben des Bauherrn bzw. des Auftraggebers sind schlecht oder nicht delegierbar, beispielsweise eine Änderung der Zielsetzung im Projekt und letzte Entscheidungen in der Finanzmittelbewirtschaftung. Dennoch hat sich mittlerweile die oben beschriebene Unterscheidung zur Steuerung weitgehend durchgesetzt.

Projektsteuerung: Stabsfunktion

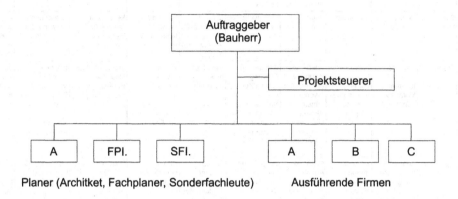

Projektmanagement: eingebundene in Linie

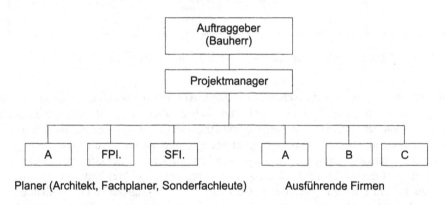

Bild 1.3 Projektsteuerung / Projektmanagement

1.4 Zweck des Projektmanagements

Projekte sind Vorhaben, bei denen ein definiertes Ziel erreicht werden soll. 100 %ige Qualität bedeutet im Sinn der ISO 9000 ff. [8] die vollständige Zielerreichung. Aufgabe des Projektmanagements ist die Sicherung der maximalen Zielerfüllung, insbesondere der gesetzten Termin- und Kostenziele.

In der Praxis wird diese Idealvorstellung selten vollständig erreicht. Projektmanagement soll aber Fehler vermeiden helfen und bei Störungen durch Gegensteuerung die Zielerreichung nach besten Kräften sichern. Wege dazu werden am Besten mit einer Mängelanalyse von Fehlern bei der Projektabwicklung deutlich. K. Pannenbäcker ([4]) nennt hierzu die folgenden typischen Schwachstellen.

Bereich	Analyse Ist-Situation	Zieldefinition	Suche nach Alternativen	Projektverantwortlichkeiten	Personal	Problembewältigung	Risiko-Einschätzung	Projektorganisation	Verwertung Erfahrung
Schwäche	unvollständig	unpräzise	ungenügend	unzureichende Definition	Quantität und Qualität geringer als Anforderungen	keine adäquate Reaktion auf Probleme	keine oder falsche Bewertung von Projektrisiken	überdimensioniert oder zu formfrei	Erfahrungen werden nicht verwertet, unzureichende Dokumentation
Folge	Planung baut auf falschen Voraussetzungen auf	keine klaren Planungsvorgaben, viele spätere Änderungen	„Lieblingslösung" wird unreflektiert favorisiert, günstigere Alternativen werden vernachlässigt	mangelhafte Führung, diffuse Zuständigkeiten, Streitereien, keine Identifikation der Beteiligten mit den Projektzielen	Versäumnisse, Fehler	kleine Probleme werden zu großen Problemen, Überreaktion auf Details	unvorbereitete Reaktionen, Projektgefährdung	Doppelarbeiten, Versäumnisse, Fehler bei der Abwicklung, zu spätes Erkennen von Abweichungen	aus Fehlern wird nicht gelernt, es wird kein Knowhow gesammelt
Optimum	analytisch gesicherte Ausgangsbasis für Bedarf und Bestand	klare, ausgereifte Projektziele; daraus eindeutige und sichere Planungsvorgaben	objektive Analyse aller möglichen Alternativen mit deren Auswirkungen	zielgerichtete und eindeutige Definition von Verantwortlichkeiten, Rechten und Pflichten der Beteiligten vor Arbeitsbeginn	Ausgewogene Personalstärke unter Berücksichtigung der Anforderungen, Möglichkeiten und Wirtschaftlichkeit	Erkennen der Problempriorität, Ergreifen adäquater und systematischer Maßnahmen	Risikoanalysen und angemessene Bewertung von Risikostrukturen, Vorsorge in vertretbarem Rahmen	so viel Formalismus wie nötig, so viel Freiheiten wie möglich	systematische Sammlung von Erfahrung, Kommunikation über das Projekt hinaus, integrative Führung, Qualitätszirkel

Bild 1.4   Zusammenstellung typischer Schwachstellen im Projektmanagement

Die Ist-Situation wird unzureichend analysiert. Ausgangspunkt eines Projektes ist die Änderung des Bestehenden. Wünsche verdichten sich zu Zielen. Die Wurzel des Projekts ist die Kombination der festgestellten Ausgangssituation mit den Wünschen für die Zukunft. Wird die Ist-Situation ungenügend analysiert, geht die gesamte weitere Projektrealisierung u. U. von falschen Voraussetzungen aus. Im Bauwesen kann dies die fehlerhafte Einschätzung des Baubestands und der zukünftigen Bedarfsentwicklung sein. Konkret bedeutet dies die Annahme von zu hohem oder zu geringem Raumbedarf als Ausgangspunkt für Neubauten. Spezielle Beispiele sind unnötige oder unzweckmäßige Erweiterungen von Rechenzentren angesichts veränderter Technologien, Schaffung unvermietbarer Mietflächen und vieles mehr.

Die Zieldefinition ist unpräzise. Ziele bilden den Maßstab, an denen später der Projekterfolg gemessen wird. Um sich als Maßstab zu eignen, müssen sie ausreichend präzise definiert werden. Konkurrierende Ziele müssen gegeneinander abgewogen werden, z. B. Ausstattungsstandard, Termine und Kosten. Selbst wenn der Bauherr beispielsweise bei Hochbauten seinen Bedarf an Nutzflächen schlüssig formulieren kann, ist deren Umsetzung in Baumassen oft unzureichend definiert. Der Kostenrahmen bleibt von Wunschvorstellungen bestimmt, die Wünsche wachsen mit Fortschritt des Vorhabens. Ziele müssen klar, die Ergebnisse müssen messbar und die Vorgaben zur Durchführung erfüllbar sein. Im Fortschritt des Vorhabens sollten sie nur dann geändert werden, wenn hierzu zwingende Notwendigkeit besteht. Ansonsten gehen jeder Maßstab und jede Projektdisziplin verloren.

Mögliche Alternativen werden nicht erwogen. Es werden sog. „Lieblingslösungen" verfolgt, alte Denkmuster und Erfahrungen werden ungeprüft übernommen. Dabei ist es gerade Aufgabe des Projektmanagements, Lösungsalternativen zu finden und abzuwägen. Die Alternativen sollen objektiv bewertet und ausgewählt werden. Risiken sind zu definieren und entsprechend zu messen. Zu berücksichtigen ist – neben Abwicklungsalternativen und technischen Alternativen – letztlich auch die Alternative der Projektaufgabe.

Projektverantwortlichkeiten werden unzureichend definiert. Projekte lassen sich nicht nebenbei erledigen. Sie erfordern klare Vorgaben und klare Verantwortlichkeiten. Insbesondere sind zu klären

- Aufgaben und Vollmachten des Projektleiters
- Genehmigungs- und Freigabeprozeduren
- Entscheidungsbefugnisse über Aufwand, Termin und Kosten
- Form und Zuordnung des Berichtwesens

Bestimmend dabei ist die Funktion des Projektmanagers. Soll er im Rahmen der Steuerung nur den Projektfortschritt beobachten und Abweichungen berichten? Soll er außer der reinen Projektbegleitung auch Arbeitsabläufe koordinieren? Soll er dazu auch die notwendigen Entscheidungen treffen?

Das häufigste Missverständnis der Praxis betrifft den Verantwortungsumfang des Projektmanagers. Ein Berater für Termin- und Kostenfragen kann nicht verantwortlich und selbständig kürzeste Termine und geringste Kosten sichern. Nicht verstanden wird, dass dieser Berater Kosten und Termine plant, verfolgt und ggf. Änderungsvorschläge unterbreitet. Er arbeitet aber auf der Basis konkreter Zielsetzungen und Planungen und kann über die Verwendung und Durchsetzung seiner Ergebnisse nur dann entscheiden, wenn er die hierzu erforderlichen Vollmachten besitzt. Darüber hinaus werden oft vom Projektmanager bzw. -steuerer auch fachliche Ergebniskontrollen im Detail erwartet, z. B. vollständige Prüfung der Planungsergebnisse. Er kann aber unmöglich ein Spezialist auf jedem Fachgebiet sein, sondern allenfalls aufgrund von Plausibilitätsprüfungen die Überprüfung durch andere Fachleute anregen.

Es steht zu wenig qualifiziertes Personal zur Verfügung. Personalknappheit bei der Projektabwicklung ist die Regel. Zudem beschwert sich das Führungspersonal ständig über mangelhafte Qualifikationen seiner Mitarbeiter. Idealvorstellungen für die Teamzusammensetzung sind jedoch kaum realisierbar, sei es aufgrund von Kosten- und Kapazitätsbeschränkungen im Projekt, sei es aufgrund mangelhafter Verfügbarkeit von Personal im Hause oder im Markt. Das Projektmanagement muss hier Kompromisse erzielen und gegenüber übergeordneten Stellen schaffen helfen. Außerdem haben Klagen über Personal oft andere Wurzeln. Nicht selten sind tiefere Ursachen mangelhafte Zielidentifikation der Mitarbeiter, mangelnde Motivation und schlechte Stimmung im Projekt aus einer Fülle von Gründen.

Unzureichende Problembewältigung. Die einfachste Problembewältigung ist das sog. Aussitzen von Problemen. Werden Probleme angetragen, ignoriert oder unterschätzt man sie. Man verlässt sich darauf, dass sie sich von selbst lösen oder durch andere gelöst werden. Manchmal führt dieses Vorgehen sogar zum Erfolg. Einige Probleme lösen sich eher zufällig von selbst. „Problemfinder", die kleinste Schwierigkeiten zum Problem hochstilisieren, dürfen die Abwicklung nicht dominieren. Für gewöhnlich sind aber Probleme sofort einzugrenzen, zu analysieren und zu lösen. Dies setzt eindeutige Soll-Vorgaben und laufende Fortschrittserfassung voraus. Änderungen in der Zielstellung und Abweichungen im Vorgehen müssen rechtzeitig erkannt werden. Änderungskonsequenzen in Bezug auf Ergebnis, Termine und Kosten müssen analysiert werden. Lösungen müssen schnell und gleichzeitig fundiert erarbeitet und durchgesetzt werden.

Risiken werden falsch eingeschätzt. Jedes Projekt erhält Risiken für Ergebnis, Termine und Kosten. Die Risiken sind nicht zu verwechseln mit sog. Krisen, die das Projekt in seiner Ganzheit in Frage stellen (Naturkatastrophen, gravierende Änderung des politischen Umfeldes, schwerwiegende gerichtliche Anordnungen usw.). Der Ausweg aus einer „echten" Krise kann nur im Projektabbruch oder in seiner vollständigen Neudefinition bestehen. Dies betrifft nicht die üblichen Termin- und Kostenrisiken und bewusst eingegangene technische Risiken (z. B.

Gründung mit Auftriebsgefahr in einer gewissen Bauphase). Diese Risiken müssen erfasst und mit allen zur Verfügung stehenden Möglichkeiten bewertet werden. Risikovorsorge ist zu treffen, beispielsweise durch entsprechende zeitliche Reserven, Rückstellungen von Finanzmitteln oder technische Maßnahmen (beim obigen Beispiel: erforderlichenfalls Fluten des Bauwerks). Risiken dürfen nicht unterschätzt oder als unabwendbares Schicksal hingenommen werden. Andererseits sind nie alle Risiken erfassbar. Übertriebene Vorsorge führt nur zur Gefährdung des Gesamtprojekts, z. B. durch zu lange Termine und zu hohe Kostenangaben.

Die Projektorganisation ist entweder übersystematisiert oder lebt nur von Improvisationen. Systematik und Improvisation müssen sinnvoll gegeneinander abgewogen werden. Intuitive Lösungsansätze sind bei technischen Aufgaben meistens ungeeignet. Sie sind weder nachvollziehbar noch rational bewertbar. Systematische Organisation ist ein Schwerpunkt des Projektmanagements. Aufgaben und Aktivitäten sind zu definieren, in Teilbereiche aufzubrechen und sinnvoll miteinander zu verknüpfen. Sie sind entsprechend zu dokumentieren, z. B. durch Organisationsstrukturen, Organisationsabläufe und ein vernünftiges Informationswesen. Eine sehr weitgehende Systematik und der damit einhergehende Formalismus sind andererseits wiederum teuer, zeitaufwendig und schwerfällig. Demzufolge ist ein schlanker systematischer Organisationsrahmen zu definieren. Das Tagesgeschäft lässt sich eher durch die Definition von Ergebniszielen und Aufgabenstellungen bewältigen als durch Einzelbeschreibungen erforderlicher Tätigkeiten.

Erfahrung wird nicht verwertet. Bauabwicklung und Baubetrieb sind in ihrem Kern empirische Wissenschaften, d. h., es wird im Wesentlichen auf bestehenden Erfahrungen aufgebaut. Dies gilt für Projekte allgemein. Selten wird man auf der Basis abstrakter Analysen das Richtige tun. Vielmehr wird man Lösungen unter Berücksichtigung von Erfahrungen und Analogien finden. Ein wesentlicher Baustein für das Know-how sind Erfahrungen aus abgewickelten Projekten. Diese Erfahrungen müssen dokumentiert sein, um in neue Projekte einfließen zu können. Besonders gilt dies für erlebte Risiken und für die Termin- und Kostenplanung. Projektmanagement, -methoden und -inhalte, sind nicht angeboren, sie sind erlernbar!

1.5 Anwendungsbereich Bauwesen

Projektmanagement kann im Bauwesen an vielen Stellen angewendet werden, z. B.

- auf Bauherrnseite
- auf Investorenseite
- auf Nutzerseite
- auf Generalunternehmer- bzw. Generalübernehmerebene
- in Objektplanungsbüros
- in ausführenden Firmen
- bei Subunternehmern.

Der Schwerpunkt dieses Buches ist das Projektmanagement aus der Sicht des Bauherrn bzw. seines hierfür Beauftragten. Die Aufgaben dazu können vom Bauherrn in seiner Organisation oder durch delegierte Dritte wahrgenommen werden.

In diesem Buch werden zunächst die Projektrealisierungsphasen und die Leistungssäulen des Projektmanagements erläutert. Im Anschluss daran werden die Leistungsinhalte in den jeweiligen Leistungsphasen aufgezeigt.

Auf die Wiedergabe von Normen und Regelwerken wird in diesem Buch verzichtet. Diese Unterlagen sind aber zum Verständnis erforderlich. Dringend angeraten sind als Ergänzung

- HOAI [3]
- Untersuchungen zum Leistungsbild (vgl. [7])
- VOB
- DIN 276
- DIN 277

Quellenangaben zu Kapitel 1

[1] Deutsche Industrie Norm DIN 69900 (Projektwirtschaft) ff.

[2] Reschke, H.: Svoboda, M.: Projektmanagement. Konzeptionelle Grundlagen, München, 1984

[3] Honorarordnung für Architekten und Ingenieure HOAI

[4] Projektmanagement Fachmann, RKW/GPM, 2. A., Eschborn, 2001

[5] Staehle, W.: Management, 2. Auflage, München, 1985

[6] Arbeitskreis Münchner Projektsteuerer: Projektsteuerung, München, 1984

[7] Untersuchungen zum Leistungsbild, zur Honorierung und zur Beauftragung von Projektmanagement-Leistungen in der Bau- und Immobilienwirtschaft, Nr. 9 der Schriftenreihe des AHO, Bonn, 2004

[8] ISO 9000 ff.

2 Phasenkonzepte

Projekte wurden bereits als einmalige und komplexe Vorhaben definiert. Wesentliche Anstrengungen des Projektmanagements bestehen darin, aus einem komplexen Vorhaben überschaubare Teilaufgaben und Schritte zu isolieren und diese wieder zum Ganzen zusammenzufügen. Ein Hilfsmittel dafür ist u. a. die Aufteilung des Vorhabens in zeitliche Abschnitte. Als Phase bezeichnet man üblicherweise einen zeitlichen Abschnitt, der durch das Erreichen eines Sachzustandes (Ablaufstufe) gekennzeichnet ist. Eine Projektphase ist gemäß 69901 [1] ein zeitlicher Abschnitt eines Projektablaufes, der sachlich gegenüber anderen Abschnitten getrennt ist.

Jedes Projekt hat einen sog. Lebenszyklus, der sich nach der Definition des Projektes richtet. Allgemein beginnt der Lebenszyklus mit der Projektabsicht und endet mit dem Projektende.

Bei Investitionsprojekten ist heute häufig noch das Projekt*ende* mit der Abnahme bzw. Übergabe definiert. Eine der Projektzielsetzungen sind meist minimale Kosten für deren Realisierung, bei der vorgenannten Definition also eine Minimierung der Investitionskosten. Im Bauwesen hat sich eine solche Definition als unzureichend erwiesen. Zunehmend werden gesamthafte Betrachtungsweisen gefordert, beispielsweise die Minimierung von Investitionskosten *und* späteren Betriebskosten. Dies ist nur dann möglich, wenn man den gesamten Lebenszyklus eines Projektes beleuchtet, vgl. hierzu auch [2]. Lebenszyklus- oder Life-Cycle-Konzepte definieren den Projektumfang und die hierbei zu beachtenden Parameter sehr viel weiter, z. B. bei Kernkraftwerken von der Projektidee bis zur Beseitigung und der damit verbundenen Bedingungen (auch Kosten!).

Nach derzeitigem Stand werden bei Bauprojekten solche gesamthaften Betrachtungen in der Praxis nur selten vorgenommen. In zunehmendem Maße aber werden Einzelelemente der Betriebsphase als Parameter für Investitionsentscheidungen herangezogen, beispielsweise Betriebskosten, Unterhaltskosten und Kosten für spätere Änderungen. Meist geschieht dies in sog. Wirtschaftlichkeitsuntersuchungen oder Wirtschaftlichkeits-Nutzen-Untersuchungen.

Der Praxis folgend soll im Weiteren die Investitionsphase im Vordergrund stehen. Dennoch darf die Phase nach der Investition nicht vernachlässigt werden. Die gesamthafte Betreuung von Bedarf, Umsetzung, Nutzeranforderungen, Bausubstanz, inklusive der Vermietung bis zur Verwaltung und zur technischen Instandhaltung gewinnt immer mehr an Bedeutung. Hierfür wurde ein eigener Begriff geprägt: Facility Management.

2.1 Allgemeine Phasenmodelle

Entwicklungs- und Organisationsprojekte besitzen grundsätzlich andere Phasen als Investitionsprojekte. Darauf soll hier nicht weiter eingegangen werden; zugrunde liegende Konzepte sind aber die gleichen wie bei Investitionsprojekten.

Nach der Auslösung durch die Projektidee haben Investitionsprojekte so gut wie immer die folgenden Projektphasen für die Realisierung der Investition, nämlich

- a) Vorstudie
- b) Konzeption
- c) Detaildefinition
- d) Entwicklung und Konstruktion
- e) Vergabe, Erstellung
- f) Abnahme/Übergabe (inkl. Mängelbeseitigung), Dokumentation, Gewährleistung

Die Phasen ab Betriebsphase werden in der Praxis dem Investitionsprojekt nicht mehr hinzugerechnet. Sie werden mit anderen Zuständigkeiten für Leitung und Leistungsträger bewältigt.

Schematisch lassen sich diese Phasen mit ihrem Aufwand wie folgt darstellen (vgl. auch hierzu Kaestner in [3]).

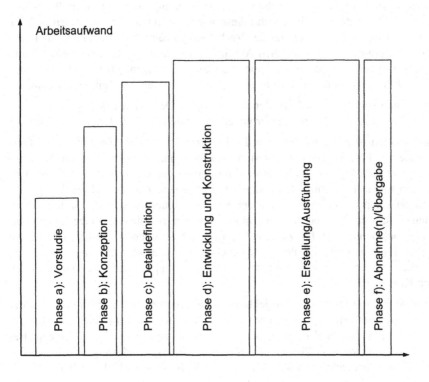

Bild 2.1   Phasenmodell für Investitionsprojekte

Diese Phasenteilung kann sich auch in sog. Meilensteinen widerspiegeln, die zum Ende einer
jeden Projektphase gesetzt werden und zur Überprüfung eines jeden Projektabschnitts dienen.

Diese schematische Aufteilung beschreibt einen Idealzustand. Häufig kommt es vor, dass während der Erstellung, beispielsweise durch aufgetretene Schwierigkeiten, wieder in die Entwicklungsphase zurückgegangen werden muss. Derartige Möglichkeiten müssen grundsätzlich
vorgesehen werden. Gleichzeitig gilt es aber, sie organisiert zu meistern. Ein ständiger Rück-
sprung in die vorherigen Phasen eines Projektes würde ein kaum mehr überblickbares Chaos
verursachen und dazu führen, dass die Komplexität des Vorhabens nicht beherrscht wird.

Es ist nicht nur eine Aufgabe des Projektmanagements, Projektphasen schlüssig zu definieren.
Vielmehr soll auch im Sinne der Erfüllung der Projektziele der Rahmen für eine begrenzte
Rücksprungmöglichkeit oder eine entsprechend definierte Überlappungsmöglichkeit von Pro-
jektphasen gegeben werden.

2.2 Phasenkonzepte bei Bauinvestitionen aus Bauherrnsicht

2.2.1 Gesetzlicher Rahmen

Bauen wird durch eine Vielzahl von Gesetzen und Verordnungen geregelt. Dadurch sind bereits Phasen für Bauprojektabschnitte definiert. Herausragend sind in der Praxis die Phasen nach

- Bauordnungsrecht
- HOAI

Das **Bauordnungsrecht** ist in Deutschland im Rahmen des Bundesbaugesetzes durch die Verordnungen der Länder bestimmt. Diese Landesbauordnungen weichen in Teilen voneinander ab, z. B. bei Brandschutzbestimmungen. Gleich sind aber im Wesentlichen allgemeine Definitionen und die Definition der genehmigungspflichtigen Bauvorhaben. Das Zustimmungsverfahren als Sonderform der Baubewilligung soll hier vernachlässigt werden.

Zur Erlangung einer Baugenehmigung müssen gewisse planliche Unterlagen der lokalen Baubehörde vorgelegt werden. Mit der Bauausführung kann erst nach Genehmigung begonnen werden. Nach dem Rohbau ist bei Hochbauten eine behördliche Rohbauabnahme, nach Fertigstellung eine behördliche Endabnahme erforderlich.

Selbst bei Vernachlässigung von Einzelheiten wie geforderte Planungsinhalte, TÜV-Abnahmen, Gebrauchsabnahmen usw. sind damit kraft Gesetzes bzw. Verordnung bereits Projektphasen definiert:

- Bebauungsplanverfahren, wo erforderlich
- Planungsphase bis Baugenehmigungsantrag
- Bauphase bis Fertigstellung Rohbau
- Bauphase nach Rohbau bis Gesamtfertigstellung
- Freigabe zum Betrieb (Betriebsgenehmigung), wo erforderlich

Über diese gesetzlichen Rahmenbedingungen kann sich kein Projektmanagementkonzept hinwegsetzen. Die oben genannten Phasen müssen sich im Projektablauf widerspiegeln.

Die **Honorarordnung für Architekten und Ingenieure** (HOAI) ist eine Rechtsverordnung, sie hat demnach Gesetzescharakter. In ihr sind Phasen für die Leistungen der Objektplanung festgelegt.

So definiert die HOAI die Leistungsphasen

- Leistungsphase 1: Grundlagenermittlung
- Leistungsphase 2: Vorplanung (Projekt- und Planungsvorbereitung)
- Leistungsphase 3: Entwurfsplanung (System- und Integrationsplanung)
- Leistungsphase 4: Genehmigungsplanung
- Leistungsphase 5: Ausführungsplanung
- Leistungsphase 6: Vorbereitung der Vergabe
- Leistungsphase 7: Mitwirkung bei der Vergabe
- Leistungsphase 8: Objektüberwachung (Bauüberwachung)
- Leistungsphase 9: Objektbetreuung und Dokumentation

Diesen Leistungsphasen sind sog. Grundleistungen und sog. Besondere Leistungen zugeordnet, beispielsweise in § 15 für Objektplanungsleistungen bei Gebäuden. Einzelheiten sind in der HOAI nachzulesen.

Grundsätzlich sind die Leistungen im Einzelnen so strukturiert, dass die nächste Phase auf den Leistungen der vorausgegangenen Phase aufbaut. Gleichzeitig lässt die HOAI aber auch die isolierte Bearbeitung einzelner Leistungsphasen zu, z. B. Vorplanung und Entwurfsplanung sowie örtliche Bauüberwachung.

Die AHO Fachkommission Projektsteuerung/PM (Projektmanagement) [4] folgt in ihrem Vorschlag zur Erweiterung der HOAI Leistungen der Projektsteuerung im Wesentlichen dieser Sequenz. Sie erweitert jedoch die Phasenstruktur um Leistungen in der Frühphase, fasst Phasen i. S. der allgemeinen Projektphasen zusammen und definiert die Leistungen über das Objekt hinaus für das Projekt:

AHO-Vorschlag		**HOAI-Phasen**
1	Projektvorbereitung	<u>vor</u> HOAI: Projektentwicklung, strategische Planung; HOAI-Phase Grundlagenermittlung
2	Planung	2, 3 und 4
3	Ausführungsvorbereitung	5, 6, 7
4	Ausführung (Projektüberwachung)	8
5	Projektabschluss (Projektbetreuung, Dokumentation)	9

Schwerpunkte der HOAI sind Leistungsdefinitionen und Honorarregelungen für Architekten und Ingenieure. Indirekt geht aus der Definition der Leistungsphasen auch eine Aufteilung der Realisierungsphasen vor. Allerdings kann daraus nicht geschlossen werden, dass eine Phase zwingend den Abschluss der Phase davor voraussetzt.

Projektmanagementkonzepte können daher bei gleichzeitiger Berücksichtigung einer logischen Abwicklung der Planung im Erfordernisfall durchaus andere Abwicklungsschritte als die Reihenfolge der HOAI-Phasen definieren.

2.2.2 Grundsätzliche Planungsabläufe

Das einfachste und schlüssigste Konzept ist das, wonach zuerst geplant und dann ausgeführt wird. Dies bezeichnet man als **konventionelle Planung**.

Überlappen sich Planung und Ausführung, spricht man von einer sog. **Synchronplanung**. Nach diesem Konzept wird bis zur Vorbereitung der zur Vergabe anstehenden Ausführungsleistungen die Planung nur soweit geführt, wie sie zur Definition der Ausführungsleistung im Gesamtkonzept erforderlich ist. Weitere Planungsaktivitäten überlagern sich mit der Bauausführung.

Bei der sog. **Neutralplanung** verzichtet man weitgehend auf das Einbeziehen später auszuführender Gewerke in die Planung. Anstehende frühe Ausführungsleistungen werden so geplant und definiert, dass sie mehrere Varianten nachfolgender (Ausbau-)Gewerke beherbergen können. Ausführungsleistungen zu Beginn sind demzufolge in vielen Teilen ohne Berücksichtigung späterer Ausführungsschritte, also neutral, geplant. Dies könnte beispielsweise der Rohbau als umhüllendes Element für verschiedene Produktionsanlagen oder ein Krankenhausrohbau ohne Festlegung auf bestimmte Stationen und Funktionsbereiche sein.

Der Vorteil der **konventionellen Planung** liegt sicher darin, dass die gewünschten Ausführungsleistungen exakt und abschließend vor Vertragsabschlüssen mit Bauausführenden bestimmt sind. Sie ermöglichen einen objektiven Preiswettbewerb um Ausführungsleistungen und gewährleisten einen klaren Maßstab der späteren Endabrechnung.

Wesentliche Nachteile sind hoher Zeitbedarf für die Leistungsdefinition und mangelnde Flexibilität, z. B. für die Berücksichtigung erst kurz vor oder bei der Ausführung auftretenden neuen Erkenntnissen. Als mittelbare Folge ist bei maßgeblichem Einsatz der konventionellen Planung eine Verringerung der Innovationskapazität (z. B. für Nebenangebote bzw. Sondervorschläge) auf ausführender Seite zu beobachten, weil konzeptionsbedingt bei ausführenden Firmen kein technisches Know-how mehr vorzuhalten ist. Ein Beispiel hierfür sind die USA. Dort ist diese Art der Planung der Regelfall.

konventionelle Planung

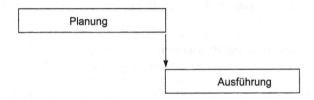

Synchronplanung

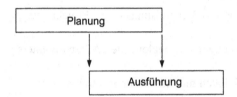

Neutralplanung

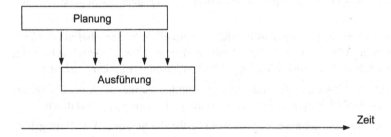

Bild 2.2   Grundsätzliche Planungsabläufe

Die sog. **Synchronplanung** ist das heute in Deutschland gebräuchliche Verfahren. Sie ist eine Folge der Forderung nach zeitlicher Beschleunigung der Realisierung. Entscheidender Vorteil ist dieser Zeitgewinn, da vor Beginn der Ausführung die Planung noch nicht abgeschlossen sein muss. Außerdem kann die planerische Bearbeitung und die Ausführung von späteren Leistungen den aktuellen Entwicklungen angepasst werden.

Nachteilig ist die oft unzureichende Definition der vertraglich vereinbarten Ausführungsleistungen. Im Besonderen gilt dies bei der Einschaltung von Generalunternehmen, weil bei derartig beschleunigten Abläufen zum Vergabezeitpunkt selten ein wirklich vergabereif definiertes Leistungspaket vorliegt.

Die **Neutralplanung** bringt weitere Zeitgewinne in der Gesamtabwicklung und gegenüber der Synchronplanung erweiterte Flexibilität.

Die offensichtlichen Nachteile (Kostenüberhöhungen durch neutrale Auslegungen, erschwerte Abwicklungsdisziplin usw.) haben nach schlechten Erfahrungen dazu geführt, dass in Deutschland diese Methode allenfalls für Gewerbe- und Industriebauten angewandt wird. Dort sind die Flexibilität der vorgezogenen Leistungen relativ billig zu erkaufen und die Verzahnungen von diesen Leistungen mit späteren Leistungen eher zu entflechten.

2.2.3 Beschleunigtes Abwicklungskonzept im Bauwesen

2.2.3.1 Ausgangspunkte

Vor allem bei Hochbauten wünschen die Bauherren immer kürzere Realisierungszeiten bei gleichzeitig hoher Sicherheit über die Termin- und Kostenentwicklung. Diese Ziele stehen häufig in Konkurrenz zueinander.

Versuche in der Vergangenheit, diese Ziele zu meistern, lassen sich wie folgt zusammenfassen:

- Einführung einer Phase vor den eigentlichen HOAI-Leistungen als Projektentwicklungsphase
- phasenweise Beauftragung von Planungsleistungen mit begleitenden Alternativuntersuchungen
- weitgehende Überlappung von Planungsaktivitäten mit Ausführungsaktivitäten
- Einschaltung von Generalunternehmern mit vertraglichen Festpreisen.

In der Praxis erwies sich dies als äußerst schwierig. Die vorgezogene Entwicklungsphase wurde häufig ohne planerische Aktivitäten bearbeitet. Damit fehlte die Grundlage zur Präzisierung wesentlicher Entscheidungsparameter, beispielsweise durch vorgezogene Leistungen aus der Vorentwurfsplanung.

Die phasenweise Beauftragung von Planern sollte sich prinzipiell nach der Phasenaufteilung der HOAI richten. Durch die Überlappung mit Bauleistungen ist es aber wiederum schwierig, die zeitlichen Abwicklungsschritte mit den jeweiligen HOAI-Phasen in Einklang zu bringen.

Programmentscheidungen als Grundlage für die Planung konnten vermeintlich oft bis zuletzt offen bleiben, nachdem auch diesbezügliche Planungsschritte erst relativ spät stattfanden.

Die Einschaltung von Generalunternehmern mit Festpreisen für die gesamte Ausführungsleistung führte zu scheinbarer Kostensicherheit, obwohl häufig kostenbestimmende Parameter zum Zeitpunkt der Vergabe nicht abschließend geklärt waren. Solche Lösungen stehen überdies im Widerspruch zur Überlappung von Planungs- und Ausführungsaktivitäten.

Ansatzweise versuchten Regelwerke wie die Richtlinien für Bundesbauten (RB-Bau) und Richtlinien für Hochbauten der Deutschen Bundespost durch entsprechende Definitionen von Vorphasen, Freigabeschritten und gegenüber der HOAI modifizierte Aufteilung von Planungsleistungen zu meistern. Schon allein wegen der dort üblichen umfangreichen Prüf- und Freigabephasen verfehlten diese Regelungen häufig das Ziel der beschleunigten Bauabwicklung.

2.2.3.2 Merkmale des beschleunigten Ablaufs

Bei Privatinvestitionen und bei Großbauvorhaben der öffentlichen Hand haben sich nunmehr die folgenden Abwicklungsstufen als Projektabschnitte herauskristallisiert:

- Vorüberlegungen, Analysen; i. d. R. vor Projektaufnahme
- Projektentwicklung
- Vorplanung
- Bauvorbereitung im weitesten Sinn
- bauliche Realisierung
- Nachlauf für die bauliche Realisierung
- Inbetriebnahme bis Vollbetrieb
- Betrieb
- Beseitigung oder Umwidmung (bzw. maßgebliche Nutzungsänderung)

Diese Abschnitte sind zeitlich (mit Ausnahme der Phase Nachlauf) und inhaltlich abgrenzbar.

Vorüberlegungen und Analysen sind die Vorstufe der Projektdefinition. Sie gehören nicht zum eigentlichen Projekt. Ergebnis dieses Abschnitts ist die standortgebundene Definition des Projekts. Die Leistungsinhalte sind in der Praxis unterschiedlich, sie reichen von vagen Überlegungen bis zu umfangreichen Analysen (vgl. Bild 2.5).

In hohem Maß individuell definiert ist die Phase der **Entwicklung**. In dieser Phase werden Bauherrnwünsche und Programme so erarbeitet, dass eine grundsätzliche Realisierungsentscheidung getroffen werden kann und dass mit Abschluss dieser Phase präzise Planungsvorgaben vorliegen.

Dies erfordert im Einzelfall vielleicht nur die grundsätzliche Realisierungsentscheidung und die Auswahl der Planer. Bei Großprojekten gehören hierzu alle Aktivitäten von der Zielformulierung über die Standortuntersuchung, Machbarkeitsstudien usw. zusammen mit grundsätzlichen planerischen Überlegungen durch Studien oder Architekten-Wettbewerbe. Fallweise wird damit der Einbezug von Leistungen der HOAI-Phase 1 und evtl. von Teilleistungen der HOAI-Phase 2 erforderlich.

In der Praxis hat sich gezeigt, dass in der Phase der **Vorplanung** durch die grundsätzliche Festlegung des baulichen Konzepts bei Abschluss der Phase die Kosten mit einem Genauigkeitsgrad von ca. ± 10 % festgelegt sind. Damit ist dies die entscheidende Phase der Objektdefinition mit der entsprechenden Tragweite der darin getroffenen Entscheidungen. Programmänderungen sind nach Bearbeitung dieser Phase ohne gravierende Konsequenzen kaum mehr möglich. Ihrer Bedeutung gemäß wird diese Phase als eigenständige Projektphase geführt.

Die **Bauvorbereitung** beschränkt sich nicht auf die klassische Bauvorbereitung (HOAI-Phasen 6 und 7). Sie umfasst sämtliche Aktivitäten ab Ende der Vorplanung bis zur Vergabereife der ersten Bauleistungen. Diese Definition ist zunächst ungewohnt. Früher stellten die jeweiligen Abschlüsse der HOAI-Phasen 3, 4, 5, 6 und 7 eigene Meilensteine dar. Man nahm mit Änderungen während des Entwurfes und der folgenden Planungen laufend Einfluss auf die Objektauslegung. Zudem fürchtete man Auflagen aus der Baugenehmigung mit entsprechenden Konsequenzen für Planung und Kosten. Leistungen wurden auf der Basis der Ausführungsplanung ausgeschrieben.

Dennoch macht die umfassende Definition dieser Phase Sinn. Die Bauwerkskosten werden im Wesentlichen durch die Vorplanung (s. o.) bestimmt. Aufgabe (und Grundleistung) der Planer ist es, genehmigungsfähig zu planen. Demzufolge sind mit einem entsprechend qualifizierten Team keine überraschenden Auflagen aus der Baugenehmigung zu erwarten. Verändert sich das Umfeld dennoch, ist das gesamte Projekt inkl. seiner Vorplanung zu überdenken. Ausschreibungen werden zunehmend auf der Basis der Entwurfsplanung erstellt. Reicht die dortige Planungstiefe nicht aus, können Einzelleistungen der Ausführungsplanung vorgezogen werden.

Allerdings wird üblicherweise auch gefordert, dass am Ende dieser Phase nicht nur einzelne Vorleistungen zur Vergabe anstehen, d. h. durch Angebote in ihrem Preis abgesichert sind. Werden isolierte Vorleistungen erforderlich, z. B. Herrichten des Geländes, müssen diese Leistungen ohnehin von den Bauleistungen entkoppelt und vorher erbracht werden. Die zur Vergabe am Ende der Phase anstehenden Leistungen sollten einen maßgeblichen Umfang erreichen, die z. B. die Stadt München mit 60 % aller Leistungen definiert. Damit soll erreicht werden, dass vor der eigentlichen Ausführungsentscheidung für weite Teile eine Kostensicherheit in Gestalt vorliegender Angebote gegeben ist.

Probleme der Bindefristen nach VOB bzw. VOL (Verdingungsordnung für Bauleistungen/Verdingungsordnung für Leistungen) sind sicherlich denkbar. In einem beschleunigten Ablauf können aber auch diese durch zügige Abwicklungen beherrscht werden.

Die eigentliche **Bauausführung** besteht in den restlichen Planungsleistungen bis einschließlich HOAI-Phase 8 und in der tatsächlichen Bauausführung. Sie wird deshalb als eigene Phase definiert, weil eine Entscheidung zum Projektabbruch oder zur maßgeblichen Änderung der Projektdefinition unmittelbar vor Beauftragung der Ausführungsleistungen noch mit relativ geringem Aufwand möglich ist und weil hier noch auf unerwartete Fehlentwicklungen, z. B. bei ungewöhnlich starkem Anstieg der Marktpreise, reagiert werden kann. In der Mehrzahl der Fälle jedoch wird die Entscheidung zur Bauausführung eher als letzte Veto-Möglichkeit („Notbremse") gesehen.

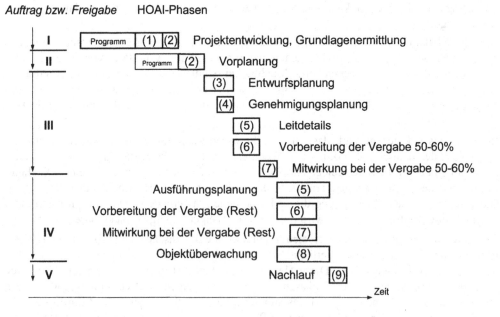

Bild 2.3   Schematische Kernabläufe (HOAI-Phasen im beschleunigten Ablauf)

Der **Nachlauf** ist variabel zu definieren. Gegenstand können Restleistungen der Phase 8 sein (insbesondere Mängelbeseitigung und Abrechnung), ggf. mit Hinzunahme der Leistungsphase 9, sofern diese nicht dem Abschnitt „Bauausführung" zugeordnet wird, ferner die restliche Inbetriebnahme bis Vollbetrieb.

Die **Inbetriebnahme** stellt einen eigenen Bereich dar. Gerade bei komplexen Projekten wird die Inbetriebnahme noch vor dem Bauende vorbereitet und begonnen, z. B. durch Auswahl des

Betriebspersonals eines Krankenhauses. Oft sind hierbei auch die Zuständigkeiten zwischen Bauherr und Nutzer geteilt.

Die Phase des **Betriebs** steht außerhalb der Bauinvestitionsphase und bildet, wie bereits erwähnt, einen eigenen Bearbeitungs- und Managementbereich. Gleiches gilt für **Beseitigung** bzw. **Umwidmung**.

2.2.3.3 Vor- und Nachteile

Das alternative Phasenkonzept stellt derzeit vermutlich den besten Kompromiss unter den Anforderungen der beschleunigten Abwicklung und den Rahmenbedingungen von Regelwerken dar. Dieser Kompromiss hat aber auch Nachteile.

Wesentliche Nachteile sind:

- Probleme der Planerbeauftragung und der Definition der Planerleistungen
- Leistungsdefinition für die Ausführung
- Hohe Anforderungen an Programmdisziplin
- Eingeschränkte Flexibilität

Neben der erforderlichen hohen Planerqualifikation bleibt die Definition der **Planerleistungen** problematisch. Fallweise müssen Leistungen späterer HOAI-Phasen vorgezogen werden, um die gewünschte Präzision der Ergebnisse der jeweiligen Stufe zu erreichen. Erschwert wird damit eine Beauftragung der Planung nach einzelnen HOAI-Phasen mit damit zusammenhängenden rechtlichen Konsequenzen bei Kündigung durch den Auftraggeber. Im Einzelfall werden neben den Grundleistungen auch Besondere Leistungen zu beauftragen sein.

Hohe **Qualifikationen** werden nicht nur von den Planern verlangt. Auch der Bauherr, sein Projektmanagement und die gesamte Koordination sind vor erhöhte Anforderungen gestellt. Jede Störung wirkt sich unweigerlich auf das Projektende aus.

Schließlich kann die **Leistungsdefinition** für die Ausführungsleistungen bei weitem nicht so präzise sein wie in Fällen, in denen vor der Vorbereitung der Vergabe die komplette Ausführungsplanung vorliegt. Nutzt man sämtliche Möglichkeiten zur Beschleunigung, sind Leistungsvorgaben für Generalunternehmerleistungen nicht in der für einen Vertrag gewünschten Präzision möglich, es sei denn, man gibt nur ein Leistungsprogramm („funktionale Ausschreibung") vor.

Auch die **Flexibilität** ist naturgemäß bei einem derart beschleunigten Ablauf stark eingeschränkt. Jede Änderung zieht zwangsläufig terminliche und kostenseitige Konsequenzen nach sich, die im Einzelfall oft nicht in ihrer Vollständigkeit überblickbar sind.

Alle **anderen beschleunigten Abwicklungskonzepte** führen aber zwangsläufig zu Unsicherheiten bzw. zu Verlängerungen im Projektablauf, es sei denn, man verlässt traditionelle Bauobjektabwicklungen vollständig.

Beispielsweise könnte eine solche Abkehr in der Nutzung von Standardlösungen bestehen (Fertighäuser, Systemhallen) oder in einer anderen Definition des gewünschten Bauobjektes (z. B. in der vertraglichen Definition von Nutzflächen mit Gestaltungsrichtlinien, ohne Einfluss auf die Planung im Einzelnen).

In jedem Fall werden dann (angepasste) Abwicklungskonzepte erforderlich sein, um die Beherrschung komplexer Projekte mit Termindruck durch abgegrenzte und abnahmefähige Schritte mit Freigaben für die Folgephase(n) zu sichern.

Für kleine Vorhaben, überschaubare Projekte und Projekte ohne Terminzwänge sind die beschriebenen Abwicklungsschritte **nicht sinnvoll**. Dort können die bewährten Abwicklungsschritte, wie sie die HOAI in ihren Phasen definiert, angewendet werden. Dies gewährleistet nicht nur eine logische und schlüssige Abwicklung. Mit Abschluss der Planung (Phase 5) ist eine solide Grundlage für die Formulierung der Ausführungsleistungen gegeben. Der Auftraggeber kann danach auf sicherer Basis über die weitere Abwicklung entscheiden, z. B. über die Beauftragung eines Generalunternehmers.

Für größere Projekte, vor allem Investorenprojekte, finden häufig alternative Vertragsformen Anwendung (vgl. diesbezügliches Kapitel). Bei diesen Projekten wird die Gebäudekonzeption bereits einem Wettbewerb unterworfen. Vergeben wird danach ein „Komplett-Paket" für die Weiterführung der Planung und für die Ausführung, ggf. sogar für den späteren Betrieb. Solche Abwicklungsformen bringen bei professioneller Handhabung durchaus Vorteile für alle beteiligten Partner. In für die Unternehmer ungünstigen Marksituationen findet auf Basis entsprechender Verträge hingegen eine erhebliche Risikoverlagerung zum Unternehmer hin statt.

2.3 Projektmanagementleistungen in einzelnen Phasen

Projektsteuerungs- bzw. Projektmanagementleistungen sollen immer das Gesamtprojekt im Auge behalten. Die Bearbeitung wird aber auch dort einem Zeitablauf folgen, der Informationsstand wird kontinuierlich zunehmen. Die einzelnen Leistungschritte sind logisch zu bestimmen und mit ihren Prioritäten abzuarbeiten. Dies soll in den nachfolgenden Bildern deutlich werden, die unter Verwendung der HOAI und der Leistungsdefinition des DVP bzw. AHO [4] einmal nach HOAI-Phasen und einmal im beschleunigten Ablauf beispielhafte Leistungsspektren vorstellen.

Bild 2.4   Mögliche Leistungsspektren für Projektmanagement/Projektsteuerung nach HOAI-Phasen

Definitionen:
Mitwirken im gesamten Leistungsbild heißt stets, dass der beauftragte Projektmanager/ Projektsteuerer (PM/PS) die genannten Teilleistungen alleine oder in Zusammenarbeit mit anderen Projektbeteiligten inhaltlich abschließend erstellt, dann dem Auftraggeber zur Entscheidung vorlegt und „im Projekt" umsetzt.

Erstellen bedeutet: – die Vorgabe der Solldaten (Planen / Ermitteln / Festlegen / Vorgeben) – die Kontrolle (Überprüfen / und SOLL- / IST-Vergleich) – die Steuerung (Abweichungsanalyse / Anpassen / Aktualisieren)

	HOAI-Leistungsphase	Leistung	Leistungen	
			Bauherr	PM
	0 ENTWICKLUNGS-PLANUNG			
Grundleistungen	0.1 Organisation	⇨ Klären der organisatorischen Voraussetzungen für die Aufgabenabgrenzung zw. Finanzierung, Planung, Ausführung und Betrieb		
		⇨ Einholen der erforderlichen Zustimmungen des Auftraggebers		
		⇨ Mitwirken bei der laufenden Information des Auftraggebers		
	0.2 Projektdefinition (Qualität/Quantität)	⇨ Mitwirken beim Zusammenstellen der Programmgrundlagen für das Gesamtprojekt hinsichtlich Bedarf, nach Art und Umfang (Nutzerbedarfsprogramm NBP)		
		⇨ Mitwirken beim Erstellen des Raum-, Flächen oder Anlagenbedarfs und der Anforderungen an Standard und Ausstattung		
		⇨ Mitwirken beim Klären der Standortfragen, Beschaffen der standortrelevanten Unterlagen, Aufstellen der Grundstücksbeurteilung hinsichtlich Bebaubarkeit in privatrechtlicher und öffentlich-rechtlicher Hinsicht		
	0.3 Kosten	⇨ Mitwirken beim Festlegen des Kostenrahmens für Investition		
	0.4 Termine	⇨ Mitwirken beim Festlegen des Terminrahmens auf Rahmenterminebene		
Besondere Leistungen	0.5 Organisation	⇨ Besondere Berichterstattung an Auftraggeber oder sonstigen Gremien		
		⇨ Mitwirken beim Ermitteln und Beantragen von Investitionsmitteln		
	0.6 Projektdefinition (Qualität/Quantität)	⇨ Überprüfen von Wertermittlungen für Gebäude		
		⇨ Mitwirken beim Bearbeiten von Bodenrechts- und Erschließungsrechtsangelegenheiten		
		⇨ Erarbeiten der erforderlichen Unterlagen, Abwickeln oder Prüfen von Ideen-, Programm- und Realisierungswettbewerben		

	HOAI-Leistungsphase	Leistung	Leistungen	
			Bauherr	PM
	1 GRUNDLAGEN-ERMITTLUNG			
Grundleistungen	1.1 Organisation	⇨ Mitwirken beim Festlegen der Projektorganisation in einem projektspezifisch zu erstellenden Projekthandbuch in Abstimmung mit dem Auftraggeber		
		⇨ Mitwirken bei der Auswahl der an der Projektplanung zu Beteiligenden		
		⇨ Führen von Vertragsverhandlungen mit den an der Projektplanung zu Beteiligenden		
		⇨ Vorlegen der Vertragsentwürfe zur Beauftragung der an der Projektplanung zu Beteiligenden		
		⇨ Mitwirken bei der laufenden Information des Auftraggebers		
	1.2 Projektdefinition (Qualität/Quantität)	⇨ Mitwirken beim Erstellen des Raum- und Funktionsprogramms		
		⇨ Mitwirken beim Erstellen des Ausstattungsprogramms		
		⇨ Fortschreiben des Nutzerbedarfsprogramms NBP		
	1.3 Kosten	⇨ Prüfen und Abstimmen des Kostenüberschlags		
	1.4 Termine	⇨ Aufstellen / Abstimmen der Terminvorgaben auf Generalterminplanebene		
Besondere Leistungen	1.5 Organisation	⇨ Mitwirkung bei besonderen Abstimmungen in Abstimmung mit dem Auftraggeber		
		⇨ Mitwirken beim Erarbeiten bes. Verträge mit an der Projektplanung Beteiligten, z. B. Versicherungsgesellschaften und Finanzierungsinstituten		
		⇨ Besondere Berichterstattung in Auftraggebergremien oder sonstigen Gremien		
	1.6 Projektdefinition (Qualität/Quantität)	⇨ Erarbeiten von Leit- und Musterbeschreibungen, z. B. für Gutachten oder Wettbewerben		
		⇨ Prüfen der Umwelterheblichkeit		
		⇨ Prüfen der Umweltverträglichkeit		

	2	VORPLANUNG			
Grundleistungen	2.1	Organisation	⇨ Fortschreiben des Projekthandbuches in Abstimmung mit dem Auftraggeber		
			⇨ Mitwirken beim Vertreten der Planungskonzeption gegenüber der Öffentlichkeit		
			⇨ Mitwirken bei der laufenden Information des Auftraggebers		
	2.2	Projektdefinition (Qualität / Quantität)	⇨ Überprüfen der Ergebnisse der Vorplanung auf Einhaltung der Projektziele		
			⇨ Überprüfen der Ergebnisse der Vorplanung in wirtschaftlicher Hinsicht		
			⇨ Mitwirken beim Einholen der erforderl. bauordnungsrechtlichen Auskünfte		
	2.3	Kosten	⇨ Überprüfen und Abstimmen der Kostenschätzung unter Mitwirkung der Objekt- und Fachplaner sowie Veranlassung der notwendigen Maßnahmen		
			⇨ Überprüfen und Abstimmen der voraussichtlichen Baunutzungskosten unter Mitwirkung der Objekt- und Fachplaner		
			⇨ Mitwirken beim Beantragen und Freigeben der Investitionsmittel		
			⇨ Mitwirken bei der Planung der Mittelbereitstellung		
	2.4	Termine	⇨ Fortschreiben der Generalterminplanung		
			⇨ Aufstellen u. Abstimmen der Grobterminplanung für Planung u. Ausführung		
			⇨ Aufstellen und Fortschreiben der Detailterminplanung für die Planung		
Besondere Leistungen	2.5	Organisation	⇨ Bestandsaufnahme bei Beginn Vorplanung, wenn Grundlagenermittlung nicht beauftragt		
			⇨ Mitwirken beim Veranlassen und Abstimmen bes. Anpassungsmaßnahmen		
			⇨ Mitwirken bei der laufenden Information des Auftraggebers bei besonderen Anforderungen und Zielsetzungen		
			⇨ Unterstützen beim Bearbeiten von Planungsrechtsangelegenheiten		
			⇨ Besondere Berichterstattung in Auftraggebergremien oder sonstigen Gremien		
	2.6	Qualit. / Quantit.	⇨ Vorbereit., Abwickeln o. Prüfen von Wettbewerben zur künstl. Ausgestaltung		
	2.7	Kosten	⇨ Kostenermittlung u.-steuerung unter bes. Anforderungen u. Zielsetzungen		
	2.8	Termine	⇨ Terminsteuerung unter besonderen Anforderungen und Zielsetzungen		

	3	ENTWURFS-PLANUNG			
Grundleistungen	3.1	Organisation	⇨ Fortschreiben des Projekthandbuches in Abstimmung mit dem Auftraggeber		
			⇨ Mitwirken bei der laufenden Information des Auftraggebers		
	3.2	Projektdefinition (Qualität / Quantität)	⇨ Überprüfung der Planungsergebnisse auf Einhaltung der Projektziele und evtl. Änderung		
			⇨ Überprüf. der Ergebnisse i. wirtschaftl. Hinsicht zur Optimierung v. Bauteilen		
			⇨ Prüfen der vereinbarten Planungsleistungen in vertraglicher Hinsicht		
			⇨ Mitwirken beim Einholen der erforderl. bauordnungsrechtlichen Auskünfte		
			⇨ Herbeiführen von erforderl. Planungsentscheidungen des Auftraggebers		
	3.3	Kosten	⇨ Überprüfen und Abstimmen der Kostenberechnung unter Mitwirkung der Objekt- und Fachplaner sowie Veranlassung der notwendigen Maßnahmen		
			⇨ Überprüfen und Abstimmen der voraussichtlichen Baunutzungskosten unter Mitwirkung der Objekt- und Fachplaner		
			⇨ Fortschreiben der Mittelbereitstellung		
	3.4	Termine	⇨ Fortschreiben der General- und Grobterminplanung für die Planung und Ausführung sowie der Detailterminplanung für die Planung		
Besondere Leistungen	3.5	Organisation	⇨ Veranlassen besonderer Abstimmungsverfahren bei Projektbeteiligten zur Sicherung der festgelegten Projektziele		
			⇨ Besondere Berichterstattung in Auftraggebergremien oder sonst. Gremien		
	3.6	Projektdefinition (Qualität / Quantität)	⇨ Mitwirken beim Festlegen der Qualitätsstandards ohne Mengen in einem Gebäude-Raumbuch		
			⇨ Mitwirken beim Festlegen der Qualitätsstandards mit Mengen und Ableiten der zugehörigen Kosten in einem Gebäude- und Raumbuch		
			⇨ Mitwirk. bei der Verhind. von Vertragsverletzungen der Planungsbeteiligten		
			⇨ Mitwirken beim Herbeiführen besonderer Planungsentscheidungen		
	3.7	Kosten	⇨ Kostenermittlung u.-steuerung unter besond. Anforderung. u. Zielsetzungen		
	3.8	Termine	⇨ Terminsteuerung unter besonderen Anforderungen und Zielsetzungen		

	4	GENEHMIG.-PLANUNG			
G	4.1	Organisation	⇨ Mitwirken beim Einholen der erford. bauordnungsrechtl. Genehmigungen		
B	4.5	Organisation	⇨ Mitwirken beim Bearbeiten von öffentlich-rechtlichen Angelegenheiten		
			⇨ Mitwirken beim Wahrnehmen von Widerspruchs- und Einspruchsmöglichkeiten im Genehmigungsverfahren		

	5	AUSFÜHR.-PLANUNG			
Grundleistungen	5.1	Organisation	⇨ Fortschreiben der Dokumentation im Projekthandbuch		
			⇨ Mitwirken bei der laufenden Information des Auftraggebers		
	5.2	Projektdefinition	⇨ Überprüfung der Planungsergebnisse auf Einhaltung der Projektziele und evtl. Änderung		
		(Qualität / Quantität)	⇨ Überprüfen der Ergebnisse der Ausführungsplanung + evtl. Änderungen zur Optimierung von Bauelementen in wirtschaftlicher Hinsicht		
			⇨ Herbeiführen der erforderlichen Entscheidungen des Auftraggebers zur Ausführungsplanung (incl. Bemusterungen etc.)		
	5.3	Kosten	⇨ Mitwirken beim Fortschreiben der Kostenberechnung unter Einbeziehung der Ergebnisse der Ausführungsplanung		
			⇨ Überprüfen der voraussichtlichen Baunutzungskosten		
			⇨ Fortschreiben der Mittelbereitstellung		
	5.4	Termine	⇨ Fortschreiben der General- und Grobterminplanung für die Planung und Ausführung, so wie der Detailterminplanung für die Planung		
			⇨ Aufstellen und Abstimmen der Detailterminplanung für die Ausführung		
Besondere Leistungen	5.5	Organisation	⇨ Besondere Berichterstattung in Auftraggebergremien oder sonstigen Gremien		
	5.6	Projektdefinition (Qualität / Quantität)	⇨ Fortschreiben des Gebäude- und Raumbuches unter Einbeziehung der Ergebnisse der Ausführungsplanung		
	5.7	Kosten	⇨ Kostenermittlung u. -steuerung unter bes. Anforderungen und Zielsetzungen		
	5.8	Termine	⇨ Terminsteuerung unter besonderen Anforderungen und Zielsetzungen		

	6	VORBEREITUNG VERGABE			
Besondere Leistungen	6.1	Organisation	⇨ Fortschreiben des Projekthandbuches, insbesondere im Hinblick auf Leistungsabgrenzungen und Vergabeeinheiten		
			⇨ Mitwirken bei der laufenden Information des Auftraggebers		
	6.2	Projektdefinition (Qualität / Quantität)	⇨ Mitwirken bei der Aufstellung einheitlicher Verdingungsunterlagen für alle Leistungsbereiche		
			⇨ Prüfen der Leistungsbeschreibungen und Mengenermittlungen der Objekt- und Fachplaner auf Plausibilität, ggf. Veranlassen von Änderungen und Anerkennen der Versandfertigkeit		
			⇨ Bearbeitung von Nachtragsforderungen (keine juristische Beratung)		
	6.3	Kosten	⇨ Vorgabe der Sollwerte für Vergabeeinheiten		
	6.4	Termine	⇨ Vorgabe der Vertragstermine und -fristen für die Besonderen Vertragsbedingungen (BVB) der Ausführungs- und Lieferleistungen		
			⇨ Fortschreiben der General-, Grob- und Detailterminplanung		
Grundleistungen	6.5	Organisation	⇨ Besondere Berichterstattung in Auftraggebergremien oder sonstigen Gremien		
			⇨ Versand der Ausschreibungsunterlagen		
			⇨ Kontenführung für Kostenerstattungen der Ausschreibungsunterlagen		
	6.8	Termine	⇨ Ermitteln von Termindaten zur Bieterbeurteilung (erf. Personal-, Maschinen- und Geräteeinsatz nach Art, Umfang und zeitlicher Verteilung)		

	7	MITWIRKUNG VERGABE			
Grundleistungen	7.1	Organisation	⇨ Fortschreiben des Projekthandbuches		
			⇨ Mitwirken bei der laufenden Information des Auftraggebers		
	7.2	Projektdefinition	⇨ Überprüfen der Angebotsauswertungen in technisch-wirtschaftlicher Hinsicht		
		(Qualität / Quantität)	⇨ Beurteilen der unmittelbaren und mittelbaren Auswirkungen von Alternativangeboten auf die Einhaltung der Projektziele		
			⇨ Mitwirken bei Vergabeverhandlungen bis zur Auftragsreife		
			⇨ Mitwirken bei der Beauftragung der Ausführungs- und Lieferleistungen		
			⇨ Bearbeitung von Nachtragsforderungen (keine juristische Beratung)		
	7.3	Kosten	⇨ Überprüfen der vorliegenden Angebote im Hinblick auf die vorgesehenen Kostenziele (Kostendeckung) u. Beurteilung der Angemessenheit der Preise		
			⇨ Überprüfen und Abstimmen der Kostenanschläge der Objekt- u. Fachplaner		
	7.4	Termine	⇨ Überprüfen der vorliegend. Angebote i. Hinblick auf vereinbarte Terminziele		
			⇨ Fortschreiben Detailterminplanung der Ausführung		
Besondere Leistungen	7.5	Organisation	⇨ Mitwirken beim Veranlassen und Abstimmen besonderer Anpassungsmaßnahmen zur Sicherung der Projektziele		
			⇨ Besondere Berichterstattung in Auftraggebergremien oder sonstigen Gremien		
			⇨ Durchführen der Submission		
	7.6	Projektdefinition (Qualität / Quantität)	⇨ Mitwirken beim Einholen zusätzlich erforderlicher Genehmigungen beim Auftraggeber zur Beauftragung der Ausführungs- und Lieferleistungen		
	7.7	Kosten	⇨ Kostensteuerung unter besonderen Anforderungen und Zielsetzungen		
	7.8	Termine	⇨ Terminsteuerung unter besonderen Anforderungen und Zielsetzungen		

	8	OBJEKT-ÜBERWACHUNG			
Grundleistungen	8.1	Organisation	⇨ Fortschreiben des Projekthandbuches ⇨ Bearbeitung von Nachtragsforderungen (keine juristische Beratung) ⇨ Mitwirken beim Durchsetzen von Vertragspflichten gegenüber den an der Projektausführung Beteiligten ⇨ Mitwirken bei der laufenden Information des Auftraggebers ⇨ Mitwirken bei der organisatorischen Vorbereitung und Abwicklung von Veranstaltungen wie Grundsteinlegung, Richtfest oder Einweihung etc. ⇨ Mitwirken bei der organisatorischen und administrativen Konzeption und Durchführung der Übergabe / Übernahme ⇨ Mitwirken beim Einweisen des Bedienungs- und Wartungspersonals für betriebstechn. Anlagen		
	8.2	Projektdefinition (Qualität / Quantität)	⇨ Prüfen von Ausführungsänderungen, ggf. Revision von Qualitätsstandards nach Art u. Umfang in Abstimmung mit Nutzer-Gremien ⇨ Veranlassen und Mitwirken bei den erforderl. behördlichen Abnahmen, Endkontrollen und / oder Funktionsprüfungen ⇨ Mitwirken bei der rechtsgeschäftlichen Abnahme der Ausführungsleistungen ⇨ Prüfen der Gewährleistungsverzeichnisse		
	8.3	Kosten	⇨ Kostensteuerung zur Einhaltung der Projektziele ⇨ Nachprüfen, Anerkennen und Freigabe von Firmenrechnungen zur Zahlung ⇨ Mitwirken beim Nachprüfen von Nachtragsforderungen der ausführenden Firmen und Klärung der Kostendeckung ⇨ Aufstellen bzw. Prüfen der Kostenfeststellungen der Objekt- und Fachplaner ⇨ Mitwirken bei der Mittelbewirtschaftung, Budgetüberwachung ⇨ Nachprüfen der Freigabe von Schlussrechnungen zur Zahlung sowie Freigabe von Sicherheitsleistungen		
	8.4	Termine	⇨ Überprüfen der Übereinstimmung der Detailterminplanung Ausführung mit den Terminplänen der Firmen, ggf. Anpassen ⇨ Terminsteuerung der Ausführung zur Einhaltung der Terminziele		
Besondere Leistungen	8.5	Organisation	⇨ Veranlassen besonderer Abstimmungsverfahren zur Sicherung der Projektziele ⇨ Mitwirken bei Vergleichen, Konkursen, Pfändungen, Abtretungen etc. ⇨ Mitwirken beim Einleiten und Bearbeiten von Beweissicherungsverfahren ⇨ Mitwirken bei der Bearbeitung von Forderungen Dritter ⇨ Mitwirken bei der Zusammenstellung der Bestandsunterlagen der ausführenden Firmen ⇨ Besondere Berichterstattung in Auftraggebergremien oder sonstigen Gremien		
	8.6	Projektdefinition (Qualität / Quantität)	⇨ Mitwirkung beim Herbeiführen besonderer Ausführungsentscheidungen des Auftraggebers ⇨ Veranlassen oder Durchführen von Sonderkontrollen bei der Ausführung		
	8.7	Kosten	⇨ Kostensteuerung unter besonderen Anforderungen und Zielsetzungen		
	8.8	Termine	⇨ Terminsteuerung unter besonderen Anforderungen und Zielsetzungen		

	9	DOKU-MENTATION			
Grundleistungen	9.1	Organisation	⇨ Mitwirken bei der laufenden Information des Auftraggebers ⇨ Mitwirken beim systematischen Zusammenstellen und Archivieren der Bauakten inkl. Projekthandbuch ⇨ Überwachung der Gewährleistungsabwicklung ⇨ Mitwirken bei der Überleitung des Bauwerks in die Bauunterhaltung		
	9.2	Projektdefinition (Qualität / Quantität)	⇨ nicht belegt		
	9.3	Kosten	⇨ Abschließende Aktualisierung der Baunutzungskosten ⇨ Zusammenstellen der Verwendungsnachweise ⇨ Mitwirken beim Aufbereiten des Zahlungsmaterials für eine Objektdatei ⇨ Mitwirken bei der Ermittlung und Kostenfeststellung zu Kostenrichtwerten ⇨ Mitwirken bei der Freigabe von Sicherheitsleistungen		
	9.4	Termine	⇨ Veranlassen der Terminplanung und -steuerung zur Inbetriebnahme bis Vollbetrieb		
Besondere Leistungen	9.5	Organisation	⇨ Prüfen von Wartungsverträgen für die Technische Ausrüstung ⇨ Prüfen von Energielieferverträgen ⇨ Vertragsrechtliches Mitwirken bei der Übergabe / Übernahme schlüsselfertiger Bauten ⇨ Organisatorische und baufachliche Unterstützung gerichtlicher und außergerichtlicher Verfahren ⇨ Gesamtkomplex Umzugsplanung ⇨ Organisatorische und baufachliche Unterstützung bei Sonderprüfungen ⇨ Besondere Berichterstattung beim Auftraggeber zum Projektabschluss		
	9.6	Projektdefinition (Qualität / Quantität)	⇨ Mitwirken bei der abschließenden Aktualisierung des Gebäude- und Raumbuches zum Bestandsgebäude- und Bestandsraumbuch ⇨ Überwachen von Mängelbeseitigungsleistungen außerhalb der Gewährleistungsfristen		
	9.8	Termine	⇨ Terminplanung zur Übergabe / Übernahme und Inbetriebnahme / Nutzung		

Bild 2.5 Beispiel für mögliche Leistungsspektren für Projektmanagement/Projektsteuerung im beschleunigten Ablauf

Aufgabenverteilungsbeispiel Bauherr/PM/Planer

Für alle HOAI-Leistungen ist in der Spalte Grundleistungen / Besondere Leistungen die zugehörige Leistungsphase mit ihrer Nr. angegeben; außerdem ist gekennzeichnet, ob es sich um eine Grundleistungen („G") oder um eine Besondere Leistung („B") handelt.

Nr.	Leistungsbeschreibung	Leistung Bauherr	Leistung PM	Leistung Planer	Grundleistungen/ Beson. Leistungen	Bemerkungen
PROJEKTABSCHNITT 0: VORLEISTUNGEN, ANALYSE						
A.01	Marktanalyse	X	mitwirken	beraten		
A.02	Konkurrenzanalyse	X	mitwirken	beraten		
A.03	Vermarktungsstrategie	X	mitwirken	beraten		
A.04	Standortbetrachtung	Nutzerwünsche klären	X	beraten		inkl. Baurechtsanalyse
A.05	Betriebs- und Organisationsberatung	Basisdaten beschaffen (vom Nutzer)	X			
A.06	Bedarfsprogramm erstellen	X	beraten			
A 07	Kosten- und Terminüberlegungen anstellen	X	beraten	beraten		
A.08	Renditeabschätzung	X	beraten	beraten		
A.09	Vorbereitungen für Bebauungsstudien		X			
A.10	Festlegung der Abwicklungsvariante	X	beraten			

Nr.	Leistungsbeschreibung	Leistung Bauherr	Leistung PM	Leistung Planer	Grundleistungen/ Besond. Leistungen	Bemerkungen
PROJEKTABSCHNITT I: PROJEKTENTWICKLUNG (INKL. GRUNDLAGENERMITTLUNG, HOAI-Leistungsphase 1)						
B.01	Auftrag Bauliche Lösung (Bebauungskonzept)	Auftrag an PM				
B.02	Klären der Aufgabenstellung		X		1G	
B.03	Beraten zum gesamten Leistungsbedarf		X		1G	
B.04	Aufstellen eines Funktions-programms	Nutzeranga-ben liefern	X		1B	
B.05	Aufstellen eines Raumprog-ramms	HNF + NNF vom Nutzer	X		1B	
B.06	Betriebsplanung		X		1B	
B.07	Bestandsaufnahme		X		1G	
B.08	Untersuchungen zum Ge-bäudebestand und Gebäu-dewert		X			
B.09	Standortanalyse	beraten	X	beraten		
B.10	Prüfen der Umwelterheblich-keit und Umweltverträglich-keit		X		1B	inkl. Altlasten
B.11	Baugrunderkundungen		X			
B.12	Untersuchungen zur Ver-kehrsanbindung		X			
B.13	Qualitäts- und Kostenvorga-ben	Nutzerwün-sche klären	X	beraten		
B.14	Bauliche Lösung (Be-bauungskonzept) erstellen mit Kennzahlen und Kosten-überschlag		X	beraten		alternative Standorte / alternative Lösungen für einen Standort
B.15	Fachbezogene Nutzungs-kostenermittlungen	Nutzeran-gaben liefern	X			
B.16	Renditeberechnung	X	beraten	beraten		
B.17	Rahmenterminplan erstellen	Nutzerwün-sche klären	X	beraten		
B.18	Formulieren von Entschei-dungshilfen für die Auswahl anderer an der Planung fachlich Beteiligter		X		1G	
B.19	Vermarktungsstrategie über-prüfen	X	mitwirken	beraten		
B.20	Zusammenfassen der Er-gebnisse, Bewertung der Alternativen + Entschei-dungsempfehlung		X		1G	
B.21	Freigabe der Baulichen Lö-sung	X				Ergebnisfreigabe als Basis für die nächste Phase

Nr.	Leistungsbeschreibung	Leistung Bauherr	Leistung PM	Leistung Planer	Grundleistungen/ Besond. Leistungen	Bemerkungen
PROJEKTABSCHNITT II: VORPLANUNG (HOAI-Leistungsphase 2)						
C.01	Auftrag Vorplanung (Bebauungsvorschlag)	Auftrag an PM	Auftrag an Planer			
C.02	Analyse der Grundlagen			X	2G	
C.03	Abstimmen der Zielvorstellungen (Randbedingungen, Zielkonflikte)	X	X	X	2G	
C.04	Aufstellen eines planungsbezogenen Zielkatalogs (Programmziele)			X	2G	
C.05	Arch.-Wettbewerbe vorbereiten		X			Sonderfall !
C.06	Vorplanung Kommunikations- und Medientechnik	Nutzerwünsche sammeln	Planungsvorgaben	X		
C.07	Vorplanung Fernmeldestromversorgungsanlagen (ab Schnittstelle Niederspannungsverteilung)			X		
C.08	Vorplanung verschiedener Service- und Bewirtschaftungsprodukte			X		
C.09	Vorplanung erstellen			X	§15, 2G	
C.10	Kostenschätzung nach DIN 276, mindestens 2. Gliederungsstufe			X	2G	
C.11	Untersuchung von Lösungsmöglichkeiten nach grundsätzlich verschiedenen Anforderungen			X	2B	
C.12	Ergänzen der Vorplanungsunterlagen aufgrund besonderer Anforderungen			X	2B	
C.13	Aufstellung einer Bauwerks- und Betriebskosten-Nutzen-Analyse			X	2B	
C.14	Durchführen Bauvoranfrage			X	2B	
C.15	Aufstellen eines Zeit- und Organisationsplans (Grobterminplan)	Kundenwünsche klären	mitwirken	X	2B	
C.16	Anfertigen von Darstellungen durch besondere Techniken, z. B. Perspektiven, Muster, Modelle			X	2B	
C.17	Wahrnehmung der Bauherrneigenschaft		X			

Nr.	Leistungsbeschreibung	Leistung Bauherr	Leistung PM	Leistung Planer	Grundleistungen/ Besond. Leistungen	Bemerkungen
C.18	Fortschreiben der Termin-, Kosten- und Qualitätsziele	Kundenwünsche klären	X			
C.19	Abnahme der Vorplanung	X	X			siehe Checkliste
C.20	Vermarktungskonzept prüfen	X	beraten	beraten		ggf. Revision
C.21	Freigabe der Vorplanung	X				siehe Checkliste
PROJEKTABSCHNITT III: BAUVORBEREITUNG (HOAI, Leistungsphase 3 + 4 + Teile von 5–7)						
D.01	Auftrag Bauvorbereitung	Auftrag an PM	Auftrag an Planer			
D.02	Qualitäten festschreiben	Abstimmung mit Nutzer	X			
D.03	Entwurfsplanung erstellen			X	3G	
D.04	Kostenberechnung nach DIN 276, mindestens 3. Gliederungsstufe erstellen			X	3G	
D.05	Kostenberechnung prüfen		X			
D.06	Genehmigungsplanung erstellen + einreichen			X	4G	
D.07	Ausführungsplanung erstellen (für Hauptgewerke)			X	5G	
D.08	Ausführungsplanung beginnen (für alle übrigen Gewerke)			X	5G	
D.09	Planung Kommunikations- und Medientechnik	Nutzerwünsche sammeln		X		
D.10	Planung Fernmeldestromversorgungsanlagen (ab Schnittstelle Niederspannungsverteilung)			X		
D.11	Planung verschiedener Service- und Bewirtschaftungsprodukte		X	X		
D.12	Leistungsverzeichnisse erstellen (für Hauptgewerke)			X	6G	
D.13	Kostenbudget erstellen (Umsortierung nach Vergabeeinheiten)		X	X	7G	Umsortierung Kostenberechnung
D.14	Angebote einholen und Vergabe vorbereiten (für Hauptgewerke)			X	7G	
D.15	Deckungsnachweis für beabsichtigte Vergaben (Hauptgewerke)		X	X	7G	

Nr.	Leistungsbeschreibung	Leistung Bauherr	Leistung PM	Leistung Planer	Grundleistungen/ Besond. Leistungen	Bemerkungen
D.16	Freigabe der Bauvorbereitung	X	X			wenn Planungs-, Kosten-, Terminziele eingehalten, von PM, sonst von BH
D.17	Planung Raumbelegung zur Vorbereitung des Umzugs	Nutzerwünsche sammeln	X			
PROJEKTABSCHNITT IV: AUSFÜHRUNG [HOAI-Leistungsphasen 5–7 (Restleistungen) + 8 + 9]						
E.01	Auftrag Ausführung	an PM erteilen, wenn Planungs-Termin- oder Kostenziele überschritten, sonst nur Freigabe	Planungsaufträge erteilen	X		
E.02	Aufträge Bauausführung vergeben (für Hauptgewerke)		X	X	7G	
E.03	Ausführungsplanung fertigstellen (für restliche Gewerke)			X	5G	
E.04	Leistungsverzeichnisse erstellen (für restliche Gewerke)			X	6G	
E.05	Angebote einholen und Vergabe vorbereiten (restliche Gewerke)			X	7G	
E.06	Deckungsnachweis für beabsichtigte Vergaben (für restliche Gewerke)		X	X	7G	
E.07	Aufträge Bauausführung vergeben (für restliche Gewerke)			X	7G	
E.08	Ausführung überwachen			X	8G	
E.09	Kommunikations- und medientechnische Anlagen in Auftrag geben + überwachen			X		
E.10	Fernmeldestromversorgungsanlagen in Auftrag geben + überwachen			X		
E.11	Einweisung vornehmen			X		in Anlagen der technischen Ausrüstung
E.12	Abnahmen durchführen	X	begleiten	X	8G	Gewerkeabnahmen nach VOB
E.13	Vorhaben übergeben			X		
E.14	Vorhaben übernehmen	X	X			

Nr.	Leistungsbeschreibung	Leistung Bauherr	Leistung PM	Leistung Planer	Grundleistungen/ Besond. Leistungen	Bemerkungen
E.15	Teilschlussrechnung / Schlussrechnung zusammenstellen			X	8G	
E.16	Teilschlussrechnung / Schlussrechnung prüfen / freigeben		X			
E.17	Dokumentation erstellen		X	X	8G/ 9G	
E.18	Mängel beseitigen lassen			X	8G	
E.19	Gewährleistung überwachen			X	9G	
E.20	Grundstück katasteramtlich eintragen lassen		X			
F: ABSCHNITTSÜBERGREIFENDE LEISTUNGEN						
F.01	Projektsteuerung/-management		X			einschl. delegierbare Bauherrnaufgaben
F.02	Wahrnehmung nicht delegierbarer Bauherrnaufgaben	X				
F.03	Vorhaben zwischen Kunden und Bauausführenden koordinieren	X	X			
F.04	Projekthandbuch führen + fortschreiben		X	X		
F.05	Betriebsablauf sicherstellen		mitwirken	mitwirken		Aufgabe Kunde
F.06	Sicherungsmaßnahmen durchführen			X		
F.07	Projektfortgang sicherstellen	X	X	X		
F.08	Nachbarrechtliche Belange wahrnehmen		X			

Quellenangaben zu Kapitel 2

[1] DIN 69900 ff.

[2] Stark, Kh.: Life Cycle Cost von Bauprojekten, in: Symposium Life Cycle Cost, GPM, München, 1985

[3] Projektmanagement Fachmann, RKW/GPM, Eschborn, 2. A., 2001

[4] Untersuchungen zum Leistungsbild, zur Honorierung und zur Beauftragung von Projektmanagement-Leistungen in der Bau- und Immobilienwirtschaft, Nr. 9 der Schriftenreihe des AHO, Bonn, 2004

3 Bauprojektorganisation

3.1 Ziele der Bauprojektorganisation

Im systemtheoretischen Ansatz besteht ein *System* aus Elementen und deren Beziehungen oder Verknüpfungen. Organisation strukturiert Systeme und sichert deren Funktion. Bauprojekte können, ebenso wie Unternehmungen, als System aufgefasst werden. In der stationären Industrie regelt die Organisation hauptsächlich das Zusammenspiel von Verantwortlichen mit dem Ziel der nachhaltigen Gewinnerwirtschaftung. Bei Bauprojekten sind die Anforderungen an die Organisation noch komplizierter: Die Realisierung von Vorhaben hat unterschiedliche Stadien, die sich jeweils in der Organisation niederschlagen müssen. So wie das Bauprojekt jeweils ein einmaliges Projekt ist, muss auch die Bauprojektorganisation individuell auf das jeweilige Vorhaben und die jeweilige Phase zugeschnitten sein.

Aufgaben der Bauprojektorganisation sind:
- Planen, Abstimmen und Festlegen der Elemente (Handlungen, Vorgänge) und deren Beziehungen
- Aufstellen von Projektstrukturen
- Planen, Abstimmen und Festlegen der Aufbauorganisationen
- Planen, Abstimmen und Festlegen der Abläufe
- Entwickeln von Dokumentationssystemen und Veranlassung deren Führung
- Kontrolle und Dokumentation der Organisationsentwicklung

3.2 Projektstrukturierung

Die Projektstrukturierung besteht aus drei wesentlichen Elementen
- Projektstrukturplan
- Leistungsübersicht
- Erarbeitung eines Ordnungs- und Kennzeichnungssystems

Der **Projektstrukturplan** gliedert das Gesamtvorhaben in Teilaufgaben nach einer auszuarbeitenden Hierarchie. Diese Gliederung kann entweder objektorientiert geschehen, z. B. nach Bauteilen, oder funktionsorientiert (z. B. nach Planungsschritten). In der Praxis treten häufig Mischformen aus objektorientierter und funktionsorientierter Gliederung auf.

Eine mögliche Projektstrukturplanung von Hochbauten wird in der DIN 276 *Kosten im Hochbau* (aktuelle Ausgabe 2006, mit Korrektur 2007) genannt.

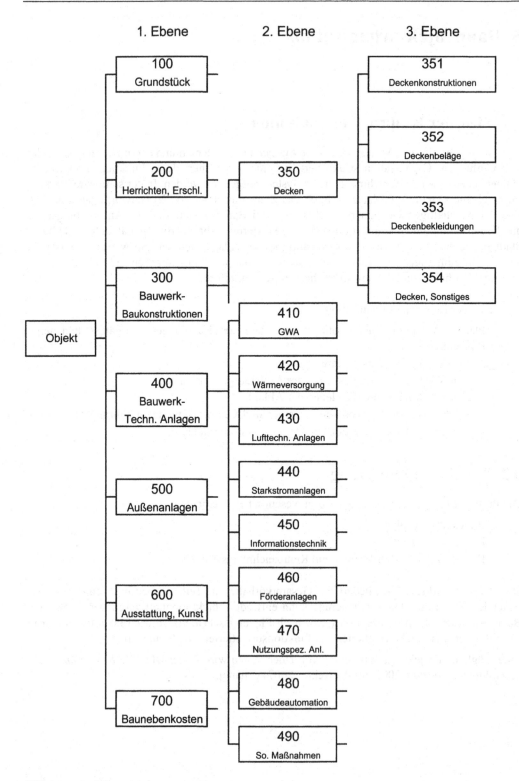

Bild 3.1   Projektstrukturierung der DIN 276 (Auszug)

Ziel einer solchen Projektstruktur ist es, das Vorhaben in überschaubare Einzelpakete aufzuteilen. Die unterste Ebene der Aufteilung ist dann ein eingeordnetes, nachvollziehbares und kontrollierbares Arbeitspaket. Vom Projektstrukturplan wird daher auch von einer Arbeitspaketstruktur (englisch: work breakdown structure = WBS) gesprochen.

Ein Arbeitspaket in einem Bauprojekt kann eine Einzelausschreibung sein oder ein Planervertrag. Zur Übersichtlichkeit werden die Rahmendaten zusammengefasst, z. B. auf einem DIN-A-4-Blatt mit folgenden Angaben

- Benennung und Nummerierung des Arbeitspakets
- Kurzbeschreibung der Leistung mit gewünschten Ergebnissen
- Kostenrahmen
- Terminrahmen
- Bearbeitungsstand
- Verantwortlichkeiten
- Vernetzungsangaben zu anderen Arbeitspaketen

Diese verbalen Angaben können durch graphische Darstellungen, z. B. Kostenfortschrittskurven, ergänzt werden.

Der Projektstrukturplan selbst besteht aus einer graphischen Darstellung seiner Elemente als Blockdiagramm und/oder einer hierarchisch geordneten Auflistung der Arbeitspakete.

Ein weiteres Mittel, parallel zum Projektstrukturplan einsetzbar, ist die **Leistungsübersicht**. Gemeint ist damit eine Leistungsmatrix, beispielsweise gegliedert nach Bauteilen/Elementen und Gewerken. In dieser Leistungsübersicht ist zusammen mit einer Liste der beteiligten Planer und Ansprechpersonen festgehalten, wer welche Aufgaben zu lösen hat. In der Praxis trifft man diese Leistungsmatrizen vor allem im Bereich der Planung an. Ausführungsleistungen werden meist – schon aus Platzgründen – in Listenform für die einzelnen Vergabeeinheiten dargestellt.

Leistungsgliederung nach HOAI		Beteiligte	Leistungsphase nach HOAI									
			0	1	2	3	4	5	6	7	8	9
§ 31	Projektmanagement	PM-Büro XX	V	V	V	V	V	V	V	V	V
§ 15	Gebäude	Architekt XX	V	V	V	V	V	V	V	V	V
§ 15	Freianlagen	Freiflächenplaner XX	V	V	V	V	V	V	V	V	V
§ 64	Tragwerk	Tragwerksplaner XX	V	V	V	V	V	V	V	V	V
§ 68	**Technische Ausrüstung**											
§ 68.1	GWA-Anlagen	Haustechniker 1	V	V	V	V	V	V	V	V	V
§ 68.2	**WBR-Anlagen**											
§ 68.2.1	WB-Anlagen	Haustechniker 1	V	V	V	V	V	V	V	V	V
§ 68.2.2	Lüftungsanlagen	Haustechniker 2	V	V	V	V	V	V	V	V	V
§ 68.2.3	RLT-Klima	Haustechniker 2	V	V	V	V	V	V	V	V	V
§ 68.2.4	RLT-Kälte	Haustechniker 2	V	V	V	V	V	V	V	V	V
§ 68.3	**ELT-Anlagen**											
§ 68.3.1 und .2	ELT-Anlagen	Haustechniker 3	V	V	V	V	V	V	V	V	V
§ 68.3.3	Fernmeldeanlagen	Haustechniker 3	V	V	V	V	V	V	V	V	V
§ 68.3.4	ELT Schwachstrom	Haustechniker 3	V	V	V	V	V	V	V	V	V
§ 68.4	Aufzugsanlagen	Haustechniker 3	V	V	V	V	V	V	V	V	V
§ 78	Wärmeschutznachweis	Tragwerksplaner XX			M		V				
	Brandschutznachweis	Tragwerksplaner XX			M			V			
GebOPI Prüfstatik		N.N.					V	V			B
§ 92	Baugrunduntersuchung	N.N.			V					M	M
§ 92	Grundwasser	N.N.			V					M	M
§ 96	Vermessung	N.N.			V			M			M
§ 81	Bauakustik (Immission)	Schalltechniker XX			V	V			M	M	B	M

V = verantwortliche Leistung, M = mitwirkende Leistung, B = beratende Leistung, jeweils für den vertraglichen Leistungsbereich

Bild 3.2 Beispiel für eine Leistungsmatrix von Planungsaufgaben

Schnittstellen der Abwicklung sind insbesondere bei komplexen Aufgaben zu präzisieren. Deren Definition und Verfolgung sind eine maßgebliche PM-Leistung.

KLINIKUM XX – NEUBAU DER INNEREN MEDIZIN
SCHNITTSTELLENKATALOG Stand dd.mm.yyyy (Auszug)

lfd. Nr.	Leistung	Architekt P	A	B	Trag-werkplg. P	A	B	H/L/S (REA) P	A	B	Elektro-planer P	A	B	Info.-u. Kommun planer P	A	B	Küchen-planer P	A	B	Medizin-technik P	A	B	Freianlg. Planer P	A	B	Sonstige P	A	B	Bemerkung / LV-Zuordnung
	Aussparungen > 20/20 cm in Beton / Mauerwerk																													
0 1	Lage + Grösse prüfen und in den Schalplan aufnehmen	K						V			V			V			V			V									
0 2	Einbauteile	X	X	X	X			V	M	V	V	M	V	V	M		V			V									
0 3	Aussparung herstellen	X	X	X	X	X		V	V	V	V	V		V	V		V			V									
0 4	Aussparungen schliessen (o. ELT)	X	X	X	X	X				V								V			V									
0 5	Brandschotts Elektro schliessen											X	X			M			M			M								
	Aussparungen in GK-Wänden																													
0 1	Anzahl, Lage + Grösse	X	X	X				V			V			V			V			V										Trockenbauarbeiten
0 2	notwendige Traversen + Verstärkungen	X	X	X				V			V			V			V			V										
0 3	Bohrungen für Schalter, Steckdosen	K									X	X	X																	Elektro
0 4	Einbaurahmen	K						X	X	X	X	X	X																	
0 5	Brand- und schallschutztechnisches Schließen	M	M					X	X	X	X	X	X	V	V											V	V			beim jeweiligen Gewerk
	Hofentwässerung																													
0 1	Entwässerung							M															X	X	X					
0 2	Anschluss an Entwässerung							M															X	X	X					
0 3	Gullies, Abläufe + Eimer																						X	X	X					
	Hohlraumboden HoBo																													
0 1	analog DoBo																													
	Hubschrauberlandeplatz																													
0 1	Hindernisbefeuerung										X	X	X																	
0 2	→ Nachführung Gutachten	X	X	X										X												V	V			Bauherr
	Innenhofbegrünung																													
0 1	Dachbegrünung	M	M																				X	X	X					
0 2	Dachabdichtung, Wurzelschutz	X	X	X																			X	X	X					
	Küche																													
0 1	Lüftung, Sanitär- und RLT-Anschlüsse bis Armatur	K						X	X	X	X	X	X				V	V	M											
0 2	Elektroverkabelung und Anschlüsse bis Armatur	K						X	X	X	X	X	X				V	V	M											
0 3	Abzugshaube	K															V	V	M											Nach Rücksprache mit Hr. xy am dd.mm.yy bei REA
0 4	Anschluss der Geräte	K															X	X									V			
0 5	Bauphysik	K															X	X									V			WBI
0 6	Brandschutz	K															X	X									V			WBI
0 7	Arbeitsschutz	K															X	X									V			Vers. / GWA/ BGS

Bild 3.3   Beispiel für einen Schnittstellenkatalog (Auszug)
P = Planung;   A = Ausschreibung;   B = Bauleitung;   X = Zuständigkeit;
V = Vorgaben; M = Mitwirken;   K = Koordination

Besonders bei größeren Bauvorhaben ist ein **Ordnungs- und Kennzeichnungssystem** unerlässlich. Jedes Schriftstück, jeder Plan und jedes Bauteil wird dabei mit einer Bezeichnung und/oder Nummer versehen. Damit soll eine eindeutige Identifizierung i. S. einer Ident-Nr. ermöglicht werden. Diese Schlüssel müssen zu Beginn gut überlegt werden, damit das einzelne Element später wiedergefunden werden kann.

Ein Beispiel hierfür ist die Dokumentation eines Großprojektes mit folgenden Angaben (alphanumerischer Schlüssel) für

- Zone
- Ebene
- Sachgruppe
- Ansprechcode
- Verfasser
- Art der Unterlage
- Nummer
- Datum
- Index

Diese (datenbankfähigen) Gliederungen lassen sich beliebig ausweiten, wobei ein (zu) langer Schlüssel aus Gründen der Handhabbarkeit nicht ratsam ist.

3.3 Aufbauorganisation

Die Aufbauorganisation stellt die Organisationsstruktur des Vorhabens dar. Diese Organisation hängt wesentlich von der Abwicklungsvariante ab, ob z. B. Generalplaner und/oder Generalunternehmer zum Einsatz kommen, und wie die Rolle des Projektmanagements gewählt wurde.

Die Verbindung der Organisationseinheiten stellt allgemein die hierarchische Ordnung von Organisationen dar. Bei Bauprojekten sind mehrere Dimensionen zu beachten. Jede projektbeteiligte Institution wird ihre vertragliche Bindung mit dem Bauherrn bzw. seiner Beauftragten besitzen. Gleichzeitig wird es zum Teil andere Beziehungen der fachlichen Weisung geben, beispielsweise vom Objektüberwacher zur ausführenden Firma in rein technischen Belangen. Dieses Problem löst man durch differenzierte Darstellungen.

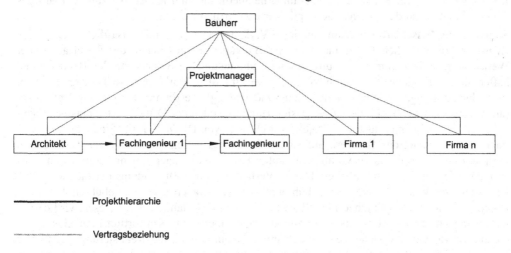

Bild 3.4 Darstellung von Aufbauorganisationen

Ein Organigramm für die Aufbauorganisation eines Bauvorhabens reicht zur Darstellung der Organisationsstruktur nicht aus. Zu präzisieren sind darüber hinaus noch Daten der Projektbeteiligten, der zugeordneten Aufgaben und der jeweiligen Kompetenzen. Ausgangspunkte dafür sind die folgenden grundsätzlichen Organisationsvarianten.

Projektsteuerung/Projektmanagement: Diese Funktion kann beim Bauherrn integriert sein. Üblich ist, vor allem bei Großbauvorhaben, die Einschaltung einer eigenen Projektmanagementstelle mit definierten Weisungsfunktionen, die namens und auf Rechnung des Bauherrn arbeitet. Sie übernimmt damit einen hohen Anteil der Projektleitungsfunktion. Unabhängig davon sind die nachfolgenden Organisationsvarianten für Planung und Realisierung.

Als **konventionelle Organisation** bezeichnet man die Realisierung des Projektes mit Einzelplanern, beispielsweise für Architektur, Heizung, Lüftung, Sanitär usw. und mit Einzelunternehmern.

Bei Einsatz von **Generalplanern** werden die Planungsaufgaben ganz oder teilweise an einen Auftragnehmer vergeben. Dieser Auftragnehmer sorgt dann seinerseits für die Koordination der Planungsleistungen.

Von **Generalunternehmern** (GU) spricht man dann, wenn alle Gewerke oder die überwiegende Anzahl der Gewerke zur Ausführung an einen Unternehmer gegeben werden, der eigene Ausführungskompetenz besitzt. Fallweise werden auch Planungsaufgaben (z. B. Schal- und Bewehrungspläne) vom Generalunternehmer übernommen.

Totalunternehmer (TU) bearbeiten ab einer zu definierenden Phase die gesamte Planung und Ausführung.

Generalübernehmer (GÜ) übernehmen im Rahmen des definierten Projektziels die Planung **und** Ausführung der Bauleistungen. Die Zielformulierung kann hier in funktionalen Vorgaben, ggf. ergänzt durch Planungen (von Vorplanung bis hin zur Genehmigungsplanung) bestehen. Generalübernehmer sind in der Regel reine Organisationseinheiten, die Planung, Projektsteuerung bzw. -management und Ausführung übernehmen und dann weitervergeben.

Die Abgrenzung von Generalunternehmer, Totalunternehmer und Generalübernehmer (manchmal auch: Totalübernehmer) ist in der Praxis fließend.

Bauträger sind vergleichbar mit Generalübernehmern. Sie sind jedoch bis zum Verkauf des Objekts Bauherr mit der Übernahme sämtlicher Bauherrnaufgaben.

Sonder- und Zwischenformen sind in vielen Varianten anzutreffen. Der **Baubetreuer** ist eine Zwischenform zwischen Projektmanager und Bauträger. Er arbeitet in der Regel auf reiner Werkvertragsbasis, kümmert sich um sämtliche administrativen Belange für den Bauherrn und haftet für das Erreichen des vereinbarten Preises. Im **BOT** Build-Operate-Transfer Konzept stellt der Auftraggeber lediglich den Baugrund und ggf. bestimmte Rechte zur Verfügung (auch: Konzessionsmodell oder DBO Design Build Operate oder DBOT inkl. Transfer. Finanziert der Auftragnehmer auch das Projekt, spricht man von DBOFT; F für Finance). Der Auftragnehmer errichtet das Bauwerk auf eigene Rechnung, betreibt es über einen vereinbarten Zeitraum und übergibt es zu vorab bestimmten Konditionen, nach einem vereinbarten Zeitraum, wieder an den Auftraggeber. Dieses Verfahren findet Anwendung beispielsweise bei Kranken- und Warenhäusern, bei gebührenpflichtigen Straßen und bei gebührenpflichtigen Brücken. Simultaneous Engineering (**SE**) ist eine weitere Variante. Im Bauwesen wird darunter verstanden, dass Auftraggeber und ein Auftragnehmer (bzw. Konsortium) gemeinsam ein Objekt entwickeln, möglicherweise durch eine gemeinsam für die Realisierung gegründete Firma. Grundgedanke ist eine Selbstkostenvergütung an den Auftragnehmer. Ausgehend von der gewünschten Funktionserfüllung sollen bei solchen Realisierungen Know-how von Auftraggeber und Auftragnehmer für eine möglichst kostengünstige Errichtung des Bauwerks einfließen. Abwicklungsbeispiele in Deutschland beschränken sich bisher nach Kenntnis des Verfassers auf wenige Beispiele im Industriebau.

Die wesentlichen Varianten sind in Bild 3.5 kurz mit ihren Vor- und Nachteilen dargestellt.

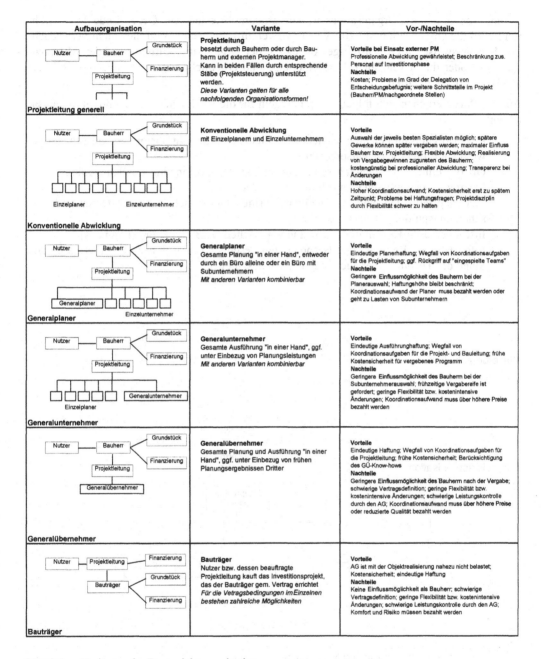

Aufbauorganisation	Variante	Vor-/Nachteile
Projektleitung generell	**Projektleitung** besetzt durch Bauherrn oder durch Bauherrn und externen Projektmanager. Kann in beiden Fällen durch entsprechende Stäbe (Projektsteuerung) unterstützt werden. *Diese Varianten gelten für alle nachfolgenden Organisationsformen!*	**Vorteile bei Einsatz externer PM** Professionelle Abwicklung gewährleistet; Beschränkung zus. Personal auf Investitionsphase **Nachteile** Kosten; Probleme im Grad der Delegation von Entscheidungsbefugnis; weitere Schnittstelle im Projekt (Bauherr/PM/nachgeordnete Stellen)
Konventionelle Abwicklung	**Konventionelle Abwicklung** mit Einzelplanern und Einzelunternehmern	**Vorteile** Auswahl der jeweils besten Spezialisten möglich; spätere Gewerke können später vergeben werden; maximaler Einfluss Bauherr bzw. Projektleitung; flexible Abwicklung; Realisierung von Vergabegewinnen zugunsten des Bauherrn; kostengünstig bei professioneller Abwicklung; Transparenz bei Änderungen **Nachteile** Hoher Koordinationsaufwand; Kostensicherheit erst zu spätem Zeitpunkt; Probleme bei Haftungsfragen; Projektdisziplin durch Flexibilität schwer zu halten
Generalplaner	**Generalplaner** Gesamte Planung "in einer Hand", entweder durch ein Büro alleine oder ein Büro mit Subunternehmern *Mit anderen Varianten kombinierbar*	**Vorteile** Eindeutige Planerhaftung; Wegfall von Koordinationsaufgaben für die Projektleitung; ggf. Rückgriff auf "eingespielte Teams" **Nachteile** Geringere Einflussmöglichkeit des Bauherrn bei der Planerauswahl; Haftungshöhe bleibt beschränkt; Koordinationsaufwand der Planer muss bezahlt werden oder geht zu Lasten von Subunternehmern
Generalunternehmer	**Generalunternehmer** Gesamte Ausführung "in einer Hand", ggf. unter Einbezug von Planungsleistungen *Mit anderen Varianten kombinierbar*	**Vorteile** Eindeutige Ausführungshaftung; Wegfall von Koordinationsaufgaben für die Projekt- und Bauleitung; frühe Kostensicherheit für vergebenes Programm **Nachteile** Geringere Einflussmöglichkeit des Bauherrn bei der Subunternehmerauswahl; frühzeitige Vergabereife ist gefordert; geringe Flexibilität bzw. kostenintensive Änderungen; Koordinationsaufwand muss über höhere Preise bezahlt werden
Generalübernehmer	**Generalübernehmer** Gesamte Planung und Ausführung "in einer Hand", ggf. unter Einbezug von frühen Planungsergebnissen Dritter	**Vorteile** Eindeutige Haftung; Wegfall von Koordinationsaufgaben für die Projektleitung; frühe Kostensicherheit; Berücksichtigung des GÜ-Know-hows **Nachteile** Geringere Einflussmöglichkeit des Bauherrn nach der Vergabe; schwierige Vertragsdefinition; geringe Flexibilität bzw. kostenintensive Änderungen; schwierige Leistungskontrolle durch den AG; Koordinationsaufwand muss über höhere Preise oder reduzierte Qualität bezahlt werden
Bauträger	**Bauträger** Nutzer bzw. dessen beauftragte Projektleitung kauft das Investitionsprojekt, das der Bauträger gem. Vertrag errichtet *Für die Vetragsbedingungen im Einzelnen bestehen zahlreiche Möglichkeiten*	**Vorteile** AG ist mit der Objektrealisierung nahezu nicht belastet; Kostensicherheit; eindeutige Haftung **Nachteile** Keine Einflussmöglichkeit als Bauherr; schwierige Vertragsdefinition; geringe Flexibilität bzw. kostenintensive Änderungen; schwierige Leistungskontrolle durch den AG; Komfort und Risiko müssen bezahlt werden

Bild 3.5   Varianten der Bauprojektorganisation

Darstellungen von Aufbauorganisationen stellen eine Momentaufnahme zum jeweiligen Zeitpunkt dar. Bauprojektorganisationen müssen jedoch angepasst werden können, d. h., die jeweilige Organisationsstruktur muss der Projektphase entsprechen. Während der Projektentwicklung wird sich die Organisation auf den Bauherrn und wenige Berater beschränken. In der Frühphase der Planung wird der Kreis der Beteiligten noch klein sein. Organisationsstrukturen sind entsprechend einfach. Bei etwa 50 % der Realisierung wird der Kreis der Projektbeteiligten am größten und die Organisationsstruktur am komplexesten sein. Gegen Ende der Ausführung wird die Organisationsstruktur wieder zu vereinfachen sein. Wird dies nicht berücksichtigt, beispielsweise durch frühzeitige Auslegung der Organisationsstruktur auf den Maximalstand und/oder durch verspätete Verkleinerung, sind erhebliche wirtschaftliche Nachteile für den Bauherrn zu erwarten.

Aus der Praxis ergeben sich folgende Grundregeln für die Auslegung von Bauprojektorganisationen:

- Projektorganisationen müssen lebendig bleiben. Organisationsformen müssen der jeweiligen Projektphase entsprechen
- Oberste Führungsebenen müssen in die Projektorganisation eingebunden werden
- Organisationen müssen Controlling ermöglichen
- Phasenaufteilungen bzw. Abwicklungsschritte müssen sich in Meilensteinen und Entscheidungspunkten widerspiegeln
- Instrumente für Konfliktlösungen sind vorzusehen (z. B. Steuerungskomitees)
- Informations-, Berichts- und Besprechungswesen sind logisch nach Erfordernissen und Stand der Technik, aber auch pragmatisch auszulegen

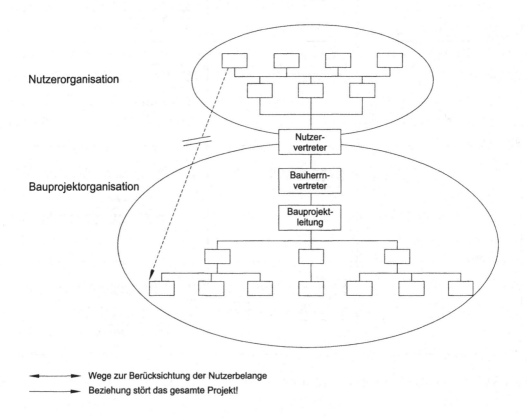

Bild 3.6 Zusammenspiel Nutzer-Bauherr

Unerwähnt blieb bisher der **Nutzer** des späteren Bauwerks. Nutzer sind nicht notwendigerweise identisch mit Bauherrn. Bei vielen Bauvorhaben, beispielsweise bei Krankenhäusern, Schulen usw. errichten andere die Gebäude. Gleichzeitig soll das Bauwerk dem Bedarf des Nutzers genügen. Die Formulierung des Bedarfs ist Nutzersache; der Projektmanager kann allenfalls bei der Ausarbeitung entsprechender Unterlagen helfen. Die Umsetzung in Baumasse geschieht durch den Bauherrn und seine Beauftragten. Theoretisch könnte daher der Nutzer ab Bedarfsformulierung bis zum Einzug aus der Bauprojektorganisation ausgeklammert werden. Dadurch läuft man aber Gefahr, dass am Bedarf vorbeigeplant und -gebaut wird: Nutzerwünsche und Bedarfsstrukturen ändern sich; neue technologische Entwicklungen sind zu berücksichtigen; Prioritäten verschieben sich.

Demzufolge wird der Nutzer ebenfalls Teil der Bauprojektorganisation sein. Um dabei nicht die Verantwortlichkeiten und Weisungskanäle aufzuweichen, z. B. durch direkte Anweisungen des Nutzers an Planer und Firmen, ist die Schnittstelle mit dem Nutzer frühzeitig klarzustellen. Bewährt hat sich der Aufbau einer Projektorganisation beim Nutzer, in der sämtliche Informationen koordiniert werden. Diese Nutzerorganisation ist ein Spiegelbild der Organisation für die bauliche Realisierung. Der Nutzervertreter nimmt alleine oder unter Hinzuziehung seiner Fachleute am Baugeschehen teil und sichert seinen Einfluss innerhalb eines festgelegten Rahmens und ist verantwortlich für die Kommunikation in *seiner* Organisation. Auf jeden Fall ist die Kommunikation mit dem Bauprojekt auf den Austausch zwischen den jeweiligen Organisationsverantwortlichen zu beschränken.

3.4 Ablauforganisation

Die Ablauforganisation regelt die projektbezogenen Abläufe, im Einzelnen die Abläufe von Aufgabenerledigungen, Zuständigkeiten für die Abwicklungsschritte, Abstimmungsprozeduren, Büroorganisation, Besprechungswesen und Dokumentenlauf sowie Berichtsorganisation.

Die Aufgaben ergeben sich aus den Arbeitspaketen. Die Strukturierung der Vorgaben ist variabel. Hier ist ein Ausgleich zwischen detaillierten Arbeitsanweisungen und gröber formulierten Zielvorstellungen und Ergebniserwartungen zu finden. Wesentlich ist die Definition von Schnittstellen, d. h., die Abgrenzung der Bearbeitung zwischen den Projektbeteiligten, sowie die Darstellung überschaubarer, nachvollziehbarer und kontrollierbarer Abläufe.

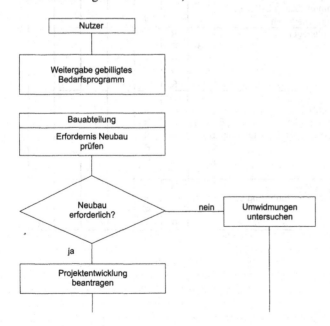

Bild 3.7
Beispiel Flussdiagramm

Bis auf die Darstellung von Flussdiagrammen ist die Darstellung von Abläufen nicht genormt. Bei kleinen Projekten werden Festlegungen im Protokoll genügen. Bei größeren Projekten wird man Flussdiagramme und Abwicklungsmatrizen aufstellen (vgl. Bilder 3.7 und 3.8) und sie durch Organisationsanweisungen ergänzen.

Nr.	Abwicklungsschritt	Bauherr/Nutzer	Projekt-management	Architekt	Objektüberw.	Fachplaner	Fachbauleitung	Unternehmer
1	Festlegung Ausschreibungszeitpunkt		R					
2	Festlegung Ausschreibungsart (öff./beschr./freihdg.)	R						
3	LV Vorklärung (wer/wie/was/etc.)			R		B		
4	Ausschreibungsgrundlagen			R				
5	Prüfen der Grundlagen (Redaktionsschluss)			R				
6	Schlussbearbeitung			R				
7	LV-Erstellung (Mengen, Beschreibung etc.)			R		B		
8	LV-Lesung, Korrektur		R	B				
9	LV Ankündigung in der Presse			R				
10	Ausschreibungsgrundlagen			R				
	AA Aufforderung Angebot			R				
	BB Bewerbungsbedingungen			R				
	ANG Angebot für Bauleistungen			R				
	ZV Zusätzliche Vertragsbed.			R				
	BV Bes. Vertragsbedingungen			R				
	ANL Anlagen zu Vertragsbed.			R				
	Allg. Baubeschreibung			R				
	Lageplan 1:1000			R				
	Anlagenbeschreibung			R				
	ZTV Zus. techn. Vorschriften			R				
	Leistungsbeschreibung			R				
	Zusammenstellung L.-Bereich			R				
	Planungsunterlagen			R				
11	Zusammenstellung Ausschreibungsunterlagen		R					
12	Freigabe	B	R					
13	Vervielfältigung		R					
14	Versand		R					
15	Submission, Angebotseröffnung		R					
16	Angebotsprüfung formal		R					
	wirtschaftlich			R		R		
	technisch (inkl. Einholung zus. Bieterang.)			R		R		
	rechnerisch (inkl. Einholung zus. Bieterang.)			R		R		
17	Preisspiegel mit Vergabevorschlag			R				
18	Vergabegespräche		R	R				R
19	Vergabeentscheidung	B	R					
20	Auftragsschreiben vertragsrechtlich			R				
	technisch (inkl. Einholung zus. Bieterang.)			R				
21	Auftragsleistungsverzeichnis			R				
22	Auftragsunterzeichnung			R				R

Legende: B = bei Bedarf; R = Regelfall

Bild 3.8 Beispiel Abwicklungsmatrix

Zur Ablauforganisation gehören neben der Abfolge der Tätigkeiten auch Definitionen von Freigabeprozeduren sowie das gesamte Informations- und Berichtswesen.

Jeder Bauherr will informiert sein und wird sich maßgebliche Entscheidungen vorbehalten. Das laufende Controlling, d. h., die Steuerung zur Realisierung einmal gesteckter Ziele, ist in weiten Bereichen delegierbar.

In der modernen Projektabwicklung betreffen **Freigabeprozeduren** nicht mehr die Freigabe einzelner Planungsschritte. Vielmehr werden die Ergebnisse der bis dahin geleisteten Arbeit am Ende einer jeden Projektphase gemäß Kapitel 2 abgenommen und die Arbeiten für die folgende Phase freigegeben. Um den Einfluss des Auftraggebers bzw. seines Beauftragten in den Bearbeitungsbereichen zwischen den Freigabeschritten zu sichern, ist eine entsprechende Begleitung des Vorhabens erforderlich. Der Auftraggeber und seine Beauftragten sollen jederzeit die Möglichkeit haben, in den Vorhabenablauf einzugreifen. Gesichert wird dies durch entsprechende **Information**. Informationen werden bei Bauprojekten traditionell durch die Weitergabe von Plänen und Besprechungen ausgetauscht. Mit der zunehmenden Komplexität von Projekten und Informationen hat sich dieses Verfahren als unzureichend erwiesen. Im Extremfall haben qualifizierte Projektbeteiligte den Hauptanteil ihrer Zeit mit Planänderungen und Besprechungen verbracht.

Informationen sind daher sinnvoll zu strukturieren und zu verarbeiten. **Das Berichts- und Besprechungswesen** muss Informationen hierarchisch abgestuft bündeln und den Beteiligten in rationeller Form zugänglich machen. Für das Berichtswesen bedeutet dies den Aufbau eines hierarchischen Berichtssystems, bei dem Führungskräfte nur über wesentliche Dinge informiert werden. Die notwendige Routine-Berichterstattung lässt sich standardisieren. Besondere Ereignisse sind gesondert zu berichten; hier würden Vorab-Strukturierungen unzweckmäßige Formalismen schaffen. Die Informationsverdichtung ist auf dem folgenden Bild beispielhaft dargestellt.

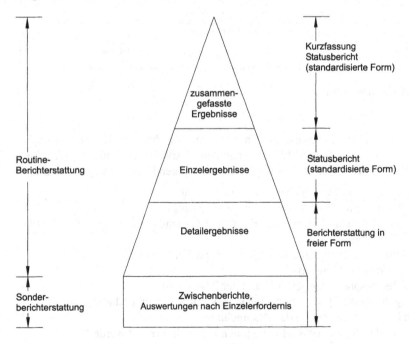

Bild 3.9   Informationsverdichtung

Ähnliches gilt für das Besprechungswesen. Zu Beginn des Vorhabens, in der Projektentwicklung, wird es nur mehr oder weniger informelle Besprechungen geben. Mit zunehmender Präzisierung werden Besprechungen komplexer. Während der Vorplanung sind routinemäßige Projektbesprechungen üblich, bei denen sowohl technische Dinge als auch das gesamte Projektumfeld erläutert werden. Spätestens ab der Vorplanung wird der technische Teil von projektübergreifenden Teilen wie Termine und Kosten abgetrennt sein. In der Realisierungsphase werden eigene Besprechungsrunden für verschiedene technische Bereiche aufgebaut. In jedem Fall muss Raum für außerordentliche Vorgänge bleiben.

Art der Besprechung	Leitung und Protokollführung	Regel-Rhythmus	Ort	Regel-Teilnehmer	Mögliche Teilnehmer	Verteilung, Protokoll spätestens	Anforderung, Einladung, Tagesordnung
Bauherr	PM	1/4 Jahr	Amt	Amtsvertreter nach Einladung PM, Arch.	Fachplaner	nach 4 Wo.	4 Wo. vorher
Nutzergespräche intern	Nutzer	(intern)	Nutzer				
Organisation, Qualität, Kosten, Termine	PM	14-tägig	Amt	PM, Planer, Ausführende	Nutzer, Sonderfachleute, Fachbauleiter	nach 1 Wo.	2 Wo. vorher
Fachtechnische Koordination Planung	Architekt	14-tägig	Arch.	PM, Planer, Ausführende	Sonderfachleute	nach 1 Wo.	2 Wo. vorher
Fachtechnische Koordination Bauvorbereitung	Architekt	n. Bedarf	Planer	PM, Planer, Ausführende		n. 3 Tagen	1 Wo. vorher
Fachtechnische Koordination Ausführung	Architekt	wöchentlich	vor Ort	PM, Planer, Ausführende		nach 1 Wo.	1 Wo. vorher
Einzelbesprechungen	Initiator	nach Bedarf				n. 3 Tagen	n. Vereinbarung

Grundsätzlich ist jede Besprechung (möglichst kurz) zu protokollieren. Protokolle gehen jeweils an Bauherrn, PM, Architekt, Eingeladene und weitere lt. Festlegung in der jeweiligen Besprechung.

Projektmanagementbüro	**Organisation von Besprechungen**	Projekt:
		Plan Nr.
		Bearbeiter:
XX		Stand:

Bild 3.10　Beispiel Besprechungsorganisation

Besprechungen sind zum Informationsaustausch notwendig. Gleichzeitig sind sie ein teures und zeitaufwendiges Instrument. Neben der vorgenannten Besprechungsstruktur sind allgemeine Grundsätze für Besprechungen zu beherzigen, die nachfolgend zusammengefasst sind:

- Definition des Besprechungsleiters bzw. -verantwortlichen
- Rechtzeitige Einladung mit Tagesordnung und Zielsetzung
- Beschränkung des Teilnehmerkreises auf Fach- und Entscheidungsbefugte, im Idealfall weniger als 10 Teilnehmer
- Vorherige Übersendung eventuell erforderlicher Arbeitsunterlagen
- Vorbereitung des Besprechungsorts
- Beschränkung der Besprechungszeit (ideal: unter 2 Stunden)
- Straffe Führung durch den Besprechungsleiter, ggf. mit Redezeitbeschränkung
- Fixierung von Ergebnissen noch in der Besprechung
- Festlegungen, wie Dritte, die nicht teilgenommen haben, informiert werden
- Dokumentation der Ergebnisse in oder unmittelbar nach der Besprechung
- Umgehender Protokollversand und Information von Dritten

3.5 Organisationshilfsmittel

Auch im Bauwesen steht dabei die EDV (elektronische Datenverarbeitung) für Bearbeitung und Kommunikation im Vordergrund. Eine Erläuterung der Vielzahl möglicher Hard- und Softwareinstrumente mit unterschiedlichen Vernetzungsgraden würde den Rahmen dieses Werks sprengen. Bei aller Beschleunigung der Kommunikation und der Erweiterung der Informationsmöglichkeiten sind auch bei Einsatz der EDV die Grundsätze der Kommunikation und Informationsverarbeitung zu beachten. Hierfür sind im Rahmen der Aufbau- und Ablauforganisation entsprechende Richtlinien zu schaffen. Ansonsten besteht die Gefahr der steigenden Informationsfülle bei sinkender Kommunikation.

Mit Organisationshilfsmitteln sollen gewährleistet sein

- – Erreichbarkeit der Projektbeteiligten
- – Wirtschaftlicher und schneller Dokumentaustausch
- – Ordnungsgemäßer Bürobetrieb bei den Projektbeteiligten und auf der Baustelle
- – Transparente und zeitnahe Dokumentation
- – Sicherheit der Unterlagen.

Im Einzelprojekt ist anhand seiner Anforderungen, seiner Komplexität und Größe zu entscheiden, mit welchen technischen Hilfsmitteln diese Ziele wirtschaftlich erfüllt werden können. Bei Großprojekten werden sich eigene Organisationsabteilungen dieser Komplexe annehmen.

Hervorzuheben sind Projekthandbücher als Organisationshilfsmittel. In ihnen werden projektbegleitend die wesentlichen Projektinformationen gesammelt und dokumentiert. Projekthandbücher lassen sich auch als Datenbanken mit Internetplattformen organisieren. Bei Großprojekten wird fallweise der Organisationsteil als eigenes Organisationshandbuch gestaltet. Das folgende Beispiel stammt aus einem Bauvorhaben mittlerer Größe.

Beispiel Gliederung eines Projekthandbuchs bei einem Hochbauvorhaben (Rechenzentrum)

Teil 1 : Planungsgrundlagen

0   Allgemeines

1   Raumplan, Raumgruppen, Raumbuch

Teil 2: Planungsrichtlinien

2   Funktionelle Vorgaben / Möblierungs- und Einrichtungspläne

3   Anforderungen und Vorgaben Hochbau und Haustechnik

4   Gebäudesicherung

5   Türbuch / Schließplanung

6   Informationssystematik (Kennzeichnung)

7   Belegungspläne

11   Anlagen

-weitere Untergliederung am Ende eines jeden Kapitels-

Beispiel Untergliederung Punkt 0 (Auszug)

0. 1   **Projektstruktur der Planungsbeteiligten**

0. 2   **Projektbeteiligte**

0. 2.1   Verzeichnis, Adressen und Ansprechpersonen Planung / Bauvorbereitung

0. 2.2   Verzeichnis, Adressen und Ansprechpersonen Baudurchführung

0. 3   bleibt frei

0. 4   Termine, Ablaufstrukturen

0. 4.1   Generalterminplan

0. 4.2   Struktur Vorplanung

0. 4.3   Struktur Entwurfsplanung

0. 4.4   Struktur Ausführungsplanung Rohbau

0. 4.5   Ablauf Ausschreibung Baugewerke

0. 4.6   Ablauf Ausschreibung Technische Ausrüstung

0. 4.7   Ablauf Bemusterungen

0. 4.8   Ablauf Firmen- und Werkstattplanung

0. 4.9   Ablauf Rechnungsprüfung

0. 4.10 Beauftragung von Nachträgen

0. 4.11 Abnahmen

Quellenangaben zu Kapitel 3

[1] vgl. Kochendörfer u.a., Bau-Projekt-Management, Teubner Verlag, 2. Auflage, Stuttgart 2004
Alle Bilder aus Arbeitsunterlagen der ibb Ingenieurbüro für Bauwesen Prof. Burkhardt GmbH & Co., München/Berlin/Dresden

4 Die Kostenplanung

4.1 Beherrschung der Baukosten

Es gibt nur wenige bedeutende Bauwerke, die nicht durch Klagen über unerwartete Kosten-entwicklungen belastet sind.

In der Literatur findet sich über die Jahrhunderte hinweg immer wieder die Forderung nach verbindlichen Regelungen zur Kostenbeherrschung des Bauens. Als Beispiel seien an dieser Stelle zwei Aussagen zitiert, die in ähnlicher Form auch heute noch zu hören sind:

- *„Bezüglich des Kostenanschlages wird gewünscht werden müssen, dass der Architekt es versteht, denselben in größter Vollständigkeit zu Papier zu bringen, dass er dabei die orts-üblichen Einzelpreise für jede Bauarbeit, für jedes Baumaterial möglichst genau kennt, und dass er insofern nicht unwahr und leichtsinnig gegen den Bauherrn verfährt, indem er demselben durch Vorlegung eines zu niedrigen Kostenanschlages zu übermäßigen Bau-anlagen verleitet."*

(H. Maertens: Der Baucontract, Köln 1863)

- *„Worauf der Bauherr gleich urteilen kann, ob er fähig sei, den Bau auszuführen, ob nicht, ob er, wenn er noch bauen will, oder muss, den Bau kleiner, als der Entwurf dazu gemacht, vornehmen müsse, oder ob die zum Bau gewidmeten Gelder zu einem noch niedrigeren Maße hinreichend sind. Auch ist ihm der Bauanschlag eine Richtschnur, dass gewinnsüch-tige Arbeiter oder Verkäufer der Bausachen ihn nicht überrennen können!"*

(S.F. Penther: Das erste Kostenanschlagsbuch, Augsburg 1765)

Der unsachgemäße Kostenanschlag bildete nicht selten den Ausgangspunkt für Bauentschei-dungen, die dazu führten, dass sich Investitionsziele ins Gegenteil verkehrten und Bauherrn feststellen mussten, dass sie statt einen Wertgewinn zu erhalten in den Ruin getrieben wurden.

In allen Bauepochen war man daher bestrebt, durch Auflagen das wirtschaftliche Risiko des Bauens einzudämmen. Eine drastische Regelung aus der Frühzeit des Bauens belegt dies:

- *Nach der Überlieferung hat sich in der weltbekannten griechischen Stadt Ephesus ein altes von den Vorfahren stammendes Gesetz mit einer strengen, doch nicht unbilligen Forderung eingebürgert. Denn dort ist ein Architekt, sobald er ein öffentliches Gebäude in der Pla-nung und der technischen Leitung der Ausführung übernimmt, im Voraus verpflichtet, die Summe des voraussichtlichen Kostenaufwandes desselben zu bestimmen. Nach Übergabe der Kostenschätzung an den Magistrat verbleiben seine Güter so lange der städtischen Be-hörde als Pfand, bis er die Bauschöpfung zu Ende geführt hat. Stimmt nach ihrer Vollen-dung die Kostenfeststellung mit der abgerechneten Summe überein, so wird der Baukünst-ler durch öffentliche Urkunden und sonstige Auszeichnungen belohnt. Selbst wenn die Kostenfeststellung die Kostenschätzung um nicht mehr als ein Viertel überschreitet, wird diese Summe aus der städtischen Kasse gedeckt und der Architekt mit keiner Strafe belegt. Hat er jedoch mehr als jenes Viertel bei der Arbeit benötigt, so nimmt man das zur Vollen-dung des Werkes noch nötige Geld aus seinem Vermögen.*

Vitruv (33 bis 14 v. Ch.): De Architectura

Eine derart rigide Verordnung würde bei der Größenordnung heutiger Bauwerke die Finanz-
kraft der planenden Architekten und Ingenieure bei weitem überfordern. Daher bemühte sich
der Gesetzgeber durch Verordnungen und Richtlinien einen Rahmen zu bilden, der Kostenanschläge belastbarer macht und eine Handhabe für Schadensersatzansprüche bei fahrlässigem
Handeln schafft. Er zeigt aber auch auf, wo nach wie vor die Schwachpunkte liegen und wo
der Hebel angesetzt werden muss, um Baukosten beherrschbar zu machen.

Bundesrechnungshof: Häufige und wiederkehrende Mängel

– Fehlende Bedarfspläne und Nutzervorgaben

– Unzureichende Beschreibung der technischen Lösung

– Zu kurze Bearbeitungsfristen, dadurch baubegleitende Planung

– Ungenügende Beurteilung von Kostenfolgen bei zu aufwendigen
  Detaillösungen/zu hohen Qualitätsstandards

– Nichtbeachtung des Substitutions-/Wirtschaftlichkeitsprinzips

– Unvollständige Kostenveranschlagungen, unzutreffende Mengenermittlung,
  fehlende Qualitätsfestlegung, dadurch fehlerhafte EP

– Unzureichende Kostenkontrollen und fehlende Kostenfortschreibung
  bei der Planung, Ausschreibung und Vergabe

– Mängel in der Nachtragsbearbeitung und bei der Abrechnung

4.2 Kostensichten

Im heutigen Verständnis der Kostensteuerung spielt die Beurteilung der Baukosten zwar eine
wichtige, jedoch keine ausschließliche Rolle. Der Substitutionseffekt von Herstell- und langfristigen Unterhaltskosten rückt immer nachdrücklicher in das Bewusstsein von Bauherrn und
Planern. Insbesondere die Erfahrungen der zurückliegenden zehn Jahre haben die Kostenintensität von Abbruch und Entsorgungsmaßnahmen nachhaltig aufgezeigt. Daher spricht man heute zunehmend von einer „Beurteilung der Lebenskosten" eines Projektes. Life cycle cost ist
das Schlagwort, dem sich Bauherrn, Planer und Projektentwickler zunehmend verpflichtet füh-
len.

Unterschiedliche Sichten auf Kostenzusammenhänge und die Handlungsfreiheit, Kosten in ihrer Entwicklung beeinflussen zu können werfen die Frage auf, wie Kosten nach Aktualität,
Transparenz und durchgängiger Vergleichbarkeit strukturiert sein müssen, um zu jedem Zeitpunkt des Projektes eine größtmögliche Kostensicherheit zu gewährleisten.

Kostenzuordnungen erfolgen im Verständnis des Bauherrn meist nach weitreichenderen Kriterien als dies aus der Sicht des Unternehmers notwendig ist. Ähnliches gilt – wenn auch mit
veränderten Vorzeichen – für Nutzer und Betreiber baulicher Anlagen. Je nach Betrachtungsweise eröffnen sich damit auch unterschiedliche Eingriffsmöglichkeiten in Kostenzusammenhänge. Diese werden zunächst durch planungsabhängige bzw. baubetriebliche Be-

zugsgrößen aufgezeigt und bei der Abwicklung durch baubegleitende Kontrollverfahren überwacht. Zwischen der phasenabhängigen Projektdetaillierung und dem Grad der Kostenbeeinflussbarkeit besteht ein direkter Zusammenhang, der mit Hilfe von wechselnden Kostensichten auf Planungs- und Bauzusammenhänge transparent gemacht werden kann.

4.2.1 Herstellkosten

Drei Zurechnungsebenen gliedern die unterschiedlichen Kostensichten der Herstellkosten vom Kostenbudget bis zur Kostenfeststellung:

- die Funktionsstruktur
- die raumorientierte Qualitätsstruktur
- die vertragsbezogene Leistungsstruktur

Innerhalb dieser Zurechnungsebenen gibt es zahlreiche Bezugsgrößen, die mit unterschiedlicher Intensität im Planungs- bzw. Abwicklungsprozess verwendet werden. Als zentrale Führungsgrößen werden auf jeder Zurechnungsebene jeweils verschiedene Strukturelemente in der Kostenplanung verwendet.

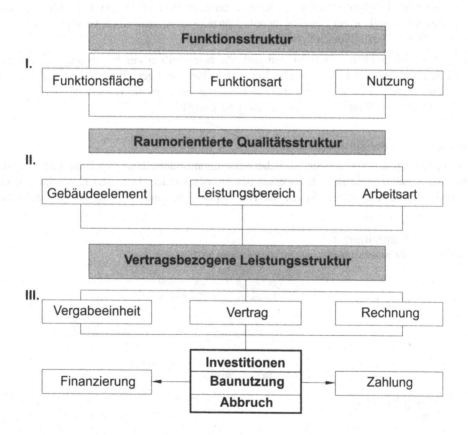

Bild 4.1   Zurechnungsebenen

I : Funktionsstrukturen

- **Funktionen**

  Bedarfsanforderungen werden nach funktionalen Kriterien gegliedert. Funktionen gliedern die Zweckbestimmung eines Bauwerkes nach Verrichtungskriterien, also nach Aufgaben, Organisationseinheiten oder auch Umweltbedingungen. Für jede Funktionseinheit wird mit Hilfe spezifischer Richtwerte der Flächenbedarf berechnet und die Flächenart bestimmt, die der angestrebten Funktion zugeordnet wird. Diese bilden die Ausgangsgrößen für die Erstellung von Raum- und Funktionsprogrammen.

- **Flächenarten**

  Allgemein wird zwischen Kennzahlen unterschieden, die einen direkten Bezug zum Grundstück, zum Baukörper und zum Baurecht beinhalten und zwischen Kennzahlen, die spezifische Flächen des Baukörpers wie Außenwandflächen, Dachflächen, Bruttogeschossflächen etc. zueinander in Bezug setzen.

  Die Nutzflächen – diese werden weitgehend durch das Raumprogramm definiert – werden um die entwurfsabhängigen Verkehrs-, Funktions-, und Konstruktionsflächen ergänzt und diese zu den Bruttogeschossflächen zusammengefasst. Die Nutzflächen lassen sich weiterhin raumweise nach einzelnen Flächenarten auflösen. Nutzungsart und Kostenintensität der zu planenden Flächen ergeben die Kostenflächenart. Mit Hilfe von Kostenflächenarten kann in Abhängigkeit zur Nutzung bereits frühzeitig eine belastbare Aussage zu den voraussichtlichen Herstellkosten getroffen werden.

  Die DIN 277 beinhaltet Definitionen und Messvorschriften zur Ermittlung von Flächen und Rauminhalten im Hochbau. Die Norm stellt ein wichtiges Gliederungsmittel für Flächenzuordnungen dar. In Form einer Flächenhierarchie wird die Beziehung zwischen den Flächenarten der Planung und ihrer Nutzung hergestellt.

- **Bezugsgrößen der Nutzung**

  Bezugsgrößen der Nutzung sind üblicherweise organisationsabhängige Richtwerte, mit denen die Nutzungsziele eines Bauwerkes beschrieben werden. Dies sind beispielsweise die Anzahl der Zimmer eines Hotels, die Arbeitsplätze in einem Bürogebäude, die Wohn-

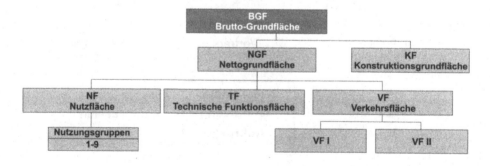

Flächenarten
DIN 277 Teil 1, Grundflächen und Rauminhalte von Bauwerken im Hochbau

Bild 4.2   Struktur DIN 277

einheiten einer Wohnanlage oder die Zahl der Betten je Versorgungseinheit eines Krankenhauses, um nur einige Beispiele zu nennen. Bemessungsgrößen der Nutzung können zeitabhängig sein, wenn Nutzungsintensitäten oder spezifische Nutzungsintervalle beschrieben werden. Aber auch sozio-ökonomische Gesichtspunkte der Arbeitsplatzgestaltung finden Eingang in diese Einordnung. Nutzungsgrößen bilden die Bemessungsgrundlage für einen ersten groben Kostenrahmen. Eine globale Aussage zur Wirtschaftlichkeit eines Planungskonzeptes wird über bedarfsbezogene Kostenkennziffern gewonnen.

II : Investitionsabhängige Kostenstrukturen

- **Raumorientierte Projektstrukturen**

Eine wichtige Weichenstellung für wirtschaftliche Analysen bildet die Umsetzung der Funktionsflächen in einen nach Ebenen und Räumen gegliederten Baukörper. Die Entscheidung für einen flachen oder einen hohen, einen feingliedrigen oder einen kompakten Baukörper, für einen gestaffelten oder für mehrere getrennte Baukörper, die innere Gebäudeerschließung und die Anordnung von Raumbereichen zueinander spielt eine Schlüsselrolle für planungsökonomische Lösungen.

Ebenen und Räume eines Gebäudes bilden Strukturelemente, die den direkten Bezug zu Flächenarten bzw. zu Raumkubaturen herstellen. Sie stellen Basisgrößen für die Ermittlung von Baukosten dar. Räume in Verbindung mit der Raumnutzung sind weiterhin wichtige Bezugsgrößen für die Festlegung der Raumkonditionierung und für die Qualitätsbestimmung des baulichen Ausbaus. Sie haben damit einen entscheidenden Einfluss auf die Höhe der Betriebskosten während der Nutzungsphase.

Raumorientierte Strukturen bilden die Voraussetzung und Grundlage für die Erstellung von Raumbüchern, mit deren Hilfe Bedarfsprogramme, Planungsanforderungen, Ausstattungen oder Oberflächenbeschaffenheiten festgelegt und koordiniert werden.

- **Gebäudeelemente**

Jedes Bauwerk lässt sich in seine einzelnen Bestandteile auflösen. Diese werden als Gebäudeelemente bezeichnet.

Gebäudeelemente werden einerseits nach Grobelementen und andererseits nach Bauelementen unterschieden. Grobelemente fassen die Kosten nach übergeordneten Planungsgesichtspunkten zusammen, sie haben vielfach eine flächige Ausprägung, sie beinhalten komplette Bausysteme bzw. Anlagengruppen. Grobelemente der Baukonstruktion sind beispielsweise die Gründung, Außenwand- und Innenwandflächen, Decken und Dächer.

Bauelemente sind hingegen konstruktive Bestandteile eines Gebäudes, die je nach Entwurf jeweils neu geplant und dimensioniert werden. Unter Bauelementen versteht man Bauteile wie Einzelfundamente, dimensionierte Trennwände, spezifische Deckenkonstruktionen und Treppen, ebenso wie Beläge und Bekleidungen, Teile des Ausbaus oder Komponenten der technischen Gebäudeausrüstung. Grobelemente helfen die angestrebte Nutzung, Bauelemente die Sicherheit und Gebrauchsfähigkeit des Gebäudes zu gewährleisten. Bauelemente kommen in verschiedenen Ausprägungen vor und haben damit im Regelfall einen unmittelbaren Bezug zum Herstellerprozess bzw. zu Marktprodukten. Gebäudeelemente in der Detaillierung von Bauelementen werden daher nach unterschiedlichen Ausführungsarten/Ausführungsklassen unterschieden. Eine eindeutige Zuordnung von Gebäudeelementen zu Ebenen und Räumen erfolgt über die Projektstruktur. Mit Hilfe von Gebäudeelementen lassen sich damit die Bestandteile einer Planung eindeutig identifizieren und kostenmäßig erfassen.

Die Ausgestaltung einzelner Räume eines Gebäudes beruht auf einer weitgehend subjektiven Festlegung von Ausbaustandards. Die vielfältigen Alternativen sowie die große Bandbreite möglicher Qualitätsstandards bilden ein weites Spektrum, welches im Rahmen der Planung durch Alternativuntersuchungen und mit Hilfe von Bemusterungen auf die individuellen Bedürfnisse des Nutzers ausgelegt wird. Bemusterungen bzw. Qualitätsfestlegungen werden unter Bezugnahme auf das betroffene Gebäudeelement vorgenommen.

Raumkonditionierungen stellen ein subjektiv begründetes Anspruchsniveau dar. Aufgabe einer Planung ist es, in Wohn- und Arbeitsräumen eine für den Menschen als behaglich empfundene Atmosphäre zu schaffen. Was als behaglich empfunden wird, ist naturgemäß stark abhängig vom persönlichen Empfinden des Einzelnen. Zur Objektivierung der Raumkonditionen wird der Grad der Behaglichkeit nach den vier Kriterien Raumtemperatur, Lufthygiene, Lichtverhältnisse und Akustik bewertet.

Raumkonditionierung und Wahl der Gebäudeelemente stehen in einer direkten Abhängigkeit. Im Rahmen der integrierten Gebäudeplanung werden daher bereits frühzeitig alle raumbildenden Elemente wie Tragwerk, Dach, Fassade, Innenwände, Beleuchtung, Heizung, Klimatisierung etc. auf ihre gegenseitige Beeinflussung untersucht, um ein ausgewogenes Planungskonzept aus den beiden Kostensichten „Investition und Betrieb" zu erreichen.

Neben den subjektiv beeinflussten Entscheidungskriterien des Raumempfindens spielt die Frage der Nachhaltigkeit eine immer größere Rolle. Unter diesem Begriff wird der Anspruch verstanden, ein System in der Weise zu nutzen, dass es in seinen wesentlichen Charakteristika langfristig erhalten bleibt und die Nutzung unter ökologischen, ökonomischen und sozialen Gesichtspunkten erfolgt.

Auf der Grundlage der DIN 277 bzw. anderen ausgewählten Bezugseinheiten lassen sich durch Umlage der Elementkosten auf Flächenarten Kostenkennwerte entwickeln, die planungsbegleitend eine wirtschaftliche Bewertung der Planungsentwicklung ermöglichen. Weiterhin stehen damit für zukünftige Planungen die erforderlichen Kostenkennwerte für Kostenermittlungen zur Verfügung.

- **Leistungsbereiche**

Leistungen, die bei der Realisierung eines Projekts zur Ausführung kommen, werden mit Hilfe von Leistungspositionen beschrieben und zu Leistungsbereichen zusammengefasst. Leistungsbereiche entsprechen in der Regel den in der VOB Teil C gesammelten Normen. Eine weitgehende Übereinstimmung mit der herkömmlichen Gliederung nach Gewerken ist damit gewährleistet.

Spätestens in der Phase der Angebotseinholung tritt damit ein Bruch zur Kostensicht nach Gebäudeelementen ein. Die Gliederungssystematik einer Planung nach Gebäudeelementen wird bei der Erstellung der Leistungsverzeichnisse verlassen. An die Stelle der Bauelemente tritt nunmehr der Leistungsbereich. Die gesamtheitliche Betrachtung eines Bauelementes wird aufgelöst und durch baubetriebliche Gesichtspunkte seiner Herstellung ersetzt. Bei der Kostenbeurteilung eines Elementes werden verschiedenartige Leistungsbereiche mit ihren komplexen Herstellungsprozessen zusammengefasst und als ein Kostenblock behandelt, auch wenn die jeweiligen Leistungen zu unterschiedlichen Zeit-punkten zur Ausführung kommen (siehe auch Kapitel 4.4.3).

Dem Planen mit Gebäudeelementen steht damit als scheinbarer Widerspruch der gewerkeorientierte Bauablauf gegenüber. Ein einfaches Beispiel verdeutlicht den Zusammenhang.

Eine Trennwand ist ein Gebäudeelement, das qualitativ beschreibbar, mengenmäßig aufmessbar und damit auch preislich kalkulierbar ist. Die Herstellung dieser Trennwand erfordert je nach Herstellungstyp (Mauerwerk, Trockenbau, Stahlbeton etc.) bis zur Fertigstellung verschiedene Arbeitsschritte, die im Regelfall durch jeweils eigenständige Baubetriebe ausgeführt werden. Bei einer Trennwand könnten dies beispielsweise Maurerarbeiten, Putzarbeiten und Malerarbeiten sein. Dies sind Leistungsbereiche, die jeweils gesondert ausgeschrieben und vergeben werden, die im Bauablauf zu unterschiedlichen Zeitpunkten einsetzen, die jeweils eigenständige Kostenstrukturen haben und damit gesonderten baubetrieblichen Bedingungen unterliegen.

Auch bei der vertraglichen Leistungsvereinbarung spielt die Aufteilung nach Art und Umfang der erforderlichen Teilleistungen eine wichtige Rolle. Während bei einer Mauerwerkskonstruktion der Mengenbezug zur Wandfläche im Regelfall erhalten bleibt, werden beispielsweise die Bezugsmengen von Putz- und Malerarbeiten häufig für verschiedene Gebäudeelemente aufsummiert und als Gesamtfläche beauftragt, ohne dass dabei zwischen den Flächenanteilen der jeweiligen Gebäudeelemente unterschieden wird.

- **Arbeitsarten und Leistungspakete**

Im Regelfall weisen Leistungsverzeichnisse eine Gliederung in drei Ebenen auf. Die Positionsebene umfasst bei Rohbauarbeiten häufig bis zu 1000 Positionen. Die Gewerkeebene ist durchschnittlich nach den Kosten von 10 Leistungsbereichen gegliedert, die Auftragsebene enthält nur noch den Angebotspreis bzw. die Auftragssumme. Kostendaten eines Auftrages sind somit bei umfangreichen Rohbaulosen bzw. bei einer Gesamtgewerkevergabe nicht selten im Verhältnis von 1000:10:1 gegliedert.

Diese Datenlage ist für die Belange der Kostenplanung unbefriedigend. Da die Leistungsbereichsebene nur grobe Informationen liefert, die Positionsebene nicht mehr überschaubar und zudem nur beschränkt vergleichbar ist, wird durch verdichtete LV-Positionen eine neue Datenebene und damit eine Kostensicht geschaffen, welche die wichtigsten Inhalte eines Leistungsbereiches zu Leistungspaketen bzw. Arbeitsarten zusammenfasst. Diese aggregierte Datenebene lässt einerseits die vollständige Beschreibung einer Bauaufgabe zu, sie bleibt andererseits jedoch in ihrem Umfang überschaubar.

Zum Aufbau dieser Datenebene wird ein Katalog von Teilprodukten (ausgewählte Einzelpositionen, Positionsgruppen, Leistungsabschnitte etc.) definiert. Ein derartiger Katalog kann nach unterschiedlichen Kriterien entwickelt werden. Wurden Positionen mit gemeinsamen Leistungsinhalten zusammengefasst, spricht man von Leistungspaketen. Die Datenaggregation kann auch mit dem Ziel erfolgen, alle Arbeiten, die schwerpunktmäßig für die Erstellung eines Gebäudeelementes notwendig sind zu Ausführungsarten zu verschmelzen. Ein derartiger Katalogaufbau basiert auf Ausführungsleitpositionen, die über die Schwerpunktspositionen eines Leistungsverzeichnisses gefunden werden.

Die Identifizierung der Leit-/Schwerpunktspositionen eines Leistungsbereiches erfolgt mit Hilfe von ABC-Analysen. Diesem statistischen Bewertungsverfahren liegt zugrunde, dass nach allgemeiner Erfahrung mit ca. 20 % aller Positionen eines Leistungsbereiches bereits 80 % seines Kostenumfanges abgedeckt werden. ABC-Analysen erlauben das Auffinden dieser Leitpositionen mit Hilfe mathematischer Modellrechnungen.

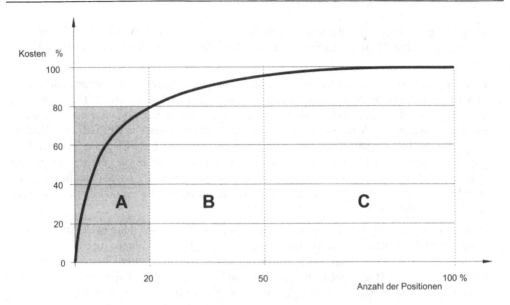

Bild 4.3   Lorenzkurve

Die Kenntnis von Leitpositionen und deren Zuordnung zu Arbeitsarten bzw. Leistungspaketen schränkt den Bearbeitungsaufwand für Kostenermittlungen erheblich ein, ohne wesentliche Abstriche in der Sicherheit der Kostenaussage in Kauf nehmen zu müssen.

Ausgehend von den Positionen des Leistungsverzeichnisses wird mit der Schaffung einer Datenebene für Leistungspakete, durch das Kennzeichnen der Arbeitsarten eines Leistungsbereiches bzw. durch das Auffinden der Leitpositionen eines Leistungsverzeichnisses der Übergang von der planungsbezogenen Kostensicht zum ausführungsorientierten Leistungsbereich und damit zur Auftragsebene geschaffen.

III : Vertragsbezogene Leistungsstrukturen

- **Vergabeeinheiten**

Der Übergang vom Gebäudeelement zum Leistungsbereich beruht auf Transformationsregeln. Die elementweise gegliederten Kostenermittlungen werden zu Vergabeeinheiten zusammengefasst, ausgeschrieben und verhandelt. Vergabeeinheiten sind sachlich zusammengehörende Leistungsteile, die üblicherweise von einem spezialisierten Fachbetrieb ausgeführt werden. Vergabeeinheiten gewährleisten den direkten Bezug von Planungselementen zu den Teilleistungen eines Auftrages. Sie bilden das Bindeglied zwischen Entwurf und Beauftragung, sie vollziehen den Übergang von der Kostenplanung zur Kostenkontrolle, sie formulieren eine Kostensicht, die als Kostenkontrolleinheit bezeichnet den Bauverträgen und der Bauabrechnung zugrunde liegt.

- **Bauverträge**

Bauverträge bestehen üblicherweise aus einem oder mehreren Leistungsverzeichnissen und den allgemeinen Vertragsbedingungen, die sich nach der VOB bzw. dem BGB richten. Besondere und Zusätzliche Technische Vertragsbedingungen ergänzen das Regelwerk, nach dem Bauleistungen erbracht und vergütet werden. Neben den Vertragspreisen, den Vertragsmengen und den Vertragsterminen spielt die Kenntnis der mit der Vergütung abgegoltenen Nebenleistungen eine wichtige Rolle bei der Vertragsabwicklung. Kostenaussagen mit Bezug zum Bauvertrag stellen die gebräuchlichste Kostensicht dar.

Nach den Grundsätzen der Verdingungsordnung für das Bauwesen (VOB) sollen Bauarbeiten nach Teilleistungen aufgeschlüsselt und in Form von Leistungspositionen so eindeutig beschrieben werden, dass zweifelsfrei, vollständig und sicher die Kosten ermittelt werden können. Leistungsverzeichnisse werden daher im Regelfall nach Positionen gegliedert und diese in Übereinstimmung mit den fachlichen Normen der VOB, Teil C, nach Leistungsbereichen zusammengefasst.

Die Positionen eines Leistungsverzeichnisses können unterschiedliche Ziele verfolgen:

- Sie definieren funktionale Eigenschaften eines Werkes.

- Sie legen messbare Eigenschaften eines Produktes fest.

- Sie beschreiben den Herstellungsprozess.

Mit der positionsweisen Beschreibung von Bauleistungen wird die Voraussetzung für ein schlüssiges und abgesichertes Mengengerüst geschaffen, das die Bezugsebene für Einheitspreise bildet. Werden LV-Positionen zusätzlich mit den Kostengruppen der DIN 276 gekennzeichnet, können Kostenaggregationen auf der Grundlage der Positionsebene durchgeführt werden, die die Vergleichbarkeit von Kostenplan und Angebots-/Auftragskosten ermöglichen. Aus der Sicht der Kostensteuerung übernimmt die Verknüpfung von Gebäudeelement und LV-Position eine Schlüsselfunktion für die Durchgängigkeit der Kostenkontrolle.

Während der Bauausführung treten vielfach Änderungen gegenüber den ausgeschriebenen Leistungen ein. Jede während der Bauausführung auftretende Abweichung gegenüber der geplanten und vertraglich vereinbarten Soll-Leistung (Art, Menge, Preis) wird als Nachtrag bezeichnet.

Nachträge werden wie Hauptaufträge positionsweise aufgestellt, die Nachtragsleistungen den betroffenen Vertragspositionen des Hauptauftrages durch einen Positionsindex zugeordnet. Damit bleibt einerseits der Zusammenhang von Nachtrag und Auftrag erhalten, gleichzeitig können Nachtragskosten zusätzlich nach Nachtragsursachen aufgeschlüsselt werden. Damit wird es möglich, Nachtragskosten entsprechend dem Regelwerk der VOB für geänderte, zusätzliche oder neue Leistungen jeweils gesondert auszuweisen.

- **Rechnungsarten**

Aufmaße in Verbindung mit Mengen- und Betragsberechnungen bilden die Grundlage einer Bauabrechnung. Die Aufmaßerstellung und die Regeln, nach denen Bauleistungen in das Rechenwerk einbezogen oder als nicht abrechenbare Nebenleistungen ausgeschlossen werden, sind in den DIN-Normen bzw. in den Richtlinien zur elektronischen Bauabrechnung (REB) enthalten. Eingebunden in das Rechnungswesen ist die Behandlung von Auftragskonditionen wie beispielsweise Skonto- bzw. Rabattvereinbarungen.

Aufmaße und Betragsberechnungen mit Bezug zu den Positionen des Leistungsverzeichnisses stellen die stets aktuellste Kostensicht dar. Vertragsrelevante Rechnungsmodifikationen (Skonti, Rabatte etc.) und die Fortschreibungen der Vertragsleistung durch die Beauftragung von Nachträgen finden unmittelbar Eingang in das Leistungsgefüge und damit in die Bauabrechnung.

Bauabrechnungen werden nach Anzahlungen, Abschlagszahlungen, Teilschlussrechnungen und Schlussrechnungen unterschieden. Die Unterscheidung nach diesen Rechnungsarten hat wesentliche Bedeutung für Tilgungsvereinbarungen bei Anzahlungen, für die Einforderung bzw. Freigabe von Bürgschaften bei Abschlagszahlungen sowie für die Behandlung von Gewährleistungsansprüchen im Rahmen der Schlussrechnung.

Nachfolgende Geschäftsprozesse wie die Erstellung von Wirtschaftsgütern für die Anlagenbuchhaltung und deren wertmäßige Behandlung stellen Arbeitsschritte dar, die unmittelbar auf dem Kostengefüge des baubezogenen Rechnungswesens aufsetzen.

IV : Zeitabhängige Kostenstrukturen

- **Finanzierung und Mittelabfluss**

Die Zuordnung von noch zu beauftragenden bzw. bereits vergebenen Leistungen zu den Vorgängen der Planungs- und Bauabläufe führt zu einer terminorientierten Sicht der Kosten.

Für die Finanzplanung des Auftraggebers bildet der Vorgang der Terminplanung die Grundlage für die Ermittlung von Kostenverläufen. Höhe und Zeitpunkte von Zahlungsströmen werden für jeden Auftrag gesondert berechnet, um Finanzierungsengpässe bzw. unnötige Bereitstellungszinsen zu vermeiden.

Vorgänge der Ablaufplanung übernehmen für die Kostenverteilung immer dann eine wichtige Funktion, wenn der Mittelbedarf für Finanzierungen oder für Zahlungen nach Projektfortschritt zu planen ist. Werden Bauleistungen funktional ausgeschrieben, legen zahlungsauslösende Ereignisse vertraglich fest, was wann in welcher Höhe zu bezahlen ist. Der Zeitpunkt einer Zahlungsverpflichtung richtet sich in diesem Fall zum einem nach dem Eintritt des Ereignisses und zum anderen nach der Erfüllung der Ereignisbedingungen.

Die Daten der Finanzplanung beruhen auf Aggregationen der verschiedenen Kostensichten. Diese werden in einer Kostendatenbank in einen fachlichen Zusammenhang gebracht und projektbegleitend durch methodische Verfahren aktualisiert. Für die Organisation der Datenbank werden eingeführte Codierungssysteme verwendet, die alle Elemente enthalten, welche zur Kennzeichnung, zur Strukturierung und zur Klassifizierung der Kostensichten notwendig sind. Die Kostendatenbank integriert damit technische und betriebswirtschaftliche Projektansprüche mit dem Ziel, die Informationsströme aus Bedarfsermittlung, Entwurf, Ausführung und Inbetriebnahme durchgängig und aufeinander abgestimmt für die Finanzplanung bereitzustellen.

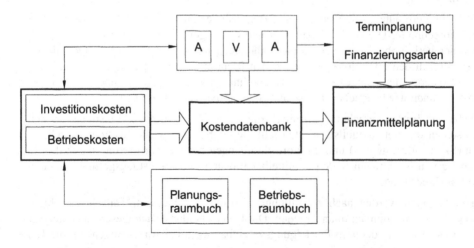

Bild 4.4   Die Kostendatenbank als Grundlage für Planung und Finanzierung

4.2.2 Baunutzungskosten

Die DIN 18960, Teil 1 definiert: „Die Baunutzungskosten sind alle bei Gebäuden, den dazu gehörenden baulichen Anlagen und deren Grundstücken unmittelbar entstehenden regelmäßig oder unregelmäßig wiederkehrenden Kosten vom Beginn der Nutzbarkeit des Gebäudes bis zum Zeitpunkt seiner Beseitigung."

Betriebsspezifische und produktionsbedingte Kosten gehören nicht zu den Baunutzungskosten (BNK). Deren Abgrenzung stellt sich im Allgemeinen jedoch als außerordentlich schwierig dar. Der integralen Funktion des Gebäudes, z. B. als Produktionsstätte widerspricht es, einen Stromverbrauch „ohne Produktion" und einen „mit Produktion, aber diesen ohne Nutzungsstrom" anzugeben. Spezifische Nutzung und allgemeine Nutzung des Bauwerkes bedingen sich gegenseitig. Zwischen diesen verschiedenen Funktionssichten muss der Kostenrechner selbst einen Trennungsstrich ziehen, dies jedoch möglichst innerhalb der vereinheitlichenden Richtlinie der Norm.

Gegeneinander abzugrenzen sind die Begriffe Folgekosten, Nutzungskosten und Baufolgekosten. Der Begriff der Folgekosten stammt aus der Terminologie des Städtebaus und der Betriebswirtschaft, der Begriff „Nutzungskosten" aus der Baunutzungsverordnung. Da beide Begriffe inhaltlich jeweils eine abweichende Ausprägung zu den laufenden Kosten eines Bauwerkes haben, wurde der Begriff der Baunutzungskosten eingeführt, um Missverständnisse auszuschließen.

Zweck der DIN 18960 ist die Ermittlung der Baunutzungskosten nach einheitlichen Gesichtspunkten, um einen Vergleich von baulichen Anlagen während der Planung und Nutzung zu ermöglichen. Dieser Vergleich wird durch die Bildung von Kennziffern ermöglicht. Dieser Vorgang hat unter der Bezeichnung „Benchmarking" Eingang in die Terminologie der Kostenplanung gefunden.

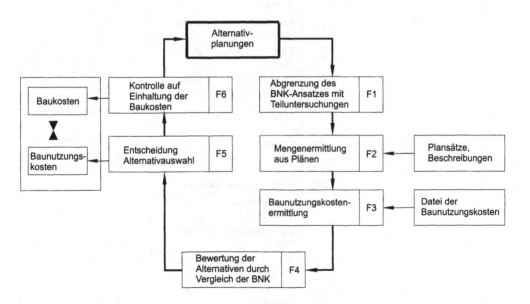

Bild 4.5   Regelkreis der Baunutzungskosten

Die Normenwerke der DIN 276, der DIN 277 und der DIN 18960 decken den gesamten Lebenszyklus eines Gebäudes ab, sie integrieren die Planung mit den späteren Betriebsanforderungen. Die Kosten der Gebäudeerstellung korrespondieren dadurch mit der Wirtschaftlichkeit der Gebäudenutzung, Nutzungsanforderungen des späteren Betriebes bestimmen bereits frühzeitig die Planungsinhalte.

Die Baunutzungskosten werden nach folgenden Kostenarten unterschieden:

DIN 18960					
Stand Februar 2008					
100	Kapitalkosten	**100**	**Kapitalkosten**		
200	Objektmanagementkosten	110	Fremdkapital		
300	Betriebskosten	120	Eigenkapital		
400	Instandsetzungskosten	130	Abschreibung		
		190	Kapitalkosten, sonstige		
		200	**Objektmanagementkosten**		
		210	Personalkosten		
		220	Dachkosten		
		230	Fremdleistungen		
		290	Objektmanagementkosten, sonstige		
		300	**Betriebskosten**		
		310	Versorgung	**310**	**Versorgung**
		320	Entsorgung	311	Wasser
		330	Reinigung und Pflege von Gebäuden	312	Öl
		340	Reinigung und Pflege von Außenanlagen	313	Gas
		350	Bedienung, Inspektion und Wartung	314	Feste Brennstoffe
		360	Sicherheits- und Überwachungsdienste	315	Strom
		370	Abgaben und Beiträge	316	Technische Medien
		390	Betriebskosten, sonstige	319	Versorgung, sonstige
		400	**Instandsetzungskosten**		
		410	Instandsetzung der Baukonstruktion		
		420	Instandsetzung der techn. Anlagen		
		430	Instandsetzung der Außenanlagen		
		440	Instandsetzung der Ausstattung		

Bild 4.6   Gliederung der Baunutzungskosten

Die Baunutzungskosten lassen sich im Rahmen der Kostenplanung nicht immer vollständig erfassen. So machen beispielsweise die Kapitalkosten und die Abschreibung zusammen bereits häufig bis zu 50 % der Baunutzungskosten aus. Die Planung hat auf die Entwicklung dieser Kosten jedoch wenig Einfluss. Im Regelfall werden von der Bauherrnseite keine Angaben zum prozentualen Anteil der Eigen- bzw. Fremdfinanzierung gegeben. Auch sind die Darlehenszinsen weder bekannt noch langfristig fest. Zuweilen kommt es vor, dass an Stelle eines Kaufpreises für das Baugrundstück eine Rentenschuld vereinbart wird, die nicht unmittelbar ausgabewirksam ist, jedoch langfristig einen nicht unerheblichen Anteil an den Baunutzungskosten einnehmen kann.

Den entscheidenden Anteil an den Baunutzungskosten übernehmen die Betriebskosten und Unterhaltskosten des Gebäudes. Diese können einen Anteil bis zu 40 % an den Baunutzungskosten haben. Sie sind im Wesentlichen von Verbrauchsmengen, von der Art der Konstruktion, von Ausbaustandards und den Steuerungsmöglichkeiten der technischen Gebäudeausrüstung abhängig. Innerhalb der Gebäudebetriebskosten übernehmen die Kostengruppen Gebäudereinigung, Abwasser und Wasser, Wärme und Kälte sowie Strom ca. 95 % der gesamten Gebäudebetriebskosten.

Die Bedeutung von Baunutzungskosten lassen sich im langfristigen Vergleich von Erstinvestitions- zu Folgekosten verdeutlichen. Untersuchungen haben ergeben, dass die kumulierten Baunutzungskosten nicht selten das 3 bis 4-fache der Erstinvestition ausmachen. Da die Höhe der Baunutzungskosten neben dem Nutzerverhalten von den Eigenschaften des Gebäudes abhängen, bestehen über diese beiden Substitutionsarten erhebliche Eingriffsmöglichkeiten, um das Verhältnis zwischen Erstinvestition und langfristigen Baunutzungskosten wirtschaftlicher zu gestalten.

4.3 Grundsätze der DIN 276

Die vielschichtigen Kostensichten und ihr Bezug zu den jeweiligen Projektphasen erfordert die Definition einer Führungsgröße, die Transparenz, Aktualität und Durchgängigkeit in der Kostensteuerung gewährleistet.

Die Transformation der einzelnen Kostensichten auf die Ebene dieser Führungsgröße verfolgt das Ziel, zu jedem Zeitpunkt über verbindliche Soll-Vorgaben zu verfügen, um Abweichungsanalysen gegenüber dem tatsächlich Erreichten zu ermöglichen. Da eine einheitliche und durchgängige Kostendarstellung über alle Planungs- und Ausführungsphasen Voraussetzung für eine schlüssige Kostensteuerung ist, erfordert der Begriff Führungsgröße die Möglichkeit einer Zusammenfassung der jeweils aktuellen Kostensichten zu beliebigen Zeitpunkten.

Als besonderes Spezifikum von Bauprojekten ist dabei zu berücksichtigen, dass Planung und Realisierung nicht als aufeinanderfolgende Schritte zu betrachten sind, sondern dass in der Abfolge dieser Prozesse zeitliche Verschiebungen auftreten, die oftmals zu beachtlichen Überlappungen von Planen und Bauen führen.

Damit kommt der Vereinbarung einer verständlichen Führungsgröße eine vorrangige Bedeutung zu. Diese muss es ermöglichen, die in den jeweiligen Projektphasen entstandenen Kosten in der Gestalt zusammenzufassen, dass eine verlässliche Aussage zu den Gesamtkosten sichergestellt ist. Dies erfordert, dass geschätzte, berechnete, veranschlagte, angebotene, vergebene, nachträglich beauftragte und abgerechnete Kosten einzelner Teilleistungen in jeder Projektphase zu einer Kostenaussage aggregiert werden können.

Hierzu hat sich in der Praxis folgender Ansatz durchgesetzt:

Den gemeinsamen Nenner, auf welchen alle Kostensichten transformierbar sind, bildet die Kostensicht nach Gebäudeelementen. Diese sind zu jedem Zeitpunkt qualifizierbar und quantifizierbar. Die Auswirkungen von Projektänderungen sind ähnlich den Ausschlägen eines Messinstrumentes an deren Kostenentwicklung ablesbar und Hochrechnungen auf zukünftige Entwicklungen möglich. Damit sind Gebäudeelemente prädestiniert, eine projektübergreifende Führungsrolle im Regelkreis der Kostensteuerung zu übernehmen.

Der Problematik verlässlicher Kostenaussagen hat sich der Deutsche Normenausschuss bereits seit längerem angenommen und durch die Herausgabe verschiedener Regelwerke Klarheit und Verlässlichkeit für die Kostenplanung geschaffen. Die wichtigste Norm ist in diesem Zusammenhang die DIN 276, welche die Gliederung von Kosten im Hochbau festlegt. Die DIN 277 – Grundflächen und Rauminhalte von Bauwerken im Hochbau – ist als korrespondierende Norm zur DIN 276 zu sehen. Diese legt die Bezugseinheiten für die Kostengruppen der DIN 276 fest. Damit wurde eine einheitliche Systematik geschaffen, die es Planern und Bauherrn erlaubt, Kosten transparent, aktuell und vollständig zu berechnen und zu dokumentieren.

Eine eindeutige Zuordnung von Kosten zu logischen Oberbegriffen erlaubt die DIN 276 durch eine hierarchische Kostengliederung. Diese stellt eine Ordnungsstruktur dar, nach der die Gesamtkosten eines Bauprojekts in Kostengruppen unterteilt werden. Kostengruppen fassen wiederum einzelne Kosten nach den Kriterien der Planung und des Bauablaufes zusammen.

Die Gliederungsebenen der DIN 276 sind durch dreistellige Ordnungszahlen gekennzeichnet. Weitere Untergliederungsstufen stehen zur freien Verfügung, um beispielsweise auch baubetriebliche Gesichtspunkte berücksichtigen zu können.

Für jede der drei Zuordnungsebenen können für eine oder mehrere Bezugseinheiten Kostenansätze angelegt werden, was eine sukzessive Verfeinerung der jeweiligen Wertansätze auf die jeweils nächst niedrigere Detaillierungsstufe erlaubt. Während auf der ersten Gliederungsebene noch weitgehend globale Ansätze in der Charakteristik von Bedarfswerten zum Einsatz kommen, erfolgt in der zweiten Gliederungsebene die Auflösung der Kostenansätze nach Grobelementen und in der dritten Stufe die Kennzeichnung von Bauteilen, also den Gebäudeelementen. Mengen, Einheitspreise bzw. sonstige Angaben werden im Regelfall auf der untersten Hierarchiestufe geführt. Die Kostenaggregation erfolgt auf den jeweils nächst höheren Stufen.

	Kostengruppe	Betrag EUR
100	Grundstück	
200	Herrichten und Erschließen	
300	Bauwerk – Baukonstruktionen	
400	Bauwerk – Technische Anlagen	
500	Außenanlagen	
600	Ausstattung und Kunstwerke	
700	Baunebenkosten	
	Zur Abrundung	
	Gesamtkosten	

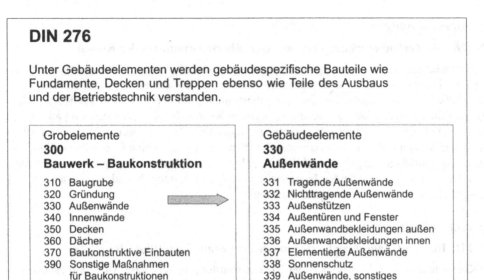

Bild 4.7 Kostengruppengliederung der DIN 276

4.3.1 Phasen der Kostenplanung

Kostenermittlungen werden in unterschiedlichen Detaillierungsstufen erstellt. Die Norm legt hierzu Folgendes fest: „Die Art und die Detaillierung der Kostenermittlung sind abhängig vom Stand der Planung und Ausführung sowie den jeweils verfügbaren Informationen, z. B. in Form von Zeichnungen, Berechnungen und Beschreibungen. Die Informationen über die Baumaßnahmen nehmen entsprechend dem Projektfortschritt zu, so dass auch die Genauigkeit der Kostenermittlungen wächst."

Die DIN 276 führt eine verbindliche Phasengliederung für die Kostenplanung ein und beschreibt die Erhebungstiefen der Kostendaten. Die Daten werden nach ihrer Aktualität in geschätzte, berechnete, veranschlagte und festgestellte Kosten unterschieden. Wechselnde Bezugseinheiten tragen diesen Unterscheidungskriterien Rechnung.

Kostenschätzung

DIN 276: Die Kostenschätzung ist eine überschlägige Ermittlung der Kosten

Die Kostenschätzung dient zur überschlägigen Ermittlung der Gesamtkosten in der Phase der Vorplanung; sie ist die vorläufige Grundlage für Machbarkeitsüberlegungen. Bei der Kostenschätzung werden für jede Kostengruppe die Kosten bis zur zweiten Stelle der Kostengliederung gemäß DIN 276 aufgeschlüsselt. Da bei der Kostenschätzung die Berechnung häufig über globale Kostenrichtwerte (wie m³ umbauter Raum) erfolgt, werden die Ergebnisse einer Kostenschätzung im Regelfall auf Flächen der DIN 277 umgelegt um mit Hilfe von Kennziffern die Wirtschaftlichkeit des Entwurfs bewertbar zu machen.

Kostenberechnung

DIN 276: Die Kostenberechnung ist eine angenäherte Ermittlung der Kosten

Die Kostenberechnung ist das Ergebnis der Kostenermittlung in der Phase der Entwurfsplanung. Die Ergebnisse der Kostenberechnung werden auf der dritten Stufe der Kostengliederung erhoben. Um die Ergebnisse der Kostenberechnung mit den Vorgaben der Kostenschätzung inhaltlich vergleichbar zu machen, werden die Kosten der Kostenberechnung analog zur Kostenschätzung bauteilbezogen den Flächenarten der DIN 277 zugeordnet. Mit Hilfe der Flächenkosten ist somit neben einem direkten Kostenvergleich auch eine Gegenüberstellung der Bemessungsgrundlagen gegeben. Auf der Grundlage der Kostenberechnung wird entschieden, ob der Entwurf in der vorgelegten Form weiterverfolgt wird, oder ob Änderungen an den Planungsgrundlagen vorgenommen werden müssen.

Kostenanschlag

DIN 276: Der Kostenanschlag ist eine möglichst genaue Ermittlung der Kosten

Der Kostenanschlag ist das Ergebnis der Kostenermittlung in der Phase Ausführungsvorbereitung. Diese Kostendarstellung ergibt erstmals einen Überblick über die voraussichtlichen Kosten unter Berücksichtigung der aktuellen Marktgegebenheiten. Werden die Baunebenkosten, die Gebühren, der Grunderwerb sowie die Finanzierungskosten zu diesen Kosten addiert, liegen damit erstmals die voraussichtlichen Herstellkosten mit einer weitgehenden Verbindlichkeit vor.

Die Daten des Kostenanschlags werden für Bauleistungen im Regelfall auf der Ebene der Leistungsbereiche erhoben. Eine Vergleichbarkeit von Kostenberechnung und Kostenanschlag ist bei der Gliederung nach der DIN 276 ohne zusätzliche Transformation nicht möglich, da im Regelfall der Bezug vom Leistungsbereich zur Kostengruppe fehlt.

Kostenfeststellung

DIN 276: Die Kostenfeststellung ist die Ermittlung der tatsächlich entstandenen Kosten

Die Kostenfeststellung ist die Ermittlung der tatsächlich entstandenen Kosten. Die Daten der Kostenfeststellung werden auf der Abrechnungsebene erhoben. Träger der Abrechnungsdaten sind die Positionen des Abrechnungsleistungsverzeichnisses. Da bereits bei der Erstellung der Objektleistungsverzeichnisse die Zuordnung von Teilleistungen zu Leistungsbereichen und bei der Vergabe die Zusammenfassung von Leistungsbereichen zu Aufträgen erfolgte, erfasst die Kostenfeststellung zusätzlich alle Leistungsänderungen, die während der Bauabwicklung auftraten und die über das Nachtragswesen Eingang in die Abrechnung gefunden haben. Auch die Daten der Kostenfeststellung lassen sich damit üblicherweise nur auf der Ebene von Leistungsbereichen dokumentieren und bewerten.

4.4 Grundsätze der Kostenplanung

Kostenplan umfasst alle Maßnahmen, die die Kostenermittlung, die Kostenkontrolle und die Kostensteuerung betreffen. Gerüst und Rahmen, in denen Kostenplanungen „leben", schaffen die bei einem Projekt eingeführten Gliederungssysteme. Diese sind die gemeinsame Sprache für alle Projektbeteiligten. Sie schaffen die Voraussetzungen, dass die verschiedenen Sichten der Kostenplanung in einen fachlichen Zusammenhang gebracht werden können.

Der Zusammenhang von Kosten und Leistungen wird bei der Kostenplanung durch die Verwendung von Bezugseinheiten hergestellt. Kostensichten und Bezugseinheiten haben dabei den Anforderungen einer hierarchisch strukturierten Informationsverdichtung gerecht zu werden, um Auswertungen und Gegenüberstellungen zu ermöglichen. Andererseits müssen sie auch in der Lage sein, die Kostenpläne der einzelnen Projektphasen mit ihren jeweiligen Kostendetaillierungen vergleichbar zu machen.

Ein derartiges Gliederungssystem stellen die Kostengruppen der DIN 276 dar. Aber auch die vom GAEB (Gemeinsamer Ausschuss für Elektronik im Bauwesen) entwickelte Nummernsystematik für die Verschlüsselung von Leistungsbereichen und LV-Positionen entspricht diesen Vorgaben. Im Unterschied zur Systematik der Kostengruppe kommt für die Kennzeichnung von Leistungsbereichen lediglich eine fortlaufende Identifikationsnummer zur Anwendung. Keines dieser Codierungssysteme ist ebenso wie der Aufbau der Positionsnummerierung jedoch in der Lage, durchgängig über alle Projektphasen die verschiedenen Kostensichten zu integrieren. Wiederholte Kostentransformationen sind damit zwangsläufig erforderlich.

Die durch die Norm geforderte Führungsgröße kommt im allgemeinen Verständnis für Kostenzusammenhänge der Kostengruppe mit der Verschlüsselung von Gebäudeelementen zu. Auf diese Ebene müssen folglich in jeder Projektphase die jeweils aktuellen Kosten transformiert werden, um den Kriterien Durchgängigkeit, Aktualität und Transparenz zu genügen.

Um alle informellen Vorgänge der Kostenplanung integriert abwickeln zu können, benötigt man somit einen Kommunikationsträger, der den unterschiedlichen Kostensichten gerecht wird. Da die Integration von Planung und Bauabwicklung das Herzstück von Kontroll- und Steuerungsprozessen darstellt, muss folglich eine Zuordnungsvorschrift entwickelt werden, nach der Zeichen eines Zeichenvorrates Z1 (Planung) in Zeichen eines Zeichenvorrates Z2 (Bauabwicklung) transformiert werden. Aus systemtheoretischer Sicht stellt diese Zuordnungsvorschrift einen Code dar.

Die Frage des zweckmäßigsten Codierungssystems spielt für die Kostenplanung eine wichtige Rolle. Bei Berücksichtigung der vielschichtigen Kostensichten bedeutet dies, dass zur Konzeption des Kennzeichnungssystems nicht die Frage nach einer bestmöglichen Codestruktur zum Abspeichern und Aufrufen einzelner Kostenbestandteile gestellt wird, sondern die Frage zu beantworten ist, wie ein Codierungssystem gestaltet sein muss, das einerseits kurze Kommunikationscodes und andererseits beliebig viele Ordnungsklassen und eine größtmögliche Decodierbarkeit zulässt. Den begrenzenden Schlüsselfaktoren der Anwendbarkeit sollte in der Weise Rechnung getragen werden, dass einerseits die Informationszuordnung und die Informationsmenge durch Definition von Teilschlüsseln beliebig steuerbar ist, andererseits die Verwaltung von Kostendaten in der Weise vorgenommen wird, dass beliebige Datenbestände mit Hilfe relevanter Ordnungskriterien in Auswertungsprozesse einbezogen werden können.

4.4.1 Kostentransformationen

Die Transformation von Kosten zu projektübergreifenden Aussagen geschieht auf zwei korrespondierenden Zuordnungsebenen:

- Die horizontale Ebene gliedert die Kostengruppe nach Projektphasen. Üblicherweise sind dies:
  - die Konzeptphase : Kostenrahmen
  - die Planungsphase : Kostenschätzung/Kostenberechnung
  - die Beauftragungsphase : Kostenanschlag
  - die Ausführungsphase : Kostenfeststellung

- In der vertikalen Ebene werden Kosten dann nach wechselnden Kostensichten unterschieden. Mengengerüst und Kostenkennwerte werden bis auf die Positionsebene aufgelöst. Eine phasenbezogene Zuordnung der Kosten zu den jeweiligen Kostensichten erlaubt die Vergleichbarkeit von Kostenaussagen unterschiedlicher Planungsphasen auf aggregierten Bezugsebenen.

Die vertikale Kostenebene erlaubt eine durchgängige Kostensteuerung mit Hilfe von Soll-Ist-Vergleichen. Die Bezugsebene „Kostengruppe" ermöglicht dies, allerdings nur mit zusätzlichen und zum Teil arbeitsintensiven Kostentransformationen, zum Beispiel die Transformation von Teilleistungen eines Hauptauftrages sowie dessen Nachträge bzw. die Daten des Rechnungswesens zu den jeweiligen Kostengruppen.

Erfahrungsgemäß scheitert man bei einer manuellen Bearbeitung dieses Problems bei größeren Projekten bereits frühzeitig am Datenvolumen. Auch sind wiederholte Kostenaufteilungen von Vertragsinhalten, Leistungsanteilen oder Abrechnungsmengen erforderlich. Dies müsste aus Gründen der Handhabbarkeit nach prozentualen Verteilungsregeln vorgenommen werden. Die Genauigkeit der Kostenaussagen würde darunter erheblich leiden. Die Methoden der Kostenplanung bedürfen aus diesen Gründen DV-unterstützter Verfahren.

4.4.2 Das Kostenelement sichten

Zur Lösung der grundsätzlichen Problematik handhabbarer Schlüsselsysteme für die Kostenplanung wurden verschiedene Modelle entwickelt. Einige haben zwischenzeitlich Eingang in die Ingenieurwelt gefunden. Im Wesentlichen beruhen sie alle auf dem Prinzip, durch Kombination verschiedener Kostensichten ein in sich schlüssiges Kennzeichnungssystem für eine einheitliche Kostendarstellung der Planung und Ausführung zu schaffen.

Als eine weit verbreitete Methodik hat sich die Kostenelementmethode durchgesetzt. Das zentrale Ziel dieses Verfahrens ist die Verknüpfung von Kostengruppe, Leistungsbereich und Leistungspaket/Arbeitsart. Diese gewährleistet die Integration der betriebswirtschaftlich gebräuchlichen Zurechnungsebenen Kostenart, Kostenstelle und Kostenträger mit der Welt der Ingenieure und schafft damit die Basis für ein gemeinsames Kostenverständnis für technisch-kaufmännische Zusammenhänge.

Zwischen den drei grundsätzlichen Gliederungsebenen

– Geometrie (Bauwerk/Zone, Ebene, Raum)

– Konstruktion (Gebäudeelement)

– Ausführung (Leistungsbereich/Leistungspaket)

herrschen gleichgeordnete Beziehungen. Die Kombination von Lokalisierung, Gebäudeelement und Leistungsbereich wird daher für die ausführungsbezogenen Leistungsphasen als Kostenzentralelement verwendet. Die Erweiterung dieser Kombination um das Leistungspaket/ Arbeitsart führt zu dem Kostenelement, welches als Grundlage der Kostenermittlung anzusehen ist. Diese beiden Bezugsebenen der Kostenplanung bilden gleichzeitig eine Schnittstelle zu weiteren Arbeitsbereichen wie kaufmännische Verwaltung, Vertragsabwicklung, Anlagen-/ Finanzbuchhaltung etc.

Die Kombination von Leistungsbereichen mit Gebäudeelementen ermöglicht es, auf der Grundlage überschaubarer Einzelermittlungen, abgesicherte Kostenaussagen in jeder einzelnen Projektphase zu erarbeiten. Durch die Auflösung der Kostengruppe nach Leistungsbereichen bzw. Leistungspaketen/Arbeitsarten wird die Voraussetzung für eine durchgängige Kostensteuerung von Planung und Ausführung geschaffen. Die gleichzeitige Zuordnung von Einzelkosten zu Gebäudeelementen und zu Gewerken stellt sicher, dass in allen Planungs- und Ausführungsphasen des Bauvorhabens eine durchgängige Verdichtung von Kosten- und Leistungsdaten erfolgt.

Mit Hilfe von Transformationsregeln lassen sich die Bestandteile und Zuordnungsebenen des Kostenelementes in einer Kostenmatrix auflösen, was eine phasenbezogene Einordnung einzelner Kostensichten ermöglicht.

	Konzeptphase	Planungsphase	Ausschreibung/Vergabe	Ausführung
Funktionale Gliederung	●			
Geometrische Gliederung		●—————	———————	—————●
Bedarfsgrößen	●			
Flächenarten	●	●		
Kostengruppe	●—————	———————	———————	—————●
Leistungsbereiche		●—————	———————	—————●
Leistungspaket		●—————	———————	—————●
Vergabeeinheiten		●—————	———————	—————●
Vertragseinheiten		●—————	—————●	
Leistungsposition			●—————	—————●
Verträge/Nachträge			●—————	—————●
Abrechnungen			●—————	—————●
Finanzierung		●—————	———————	—————●
	Grobkosten-schätzung	Kostenschätzung/ Kostenberechnung	Vergabeeinheiten/ Kostenanschlag	Kostenfest-stellung

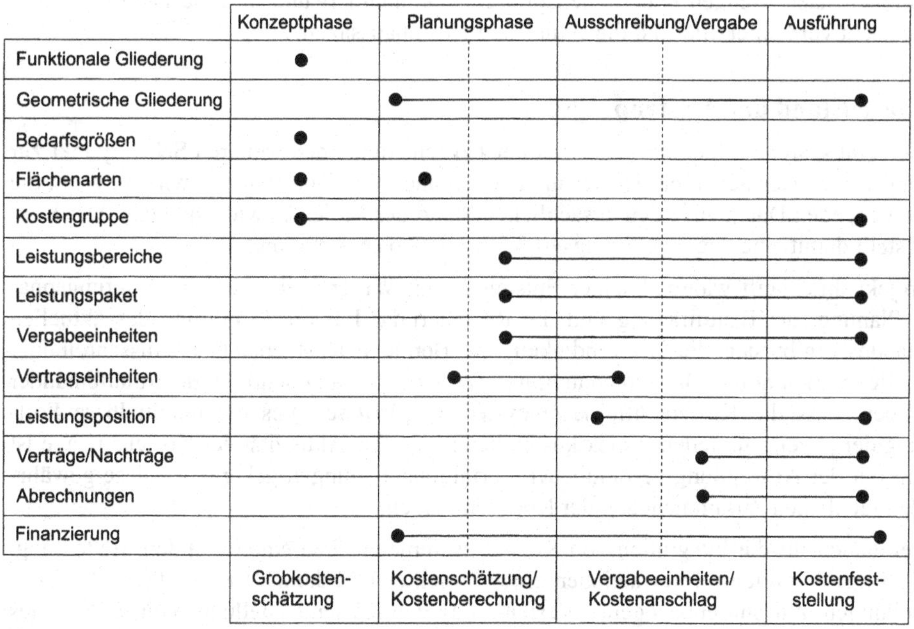

Bild 4.8   Kostenmatrix

Die Kostenmatrix verdeutlicht folgende Zusammenhänge

- Die schrittweise Detaillierung der horizontalen Ebene (Phasengliederung) und die projektbegleitende Zuordnung der Kostensichten ermöglicht die Kostenbewertung auf verschiedenen Aggregationsstufen (vertikale Ebene). Der Zusammenhang zwischen horizontaler und vertikaler Kostenbetrachtung wird durchgängig über das Kostenelement erreicht.

- Zur Entwicklung von Kostenbudgets in der Konzeptionsphase wird üblicherweise eine nutzungsorientierte Sicht angewandt. Die Verbindung zur Kostengruppe erfolgt über das Grobelement.

- Die Daten der Planungsphase können geschätzt oder berechnet sein, je nachdem, in welchem Stadium sich die Planung befindet. Die Ergebnisse werden mittels Methoden der Kostenplanung gewonnen. Bezugsebenen bilden für Kostenschätzungen die Kostengruppe und für Kostenberechnungen das Kostenelement.

- Die Auftragsdaten sind das Ergebnis eines Vergabeverfahrens. Der Zusammenhang zwischen Kostenelement und Auftrag wird über Vergabeeinheiten erreicht. Die Positionsmengen der Leistungsverzeichnisse und deren Einheitspreise werden mit Bezug zur Vergabeeinheit in der Weise zusammengefasst, dass ein Vergleich mit den Daten der Kostenschätzung/Kostenberechnung möglich wird.

- Während der Bauausführung werden die Ist-Ergebnisse über die Leistungsfeststellung erhoben, und mit Hilfe der Bauabrechnung den Ist-Kosten zugeordnet. Vielfach treten während der Bauausführung Änderungen gegenüber den ausgeschriebenen Leistungen ein. Diese Änderungen haben Einfluss auf die Abrechnung. Sie werden über das Nachtragswesen erfasst.

- Die Kostendokumentation erfolgt auf der Grundlage geprüfter Schlussrechnungen. Die Daten werden nach Mengen und Einheitspreisen dokumentiert und diese je nach gewählter Kostensicht verdichtet. Sie sind die aktuellsten Kostenaussagen.

4.4.3 Kostenstand und Kostenprognose

Neben der Transparenz bildet die Aktualität der Kostendaten einen weiteren Schwerpunkt zur Erreichung von Kostensicherheit. Kostenaussagen können nur dann steuernd wirken, wenn die zugrunde liegenden Daten auch den tatsächlichen Stand des Projektes widerspiegeln. Der Kostenstand stellt damit eine wichtige Bezugsgröße für die Kostensteuerung dar.

Jedes Projekt durchläuft während seiner Entstehung im Wesentlichen drei Realisierungsphasen: die Planung, die Beauftragung und die Realisierung. Für die Ermittlung des aktuellen Kostenstandes ergibt sich die Notwendigkeit, die Bereiche Kostenplanung, Ausschreibung, Vergabe, Beauftragung und Bauabrechnung in ihren Verarbeitungsschritten derart aufeinander abzustimmen, dass die Kosteneinflüsse eines jeden Arbeitsschrittes die unmittelbare Fortschreibung der jeweils aktuellen Projektkosten bewirken. Die Aktualität der Kostenaussage ist somit eng mit der Anwendung verbindlicher Verfahrensregelungen gekoppelt. Diese gewährleisten den fachlichen Zusammenhang der Kostenaussagen.

Strukturen haben für die Integration von Kostenzusammenhängen eine besondere Bedeutung. Sie sind Träger zahlreicher Informationen eines Projektes und damit Voraussetzung für Kostenbeurteilungen. Zur phasenbezogenen Verfeinerung von Kostendarstellungen eines Projektes finden in der Praxis häufig hierarchische Strukturen Verwendung, die eine räumliche bzw. eine nutzungsorientierte Sicht beschreiben.

Die Objektstruktur wird zu Beginn einer Neubaumaßnahme erstellt und bleibt dann über alle Lebensphasen eines Objekts weitgehend unverändert. Im Zuge von einzelnen Umbau- oder Instandsetzungsprojekten ergeben sich zwar Änderungen in der Objektstruktur. Die betroffenen Strukturknoten werden in diesen Fällen jedoch nicht gelöscht, sondern für die zukünftige Objektbearbeitungen lediglich inaktiv gesetzt, so dass bauliche Veränderungen und damit der inhaltliche Lebenszyklus eines Objektes jederzeit nachvollziehbar ist. Auf der Grundlage von geometrischen Objektstrukturen wird die Projektstruktur gebildet, die nunmehr auch die Projektphasen beinhaltet.

Auch Kostenzusammenhänge werden üblicherweise in hierarchisch gegliederten Strukturbäumen abgebildet. Die Kosten werden in überschaubare Einheiten aufgespalten, die allgemein als Kostenpläne bezeichnet werden. Jeder Kostenplan bezieht sich auf einen oder mehrere Knoten des Projektstrukturplanes und beinhaltet die Kosten dieses Knotens bzw. die der darunter liegenden Äste. Einem Knoten werden immer dann, wenn verschiedene Fachplaner Kostenbeiträge für diesen liefern, mehrere Kostenpläne zugeordnet, beispielsweise ein Kostenplan für die Bauplanung und ein weiterer für die Gebäudetechnik.

Kostenpläne werden je nach inhaltlicher Ausprägung den fachlich betroffenen Ebenen des Projektstrukturbaumes zugeordnet. Innerhalb eines Kostenplanes wird zunächst jeder Kostenansatz mit Hilfe der zugehörigen Kostenelemente beschrieben und dem betroffenen Strukturknoten oder explizit einem Strukturknoten des untergeordneten Astes zugewiesen. Die direkten Kosten für einen Strukturknoten ergeben sich dabei aus einem oder mehreren Kostenansätzen, die den Knoten unmittelbar betreffen sowie aus der Aggregation aller Kostenansätze, die den untergeordneten Knoten zugeordnet wurden. Die indirekten Kosten für einen Strukturknoten leiten sich aus den Kostenansätzen der übergeordneten Strukturknoten ab. Sie werden gebildet, indem jeder Einzelansatz auf diejenige Stufe der Projektstruktur herabgebrochen wird auf der eine Umlage nach eindeutigen Bezugsgrößen – z. B. einer Nutzfläche entsprechend der DIN 277 – möglich ist. Die Gesamtkosten eines Strukturknotens errechnen sich anschließend als Summe aus den direkten und indirekten Kosten eines Knotens.

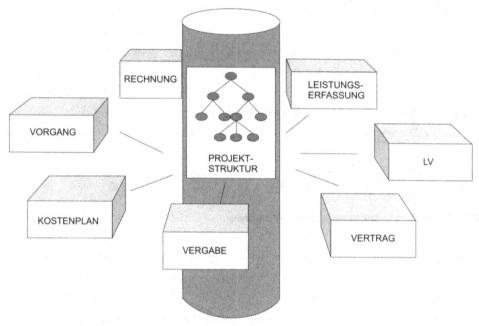

Bild 4.9 Projektstrukturbaum

Die Phasen des Planens und Bauens orientieren sich an bestimmten Ereignissen und Ergebnissen. Jeder Kostenplan wird einer der für das Projekt definierten Phase zugeordnet; die Gesamtheit aller Kostenpläne einer Phase ergeben dann die Kostenschätzung, die Kostenberechnung bzw. den Kostenanschlag des Projektes. So kann schrittweise die Qualität einer Kostenermittlung verbessert sowie im Rahmen der Kostenkontrolle Kostenpläne aus verschiedenen Projektphasen einander gegenübergestellt werden. Zu jedem Kostenplan werden im Bedarfsfall je nach Anzahl der Planungsalternativen verschiedene Versionen entwickelt und diese in die Kostenbeurteilung einbezogen. Weiterhin ist es zweckmäßig für jeden Kostenplan den Preisstand (Quartal/Jahr) und die Region des Projektes anzugeben um auch inflationsbedingte Kosteneinflüsse bewertbar zu machen.

Projektkosten werden in zahlreichen Kostenplänen verwaltet. Diese ergänzen sich einerseits, andererseits verfeinern sie mit zunehmender Projektreife die Kostenaussage. Im nachfolgenden Beispiel wird die Systematik des Kostenstandes einer Planung verdeutlicht:

Es liegt eine vollständige Kostenschätzung bestehend aus den Kostenplänen KPL1, KPL2, KPL3 vor. Eine Kostenkontrolle in der beschriebenen Methodik, d. h. ein Vergleich der Kostenschätzung mit der Kostenberechnung ist noch nicht möglich, weil der Kostenplan KPL3.2 noch nicht erstellt ist. Für andere Teile des Projektes liegen bereits präzisere Planungen vor. Der Kostenplan KPL1 hat den Detaillierungsgrad einer Kostenberechnung, der Kostenplan KPL2 wurde durch zwei Kostenanschläge KPL2.1 und KPL2.2 ersetzt. Der aktuelle und vollständige Kostenstand des Projektes ergibt sich aus der Kombination der jeweils aktuellen Kostenpläne. In der Graphik sind diese durch ein Symbol gekennzeichnet.

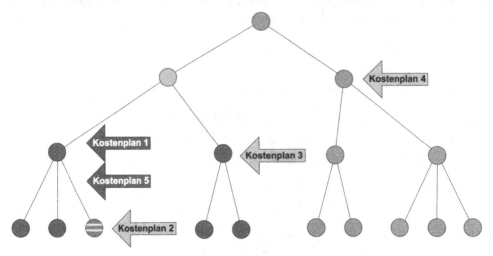

Bild 4.10   Projektstruktur mit zugeordneten Kostenplänen

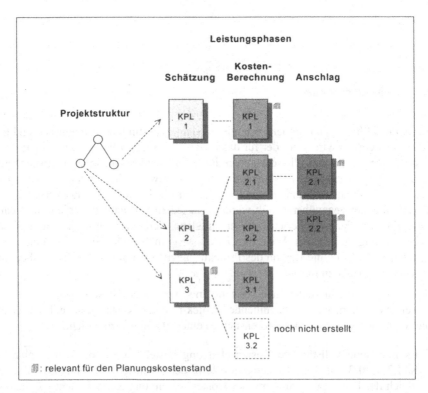

Bild 4.11   Phasenabhängige Kostenpläne

Bei der Entwicklung des Kostenstandes werden Kostenpläne immer dann berücksichtigt, wenn deren aktuelle Phase den Status „Freigabe" besitzt. Ist ein Kostenplan noch im Status „in Bearbeitung" wird der zuletzt freigegebene Referenzplan in die Kostenstandsanalyse einbezogen.

In der Ausführungsphase wechselt der Blickwinkel von den Strukturen der Planung zum Blickwinkel der Ausführung, d. h. Leistungsverzeichnisse mit Leistungspositionen oder Leistungsbeschreibungen mit Leistungsprogrammen rücken in das Zentrum des Geschehens. Hierfür müssen Vergabeeinheiten gebildet werden. Eine Vergabeeinheit fasst die Kostenelemente einer oder mehrerer Kostenpläne sachlich zusammen. In der Praxis müssen die Vergabeeinheiten der Leistungsfähigkeit der potentiellen Anbieter angepasst werden. Diese kann nur ein Gewerk umfassen, im Regelfall sind es jedoch mehrere Spezialgebiete. Bei umfangreichen Bauarbeiten empfiehlt es sich weiterhin, das Bauvolumen entsprechend der Projektstruktur auf mehrere Vergabeeinheiten aufzuteilen um damit eine breitere Angebotspalette zu erreichen. Die Bildung von Vergabeeinheiten ist bei Anwendung der Kostenelementmethode unproblematisch, da eine Sortierung der Kostenansätze nach Leistungsbereichen grundsätzlich möglich ist.

Der Leistungsumfang von Vergabeeinheiten wird durch die Positionen von Leistungsverzeichnissen beschrieben. Damit wird die Position zum zentralen Element der Ausführungsphase: auf Positionsebene wird die Leistung festgestellt und abgerechnet.

Jede mit Hilfe einer LV-Position beschriebene Teilleistung wird durch eine Ordnungszahl (OZ) identifiziert. Gemäß den Vorgaben des GAEB 90 umfasst die Ordnungszahl maximal neun Stellen und vier Hierarchiestufen. In der Praxis am Gebräuchlichsten ist eine vierstellige Positionsnummer mit zwei vorangestellten Hierarchiestufen (Z1/Z2) sowie einer nachfolgenden Stelle für die Indizierung. Die beiden Hierarchiestufen werden nunmehr für die Verschlüsselung der Projektstruktur und des Leistungsbereiches verwendet. Jede Positionsnummer

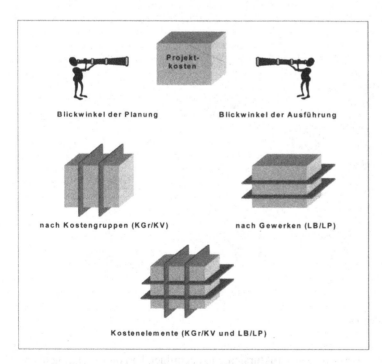

Bild 4.12   Sichten der Planung und der Ausführung

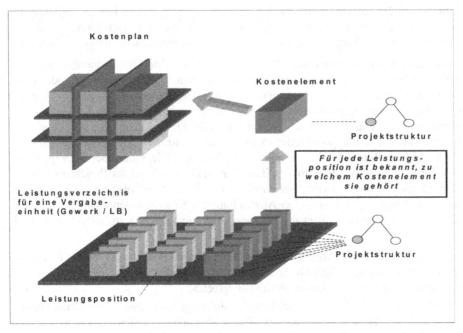

Bild 4.13   Kostenplan und LV-Position

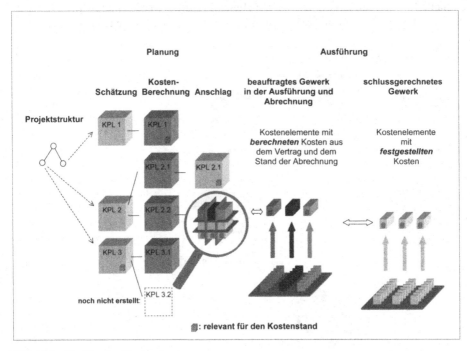

Bild 4.14   Struktur des Kostenstandes

wird eindeutig jeweils einer dieser beiden Struktursichten zugeordnet. Um den Zusammenhang von Leistungsposition und Kostenelementen zu erreichen werden die Teilleistungen bei der

Aufstellung der Leistungsverzeichnisse zusätzlich mit der zugehörigen Kostengruppe/ Kostenvariante und häufig noch mit dem Leistungspakt/Arbeitsart gekennzeichnet.

Im Regelfall gehört das Aufstellen von Leistungsverzeichnissen zu den Grundleistungen der beauftragten Planer. Diesen werden die Inhalte der Z1/Z2 Gliederung für die Erstellung der Leistungsverzeichnisse verbindlich vorgegeben. Die Einhaltung dieser Vorgabe gewährleistet, dass die Erstellung der Leistungsverzeichnisse einer fachlich sauberen Gewerkegliederung folgt und weiterhin die Mengenaufschlüsselung der Teilleistungen entsprechend der Projektstrukturierung vorgenommen wird. Dadurch lassen sich Leistungsverzeichnisse auf sachliche Übereinstimmung mit den Ergebnissen der Kostenplanung überprüfen und diese zu einem integralen Bestandteil der Kostensteuerung machen. Auch funktionale Ausschreibungen werden nach der gleichen Systematik behandelt. Aus „Positionen" werden gröbere funktional beschriebene Einheiten, im Extremfall ein kompletter Pauschalvertrag zu einer Position.

Die Verschmelzung der Leistungsposition mit dem Kostenelement bildet den Lebensnerv der Kostensteuerung. Sie stellt die Voraussetzung dar um die Ergebnisse der Kostenplanung bis zur Bauabrechnung verfolgen zu können. Kostenelemente werden zunächst vollständig den Vergabeeinheiten zugeordnet die ihrerseits wieder durch Leistungsverzeichnisse aufgelöst werden. Diese werden beauftragt, durch Nachträge modifiziert und abgerechnet. Ein Mengen- und Kostenvergleich ist somit über alle Projektphasen möglich.

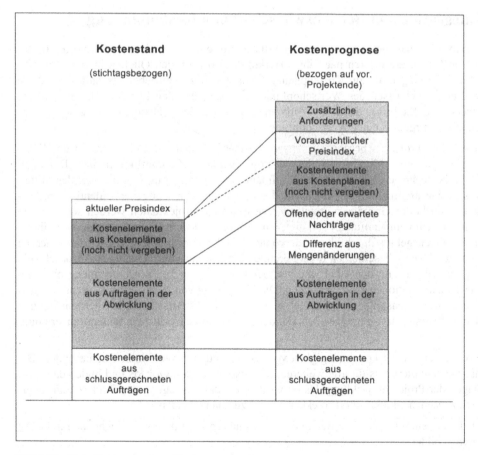

Bild 4.15 Vom Kostenstand zur Kostenprognose

Bild 4.16 verdeutlicht die durchgängige Philosophie der Kostensteuerung. Zur Berechnung des aktuellen Kostenstandes werden für einen Knoten der Projektstruktur die jeweils aktuellsten Kostenpläne aus den Planungsphasen mit bewerteten und festgestellten Kostenelementen der Ausführung kombiniert.

Eine weitere Voraussetzung für steuerndes Eingreifen in die Kostenentwicklung einer Baumaßnahme sind Kostenprognosen.

Während der Kostenstand nur die „harten" Werte berücksichtigt, besteht im Allgemeinen der Wunsch bzw. der Anspruch eines Bauherrn, die voraussichtlichen Gesamtkosten eines Projektes frühzeitig als Prognosewerte zu kennen. Hierfür ist es erforderlich den Kostenstand um noch zu erwartende Kostenänderungen bis zum Projektende, also den „weichen" Werten zu ergänzen. Dies können voraussichtliche Änderungen von Verträgen (Mengenänderungen, geänderte Leistungen, Nachträge etc.), mögliche Modifizierungen des Preisgefüges (inflationsbedingte Preissteigerungen) oder zusätzliche Anforderungen mit neuen Leistungen sein.

Kostenprognosen setzen sich folglich sowohl aus harten wie auch aus weichen Daten zusammen. Prognosen beziehen sich auf Vergabeerwartungen, auf Auftragsstrategien und auf Leistungsentwicklungen. Hierfür sind Abschätzungen künftiger Entwicklungen erforderlich, die teilweise durch statistische Verfahren unterstützt werden können, immer jedoch großer Facherfahrung und weit gehender Projektkenntnisse bedürfen.

4.5 Integration von Betriebswirtschaft und Kostenplanung

Die Betriebswirtschaft befasst sich mit der Entstehung und der Analyse von Kosten. Hierfür benötigt sie Daten, die Kosten nach ihrer Herkunft, also nach den Quellen ihrer Entstehung aufzeichnen. Im Gegensatz zur Kostenplanung befasst sich die Betriebswirtschaft in gleichem Zuge mit den Ergebnissen des Wertschöpfungsprozesses, also den Erträgen, die den Kosten gegenüberstehen. Sie bringt damit den Aufwand für menschliches Handeln in eine direkte Abhängigkeit zum Ergebnis einer Wertschöpfung.

Bei technischen Projekten bergen die Ansprüche des Ingenieurs und das Streben des Kaufmanns nach sparsamer Mittelverwendung häufig erhebliche Zielkonflikte in sich. Der Ingenieur sieht das technisch Machbare, der Kaufmann bewertet die Auskömmlichkeit des Mitteleinsatzes. Beide argumentieren jedoch auf der Grundlage von weitgehend identischen Ausgangsdaten: 80 % der Grundgesamtheit aller verwendeten Projektdaten werden sowohl vom Ingenieur als auch vom Kaufmann benötigt, um Planungen, Kontrollen oder Analysen in ihrem jeweiligen Arbeitsgebiet durchführen zu können. Ziel einer umfassenden Kostensteuerung muss es folglich sein, diese beiden divergierenden Sichten mit ihren jeweiligen Ansprüchen in Einklang zu bringen und den Übergang von der Konstruktion zur Kostenrechnung ohne zusätzliche Transformationen zu ermöglichen. Die Umsetzung von technischen Kostenstrukturen in Kostenarten, Kostenstellen und Kostenträger einer betriebswirtschaftlichen Kostenrechnung schafft den Rahmen, um gemeinsames Handeln aus unter-schiedlichen Sichten zu ermöglichen.

Strukturen haben für die Durchgängigkeit von Kostensteuerungsverfahren eine besondere Bedeutung. Sie sind die Basis für alle weiteren Informationen eines Objekts und bilden damit die Grundlagen der Projektabwicklung. Damit wird es bei der Festlegung des Strukturbaumes erforderlich zwischen Objekt- und Projektstrukturen zu unterscheiden.

Zur Gliederung eines Objekts werden in der Praxis häufig zwei unterschiedliche, hierarchische Strukturen gebildet:

- Geometrische Objektstruktur (räumliche Gliederung)

- Funktionale Objektstrukturen (nutzungsorientierte Gliederung)

Die maßgebende Struktur ist im Regelfall die räumlich/geometrische Objektstruktur. Die für die Projektabwicklung notwendige Phasengliederung ergänzt die Objektstruktur. Sie schließt eine auf einzelne Bauobjekte bezogene Ablaufstruktur (Planungseinheiten, Baulose etc.) zu großen Teilen ein. Damit kann die geometrische Objekt- Projektstruktur als Grundlage vieler Aufgaben des Projektmanagements dienen. Dazu gehören z. B.

- Aussagen über die Fertigstellung/Inbetriebnahme von Teilen des Bauwerks

- Aussagen über Kostenentwicklung einzelner Bauelemente (im Lebenszyklus)

- Aussagen über die einzusetzenden Ressourcen (für ein Projekt)

Prognosen und Steuerungsinformationen für eine definierte Kosten- bzw. Terminsituation können mit dem gewünschten Detaillierungsgrad über die Projektstruktur gewonnen werden. Voraussetzung dafür ist, dass alle Informationen mit der geometrischen Objektstruktur in Verbindung gebracht wurden. Auswertungen wären damit sowohl für Einzelprojekte als auch projektübergreifend möglich. Somit ließen sich z. B. Kosten über den gesamten Lebenszyklus eines Bauwerks oder einer Anlage verfolgen.

4.5.1 Kostenträger

Die Aufgliederung der Herstellkosten auf Kostenträger entspricht der Kostengliederung nach Nutzungsbereichen eines Bauwerkes. Diese Kostensicht wird bereits bei der Aufstellung von Raum- und Funktionsprogrammen angewandt, dient der Aufstellung von Kostenkennwerten und findet ihre konsequente Fortführung bei der Ermittlung der Betriebskosten.

Kostenträger sind die Gebrauchseinheiten eines Gebäudes. Die nach Kostenträger zusammengefassten Räume werden raumlufttechnisch behandelt, sie werden beleuchtet, beheizt, ver- und entsorgt und ermöglichen damit die angestrebte Nutzung. Genehmigungsauflagen, wie z. B. die Anforderungen der Versammlungs- oder Arbeitsstättenverordnung, legen das Anspruchsniveau an die Raumkonditionierung fest. Dies beeinflusst den Aufwand für die Herstellung eines Gebäudes. In hohem Maß sind folglich von diesen Vorgaben die langfristigen Baunutzungskosten abhängig.

Die Aufschlüsselung der Herstell- und Baunutzungskosten nach Nutzeinheiten ist in denjenigen Fällen unverzichtbar, bei denen sie die Grundlage für weiterführende Kalkulationen bilden, beispielsweise für die Ermittlung eines Mietpreises. Die Aufteilung der Projektkosten auf Kostenträger hat darüber hinaus dann eine entscheidende Aussagekraft, wenn damit die Substitutionswirkung von alternativen Planungslösungen messbar gemacht werden soll.

4.5.1.1 Die geometrische Projektstruktur

Kostenträger werden beim Aufbau der Projektstrukturen gebildet. Projekte werden im Regelfall zum Planungsbeginn in räumlich-geometrische Einheiten gegliedert. Diese Gliederung orientiert sich bei Hochbauobjekten weitgehend an der Gebäudestruktur. Eine derartige Struktur gliedert zum Beispiel Bauwerke nach Bauteilen, diese nach Geschossen und Ebenen, diese wiederum nach Räumen und jeden einzelnen Raum nach Teilräumen. Im Verkehrswegebau orientiert sich die Projektstrukturierung nach der Streckenkilometrierung, wobei das Projekt beispielsweise nach Planungs- und Bauabschnitten, nach Objekten und Teilobjekten innerhalb der Linienführung unterteilt wird. Bei großflächigen Projekten mit zahlreichen Bauwerken wird darüber hinaus im Regelfall eine Zonierung vorgenommen. Mit Hilfe einer Zonengliederung werden die Standorte der einzelnen Bauwerke innerhalb der Grenzen des Projektgebietes identifiziert. Die Summe der einzelnen Zonen (Teilzonen) ergibt ähnlich einem „Puzzle" die Gesamtfläche des Projektgebietes. Beispielhaft sei hierfür die Zonengliederung für den Bau des neuen Flughafens München genannt.

Die Zuordnung des „betriebswirtschaftlichen" Kostenträgers zu den räumlichen Strukturen erfolgt i. d. R. auf der tiefsten Gliederungsebene. Dabei wird jedem Raum oder Teilraum ein oder mehrere Kostenträger zugewiesen. Diese Verknüpfung einer organisatorischen und einer räumlichen Struktur ermöglicht u. a.

- die nicht direkt zurechenbaren Kosten (wie Abschreibung) verursachungsgerecht umzulegen,

- Aussagen über Raumsituationen (Anzahl Mitarbeiter/Flächenverbrauch) zu treffen,

- die Nutzung von Flächen zu optimieren.

Unter dem Begriff Raum wird folglich nicht lediglich der aufmessbare Bereich einer fest umschlossenen Einheit verstanden, sondern auch die für eine Zone festgelegte räumliche Ausdehnung, ohne dass hierfür begrenzende Abschlussflächen erforderlich sind.

Durch Projektstrukturen werden die Voraussetzungen geschaffen, Projektdaten nach räumlich-orientierten Kategorien zu organisieren. Beginnend von der niedrigsten Stufe der Projektstruktur lassen sich damit Kostendaten nach einer vorgegebenen Logik verdichten. Weiterhin können einzelne Maßnahmen oder Teilvorhaben, die das Projekt betreffen, innerhalb dieser Projektstruktur eingegrenzt werden. Der Projektstrukturplan beschreibt damit ein hierarchisches Modell, dessen Hierarchiestufen sowohl die eindeutige Schlüsselbegriffe und Bezeichnungen der Objektsicht als auch die Projekt spezifischen Gliederungskriterien enthalten. Dabei führen die untergeordneten Hierarchiestufen die Zuordnung zu der übergeordneten Stufe mit, um Eindeutigkeit in der Gliederungssystematik zu erreichen.

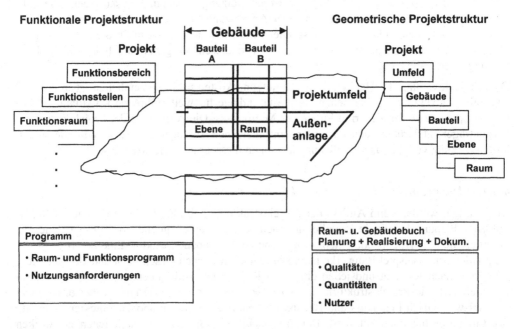

Bild 4.16   Objektstrukturplan

Die Kennzeichnung von räumlichen Bereichen innerhalb eines Projektes ist immer dann eine schwierige Aufgabe, wenn bereits bei der Planung die spätere Orientierung im Bauwerk berücksichtigt werden soll. Einfache Verständlichkeit für den Benutzer, Logik in der Nummernfolge, Gleichartigkeit der Kennzeichnungssystematik in allen Gebäudeebenen sind Kriterien, welche an derartige Schlüsselsysteme gestellt werden.

4.5.1.2 Die funktionale Projektstruktur

Die funktionale Projektstruktur stellt eine korrespondierende Ebene zur räumlichen Struktur dar. Sie bildet im Wesentlichen die organisatorischen Beziehungen innerhalb eines Objektes/Bauwerkes ab. Hierbei werden Kriterien des Arbeitsraum-/Arbeitsplatzes pro Nutzungseinheit, die Raumzuordnung und die Raumbelegung, Anforderungen an die Flexibilität sowie der Modulierbarkeit aber auch Vorgaben der Betriebslogistik beschrieben. Die funktionale Projektstruktur wird analog der räumlichen Struktur hierarchisch gegliedert.

Auf der Suche nach widerspruchsfreien Bezugsgrößen für funktionale Projektstrukturen hat man sich bei der Aufstellung der DIN 277 der Erfahrung bedient, dass die Bauwerksflächen insbesondere für Kostenermittlungen eine bedeutende Aussagekraft haben. Diese lassen eine wesentlich genauere Eingrenzung der Kostengrößen zu, als dies beispielsweise bei Zugrundelegung des umbauten Raumes der Fall ist.

Der Zusammenhang zwischen Kosten und Nutzung wird bei der Kostenplanung durch die Verwendung der Nutzungsarten gemäß DIN 277, Teil 2, erreicht. Diese genügen einerseits den Anforderungen eines hierarchisch strukturierten Objektmodells und sind andererseits in der Lage, eine funktionale und eine geometrische Projektgliederung in ihren sachlichen Zusammenhang zu bringen.

Die DIN 277 definiert im Teil 1 Grundflächen und Rauminhalte von Bauwerken im Hochbau. Sie legt eine verbindliche Systematik für die Zuordnung von Flächen und Rauminhalten fest, schafft eindeutige Begriffe für deren Bezeichnungen und allgemeingültige Grundlage für deren Berechnung. Damit stehen für die verschiedenen Belange der Bauvorbereitung und der Baudurchführung durchgängige Berechnungsgrundlagen zur Verfügung.

Die DIN 277 stellt den Bezug zu den Elementen der DIN 276 her. Die Flächen nach DIN 277 und insbesondere die differenzierteren Bezugseinheiten des Teils 3 der DIN 277 bilden Bezugsgrößen für Gebäudeelemente. Sie dienen zur Kostenplanung, zur Bildung von Kostenkennwerten und zur wirtschaftlichen Beurteilung von alternativen Planungslösungen.

Der Teil 3 der Norm definiert damit ein einheitliches Gerüst von Bezugseinheiten für die Mengenermittlung, auf das die Kostengruppen der DIN 276 bis zur dritten Gliederungsebene bezogen werden. In der Erweiterung der Norm vom Juli 1998 werden für betriebstechnische Anlagen weitere Bezugsgrößen definiert, mit denen die Kosten von Einzelsystemen mit ihren Komponenten weiter spezifiziert werden können.

Die Nutzflächen (NF) übernehmen eine Schlüsselfunktion in der Flächenhierarchie der DIN 277. Sie stellen das Bindeglied zur Gebäudenutzung dar, sie schaffen eine Bezugsebene für die Aufstellung von Raum- und Funktionsprogrammen. Sie fungieren als Wertgrößen bei der Ermittlung eines ersten Grobkostenrahmens. Sie stellen damit den Kostenträger eines Projektes dar, deren Werte mit Hilfe von Kostenumlagen ermittelt werden.

Für die Erstellung einer Grobkostenschätzung werden die Hauptnutzflächen (NF) auf der Grundlage von Raumprogrammen ermittelt. Diese werden über prozentuale Zuschläge für F1=Verkehrs- und F2=Grundrissflächen zu den Nettogrundrissflächen hochgerechnet und mit Hilfe eines weiteren konstruktionsabhängigen Zuschlags=F3 die Bruttogrundfläche gebildet.

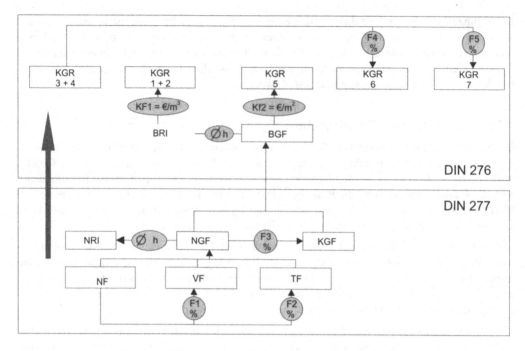

Bild 4.17   Kostenermittlung auf der Basis einer funktionalen Projektstruktur

Durch Multiplikation mit spezifischen Kostenkennwerten werden die Kostengruppen 3 und 4 direkt über die Nutzflächen, die übrigen Kostengruppen über prozentuale Zuschläge (F5, F6) bzw. mit Hilfe flächenbezogener Kostenkennwerte (KF1, KF2) ermittelt. Auf diese Weise lässt sich eine erste Aussage funktionsabhängiger Investitionskosten treffen.

4.5.2 Kostenarten

Im allgemeinen Verständnis der Kostenplanung bildet das Projekt, also das fertige Gebäude, die komplette Anlage oder das funktionsfähige Ver- und Entsorgungssystem den Kostenträger. In der Verbindung mit der Projektstruktur bedeutet dies, dass die Kosten mit Hilfe strukturabhängiger Wertgrößen ermittelt werden. Eine derartige Grobstruktur ist jedoch nicht geeignet, bei der Beurteilung von Planungs- und Ausführungsalternativen die erforderliche Transparenz zu schaffen.

Aus diesem Grund wird im Regelfall ein Gebäude bzw. eine technische Anlage in ihre einzelnen Bestandteile zerlegt, und jedes Bauteil als eigenständige Kostenart betrachtet. Dieser Ansatz ermöglicht es nunmehr, die Kosten des Kostenträgers losgelöst von seiner späteren Funktion zu kalkulieren.

Gebäudeelemente als kleinste Einheit der Kostenartengliederung sind alle Bauteile, die in ihrer Gesamtheit das wetterfeste Gebäude darstellen, alle technischen Systeme, welche für die Ver- und Entsorgung, für die Raumkonditionierung oder für die Kommunikation erforderlich sind sowie der bauliche Ausbau, wie beispielsweise Bodenbeläge, Wandbeläge oder abgehängte Decken. Gebäudeelemente als Kostenart sind die Mosaiksteine der Kostenplanung, sie sind zeichnerisch darstellbar, sie werden dimensioniert und sind mengenmäßig bewertbar.

4.5.2.1 Kostengruppen als Kostenart

Gebäudeelemente bilden die kleinteiligen Basiskomponenten der Elementmethode, die es ermöglichen, Projektkosten durchgängig über alle Planungs- und Ausführungsphasen nach Kostenart und Kostenträgern bewertbar zu machen. Die allgemein gültigen Ansätze der betriebswirtschaftlichen Kostenrechnung auch für die Kostensteuerung zu verwenden, entspricht kaufmännischen Grundsätzen. Es liegt auf der Hand, dass für Bauprojekte diese Kostensichten gesondert interpretiert werden müssen, um den pragmatischen Anforderungen von Planen und Bauen gerecht zu werden.

Die Kostengliederung der DIN 276 ist eine Ordnungsstruktur, nach der die Gesamtkosten einer Baumaßnahme unterteilt werden. Hierbei ist die Kostengruppe eine Zusammenfassung einzelner, nach den Kriterien der Planung oder des Projektablaufs zusammengehörender Kosten. Elemente dieser Kostengruppen sind auf der tiefsten Detaillierungsstufe Bauteile, welche die Gebäudestruktur, die Gebäudehülle, die technische Gebäudeausrüstung und den baulichen Ausbau definieren. Damit werden durch die Norm alle Bauelemente, die bei der Realisierung von Baumaßnahmen zum Tragen kommen, katalogisiert ohne dass dadurch ein Bezug zu einem bestimmten Bauwerkstyp oder einer Bauwerksnutzung gefordert wird.

Die derart definierten und klassifizierten Elemente treten hinsichtlich Standard, Material und Ausführung in verschiedenen Varianten/Alternativen auf. Die maßgeblichen Kosteneinflussgrößen für die jeweilige Alternative sind jedoch bekannt oder können je nach Nutzungsart festgelegt werden. Damit sind auch die Kostenauswirkungen alternativer Planungslösungen bewertbar.

Kostengruppen mit ihren Kostenvarianten bilden aus der Sicht der betriebswirtschaftlichen Kostenrechnung die Kostenarten eines Projektes.

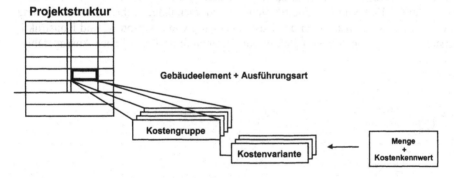

Bild 4.18   Kostenstruktur in Phase 2: Vorentwurf

4.5.3 Kostenstellen

Projektrealisierungen vollziehen sich im Regelfall in einzelnen Arbeitsschritten, die durch eigenständige Organisationseinheiten mit spezifischen Leistungsmerkmalen erbracht werden. Diese Arbeiten werden nach einheitlichen Charakteristika geordnet zu Leistungspaketen der Planung bzw. der Bauabwicklung zusammengefasst.

Die Leistungsbereichsgliederung des Standardleistungsbuches ist beispielsweise eine sinnvolle Kostenstellengliederung, mit der sich Kostenzustände einer Projektabwicklung dokumentieren lassen. Neben geplanten und beauftragten Kosten werden alle Kostenveränderungen, die sich aufgrund von Änderungen ergeben, nach ihrer baubetrieblichen Verursachung aufgeschlüsselt.

Damit ist es auch möglich, Ausfallkosten, Stillstandskosten, Einarbeitungskosten etc. sowie alle Nachtragskosten aufgrund geänderter Leistungen gesondert zu führen. Die Zuordnung der Kostenstellen zu einzelnen Kostenarten – also zu den Gebäudeelementen – ist eindeutig und berücksichtigt die zeitlichen Abläufe des Baubetriebs.

4.5.3.1 Die Gliederung des Standardleistungsbuches

Leistungen, die bei der Realisierung eines Projekts zur Ausführung kommen, werden nach Ausführungsarten beschrieben, und zu Leistungsbereichen zusammengefasst. Leistungsbereiche entsprechen in der Regel den in der VOB, Teil C, gesammelten Normen. Leistungsbereiche werden durch eine dreistellige fortlaufende Identnummer gekennzeichnet.

Die Übereinstimmung mit der vom „Gemeinsamen Ausschuss für Elektronik im Bauwesen" (GAEB) herausgegebenen Sammlung der Standardleistungsbücher wird bei der Leistungsbereichsabgrenzung gewährleistet. Durch die Berücksichtigung dieser Gliederung bleibt der Bezug zu standardisierten Ausschreibungs- und Abrechnungsverfahren gewahrt.

Im Regelfall weisen Leistungsverzeichnisse eine sehr detaillierte Gliederung auf. Die Positionsebene umfasst eine Vielzahl von Teilleistungen, die in ihrer Gesamtheit nur eine unbefriedigende Kenntnis der Kostenstrukturen vermitteln. Diese Datenebene ist weder für die Belange der Kostenplanung noch für die Bildung von Vergabeeinheiten ausreichend. Da die Leistungsbereichsebene nur grobe Informationen über ein Baulos liefert, die Positionsebene nicht überschaubar und zudem nur beschränkt vergleichbar ist, werden die Positionen eines Leistungsbereiches bei einigen Kostenplanungsverfahren zusätzlich auf eine weitere Aggregationsebene verdichtet. Diese Datenebene lässt einerseits die vollständige Beschreibung eines Bauloses zu und bleibt andererseits in ihrem Umfang überschaubar. Sie umfasst Leistungspakete bzw. Arbeitsarten und führt in Verbindung mit der Kostengruppe zum Kostenelement.

Die zusätzliche Gliederungen eines Leistungsbereiches nach Leistungspaketen bzw. Arbeitsarten erlaubt die gezielte Bewertung baubetrieblicher Zusammenhänge während die Auflösung der Kostengruppe nach Kostenvarianten den Zusammenhang von Bauprodukt und Konstruktionsart sicherstellt. Das Kostenelement benötigt zur Erreichung größtmöglicher Aussagefähig-

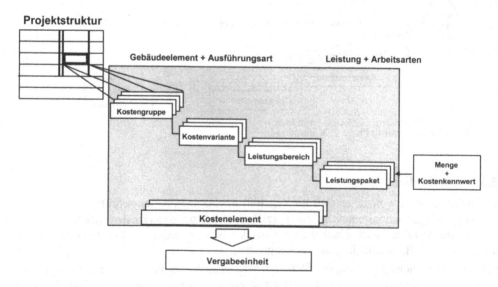

Bild 4.19   Kostenstruktur Phase 3–5: Entwurf-Ausführungsplanung

keit die Belegung aller Aggregationsebenen mit projektrelevanten Bezugseinheiten. Andererseits ist eine stufenweise Detaillierung der Mengen- und Kostenwerte immer dann zweckmäßig, wenn eine phasenabhängige Kostenabgrenzung gefordert wird.

Derart definierte Aggregationsstufen unterliegen einer Button-up Betrachtung. Ausgehend von der kleinteiligen Leistungsaufschlüsselung baubetrieblicher Fertigungsschritte wird durch die Einführung dieser Kostenplanungsebene der Bezug zum Leistungsbereich und damit zur Auftragsebene geschaffen.

Der Aufbau des Kostenelementes ermöglicht es nunmehr, dass das führende Element der Projektstruktur in Verbindung mit den Gliederungsmitteln Kostengruppe und Leistungsbereich die eindeutige Identifizierung eines Kostensachverhaltes zulässt. Das Kostenelement ist damit die durchgängige Bezugsebene der Kostenplanung über alle Projektphasen. Die gleichgeordneten Kostensichten zwischen Projektstruktur und Kostenelement erlauben eine Klassifikation der Projektkosten nach dem Verursachungs- und Entstehungsprinzip. Auch können unterschiedliche Hierarchiestufen der Projektstruktur zu Detaillierungsebenen mit eindeutigen Kostensichten verbunden werden. Damit wird das Kostenelement zum Bindeglied zwischen Kostenplan, Vergabeeinheit, Auftrag und Teilleistung.

4.5.3.2 Kostenberechnung und Bauausführung

Spätestens in der Phase der Angebotseinholung tritt bei einer Kostengliederung mit Kostengruppen ein Bruch ein. Die Gliederungssystematik nach Gebäudeelementen wird bei der Erstellung der Leistungsverzeichnisse verlassen. An die Stelle der Bauteile/Elemente tritt nunmehr der Leistungsbereich. Die gesamtheitliche Betrachtung eines Bauelementes wird aufgelöst und durch baubetriebliche Gesichtspunkte ersetzt. Damit tritt der Unternehmerbezogene Auftrag in den Mittelpunkt der Kostenplanung.

Der Übergang von der Kostengruppe zum Leistungsbereich ist kritisch. In der DIN 276 wird empfohlen, bei der Anwendung einer Leistungsbereichsbezogenen Gliederung die erste Stelle der Kostengruppe beizubehalten und die folgenden Stellen durch die LB-Nummerierung des Standardleistungsbuches zu belegen.

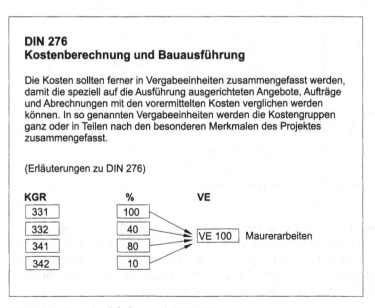

Bild 4.20 Vergabeeinheiten nach DIN 276

Dieses Vorgehen ist problematisch. Es hat den prinzipiellen Nachteil, dass Kostenschätzungen/ Kostenberechnungen nur dann mit den Kosten der Auftrags-/Abrechnungsphase verglichen werden können, wenn die nach Leistungsbereichen gegliederten Auftragsdaten wiederum prozentual nach Kostengruppen aufgeschlüsselt werden. Eine derartige Aufteilung birgt jedoch erhebliche Gefahren in sich, da die Prozentsätze nur schwer ermittelbar und überdies Schwankungen unterworfen sind. Die Forderung nach Durchgängigkeit und Aktualität der Kostenplanung wird mit diesem Vorgehen nicht befriedigend erfüllt.

Die Kostenelementmethode vermeidet diesen Systembruch. Mit Hilfe von Vergabeeinheiten werden in der Phase der Ausführungsplanung diejenigen Kostenelemente gebündelt, die in einem Leistungsverzeichnis ausgeschrieben werden sollen. Durch die Zusammenfassung der Kostenelemente zu den geplanten Vergaben übernimmt damit die Vergabeeinheit auch eine Kontrollfunktion. Die Summe aller Vergabeeinheiten deckt lückenlos den durch die Kostenberechnung erfassten Planungsbereich ab. Sollten einzelne Leistungen bei der Definition der Vergabeeinheiten vergessen werden, dokumentiert sich dies im Vergleich der Vergabeeinheiten mit den Inhalten der Kostenberechnung.

Auch bei der Erstellung der Leistungsverzeichnisse lässt sich diese Kontrolle durchführen, in dem die nunmehr im Leistungsverzeichnis beschriebenen Positionen den Ansätzen der Kostenberechnung gegenübergestellt werden. Da die Kostenberechnung wie auch die LV-Gliederung nach Kostenelementen organisiert ist, lässt sich neben einer Vollständigkeitsprüfung auch ein Mengenvergleich von geplanten und ausgeschriebenen Leistungen durchführen.

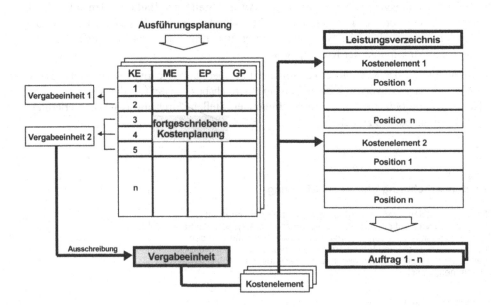

Bild 4.21   Kostenstruktur Phasen 6–7: Vorbereitung der Vergabe

Während der Planung übernimmt das Gebäudeelement eine weitgehende Führungsfunktion. Diese wird bei der LV-Erstellung der Position übertragen. Alle Leistungs- und Preisvereinbarungen, Leistungsfeststellungen und Abrechnungsregeln basieren auf der Positionsebene. Vertragsänderungen und Nachtragsvereinbarungen werden mit Nachtragspositionen beschrieben und über Indizierungen den Positionen des Hauptauftrages zugeordnet.

Die Zuordnung eines Kostenelementes zur LV-Position bedarf einer weiteren Codierungsvorschrift. Die durch den GAEB verabschiedete allgemeingültige Systematik der Positionsverschlüsselung muss mit der Struktur des Kostenelementes harmonisiert werden. Dies erfordert eine Parallelverschlüsselung von Projektstruktur, Leistungsbereich und Positionsnummer. Üblicherweise verwendet man hierzu die ersten beiden Gruppenkennzeichen des Positionsschlüssels, die ansonsten für freie Sortierzwecke herangezogen werden.

Weiterhin muss jede Position mit der tiefsten Hierarchiestufe der zugehörigen Kostengruppe und gegebenenfalls mit dem Leistungspaket verschlüsselt werden. Damit wird erreicht, dass der Leistungsbezug von Planung und Ausführung über eine eindeutige Parallelverschlüsselung zur Kostengruppe gewährleistet wird. Die Kostenelementzuordnung erfolgt beim Aufstellen der Leistungsverzeichnisse, die Struktur der Kostenplanung wird damit gleichermaßen im Leistungsverzeichnis abgebildet. Folglich spielt damit nur eine untergeordnete Rolle, ob die Formulierung der LV-Positionen mit Textfragmenten des Standardleistungsbuches oder mit freien Beschreibungstexten erfolgt. Die inhaltliche Eindeutigkeit wird bereits durch die parallele Verschlüsselung nach planerischen und baubetrieblichen Kriterien erreicht.

Die Aggregation sachlich zusammengehörender LV-Positionen auf die Ebene der Kostenelemente ermöglicht die Durchgängigkeit von Kostenplanung und Beauftragung. Die Koppelung von Position und Kostenelement ist damit neben der Sicherstellung einer durchgängigen Kostenkontrolle insbesondere für die Gewinnung von aktuellen Kostenkennwerten von großer Bedeutung. Neben der Kenntnis der Quelle ist das Wissen über das Zustandekommen der auf Kostenelementebene geführten Kennwerte unverzichtbar für deren Wiederverwendung bei späteren Kostenermittlungen. Dies ist durch die Integration von Kostenplan und Ausschreibung gewährleistet.

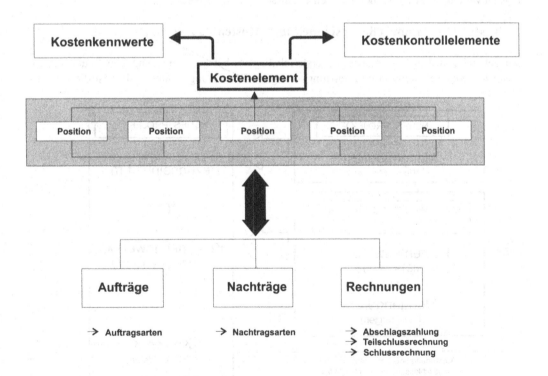

Bild 4.22   Kostenstruktur Phase 8–9: Ausführungs-Dokumentation

4.6 Methodik der Kostenermittlung

4.6.1 Grundlagen

Grundsätzlich besitzen Einzelinformationen außerhalb eines genau definierten Bezugsrahmens keinen Aussagewert. Die Beantwortung der Frage „zu welchem Preis" hat nur dann einen Sinn, wenn diese Aussage mit Angaben darüber ergänzt wird, wofür dieser Preis zu bezahlen ist. Es braucht also immer eine Mehrzahl von Einzelinformationen, um eine Aussage zu machen, welche Aussagewert besitzt.

Vereinfacht ausgedrückt lässt sich damit eine grundsätzliche Frage der Kostenplanung formulieren: Wie viele Bezugsmengen – Teilkostenansätze – müssen mit Kostenkennwerten belegt werden, um hinreichend sichere Kostenaussagen zu erhalten, oder abgeleitet hiervon: wie viele Kostenansätze sind für verlässliche Kostenaussagen erforderlich. Die Antwort lautet: die Detaillierung, nach denen Art und Anzahl der Bezugseinheiten von Kostenermittlungen zu organisieren sind, ergeben sich weitestgehend aus den Ansprüchen, die an die Sicherheit der Kostenaussage gelegt werden.

Die Aussage über eine bestehende Kostensituation zu einem bestimmten Zeitpunkt ist folglich nur dann hilfreich, wenn gleichzeitig eine Leistungsdefinition erfolgt. Ein wesentliches Kriterium für die Festlegung der Bezugsgrößen ist damit die angestrebte Aussagefähigkeit der Kosteninformationen.

Kosten werden im Allgemeinen nach einer einfachen Formel berechnet:

Kosten K = Summe (Bezugseinheit m_b * Kostenkennwert k_k)

Ausgehend von dieser Formel wird verständlich, dass bei der Ermittlung von Baukosten für jeden Kostenansatz sowohl eine leistungsbezogene Bemessungseinheit – dies ist die Bezugs-

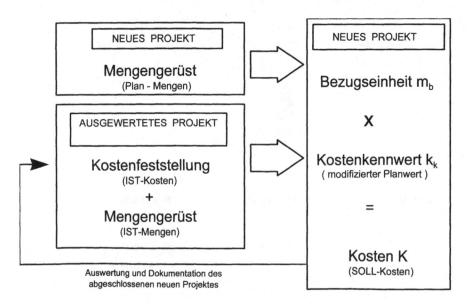

Bild 4.23   Prinzip einer Kostenermittlung

einheit – als auch ein sachgerechter Kostenkennwert gebildet werden muss. Während die Bestimmung der Bezugseinheiten weitestgehend von der Art des Projektes und vom Detaillierungsgrad der Kostenaussage abhängig ist, erfolgt die Festlegung der Kostenkennwerte auf der Grundlage von Erfahrungswerten fertiggestellter und ausgewerteter Vergleichsobjekte. Kostendokumentation und Kostenanalyse stehen damit bei jeder Kostenplanung in einem untrennbaren Zusammenhang.

Die DIN 276 bringt die Grundsätze einer Kostenermittlung in eine einheitliche Systematik. So definiert die Norm den Zweck von Kostenermittlungen als Grundlagenbeschaffung für die Kostenkontrolle, für Planungs-, Vergabe- und Ausführungsentscheidungen sowie für den Nachweis der entstandenen Kosten. Dies bedingt, dass die Kosten eines Projektes nach der Systematik einer vollständigen und vereinbarten Kostengliederung geordnet dargestellt werden. Dies erfordert weiterhin, dass Mengenermittlung und Kennwertbildung der vereinbarten Aussagedetaillierung der Kostenermittlung projektbegleitend angepasst werden.

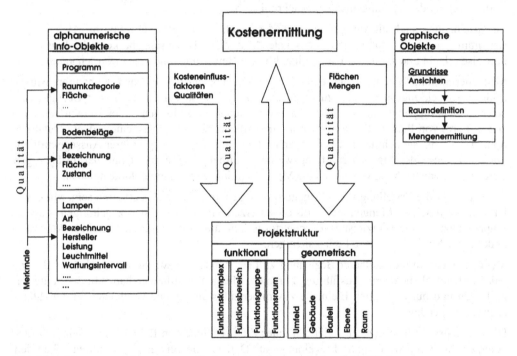

Bild 4.24   Mengenermittlung mit graphischen und alphanumerischen Info-Objekten

4.6.2 Bezugseinheiten und Mengengerüst

Was die inhaltliche Ausformung von Kostenermittlungen betrifft, ist das Gebot der Vollständigkeit ein entscheidender Bestandteil jeglicher Kostenermittlung. Der Hinweis in der Norm, dass die Kosten einer Baumaßnahme bei der Kostenermittlung vollständig zu erfassen sind, beschreibt in wenigen Worten einen Sachverhalt, dem in der Praxis durch Verwendung sachfremder Bezugseinheiten bei der Mengenermittlung meist nur ungenügend Beachtung geschenkt wird. In diese Richtung zielt auch die klare Forderung nach Transparenz und Nachvollziehbarkeit von Kostenermittlungen in der DIN. Hierzu zählt insbesondere die Vorgabe einer sinnvollen Projektgliederung, nach der Baumaßnahmen, die aus mehreren zeitlich oder räumlich getrennten Abschnitten bestehen, für jeden Abschnitt getrennte Mengenermittlungen führen sollen.

Transparenz erfordert einen verlässlichen Bezugsrahmen, der Klarheit und Verständlichkeit in der Kostendarstellung schafft. Unter Bezugsrahmen werden Messgrößen unterschiedlichster Art verstanden. Diese stehen zu den Kostenkennwerten in einer direkten Abhängigkeit und beschreiben die Messregeln, nach denen Nutzeinheiten, Flächen, Rauminhalte, Stückzahlen für Bauteile oder technische Systemkomponenten nach Art und Anzahl zu bestimmen sind. Die am Häufigsten verwendeten geometriebezogenen Bezugsgrößen sind Bruttorauminhalte sowie Grobelemente wie Fassadenflächen, Dachflächen, raumlufttechnisch behandelte Flächen etc. Eine Schlüsselfunktion übernehmen im Allgemeinen die Nutzflächen der DIN 277.

Die Ansätze einer Kostenermittlung haben einen direkten Bezug zur Kostengliederung während umgekehrt ein Kostenplan immer einer oder mehrerer Bezugseinheiten bedarf. Bezugseinheiten haben eine direkte Bindung zur Projektstruktur. Bezugseinheiten sind damit lokalisierbar und mit den Planungsinhalten synchronisierbar.

Bezugseinheiten sind mit Messgrößen und Messregeln verknüpft. Als wenig hilfreich erweist sich immer die Verwendung von „Pauschalen", da diese Bezugsangabe keinerlei Leistungshinweise erlaubt und somit auch keiner inhaltlichen Bewertung unterzogen werden kann.

Mengenermittlung bedeutet, nach einheitlichen Messvorschriften Flächen, Kubaturen, Stückzahlen, Abwicklungslängen etc. zu identifizieren, und diese unter Angabe der Bezugsgröße einer Kostengruppe zuzuordnen. Grundlage von Mengenermittlungen bilden Entwurfsunterlagen in Form von Plänen. Diese können in einer frühen Planungsphase eine gröbere Detaillierung aufweisen. Sie nehmen mit zunehmender Planungsverfeinerung in ihrer Aussagekraft zu. Für die Zwecke der Mengenermittlung werden Aufmaßpläne angelegt und darin diejenigen Bereiche gekennzeichnet, welche in eine Mengenermittlung Eingang gefunden haben.

Werkzeug für die Erstellung von Mengenermittlungen können CAD-Verfahren sein. Mit deren Hilfe ist es möglich, Mengen automatisiert zu erzeugen und diese den zugehörigen Kostengruppen zuzuordnen. Hierzu ist es jedoch erforderlich, die raumorientierte Projektstruktur auch in der CAD-Strukturierung zu berücksichtigen.

Mengen stehen in unmittelbarer Beziehung zu den Standards bzw. zu den Qualitäten, die für jedes Gebäudeelemente zur Ausführung kommen. Mengenermittlungen haben diesen Kriterien zu folgen und nur diejenigen Elemente zusammenzufassen, welche vergleichbaren Qualitätsansprüchen genügen.

Die Qualitätsspezifizierung wird vielfach unter Zuhilfenahme von Raumbuchverfahren vorgenommen. In diesen werden alle Einzelräume als Datenquelle verwaltet. Sie führen neben den Flächen und Kubaturen der Räume alle Ausstattungs- und Einrichtungsmerkmale, funktionale Eigenschaften, Konstruktionsangaben und häufig auch Budgetvorgaben/Richtpreise.

Raumbücher basieren auf raumorientierten Projektstrukturen. Damit ist es möglich, Angaben zu einzelnen Räumen, zu Raumbereichen, zu einer Gebäudeebene oder zum Gesamtbauwerk zu machen. Die in einem Raumbuch gespeicherten Daten lassen sich nach vordefinierten Merkmalen wieder auswerten und somit ein raumorientiertes Mengengerüst mit spezifischen Eigenschaften einzelner Elemente erstellen. Raumbücher bieten darüber hinaus eine unverzichtbare Unterstützung bei der Ermittlung von Betriebskosten. Die pro Raum festgelegten Konditionen lassen einen Rückschluss auf den Energiebedarf, auf Reinigungshäufigkeiten oder sonstige Verbrauchseinheiten zu und bilden damit das Mengengerüst für die Ermittlung von Betriebskosten.

Das Ergebnis einer Mengenermittlung für Bezugseinheiten wird als „Mengengerüst" bezeichnet. Die Aufstellung eines vollständigen und kostenrelevanten Mengengerüstes ist für die Ver-

lässlichkeit von Kostenermittlungen von größter Bedeutung. Entscheidend für die allgemeingültige Anwendbarkeit einer Mengenermittlung ist, dass diese durch Hinweise auf Normen
oder andere allgemein anerkannte Regeln des Bauwesens eindeutig definiert und durch Aufmaße widerspruchsfrei belegbar sind. Die Messregeln für Bezugseinheiten sind in den DIN-
Normen bzw. in Kommentaren zu diesen niedergelegt.

Der Zwang zu einem wirtschaftlich vertretbaren Aufwand bei der Erstellung eines Mengengerüstes führt regelmäßig auch zu der Frage, bis in welche Ermittlungstiefe Mengen aufgemessen
werden sollen, um zum einen den Zielen einer sicheren Kostenermittlung zu genügen, und zum
anderen den Bearbeitungsaufwand in Grenzen zu halten. Die Qualität einer Kostenermittlung
hängt in hohem Maß von der Beantwortung dieser Frage ab. Letztendlich ist dies auch eine
Frage der Honorarvereinbarung!

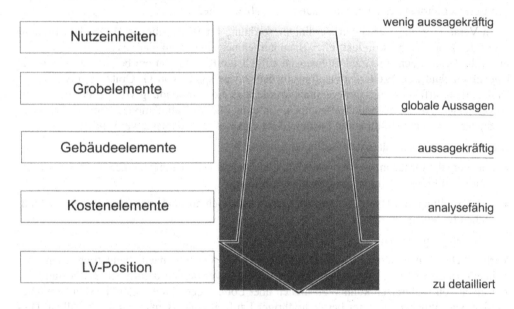

Bild 4.25   Hierarchie der Bezugseinheiten

4.7 Baupreise contra Kostenkennwerte

In der DIN 276 wird ausschließlich von Kosten und nicht von Preisen gesprochen. Was sind
die Gründe hierfür?

Die Norm definiert Kosten als Aufwendungen für Güter, Leistungen und Abgaben, die während der Planung und Ausführung von Baumaßnahmen erforderlich werden. Im Gegensatz zu
dieser Definition versteht man in der Betriebswirtschaftslehre unter Kosten Aufwendungen,
die in Form von Löhnen, Stoffen, Betriebsmitteln und Fremdleistungen, im Verlauf der Leistungserbringung eingesetzt werden.

Kosten werden in der Betriebswirtschaftslehre als der zweckbezogene, bewertete Einsatz von
Produktionsfaktoren zur Erstellung einer Leistung definiert, während Preise Tauschwerte eines Objektes zum Zeitpunkt seines Besitzwechsels darstellen. Konsequenterweise müsste man
daher bei Weiterführung dieser betriebswirtschaftlichen Definition auch bei Bauinvestitionen
den Begriff des Preises an Stelle von Kosten verwenden.

Für die Kostenplanung hat man sich bewusst entschlossen, den im Bauwesen eingeführten Begriff „Kosten" beizubehalten. Während auf der Auftraggeberseite seit je her schon immer von „Baukosten" gesprochen wird, verwendet die Auftragnehmerseite die betriebswirtschaftlich korrekte Bezeichnung des „Baupreises". Die Kalkulation wird damit zur Preisermittlung, die Ermittlung von Baukosten durch den Auftraggeber zur Kostenplanung.

4.7.1 Baupreise

Die Problematik lag seit Beginn des „wirtschaftlich bewussten Bauens" darin, dass es selbst bei Einsetzen industrieller Bauverfahren für die Kalkulation von Bauleistungen an einer schlüssigen Systematik zur Erfassung von Kostenbestandteilen mangelte. Notgedrungen behalf man sich mit mehr oder weniger zutreffenden Erfahrungswerten, die sich aus der jeweiligen Berufserfahrung des einzelnen Baumeisters ableiten ließen.

Nach Verabschiedung der ersten Verdingungsordnung für Bauleistungen (VOB) konstituierte daher der Reichsverband industrieller Bauunternehmer einen Kalkulationsausschuss, der erstmals die Grundlagen für eine systematisch aufgebaute Kalkulation erarbeitete. Diese Grundlagenarbeit fand ihre Weiterentwicklung in dem etwas später von G. Opitz veröffentlichten Kalkulationsverfahren, mit dem versucht wurde, auf die Verwendung von Erfahrungswerten zu verzichten. An deren Stelle trat nunmehr ein einheitliches Kalkulationsschema, welches als Bezugsgröße der Preisbildung die Position des Leistungsverzeichnisses verwendete.

Die wichtigsten Grundsätze der Verdingungsordnung

- die Vergabe für technisch-wirtschaftlich gleichartige Teilleistungen eines Auftrages zu einheitlichen Preisen (Einheitspreise) zu gewährleisten und

- die Vergütung von Bauleistungen nach den tatsächlich ausgeführten Mengen und verbindlichen Einheitspreisen zu regeln

wurden damit umgesetzt.

Verbindliche Einheitspreise sind Baupreise. Diese werden nach baubetrieblichen Gesichtspunkten kalkuliert. Sie haben damit immer einen vertraglich definierten Zeitbezug. Indizierungen von Baupreisen können zusätzlich über Lohn- oder Materialgleitklauseln vereinbart werden, was üblicherweise nur bei mehrjähriger Laufzeit eines Bauvertrages der Fall ist. Dies gilt sowohl für Einheitspreise der Kostenplanung wie für die Kalkulation eines Unternehmers. Und dennoch muss man den Unterschied zwischen einer Angebotskalkulation und der Einheitspreisbestimmung eines Kostenplaners in ihren Grundsätzen verstehen, wenn man nicht Gefahr laufen möchte, „marktfremde" Kostenpläne für die Entscheidungsfindung auf Bauherrenseite zu erstellen.

Preisbildungen erfolgen heute im Regelfall nach einem zweistufigen Verfahren. In der ersten Stufe werden die zu erbringenden Bauleistungen nach der Art der Konstruktion, nach Herstellungsbedingungen sowie nach den spezifischen Vertragsanforderungen (besondere Vertragsbedingungen, zusätzliche Technische Vertragsbedingungen etc.) bewertet, die Qualifikation für die ausgeschriebenen Bauarbeiten geprüft (beispielsweise die Eignung und Produktivität des vorhandenen Baubetriebes), die Standortbedingungen untersucht sowie am örtlichen Beschaffungsmarkt die Kosten für Arbeiter, Baustoffe, Subunternehmer, Leihgeräte und Dienstleistungen erhoben.

In der zweiten Stufe der Preisbildung werden anschließend unternehmerische und marktabhängige Kriterien gewichtet. In die Preisbildung gehen damit die Bonität und zuweilen auch die speziellen Preisvorstellungen des Bauherrn ein. Die Beschäftigungssituation und die Ertragslage des Unternehmens werden geprüft sowie die allgemeine Marktsituation nach dem

Verhalten der Mitbewerber, nach dem allgemeinen Preisniveau und dem unternehmerischen Risiko eingeschätzt.

Aus diesem Abgleich von Produktivitätsansätzen, Marktchancen und Projektinteresse ergibt sich dann in Verbindung mit den allgemeinen Geschäftskosten sowie dem eingeschätzten Wagnis und dem angesetzten Gewinnzielen ein Kalkulationspreis für den Auftrag. Dieser wird auf die Einzelpositionen des Leistungsverzeichnisses umgelegt und führt damit zu den Einheitspreisen des Angebotes. Nach welchen Strategien Kalkulationspreise auf LV-Positionen umgelegt und damit zu Einheitspreisen werden, unterliegt einer weitgehend unternehmerischen Entscheidung. Da diese im Regelfall nicht bekannt ist, bleibt die Vergleichbarkeit von Einheitspreisen aus Auftragsleistungsverzeichnissen selbst bei „scheinbar" gleichartigen Teilleistungen stark eingeschränkt. Einzelne Einheitspreise aus Angeboten/Abrechnungen sollten somit nicht oder nur mit äußerster Behutsamkeit für die Zwecke der Kostenplanung verwendet werden.

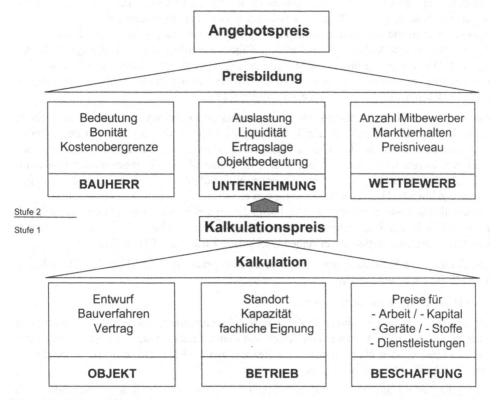

Bild 4.26   Preisermittlung

4.7.2 Kostenkennwerte

Kostenkennwerte sind nach der Definition der DIN 276 Werte, die das Verhältnis von Kosten zu einer Bezugseinheit darstellen. Im Unterschied zu Kostenkennwerten werden in der Planungsökonomie zumeist Planungskennwerte verwendet, die losgelöst von der Kostensicht das Verhältnis zweier Bezugseinheiten ausdrücken. Insbesondere bei der wirtschaftlichen Beurteilung eines Entwurfes werden derartige Kennwerte häufig im Rahmen der Flächenanalyse gebildet.

Die Verwendung von Kostenkennwerten wird auf Unternehmerseite noch immer häufig mit erheblichen Vorbehalten behandelt. Zum einen wird die missbräuchliche Anwendung von Kostenkennwerten bei der Preisprüfung nicht ausgeschlossen, und zum anderen werden auch Wettbewerbsverzerrungen befürchtet, wenn Kostenkennwerte als Vergleichsgrößen bei Vergabeentscheidungen zur Anwendung kommen. In der Kostenplanung sind Kostenkennwerte jedoch unverzichtbar, wenn man bereits in frühen Projektstadien hinreichende Kostensicherheit erreichen möchte.

Im Gegensatz zur Kalkulation basiert die Kostenplanung auf der Verwendung von Kostenkennwerten. Diese stellen im Regelfall eine Bündelung von Einheitspreisen artgleicher Teilleistungen dar. Sie beinhalten Haupt- und Nebenleistungen in Form eines globalen Ansatzes.

Ein Beispiel soll dies verdeutlichen. Der Kostenkennwert für einen Bodenbelag beinhaltet neben der Lieferung und dem Verlegen auch die Nebenleistungen wie Untergrund vorbereiten und Bodenbelag verkleben sowie das Anbringen der Abschlussleisten. Im Leistungsverzeichnis werden üblicherweise hierfür jeweils gesonderte Leistungspositionen gebildet. Diese werden bei der Kennwertermittlung zu einem einzigen Wert mit einem eindeutigen Leistungsbezug „Verlegen von Bodenbelägen" bei gleichzeitiger Bewertung der Bodenbelagsart zusammengefasst. Die ungeprüfte und isolierte Verwendung von einzelnen Einheits-preisen aus Angebots-Leistungsverzeichnissen für Zwecke der Kostenplanung muss somit zwangsläufig zu fehlerhaften Kostenansätzen in Kostenermittlungen führen.

Woher sollen also Kostenkennwerte für die Kostenplanung genommen werden? Verbindliche Systematiken für die Aufstellung und Pflege von Kostenkennwerten existieren derzeit noch nicht. Dennoch hat sich in den letzten Jahren eine allgemeine Übereinkunft ergeben, nach welcher Kostenkennwerte entsprechend und „Akzeptanz allgemein angewandter Systematiken" dokumentiert werden. In der Fachliteratur, in Handbüchern bzw. in Datensammlungen finden sich zahlreiche Hinweise zur Bildung von Kostenkennwerten sowie deren Einsatzbereiche. Spezielle Baukostenberatungsdienste, beispielsweise in Baden-Württemberg und in Nordrhein-Westfalen bieten Recherchen für ausgewählte Objekte/Objektklassen an. Weitere Anbieter von Baukosteninformationen vertreiben Objektdatenbanken auf CD-ROMs.

Für die Bildung von Kostenkennwerten existieren zwei grundsätzliche Methoden. Diese lassen sich gemäß Bild 4.27 unterteilen.

- Objekt abhängige Kostenkennwerte

  Ist eine Datenquelle vorhanden, in der bereits dokumentierte Objekte geführt werden, und sind diese bzw. eine Auswahl von diesen mit dem aktuellen Planungsobjekt weitgehend vergleichbar, können über ein derartiges Bezugsobjekt die Kostenkennwerte direkt aus einer Datenbank entnommen werden.

  Kostenkennwerte aus einer Objektdatenbank sollten jedoch in jedem Einzelfall vorab überprüft werden, ob die Merkmale des geplanten Objektes mit den Ausführungskriterien des Referenzobjektes übereinstimmen. Dies wird nicht bei allen Kosteneinflussgrößen der Fall sein. Vielfach wird es sogar unmöglich sein anzugeben, welche Kosteneinflussgrößen bei der Kennwertbildung berücksichtigt wurden.

  Die Anwendung von Kostenkennwerten ohne die Dokumentation ihrer Kostenzusammensetzung birgt daher stets die Gefahr, durch die Verwendung von nicht zutreffenden Kennwerten das Ergebnis einer Kostenermittlung zu verfälschen.

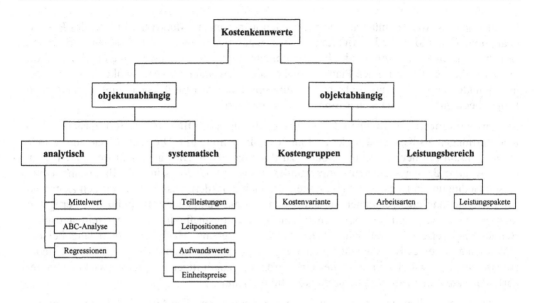

Bild 4.27 Bildung von Kostenkennwerten

- Objekt unabhängige Kostenkennwerte

  Häufig werden Kennwerte mit Hilfe analytischer Methoden bei gleichzeitiger Verwendung von Vergleichsobjekten gebildet. Die Objekte müssen hierfür einer definierten Objektklasse angehören und in ihrer Anzahl so ausreichend sein, dass der Streuungsbereich bzw. die Standardabweichung der Klasse statistisch erfassbar ist. Dies könnten beispielsweise eine Klasse „Hochbauwerke" und in dieser Klasse die Unterklassen „Schulen, Krankenhäuser, Verwaltungsbauten etc." sein. Sind gleichzeitig mehr als nur einige wenige Einflussgrößen in der Zusammensetzung des Kostengefüges einer Klasse bekannt, lassen sich mit Hilfe von Regressionsanalysen Formeln entwickeln, mit denen sich Kostenkennwerte einer Klasse jeweils in Abhängigkeit zu ausgewählten Einflussgrößen berechnen lassen.

  Mit Hilfe von ABC-Analysen können weiterhin Leit- bzw. Schwerpunktpositionen aus Leistungsverzeichnissen einer Objektklasse gewonnen und diese zu allgemein verwendbaren Kostenkennwerten modifiziert werden. Bei allen analytischen Verfahren gilt jedoch, dass ohne ausreichende Kenntnis der jeweiligen Datenbasis die Verlässlichkeit der Kennwerte stark eingeschränkt ist und damit das Risiko einer fehlerhaften Verwendung nicht ausgeschlossen werden kann.

  Liegen nicht genügend Vergleichswerte für eine analytische Kennwertbildung vor, können diese auch auf synthetischem Weg entwickelt werden. Hierbei werden Teilleistungen mit Marktpreisen bewertet und diese zu einem Kostenkennwert gebündelt. Das Kostengerüst derartiger Kennwerte kann auch aus Kalkulationshandbüchern entnommen oder mit Hilfe von Aufwandswerten und fiktiven Preisansätzen (Stundenlöhne, Zuschläge, Baumaschineneinsatzkosten etc.) gebildet werden. Hier kommt allerdings ein etwas einfacheres Kalkulationsverfahren zum Einsatz als dies bei einer Unternehmerkalkulation der Fall ist.

Für alle Kostenkennwerte, ob aus Vergleichsobjekten, ob auf analytischem oder auf synthetischem Weg gewonnen, gilt, dass diese im Regelfall immer den tatsächlichen Projektgegebenheiten angepasst werden müssen. Hierbei spielen insbesondere Marktverhältnisse, das Preisniveau, neue technologische Entwicklungen aber auch objektbezogene Einflüsse wie Grund und Boden, Baustellenverhältnisse oder baubetriebliche Rahmenbedingungen eine erhebliche Rolle. Der sicherste Weg für einen Planer ist daher die Verwendung von Kostenkennwerten eigener Objekte, deren Zusammensetzung er kennt und die er bei Berücksichtigung der aktuellen Projektbedingungen nach eigener Einschätzung modifiziert.

Kostenkennwerte erfordern einen definierten Zeitbezug. Die DIN 276 legt fest, dass bei Kostenermittlungen als Kostenstand der Zeitpunkt der Erstellung gilt. Die zeitliche Bezugsperiode ist gemeinsam mit den Berechnungsdaten zu dokumentieren. Dies geschieht im Allgemeinen durch Angabe des verwendeten Baupreisindex sowie des Quartals im Erstellungsjahr. Unter diesen Bedingungen ist es zulässig und vielfach auch gefordert, dass Kosten auf den Zeitpunkt der Fertigstellung hochgerechnet werden. Denn erst die Fähigkeit, Kosten auf den Fertigstellungszeitpunkt zu prognostizieren, erhebt eine Ermittlungsmethodik von einer rein statischen Betrachtungsweise auf eine dynamische Anwendungsebene. Hochrechnungen sind bei der Dokumentation eines Kostenplanes immer explizit anzugeben, denn man muss sich bei jeder Hochrechnung bewusst sein, dass dies einer Prognose zukünftiger Baupreisentwicklungen bedarf, was naturgemäß auch zu Fehlschlüssen führen kann.

Im Bauwesen gelten unterschiedliche Anforderungen an die Ausweisung der Umsatz-/Mehrwertsteuer. Für bestimmte Baumaßnahmen sind Kosten grundsätzlich einschließlich der Mehrwertsteuer anzugeben. Dies betrifft beispielsweise alle Bauten, die aus den Haushalten der öffentlichen Hand finanziert werden. Im frei finanzierten Gewerbe- und Industriebau besteht dagegen die Möglichkeit des Vorsteuerabzuges. Die Mehrwertsteuer bildet somit keinen dauerhaften Kostenfaktor.

Die Mehrwertsteuer wird im Gegensatz zur Bauabrechnung normalerweise in Kostenplänen nicht gesondert ausgewiesen. Die Kostenplanung berücksichtigt diese Problematik, indem wahlweise die Anwendung von Brutto- oder Nettokostenkennwerten zum Zuge kommt. Eine gemischte Verwendung dieser beiden Kennwertarten ist ebenfalls zulässig, wenn dies in der Ergebnisdarstellung kenntlich gemacht wird.

4.8 Verfahren der Kostenplanung

In der Kostenplanung werden die verschiedenen Ermittlungsverfahren nach Art und Anzahl der Bezugsgrößen und somit nach dem Umfang des Mengengerüstes unterschieden.

4.8.1 Das Einwertverfahren

Das Einwertverfahren geht von einem einfachen Ansatz aus:

> Betrachtet man einen Körper, dessen Abmessungen eindeutig bestimmbar sind und dessen Flächen/Volumina somit berechenbar sind, so kann man, wenn davon ausgegangen wird, dass die Masse des Körpers aus einem homogenen Material besteht, sehr leicht die Kosten hierfür ermitteln. Jede Masseneinheit kostet den gleichen spezifischen Einheitspreis, der Gesamtpreis ergibt sich somit aus der Summe gleichartiger Teilbeträge.

Diese Art der Kostenermittlung – auf der Grundlage einer einzigen festen Bezugsgröße – multipliziert mit einem spezifischen Einheitspreis bezeichnet man als Einwertverfahren. Eine detaillierte Kostengliederung ist nicht erforderlich. Häufig wird nach den Kosten des Rohbaus, des Ausbaus und der Technischen Gebäudeausrüstung unterschieden. Die Bezugsmengen hierfür werden üblicher Weise aus der Nutzung bzw. der Bauwerksgeometrie abgeleitet.

Eine Kostenermittlung bei Verwendung von Nutzungseinheiten ist in der aktuellen DIN nicht vorgesehen. Das Verfahren liefert üblicherweise nur Gesamtkosten, die nicht weiter nach Kostengruppen aufgelöst sind und damit auch keinen Bezug zur DIN 276 haben. (Der Begriff des Kostenüberschlages wurde aus diesen Gründen auch nicht in der Norm aufgenommen). In der Praxis wird das Verfahren als Kostenüberschlag bezeichnet und als eine überschlägige Ermittlung der entstehenden Kosten eingestuft, das der grundsätzlichen Entscheidung über das Bauvorhaben dient. In der Phase der Grundlagenermittlung wird das Verfahren zur Abschätzung eines sehr groben Kostenrahmens mit einer akzeptierten Unschärfe von +/- 30 % zu den tatsächlichen Herstellkosten eingesetzt. Es dient weiterhin zur Plausibilitätsprüfung detaillierter Kostenpläne.

Grundlage für den Kostenüberschlag sind

- Bedarfsangaben, die beispielsweise in Raum- und Funktionsprogrammen geführt werden wie Nutzeinheiten, Flächenvorgaben, Standards in Form von qualitativen Nutzungsanforderungen

- Angaben zum Standort, zu ökologischen Rahmenbedingungen, zu besonderen Risiken etc.

Beispiele hierfür sind

– Anzahl der Krankenbetten

– Anzahl der Tiefgaragenstellplätze

– Einwohnergleichwerte bei Kläranlagen

– Anzahl der Stelleinheiten bei Elektronischen Stellwerken (ESTW für Signalmarkanteil)

Im Rahmen von Kostenschätzungen/Kostenvoranschlägen werden beim Einwertverfahren Kostenkennwerte verwendet, die sich auf Grundflächen, Längen, Stückzahlen oder Rauminhalte beziehen. Deren Bemessung wird in der DIN 277 Teil 1 und 2, die Bezugseinheiten für Kostengruppen in der DIN 277 Teil 3 geregelt. In einem ersten Ansatz werden die Kosten des Bauwerkes nach

– m^3 Bruttorauminhalt (BRI)

– m^2 Bruttogrundfläche (BGF)

– m^2 Nutzfläche (NF)

– m^2 Hauptnutzflächen (HNF 1–6)

berechnet und die zusätzlichen Kosten für Erschließung, Besondere Baukonstruktionen, Baunebenkosten etc. über prozentuale Zuschläge berücksichtigt. Bei Ingenieurbauwerken, die einen sehr unterschiedlichen Charakter haben können werden statt Flächen und Rauminhalte in der Regel die Hauptmassen der Bauleistung herangezogen und diese mit Erfahrungswerten bewertet.

– m^3 Erdbewegungen

– m^3 Stahlbeton

– m^3 Spannbeton

– t Stahl

In einem zweiten Schritt werden vielfach für die Grobelemente der Kostengruppen DIN 276 (2. Stufe der Kostengliederung) die Bezugseinheiten der DIN 277 angesetzt und die Kosten der Baukonstruktion mit Hilfe von Flächentypen ermittelt.

BAF   Basisflächen

AWF   Außenwandflächen

IWF   Innenwandflächen

HTF   Horizontale Trennflächen   DAF   Dachflächen

Zu diesen fünf Typen sind zwischenzeitlich eine Reihe weiterer Flächentypen getreten, die wahlweise zum Einsatz kommen.

Mit den Grobelementen werden im Wesentlichen die Kosten der Baukonstruktion erfasst (Kostengruppe 300). Zusätzliche Kostenansätze für die Kostengruppen 400 bis 600 werden prozentual hinzugerechnet. Auch für die Gebäudetechnik (KGR 400) gibt es nunmehr Bezugseinheiten für die Grobelementebene, mit deren Hilfe der Standard von Raumkonditionierung (beheizt, belüftet, klimatisiert etc.), Gebäudesicherheit, Regel- und Steuertechnik etc. in die Kostenermittlung einbezogen werden kann.

Einwertverfahren haben sich in der Praxis als problematisch erwiesen:

- Die bisher entwickelten und im Einwertverfahren verwendeten Kostenkennwerte wurden zum größten Teil aus Daten fertiggestellter Baumaßnahmen gewonnen. Dabei werden bzw. wurden globale Kennwerte in Abhängigkeit zu einigen wenigen Einflussgrößen entwickelt, die sich auf eine bestimmte Nutzungen des Bauwerkes beziehen, meist jedoch nicht auf vergleichbare Bauwerkskonstruktionen, technische Ausstattungen und Ausbaustandards.

  Eine weitergehende Aufschlüsselung globaler Ansätze nach den Kostenkriterien Rohbau, Ausbau und Gebäudetechnik ist mit der Einwertmethode grundsätzlich möglich, führt im Regelfall aber auch zu keinen besseren Ergebnissen.

- Globale Richtwerte weisen im Regelfall eine große Unsicherheit auf. Sie verhindern Transparenz und Kenntnis der maßgeblichen Kosteneinflussgrößen. Planungsvarianten lassen sich nur unzureichend bewerten, Auswirkungen von Planungsänderungen auf das Kostenbudget nur mit großen Einschränkungen darstellen. Sie sind damit nicht geeignet, einen abgesicherten und verbindlichen Kostenrahmen zu bilden, wenn das Projekt aus dem üblichen Rahmen seiner Bauwerksklasse fällt.

- Die technische Entwicklung hat in den letzten Jahren zu einer wachsenden Fachspezialisierung der ausführenden Baubetriebe geführt. Auch wurden von der Industrie neue Fertigungsverfahren entwickelt, die in Verbindung mit einer sich laufend verändernden Produktpalette erheblichen Einfluss auf die Bauwerkskosten haben. Gleichzeitig wird das Bauordnungsrecht durch die Bauaufsichtsbehörden bei oftmals vergleichbaren Sachverhalten unterschiedlich interpretiert, wodurch ein wechselndes Anspruchsniveau an kostenintensiven Auflagen geschaffen wird. Eine Kostenplanung auf der Basis einiger weniger Kostenkennwerte kann zwangsläufig dieser Entwicklung nicht gerecht werden.

- Neben der zunehmenden Gewerke Spezialisierung wuchs aber auch die Zahl der am Planungsprozess Beteiligten. Sie nutzen immer komplexere Berechnungsverfahren und arbeiten bei der Entscheidungsfindung mit rechenintensiven Simulationsmethoden. Dies hat unmittelbare Auswirkungen auf Bemessungen wie zum Beispiel auf die Dimensionierung von Bauteilen oder auf die Auslegung technischer Systeme. Das Einwertverfahren kann mit den Ansprüchen dieser Entwicklung nicht Schritt halten.

- Ein weiterer Mangel des Einwertverfahrens besteht darin, dass es nicht durchgängig für alle Planungsphasen angewendet werden kann, sondern bereits in einem sehr frühen Stadium der Planung abbricht. Für den planenden Ingenieur ist es deshalb oftmals nicht möglich, innerhalb des vorgegebenen, jedoch nicht exakt begründeten Kostenrahmens einzelne Gebäudeelemente zu planen. Die Höhe der voraussichtlichen Baukosten ergibt sich erst nach Vorliegen der Angebote. Dann ist die Planung jedoch bereits weitgehend fertiggestellt, kostenbeeinflussende Planungsänderungen sind kaum noch möglich bzw. mit erheblichen Zeitverlusten verbunden.

4.8.2 Die Mehrwertverfahren

Im Unterschied zum Einwertverfahren wird zur Berechnung der Baukosten nach dem Mehrwertverfahren eine im Prinzip unbeschränkt große Anzahl von Teilleistungen mit Bezugseinheiten und Kostenansätzen belegt. Die Kostengliederung, nach der die Teilleistungen gegliedert werden, richtet sich nach den Grundsätzen der DIN 276. Die Vielzahl der Einzelansätze führt erfahrungsgemäß zu einer wesentlich höheren Sicherheit der Kostenaussage. Dies ist nachgewiesen und auch theoretisch belegt, da gemäß dem Gauß'schen Fehlerausgleichsgesetz der mittlere Fehler in der Addition vieler Ansätze geringer ist als bei einer Berechnung über einen einzigen Ansatz. Nach dem Gesetz der Großen Zahlen führt damit die Anwendung eines Mehrwertverfahrens zu besser abgesicherten Kostenaussagen.

Der entscheidende Vorteil der Mehrwertverfahren gegenüber dem Einwertverfahren ist die weit aus größere Transparenz der Kosteneinflussgrößen. Werden z. B. die Baukosten über den umbauten Raum (Einwertverfahren) berechnet, ist es im Regelfall nur schwer möglich, bei einer nur geringfügigen Änderung des angesetzten Kostenkennwertes die Auswirkungen auf die Qualität des Bauwerkes darzustellen. Dies gilt immer dann und hat immer dann gravierende Auswirkungen auf Kostenbeurteilungen, wenn bei einem großen Bauvolumen und bei gleichzeitiger Verwendung von nur einigen wenigen Kostenkennwerte einer oder einige von diesen geringfügig modifiziert werden Im Ergebnis führt dies zu erheblichen Kostenveränderungen ohne dass dem Bauherrn nachvollziehbar ist, in welcher Weise gleichzeitig Qualitätsstandards oder konstruktive Detaillösungen geändert wurden.

Dem wirkt das Mehrwertverfahren entgegen, indem an Stelle einer einzigen bzw. einiger wenigen Bezugsmengen eine der Komplexität des Bauwerkes entsprechende Anzahl von Einzelansätzen kostenplanerisch bewertet wird.

Zu den Mehrwertverfahren zählen im Wesentlichen die Kostenflächenarten- und die Elementmethode.

4.8.2.1 Die Kostenflächenartenmethode

Die Kostenflächenartenmethode ist ein relativ junges Verfahren zur Ermittlung der Baukosten in einem frühen Planungsstadium. Das Verfahren ist geeignet, bereits frühzeitig weitgehend gesicherte Kostenaussagen zu treffen.

Die Kostenflächenartenmethode beruht auf dem Ansatz, dass die Kosten einer Baumaßnahme in direkter Abhängigkeit zu den Nutzungsarten des Gebäudes und damit zu den Nutzflächen stehen. Die Kostenflächenartenmethode stellt damit den konsequenten Zusammenhang zwischen der Nutzung und den Baukosten her. Die Methode ermöglicht es, bereits auf der Grundlage von Raumprogrammen überschlägige und nach Vorliegen exakter Flächenberechnungen (Vorplanung) weitgehend verbindliche Kosten Budgets aufstellen zu können.

Grundgedanke der Kostenflächenartenmethode ist die Erkenntnis, dass jede in einem Bauwerk vorkommende Fläche ein bestimmbares Kostengewicht an den Gesamtherstellkosten hat. So gibt es Flächen mit eingeschränkten Nutzungsanforderungen und damit auch mit einer geringeren Kostenausprägung als beispielsweise hochtechnisierte Flächen eines Operationsbereiches im Krankenhausbau. Um die bei Hochbaumaßnahmen überhaupt denkbaren Flächennutzungen kostenmäßig qualifizierbar zu machen wurde in Erweiterung der DIN 277 ein Nutzungskatalog mit ca. 1500 standardisierten Nutzungen entwickelt. In einem zweiten Schritt wurden anschließend die in der Datenbank der Länderarbeitsgemeinschaft Hochbau (LAG) gespeicherten ca. 3500 Objekte aus allen Bundesländern mit Hilfe statistisch-mathematischer Verfahren ausgewertet und über Regressionsanalysen Kostenkennwerte für die identifizierten Standardnutzungen berechnet. Die auf diesem Weg gewonnenen Kennwerte wurden anschließend nach 13 Kostenflächenarten klassifiziert. Damit erhält jede Standardnutzung eine eindeutige Kostenflächenart mit jeweils einem Kostenkennwert für die Baukonstruktion und einen zweiten Kostenkennwert für die Gebäudetechnik.

Die 13 Kostenflächenarten ergeben sich aus 9 unterschiedlichen Nutzungsgruppen, zwei Gruppen für die Bewertung der Verkehrswege, einer Kostenflächenart für die Erfassung der Funktionsflächen sowie einer weiteren für die Beurteilung der Kompaktheit eines Baukörpers. Jeder Kostenkennwert trägt als Preisniveau den Baupreisindex IND seines Bezugsjahres, einen örtlichen Baumarktfaktor OBF sowie einen Index für den Baustandard STAN. Nachfolgende Tabelle verdeutlicht den Katalog der Kostenkennwerte.

Tabelle 4.1 KFA-Methode

Kostenkennwerte BBK – BTK		
KFA	BBK : KGR 300	BTK : KGR 400
	EUR/m^2	EUR/m^2
KF 01	332,34	15,34
KF 02	388,58	56,24
KF 03	613,55	107,37
KF 04	838,52	245,42
KF 05	1058,37	587,99
KF 06	1283,34	1073,71
KF 07	2060,51	2147,43
KF 08	2285,47	4882,84
KF 09	2561,57	8303,38
FFA	332,34	976,57
VFHA	613,55	66,47
VFVA	1840,65	490,84
BRI	51,13	19,43

Preisstand 5/90 =   100 für IND

100 für OBF

100 für STAN

Die KFA-Methode ist Gebäudegruppen unabhängig. Es ist also gleichgültig, ob es sich um ein Krankenhaus, um eine Schule oder einen sonstigen Gebäudetyp handelt. Jede Bauwerksgruppe hat allerdings ihr spezifisches „Kostenflächenarten-Profil", das heißt, Krankenhäuser haben einen höheren Anteil an kostenintensiven Flächen als dies bei Schulen der Fall ist.

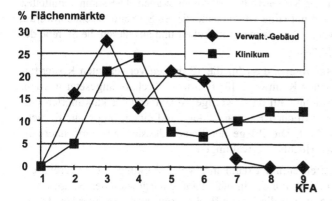

Bild 4.28 Kostenflächenartenprofile

Die Methode unterscheidet zwei Verfahrensstufen. Sind lediglich die Nutzflächen des Raumprogrammes bekannt, werden die Kosten der Kostengruppen 300 und 400 über die KFA01 bis KFA09 berechnet. Sind aus Planungsunterlagen zusätzlich die Funktions- und Verkehrsflächen zu entnehmen, kommt die Methodik mit 12 verschiedenen KFA zur Anwendung, was die Ermittlungsergebnisse weiter verbessert.

Über die 9 Kostenflächenarten lässt sich die Verschiedenartigkeit der Nutzung erfassen, nicht jedoch die Kompaktheit des Baukörpers bewerten. Diese wird bei der 12-gliedrigen Methodik über den Bruttorauminhalt (BRI a) berücksichtigt, für den ein gesonderter Kennwert geführt wird. Damit ist es möglich, unabhängig von der Zweckbestimmung eines Gebäudes auch konstruktive Gesichtspunkte in die Ermittlung einzubringen.

Der Verfahrensablauf lässt sich mit nachfolgender Graphik verdeutlichen.

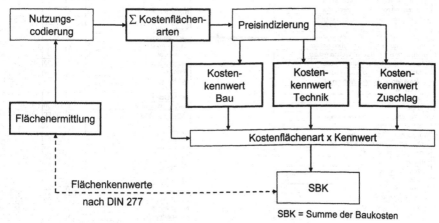

Bild 4.29 Kostenflächenartenmethode

Grundlage des Verfahrens bilden im Allgemeinen zunächst die Nutzflächen des Raumprogrammes, die in einem späteren Ermittlungsschritt mit den aus der Planung gewonnenen Nutz-/ Funktions-/Verkehrsflächen aktualisiert werden. Die Flächen werden nach den Nutzungsarten der DIN 277, Teil 2, aufgegliedert und jeder Einzelfläche der Nutzungscode entsprechend dem Raumnutzungskatalog zugewiesen. Mit der Zuordnung von Programmflächenanteilen zu den Nutzungscodes wird gleichzeitig die Definition der Kostenflächenart vorgenommen. Die somit ermittelten Kostenflächen werden aufsummiert und mit Hilfe von preisindizierten Standardkostenkennwerten die Kosten der Baukonstruktion bzw. die Technikkosten kalkuliert und aus diesen die Summe der Baukosten (SBK) durch Addition gebildet.

Die Kostenflächenartenmethode setzt voraus, dass für die 13 derzeit verwendeten Kostenflächenarten die verbindlich vorgegebenen Kennwerte für Bau bzw. Technik angesetzt werden. Deren Preisbasis wird bei der Anwendung auf das jeweilige Preisniveau des kalkulierten Objektes hochgerechnet sowie mit dem örtlichen Baumarktfaktor und einem Index zur Berücksichtigung des Baustandards modifiziert. Die Pflege der Standardkostenkennwerte übernehmen derzeit die nutzenden staatlichen Hochbauverwaltungen.

Die Systematik der Kostenflächenarten entfaltet dann ihre volle Wirkung, wenn bereits ein Entwurf (Vor-/Entwurfsplanung) vorliegt. Für die in der Planung ausgewiesenen Räume können qualifiziert entsprechend ihrer Nutzung die Kostenflächenarten bestimmt werden. Je genauer die geometrische Projektstruktur spezifiziert ist, desto verlässlicher sind damit auch die über die Kostenflächenarten erzielbaren Ergebnisse.

Die Kostenflächenartenmethode ist geeignet, in einem frühen Planungsstadium einen weitgehend abgesicherten Kostenrahmen zu ermitteln. Sie unterstützt jedoch nicht den Übergang von Planung und Bauabwicklung. Problematisch wird diese Methode auch dann, wenn sich das Raumprogramm bzw. der Entwurf im Laufe der Projektentwicklung maßgeblich verändern sollte und dies aus Planunterlagen nur unzureichend ersichtlich ist.

NC	T	Bezeichnung
1.		Wohnen und Aufenthalt
1.1		Wohnräume
11110	2	Wohnräume in Mehrzimmerwohnungen (Normal)
11111	2	Wohnzimmer normaler Wohnungsbau
11112	2	Schlafzimmer normaler Wohnungsbau
11113	2	Kinderzimmer normaler Wohnungsbau
11114	2	Arbeitszimmer normaler Wohnungsbau
11115	2	Eßzimmer normaler Wohnungsbau
11116	2	Gastzimmer normaler Wohnungsbau
11117	2	Wintergarten normaler Wohnungsbau
11130	5	Wohnräume in Mehrzimmerwohnungen
11131	5	Wohnzimmer gehobener Wohnungsbau
11132	5	Schlafzimmer gehobener Wohnungsbau
11133	5	Kinderzimmer gehobener Wohnungsbau
11134	5	Arbeitszimmer gehobener Wohnungsbau
11135	5	Eßzimmer gehobener Wohnungsbau
11136	5	Gastzimmer gehobener Wohnungsbau
11137	5	Wintergarten gehobener Wohnungsbau
11200	3	Wohnküche
11300	2	Wohndielen
11301	2	Eßdiele
11400	2	Wohnräume in Einzimmerwohnungen
11401	2	Wohn-/Schlafraum
11402	2	Wohnraum mit Schlafnische
11403	2	Wohn-/Schlafraum mit Kochnische
11510	2	Einzelwohnräume (einf.)
11511	2	Wohnheimzimmer
11512	3	Einzelwohnräume (gehob.)
11513	3	Hotelzimmer
11514	3	Altenwohnzimmer
11600	2	Gruppenwohnräume
11601	2	Gruppenunterkunftsraum
11602	2	Gruppenschlafraum

Funktionsbezeichnung	Anzahl Plätze	Anzahl Räume	Einzel- flächen	Gesamt- fläche	Nutz.- Code	KFA
Maßnahme 4711	5	43		962,00		
Wohnräume		6				
Wohnzimmer		1	25,00	25,00	11111	2
Schlafzimmer		1	15,00	15,00	11112	2
Kinderzimmer		1	12,00	12,00	11113	2
Arbeitszimmer		1	10,00	10,00	11114	2
Wohnküche		1	13,00	13,00	11200	3
Bad		1	6,00	6,00	71420	3
Büroflächen	5	26				
Chefzimmer		1	48,00	48,00	21120	4
Sachbearbeiter		4	20,00	80,00	21120	4
Sachbearbeiter		8	14,00	112,00	21120	4
Sachbearbeiter	3	6	25,00	150,00	21120	4
Sekretariat	2	3	16,00	48,00	21220	4
Besprechungsräume		1	45,00	45,00	23130	5
Teeküche		1	8,00	8,00	38211	5
Fotokopierraum		2	4,00	8,00	28112	5
Werkstätten		2				
Meßinstrumentenwerkstatt		1	120,00	120,00	32211	3
Elektrowerkstatt (m.f.e.M.)		1	80,00	80,00	32341	6
Sanitärräume		5				
WC Herren		2	14,00	28,00	71130	5
WC Damen		1	14,00	14,00	71130	5
Duschen		1	30,00	30,00	71330	5
Umkleide		1	8,00	8,00	72210	2
Betriebstechnik		4				
Heizung		1	60,00	60,00	83000	10
Elektrische Stromversorgung		1	22,00	22,00	85000	10
Notstromversorgung		1	12,00	12,00	85013	10
Fernmeldetechnik		1	8,00	8,00	86000	10
Summe	5	43		962,00		

Kostenfläche	m²	%	EUR/m² (5/90)	EUR/m² (3/04)	Kosten (EUR) incl. MwSt.	Summe
			Bauwerk – Baukonstruktion			
KF 01	0	0,00	332,34	411,37		
KF 02	70	0,08	388,58	480,99	33.669	
KF 03	139	0,16	613,55	759,46	105.565	
KF 04	438	0,51	838,52	1.037,93	454.612	
KF 05	133	0,15	1.058,37	1.310,07	174.239	
KF 06	80	0,09	1.283,34	1.588,53	127.083	
KF 07	0	0,00	2.060,51	2.550,52		
KF 08	0	0,00	2.285,47	2.828,98		
KF 09	0	0,00	2.561,57	3.170,74		
NFA	860	1,00				
FFA	102		332,34	411,37	41.960	
VFHA	70		613,55	759,46	53.162	
VFVA	20		1.840,65	2.278,38	45.568	
BRIA	6500		51,13	63,29	411.373	
Bauwerk – Baukonstruktion						1.447.231
			Bauwerk – technische Anlagen			
KF 01	0	0,00	15,34	18,99		
KF 02	70	0,08	56,24	69,62	4.873	
KF 03	139	0,16	107,37	132,91	18.474	
KF 04	438	0,51	245,42	303,78	133.057	
KF 05	133	0,15	587,99	727,81	96.799	
KF 06	80	0,09	1.073,71	1.329,05	106.324	
KF 07	0	0,00	2.147,43	2.658,11		
KF 08	0	0,00	4.882,84	6.044,03		
KF 09	0	0,00	8.303,38	10.278,01		
NFA	860	1,00				
FFA	102		976,57	1.208,81	123.298	
VFHA	70		66,47	82,27	5.759	
VFVA	20		490,84	607,57	12.151	
BRIA	6500		19,43	24,05	156.322	
Bauwerk – technische Anlagen						657.058
			Gesamtbaukosten			
					(KGR300 + KGR400 = 100 %)	
200	Herrichten und Erschließen				87.963	4,18 %
300	Bauwerk – Baukonstruktion				1.447.231	68,78 %
400	Bauwerk – Technische Anlagen				657.058	31,22 %
500	Außenanlagen				180.217	8,56 %
619	Ausstattung, Sonstiges				4.291	0,20 %
700	Baunebenkosten				353.998	16,82 %
Gesamtbaukosten					2.730.758	129,77 %

Bild 4.30 Kostenermittlung nach Flächenarten

Die meisten Länderbauverwaltungen verlangen mittlerweile die Anwendung der Kostenflächenartenmethode zur Erreichung der Genehmigungsfähigkeit. Die 16. Fortschreibung der RB-Bau schreibt die Anwendung bei der Planung und Errichtung von Bundesbauten zwingend vor. Auch der Zuschussprüfung von Hochschulbauten durch das BMWF wird die KFA-Methode zugrundegelegt.

4.8.2.2 Kostenplanung mit Gebäudeelementen

Kostenermittlungen mit Gebäudeelementen basieren grundsätzlich auf der Kostengruppen-gliederung der DIN 276 und folgen den Verfahrensregelungen dieser Norm. Die Kostenele-mentmethode unterscheidet sich von der Kostenplanung bei ausschließlicher Anwendung von Gebäudeelementen durch eine wesentlich exaktere Kostenverknüpfung von Planungs- und Ausführungsphasen mittels Integration konstruktiver und baubetrieblicher Zusammenhänge.

Die Durchgängigkeit der Kostenplanung erfordert eine schrittweise Detaillierung der Kosten-ansätze von Planungsphase zu Planungsphase. Diesem Prinzip wird die hierarchische Kosten-gliederung der DIN 276 gerecht indem in der Phase der Vorentwurfsplanung üblicherweise mit einer 2 stufigen Detaillierungsebene der Norm gearbeitet wird. In der Phase der Entwurfs-planung wird diese auf die 3. Detaillierungsstufe erweitert und bei Anwendung der Kosten-elementmethode mit der Leistungsbereichsgliederung verknüpft. Kostenvarianten und Ar-beitsarten bzw. Leistungspakete stellen bei Anwendung dieser Methode ergänzende Bezugs-ebenen dar, die im Wesentlichen kalkulatorischen Zwecken dienen.

Kostenplanung		Kostenschätzung					Kostengruppen sortiert		
Projekt: : A Vereinigte Werkstätten				Kostenplan [0 : GP 01			Status :		genehmigt
Maßnahme : Neubaumaßnahme				Planer : Mustermann und Partner			Datum :		31.01.2002
Struktur : 110— Gaszählerwerkstatt							Region :		Deutschland
KGR [1]	KV [2]	TKE [3]	Bezeichnung [4]	Menge [5]	AE [6]	SK [7]	EP in EUR [8]	GP in EUR [9]	Preisstand [10]
								Übertrag :	1.079.303,80	
33100	0		Tragende Aussenwände	1.514,000	m2		177,99	269.474,00	1 / 2002
		001	Aussenwände	960,000	m2	J	159,00	152.640,00	1 / 2002
		002	Attika	194,000	m2	J	154,00	29.876,00	1 / 2002
		003	Brüstungen	360,000	m2	J	170,00	61.200,00	1 / 2002
		004	Verbindungsbrücken/Stahl-Unterkonstruktion	162,000	m2	N	159,00	25.758,00	1 / 2002
33200	0		Nichttragende Aussenwände	398,000	m2		130,85	52.077,00	1 / 2002
33300	0		Aussenstützen	349,000	m		177,46	61.934,80	1 / 2002
33400	0		Aussentüren, -fenster	7,000	st		11.500,00	80.500,00	1 / 2002
		001	Türen	4,000	st	J	3.250,00	13.000,00	1 / 2002
		002	Tore inkl. Antrieb	3,000	st	J	15.000,00	45.000,00	1 / 2002
		003	Entrauchungsfenster/Lamellenfelder	50,000	m2	N	450,00	22.500,00	1 / 2002
33500	0		Aussenwandbekleidungen aussen	975,000	m2		32,05	31.250,00	1 / 2002
		001	Anstrich	975,000	m2	J	12,00	11.700,00	1 / 2002
		002	Dämmung	460,000	m2	N	42,50	19.550,00	1 / 2002
33600	0		Aussenwandbekleidungen innen	1.585,000	m2		43,47	68.900,00	1 / 2002
		001	Anstrich	1.585,000	m2	J	5,00	7.925,00	1 / 2002
		002	Putz	1.310,000	m2	N	30,00	39.300,00	1 / 2002
		003	Wandfliesen	135,000	m2	N	75,00	10.125,00	1 / 2002
		004	Naturstein Fensterbänke	165,000	m	N	70,00	11.550,00	1 / 2002
								Übertrag :	1.643.439,60	

Listen-Nr.: Kostenschätzung DrG   Seite: 2 von 10

Sortierung: Struktur, Kostengruppe, Kostenvariante

Bild 4.31   Kostenschätzung (ohne Kostenvarianten)

Die Kostenermittlung nach der Elementmethode basiert auf folgenden Abläufen:

- Das Bauwerk wird entsprechend der Kostengruppengliederung der DIN 276 in seine Be-standteile aufgelöst. Der Zusammenhang von Gebäudeelement und Projektstruktur bleibt erhalten.

- Für alle Elemente werden Beschreibungen erstellt, welche die Qualität und die besonderen Bedingungen ihrer Herstellung oder Montage definieren. Zur Unterstützung der Beschrei-bungssystematik können Beschreibungskataloge mit fragmentierten Kurztexten bzw. mit

Beschreibungsmerkmalen verwendet werden. Eine effiziente Hilfe bildet der Einsatz von Raumbüchern.

- Für jedes Gebäudeelement werden unter Berücksichtigung der Projektstruktur Mengen ermittelt. Für deren Ermittlung existieren eindeutige Messvorschriften, die festlegen, wie Grobelemente bzw. Bauteile nach Fläche, Volumen, Abwicklungslängen etc. berechnet werden. Sind keine eindeutigen Messvorschriften verfügbar, werden als Bezugseinheiten die Flächen der DIN 277 angesetzt.

  Problemtisch ist grundsätzlich die Anwendung von Pauschalmengen. Häufig wird aus Gründen der Arbeitserleichterung kein exaktes Aufmaß ermittelt, sondern stattdessen eine pauschale Kostensumme angegeben (1 PSCH). Wie sich diese zusammensetzt, ist im Regelfall nicht mehr nachvollziehbar. Eine Pauschalierung hindert jedoch die Vergleichbarkeit des Kostengefüges mit nachfolgenden Kostenermittlungen, also zum Beispiel einen Soll-/Ist-Vergleich von Kostenschätzung und Kostenberechnung mit Gegenüberstellung der veränderten Planungsinhalte.

  Bei der technischen Gebäudeausrüstung (TGA) tritt häufig der umgekehrte Fall ein. Viele Planer berechnen bereits in sehr frühen Planungsphasen mit teilweise detaillierten Mengenermittlungen von Einzelkomponenten die Kosten der technischen Systeme. Dies führt nicht nur bei den planenden Ingenieuren zu einem erheblichen Arbeitsaufwand, sondern auch bei der praktischen Anwendung der Kostenpläne. Zum anderen besteht bei dieser Art der Kostenermittlung immer die Gefahr, dass Positionsbeschreibungen mit Einheitspreisen aus verschiedenen Leistungsverzeichnissen übernommen und zu den Systemkosten addiert werden, obwohl es sich um unterschiedliche Projekte mit jeweils eigenständigen Anforderungsprofilen handelt.

- Für die Kennwertbestimmung verwendet man im Regelfall Vergleichsobjekte, deren Kostengefüge bekannt ist. Sind derartige Objekte nicht vorhanden, wird auf Objektdateien zurückgegriffen, die von den Kosteninformationsdiensten der Architektenkammern bzw. ähnlichen Instituten angeboten werden. Die verfügbaren Kennwerte sind üblicherweise mit ihren wesentlichen Kosteneinflussgrößen und ihrer Preisbasis dokumentiert. Damit ist es möglich, einzelne Kosteneinflussgrößen geänderten Bedingungen anzupassen und auf diesem Wege schrittweise eine Modifizierung der übernommenen Kostenkennwerte auf die projektspezifischen Verhältnisse vorzunehmen. Zuweilen kann es auch erforderlich sein, Kostenkennwerte schrittweise über Unterpositionen zu entwickeln. Dabei werden die konstruktiven Bestandteile eines Elementes jeweils für sich nach Teilmengen und Teilkosten bewertet. Aus der Summe der Einzelansätze wird dann mit Hilfe spezifischer Elementmengen der Kostenkennwert berechnet.

- Kostenkennwerte haben stets einen Zeitbezug. Werden die Kostenkennwerte eines Objektes ausgewertet, beziehen sich die Ergebnisse dieser Auswertung auf den Abrechnungszeitpunkt des Objektes. Das Bezugsjahr und das Bezugsquartal werden damit fester Bestandteile des Kostenkennwertes. Bei Wiederverwendung dieser Werte muss folglich über Preisindizes der Kostenkennwert den zwischenzeitlich eingetretenen Marktpreisveränderungen angepasst werden.

  Preisindizes werden von den statistischen Landesämtern bzw. vom statistischen Bundesamt herausgegeben. Um den zeitlichen Bezug eines Kostenkennwertes auch bei einer Kostenschätzung/Kostenberechnung festzuhalten, wird bei jedem einzelnen Kostenansatz der Zeitbezug dokumentiert. Weiterhin hat es sich als sinnvoll erwiesen, durch Angabe eines Planercodes die Herkunft der Mengenermittlung zu dokumentieren.

Die DIN 276 stellt es dem Anwender grundsätzlich frei, durch Erweiterung der dreistelligen Ordnungsstruktur eine Systematik zu schaffen, die eine Einzelerfassung von Systemkomponenten erlaubt. Diese sind dann mit entsprechenden Bezugsgrößen zu versehen. Ein diesbezüglicher Ansatz wird bei der Kostenermittlung nach Ausführungsarten verwendet. In der 4. Stelle der Kostengruppengliederung werden beispielsweise bei der technischen Gebäudeausrüstung Anlagekomponenten als eigenständige Funktionsgruppen geführt, in der 5. Stelle die in der Praxis üblichen Ausführungsarten und Baugruppen.

| Kostenplanung | | Kostenberechnung | | | | Kostengruppen sortiert | | |

Projekt	: A Vereinigte Werkstätten		Kostenplan [0] : GP 02			Status :	genehmigt
Maßnahme	: Neubaumaßnahme		Planer	: Mustermann und Partner		Datum :	14.02.2002
Struktur	: 110—— Gaszählerwerkstatt					Region :	Deutschland

KGR [1]	KV [2]	LB [3]	LP [4]	TKE [5]	Bezeichnung [6]	Menge [7]	AE [8]	SK [9]	EP (EUR) [10]	GP (EUR) [11]	Preisstand [12]
									Übertrag:	0,00	
34300	210	013	0		Innenstützen / Betonstütze, Ortbeton, schwer						
					Beton- und Stahlbetonarbeiten	106,000	M		155,95	16.530,20	1 / 2002
				001	Innen-Stützen 30/30 cm, B 35	19,000	ST	J	92,80	1.763,20	1 / 2002
				002	Innen-Stützen 40/40 cm, B 35	21,000	ST	J	126,45	2.655,45	1 / 2002
				003	Innen-Stützen 45/45 cm, B 35	21,000	ST	J	143,25	3.008,25	1 / 2002
				004	Innen-Stützen 50/50 cm, B 35	11,000	ST	J	162,70	1.789,70	1 / 2002
				005	Innen-Stützen 60/60 cm, B 35	26,000	ST	J	201,20	5.231,20	1 / 2002
				006	Innen-Stützen 60/90 cm, B 35	8,000	ST	J	260,30	2.082,40	1 / 2002
34300	280	013	0		Innenstützen / Betonstütze, Bewehrung						
					Beton- und Stahlbetonarbeiten	15,500	T		868,90	13.467,95	1 / 2002
				010	Bewehrung für Stützen	15,500	T	J	868,90	13.467,95	1 / 2002
34300	990	013	0		Innenstützen / Sonstige Innenstützen						
					Leuchten und Lampen	8,000	ST		341,40	2.731,20	1 / 2002
				009	Innen-Stb. Konsolen Kranbahn, B 35	8,000	ST	J	341,40	2.731,20	1 / 2002
Summe KGR 34300:					Innenstützen					32.737,35	
34400	120	0027	0		Türen / Türen, Holz						
					Tischlerarbeiten	88,000	ST		1.143,88	100.661,40	1 / 2002
				001	Holztüre mit Stahlzarge 1,01/2,135 m	75,000	ST	J	844,20	63.315,00	1 / 2002
				002	Glasfüllung Türblatt	44,000	ST	N	452,50	19.910,00	1 / 2002
				003	Holztüre mit Stahlzarge 1,76/2,135 m, 2-flg.	2,000	ST	J	1.592,40	3.184,80	1 / 2002
				003	Holztüre mit Stahlzarge T30, 1,01/2,135 m	11,000	ST	J	1.295,60	14.251,60	1 / 2002
									Übertrag :	133.398,75	

Listen-Nr.: Kostenberechnung DrG V1   Seite: 1 von 8

Sortierung: Struktur, Kostengruppe, Kostenvariante, Leistungsbereich, Leistungspaket, Teilkostenelement

Bild 4.32   Kostenberechnung

4.8.2.3 Kostenermittlung mit Kostenelementen

Der entscheidende Unterschied zwischen den verschiedenen Detaillierungsgraden von Kostenermittlungen liegt nicht ausschließlich in der Exaktheit der Kostenbestimmung sondern insbesondere in der Verfahrensphilosophie der Elementmethode, nach der Kostenpläne nicht als Nachweis, sondern als Führungsinstrument verstanden werden.

Im Gegensatz zu den Abläufen nach DIN 276 sollten bei der Kostenelementmethode Kostenübersichten nicht erst beim Abschluss einer Planungsphase aufgestellt werden, sondern planungsbegleitend im Dialog zwischen Architekten, Projektanten, Konstrukteuren und dem Kostenplaner im Rahmen der jeweils vorgegebenen Budgetkosten entwickelt werden. Damit wird es zwangsläufig erforderlich, bereits zu Planungsbeginn eine Grobkostenschätzung aufzustellen, die auf der Grundlage eines Vorkonzeptes Kostenobergrenzen festlegt. Die Erstellung der Grobkostenschätzung beinhaltet hierbei bereits die Überprüfung der Raumprogramme, eine wirtschaftliche Machbarkeitsstudie sowie die Definition der Reservekosten. Grobkostenschätzungen stellen eine besondere Leistung im Sinne der HOAI dar.

Mit fortschreitender Planung werden die Kostenpläne kontinuierlich fortgeschrieben und verfeinert. Damit wird erreicht, dass zu jedem Zeitpunkt eine dem Detaillierungsgrad der Planung entsprechende Aufgliederung der Kosten zur Verfügung steht. Planer und Bauherrn haben dadurch stets das erforderliche Zahlenwerk vor Augen, wenn es gilt, die Planung geänderten Vorgaben anzupassen oder Planungsentwicklungen kostenplanerisch zu beurteilen.

Die Kostenplanung nach Kostenelementen wahrt den Bezug von Kosten und Funktionen. Ein Kostenplan auf der Grundlage der Elementmethode stellt somit den direkten Bezug von Kosten- und entwurfsinhaltlicher Planung her. Bauwerksgeometrie, Ausbaustandards, technische und gestalterische Festlegungen finden unmittelbar Eingang in die Kostenermittlung. Die Kostenelementmethode unterscheidet sich demgemäß zu den Berechnungsverfahren nach Kubikmetern bzw. nach Kostenflächenarten in einer weitaus differenzierteren Bewertung der kostenrelevanten Einflussgrößen. Art und Umfang der für die Ermittlung erforderlichen Kostenelemente werden über die angestrebten Funktionen determiniert. Konstruktiv bedingte Erfordernisse und genehmigungsrelevante Auflagen bilden tangierende Faktoren, welche in den Aufbau der Einheitspreise eingehen.

Die Planungsverfeinerung korreliert mit der Kostendetaillierung. Je exakter die Planungsinhalte festgelegt sind, desto genauer können Kostenelemente mengenmäßig bestimmt werden, desto differenzierter lassen sich die voraussichtlichen Ausführungsarten festlegen. Der Aufwand für Kostenermittlungen wächst somit proportional zum Detaillierungsgrad der Planung. Mit zunehmender Anzahl von Kostenelementen erhöht sich jedoch auch der Feinheitsgrad der Kostenaussagen und damit die Kostentransparenz und Kostensicherheit.

Vorteile der Kostenelementgliederung

- Jederzeitige Kostenkontrolle für unterschiedliche Planungs- und Ausführungsanteile.
- Vergleich der Ausführungsplanung mit der Entwurfsplanung und der Kostenberechnung bei gleicher Gliederungssystematik.
- Einfache Aufteilung von Planungsinhalten auf Vergabeeinheiten (Aufträge, Lose).
- Frühzeitige Feststellung von Mengenabweichungen von der Planung zur Ausführung.
- Genaue Prüfung und Aufschlüsselung von Angebots-, Auftrags- und Abrechnungswerten auf der Ebene von Gebäudeelementen (Wand, Decke, Dach).
- Nutzerspezifische Zuordnung von Kosten bei Zusatz- und Sonderausstattungen.

- Genaue Aufschlüsselung von Auftragswerten für die Finanz- und Anlagebuchhaltung (steuerliche, kalkulatorische Aspekte)
- Kennwertbildung aus Auftrags- und Abrechnungsdaten für nachfolgende Planungen.

Bild 4.33 Vorteile der Kostenelementgliederung

Damit die noch vorhandenen Unsicherheiten in den Planungsgrundlagen und die Abhängigkeit der Kostenermittlung vom Grad dieser Unsicherheiten aufgezeigt werden kann, werden elementweise aufgebaute Informationsobjekte mit den Kostenansätzen gekoppelt. Diese Info-Objekte setzen sich aus einer beliebigen Anzahl von beschreibenden Merkmalen zusammen, die in ihrer Abfolge die eindeutige Spezifizierung der Qualitätsstandards ermöglichen. Damit bleibt der Zusammenhang von Standard und Kostenfolge über allen Projektphasen erhalten. Durch die Koppelung von Info-Objekt und Kostenelement wird weiterhin die Verknüpfung mit graphischen Informationen ermöglicht, was bedeutet, dass Kosten in ihrer Ausprägung unter Zuhilfenahme der CAD-Entwurfsplanung visualisiert werden können.

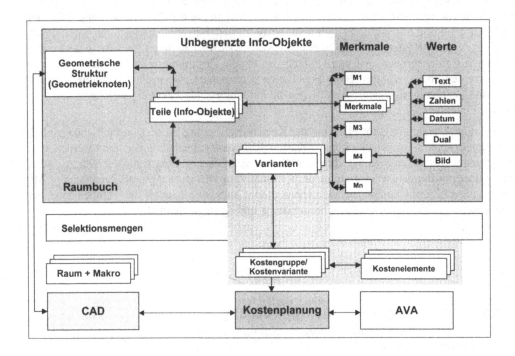

Bild 4.34   Qualitätsplanung mit Hilfe von Info-Objekten

Die nachfolgende Erfassungsmaske eines DV-Systems verdeutlicht beispielhaft die Methodik der Kostenelementierung. Sie besagt Folgendes: die Zuordnung von Planungs- und Bauleistungen zur Projektstruktur, wie dies über das Kostenelement geschieht, ermöglicht die laufende Fortschreibung der Kosten und Leistungsentwicklung nach einer geometrischen Projektgliederung. Für jede Stufe der Projektstruktur können mit Hilfe von Kostenelementen die Kosten detailliert nach einzelnen Kostengruppen/-arten dargestellt werden. Die Auflösung der Kostenelemente nach baubetrieblichen Gesichtspunkten erfolgt mit Hilfe einer Kombination von Kostengruppe und Leistungsbereich. Die Kostenplanung für alle gegebenen Sachverhalte bleibt damit transparent und lässt Vergleiche, sowohl aus der Sicht des Leistungsbereiches wie auch auf Kostengruppenebene zu. Kostenabweichungen zwischen mehreren Kostenplänen können jederzeit nach den zugrunde liegenden Ursachen analysiert werden.

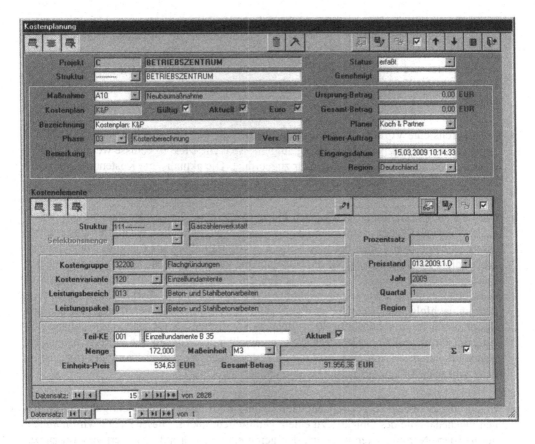

Bild 4.35   Die EDV als Hilfsmittel der Kostenplanung

4.8.2.4 Kostenplanung mit Grenzkosten

Eingeschränkte Finanzierungsmöglichkeiten von Projekten führen im Projektalltag zunehmend dazu, frühzeitig Kostenbudgets festzulegen, welche für die gesamte Projektlaufzeit verbindlich vorgegeben werden. Häufig wird versucht, diesen Anspruch über vertragliche Festlegungen zu regeln. Methodisch im Sinne einer begleitenden Kostensteuerung ist die Erreichung eines derartigen Ziels mit Grenzkosten jedoch weitaus realistischer, wenn auch komplexer.

Voraussetzung für Grenzkostenbetrachtungen bildet die Festsetzung eines Kostenrahmens, der sowohl die Möglichkeiten des Investors als auch die Gegebenheiten des Marktes berücksichtigt. Im Regelfall wird die Festsetzung einer derart definierten Kostenobergrenze immer auf der Basis globaler Bezugsgrößen beruhen, die den Zusammenhang von Nutzungsziel und Investitionsbedarf beinhaltet. Wie bereits ausführlich dargelegt ist es ein wesentliches Ziel der Kostensteuerung, über alle Projektphasen das Zusammenspiel von Programmplanung und Kostensteuerung aufzuzeigen. Um diesem Ziel gerecht zu werden, ist es nicht ausreichend, lediglich eine globale Kostengröße festzulegen, die zwar eine wesentliche Rahmenbedingung des Projektes abdeckt nämlich was finanziert und damit auch bezahlt werden kann, jedoch nur unzureichend beschreibt, was mit diesem Geld erreicht werden soll. Dies lässt sich mit Hilfe eines zweistufigen Verfahrens erreichen, das für jede Planungsphase Grenzkosten für jede einzelne Funktionseinheit des Planungsgegenstandes festlegt.

- In der Phase der Projektkonzeption wird auf der Grundlage von Raum- und Funktionsprogrammen der betriebsbedingte Flächenbedarf zusammengestellt und dieser nach den Nutzflächen der DIN 277 gegliedert. Für die auf diese Weise definierten Nutzflächen werden die Verkehrs- und Funktionsflächen über prozentuale Zuschläge hinzugerechnet. Unter zu Hilfenahme der Kostenflächenarten werden die voraussichtlichen Bau-werkskosten ermittelt.

- Liegt bereits eine Vorentwurfsplanung vor werden die Nutzungsflächen nach der DIN 277 gegliedert in ihrem jeweiligen Umfang aufgemessen. Die Messergebnisse werden anschließend der geometrischen Projektstruktur zugeordnet. Die aktualisierte Kostenobergrenze für ein derart präzisiertes Mengengerüst wird aus einer Kostenschätzung abgeleitet.

- Die im Raumprogramm ausgewiesenen Flächenarten bzw. die aus der Planung ermittelten Raum-/Gebäudeflächen werden nunmehr in einem weiteren Schritt nach ihrer Kostenintensität gewichtet. Wenn man beispielsweise das Großraumbüro als führende Gewichtungsgröße (diese Fläche hat damit für die Nutzung eine vorrangige Bedeutung!) für alle anderen Flächen eines Büroobjektes festlegt, hat dies zur Folge, dass alle anderen Nutzungsarten des Gebäudes je nach Funktionsbedeutung mit Kostenzu- oder -abschlägen versehen werden. Im nachfolgenden Beispiel wird unterstellt, dass ein Investor bereit wäre, für den qm-Hauptnutzfläche im Einzelbüro 20 % mehr zu investieren als für eine vergleichbare Nutzung im Großraumbüro. Derartige Kostengewichtungen können aus Vergleichsobjekten abgeleitet werden, gleichzeitig wird mit einer derartigen Werteinschätzung des Investors in einer sehr frühen Planungsphase Qualitätsstandards gewichtet.

- Eine in dieser Weise vorgenommene Gewichtung führt unter Berücksichtigung der einzelnen Flächenanteile des Objektes zu einem gemittelten Faktor. Dieser Faktor wird nunmehr normalisiert. Normalisieren bedeutet, den gemittelten Faktor auf den Wert von 1,0 zu setzen und alle anderen Flächenwerte entsprechend umzurechnen. Dies führt zu normalisierten Gewichtungsfaktoren.

- Mit Hilfe der normalisierten Gewichtungsfaktoren und unter Zugrundelegung der vorgegebenen bzw. aus einer Kostenermittlung abgeleiteten Plankosten lassen sich nunmehr über Kostentransformationen Kennwerte pro Kostenflächenart ermitteln, die einerseits den Kostenzielen des Investors und andererseits den konstruktiven Gegebenheiten der Planung gerecht werden.

Das Ergebnis der beschriebenen Verfahrensschritte sind Zielkosten pro qm-Nutzflächen. Sind die Ergebnisse unbefriedigend, werden nunmehr modifizierte Flächenkosten entwickelt (Flächenkosten neu), welche durch eine veränderte Planung bestätigt werden müssen. Hieraus ergibt sich eine aktuelle Investitionssumme, die einerseits den Finanzierungsmöglichkeiten des Investors entspricht und andererseits die modifizierten Ausbaustandards der Nutzung berücksichtigt.

Zur Kontrolle der Grenzkosten während der Planung und Ausführung erfolgt nun eine laufende Umlage der jeweils aktualisierten Kostenpläne sowie während der Bauphase die Umlage der Ist-Kosten von Teilleistungen auf Raumflächen. Damit erhält man eine raum-bezogene Kostenaufschlüsselung die es erlaubt, in jeder Projektphase die raumbezogene Kostenentwicklung zu verfolgen und damit auch frühzeitig Aussagen zum Kosten-Nutzen-Verhältnis zu machen.

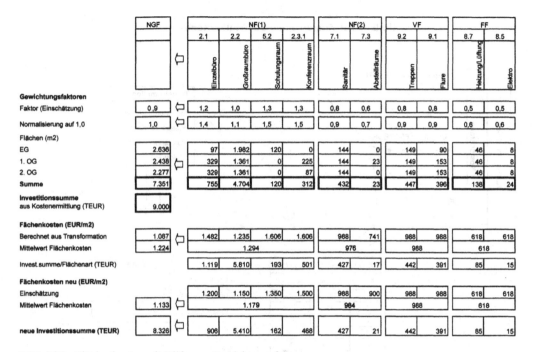

Bild 4.36 Flächenkosten mit Hilfe von Gewichtungsfaktoren

- Die Ergebnisse nachfolgender Kostenermittlungen werden über die geometrischen Strukturknoten auf die niederste Ebene der Projektstruktur aufgeschlüsselt. Im Regelfall ist dies der einzelne Raum. Kosten, die sich auf das Gesamtgebäude beziehen, werden dem obersten Strukturknoten (Wurzelknoten) zugerechnet, Kosten die sich auf einzelne Ebenen bzw. einzelne Raumeinheiten beziehen lediglich auf diejenigen Räume verteilt, die zur Ebene bzw. zur Raumeinheit zählen. Die flächenproportionale Umlage der Kosten auf alle Flächenarten der Strukturknoten gibt eine erste Aussage über die Kosten pro Raum.

- In einem zweiten Schritt werden aus den Kostenplänen diejenigen Kostenelemente ausgewählt, die eindeutig auf Grund von Qualitätsanforderungen einzelnen Raumgruppen/Räumen zugeordnet werden können. Diese werden als Selektionsmengen bezeichnet und beziehen sich sowohl auf Teile von Kostenplänen wie auch auf ausgewählte Knoten der geometrischen Projektstruktur. Die flächenproportionale Umlage ausgewählter Einzelkosten einer Selektionsmenge auf die bezogenen Flächenarten ergibt damit eine detaillierte Aufschlüsselung flächenabhängiger Projektkosten.

Die Umlage der Kosten auf die Strukturknoten bedeutet die Umlage von definierten Kostenelementen auf räumliche Selektionsmengen. Dies führt zu aktuellen Kosten pro Flächenart bzw. pro Raum.

Umlage der Kosten eines Strukturknotens

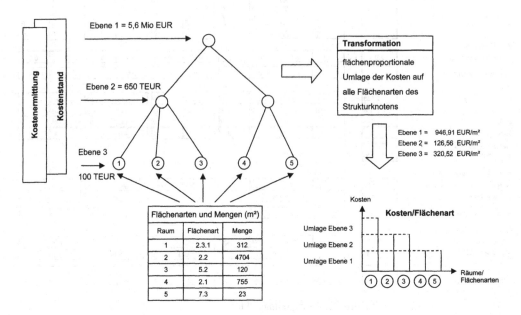

Bild 4.37   Kostenumlage, Schritt 1

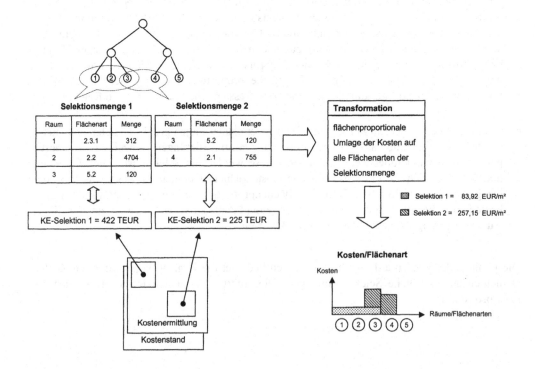

Bild 4.38   Kostenumlage, Schritt 2

Zusammenfassung der Kosten je Flächenart

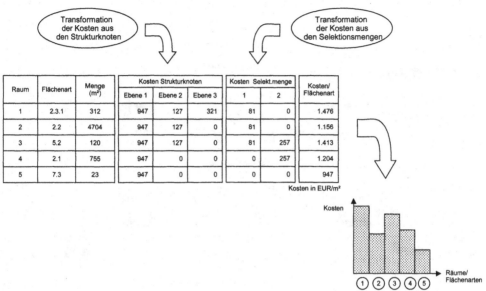

Bild 4.39 Kostenumlage, Schritt 3

Das Verfahren lässt sich über Kostenschätzungen, Kostenberechnungen, Kostenanschläge bis hin zur Kostenfeststellung konsequent durchführen, so dass zu jedem Zeitpunkt eine nutzungsbezogene Kostenaussage möglich ist. Unterstützt wird dieses Verfahren durch die Verwendung von Kostenelementen in die Kostenplanung. Die Integration mit der Qualitätsplanung geschieht mit Hilfe von speziellen Informationsobjekten, welche direkt mit den Daten der Kostenplanung verknüpft sind.

4.9 Kostenkontrolle

Unter Kostenkontrolle wird die Darstellung einer Kostensituation zu beliebigen Zeitpunkten verstanden. Die Ergebnisse einer Istaufnahme werden den geplanten Soll-Daten gegenübergestellt und Abweichungen zu den Zielvorgaben analysiert. Hierfür wird im Regelfall eine synoptische Darstellung verwendet. Für Kostenprognosen ist es darüber hinaus erforderlich, dass die Daten der Kostenkontrolle für Kostenanalysen aufbereitet werden und damit Hochrechnungen der zu erwartenden Fertigstellungskosten möglich sind.

Kostenkontrolle beinhaltet das Auswerten von **Kostenständen** unterschiedlicher Projektphasen. Hierfür ist entscheidend, dass der Bezugsrahmen der Kostenzuordnung eindeutig abgegrenzt ist. Bezeichnet man diesen Bezugsrahmen als Datenebene, bedeutet dies, dass nur diejenigen Daten zu Aussagen zusammengefasst werden dürfen, die der gleichen hierarchischen Ebene angehören. Dies wird durch die eindeutige Zuordnung der Kostenkontrolleinheiten zur Projektstruktur erreicht.

Voraussetzung für die Zusammenfassung und somit auch für die Auswertung von Kostendaten ist, dass das Problem der Verträglichkeit gelöst ist und dass es gelingt, Kosten aus verschiedenen Projektphasen nach gleichartigen Ordnungskriterien in gemeinsame Auswertungsprozesse einzubeziehen. Dies wird durch die Systematik der Kostengliederung gelöst.

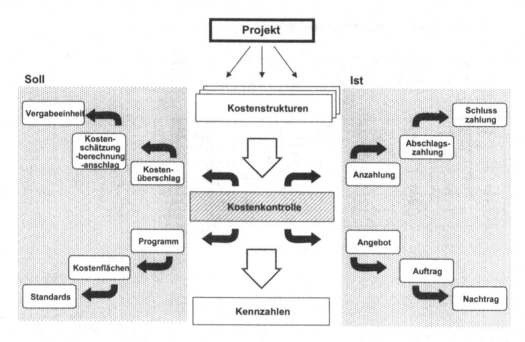

Bild 4.40   Kosten- und Qualitätskontrolle

Zur Erreichung der vorgegebenen Zielsetzung ist es erforderlich, unterschiedliche Aufgabenbereiche, die während der Projektabwicklung anfallen, im Sinne einer „Einmal-Erfassung" zu
integrieren. Dies erfordert, diejenigen Bereiche in einen Integrationskreis einzubeziehen, welche Einfluss auf die Kostenentwicklung nehmen bzw. durch die Kostenplanung beeinflusst
werden. Unter Bereich wird dabei die Zusammenfassung von Tätigkeiten verstanden, deren
Funktionen in einem sachlichen Zusammenhang zur Kostenplanung stehen. Ein Bereich muss
nicht aus zeitlich unmittelbar aufeinanderfolgenden Tätigkeiten bestehen; d. h. der sachliche,
nicht jedoch der zeitliche Zusammenhang ist alleiniges Kriterium für die Zugehörigkeit zu einem Bereich. Dies ist durch die Geschäftsprozessmodellierung gewährleistet.

Die Kontrolle bezieht sich stets auf eine dem Kontrollprozess zugrunde liegende Zielgröße.
Nur wenn bekannt ist, welchen Wert diese Zielgröße zum **Kontrollzeitpunkt** repräsentieren
soll (Soll-Status) kann eine Abweichungsanalyse gegenüber dem tatsächlich Erreichten vorge-
nommen werden. Dazu ist es erforderlich, die Zielgröße zu bewerten, was bedeutet, dass die
Daten, die für sich oder im aufsummierten Zustand den erreichten Wert der Zielgröße (Ist-
Status) darstellen, eindeutig abgrenzbar und am Entstehungsort erfassbar sind.

Für die weitere Kostenkontrolle müssen die Daten der Kostenbudgets in einem direkten Bezug
zu den Ergebnissen der Kostenplanung stehen, diese zu den Vergabeeinheiten zusammengefasst und daraus abgeleitete die Leistungsdaten während der Baurealisierung in eine durch-
gehende Verbindung zu den Auftragsdaten gebracht werden.

Kostenkontrollen in den Planungs- und Realisierungsphasen

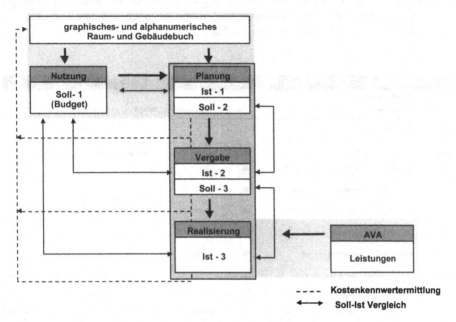

Bild 4.41 Kostenkontrolle in den Planungs- und Realisierungsphasen

Die Methodik der Kostenkontrolle gewährleistet somit beispielsweise folgende Aussagen:

* Die phasenbezogene Analyse von Ergebnissen der Kostenplanung

* Die permanente Fortschreibung dieser Plandaten

* Die aggregierte Verwaltung von Ist-Daten (Rechnungsbeträgen)

* Den Phasenvergleich (Vergleich von Plandaten unterschiedlicher Aktualität)

* Den Soll/Ist-Vergleich (Vergleich von Planungs-/Auftrags- und Abrechnungsdaten)

* Die leistungsbezogene Abweichungsanalyse (Komponentenzerlegung der Leistungsänderungen) = ursprünglicher Auftrag/aktueller Auftrag, Nachtragsursachen

* Den Überblick über die Mittelverfügungen (aktuelles Budget, Auftragsstand, Rechnungsstand, Gutschriften etc.)

* Den Überblick über die verfügbaren Planmittelreste (noch nicht budgetiert – aktuelles Budget)

Die Berichtsfunktionen einer Kostenkontrolle erlauben es, darüber hinaus beliebige Berichte zu definieren und in ein Kostenauskunftssystem einzustellen.

Ein weiteres Schwergewicht der Kostenkontrolle liegt in der Prüfung der Leistungsverzeichnisse vor der Angebotseinholung. Neben der Prüfung auf Vollständigkeit und sachlicher Richtigkeit übernimmt die Kostenkontrolle bei der Vorbereitung der Vergabe den Vergleich von geplanten und ausgeschriebenen Mengen. Methodisch geschieht dies, indem die Mengen der Kostenplanung zu den Mengenermittlungen der Ausschreibung in Beziehung gesetzt und abgeglichen werden.

Der Vergleich der geplanten Mengen mit denen der Leistungsverzeichnisse, diese multipliziert mit den Kostenansätzen der Kostenberechnung, ergibt Hinweise auf eventuelle Mengen-/Leistungsveränderungen in der Ausschreibung. Fehlerhafte Angaben sind damit vor dem Versand der Ausschreibungsunterlagen noch korrigierbar.

Prüfung Ausschreibungs-LV (mit Ausweis der Positionen)

Projekt: C   BETRIEBSZENTRUM

LV: LV0040   Rohbauarbeiten   ·   Vergabeeinheit: H00004   Rohbauarbeiten

Struktur: 111——   Gaszählerwerkstatt

Kostenelement	OZ	Text [1]	ME [2]	ALV [3] Menge	SK	KPL [4] Menge	EP	GP [5]	Differenz [6]
31100.210.002.0	001.002.1010.	Aushub, Fundament bis 0,8m, Bodenklasse 3	M3	130,000	J				
	001.002.1020.	Bodenaushub, bis 1,25m	M3	110,000	J				
	001.002.1030.	Bodenaushub, bis 3,50m	M3	700,000	J				
	001.002.1040.	Bodenaushub bis 7m	M3	3.645,000	J				
	001.002.8010.	Zulage Bodenaushub	M3	20,000	N				
31100.210.002.0		Aushub Baugrube BK 2-5	M3	4.585,000		4.845,000	30,54	140.011,23	260,000
31100.810.002.0	001.002.2010.	Hinterfüllen von Gräben und Schächten	M3	1.680,000	J				
31100.810.002.0		Hinterfüllen mit Fremdmaterial	M3	1.680,000		1.760,000	45,46	76.372,80	80,000
31100.890.002.0	001.002.2020.	Hinterfüllen von Gräben zw. Fundamenten	M3	500,000	J				
31100.890.002.0		Hinterfüllen, sonstiges	M3	500,000		506,000	84,01	42.005,00	6,000
32200.120.013.0	001.003.1210.	Ortbeton für Einzelfundament	M3	189,000	J				
32200.120.013.0		Einzelfundamente	M3	189,000		172,000	534,63	101.045,07	-17,000

Listen-Nr.: AVA_060200_PruefLV   AVA   Seite: 1 von 16

Bild 4.42   Ausschreibungs-LV

Die Kontrolle unterliegt der **Regelkreisphilosophie**. Durch laufende Soll-/Ist-Vergleiche werden Abweichungen erkannt und diesen durch Maßnahmen gegengesteuert. Bei diesem Prozess sind verschiedene Detaillierungsgrade der Kostenkontrolle erforderlich. Stets ist jedoch der Bezug zu den Budgetvorgaben (Soll 1, 2, 3) sicherzustellen, womit auch eine jederzeitige Kennwertbildung bzw. ein Soll-Ist-Vergleich für unterschiedliche Kostenstände unterstützt wird. So sollte es beispielsweise möglich sein, die Kontrollfunktionen lediglich auf der Grundlage einer groben Kostenermittlung (Kostenbudgets) und den Daten der Kostenschätzung/Kostenberechnung durchzuführen. Dies ist für die Projektführung jedoch häufig ein unbefriedigender Zustand. Bei größeren Bauvorhaben hat es sich daher als sinnvoll und wirtschaftlich vertretbar erwiesen, die Detaillierung der Kostenkontrolle bis auf die Ebene der Kostenelemente bzw. bis zu den LV-Schwerpunktspositionen zu führen.

Die Vorgabe von Kostenbudgets sowie deren inhaltliche Prüfung nach Abschluss einer Projektphase kann entweder als einmaliger Vorgang oder als schrittweise Bearbeitung vollzogen werden. Wird die Prüfung nur einmal am Ende einer Projektphase durchgeführt, besteht meistens schon aus Termingründen keine realistische Möglichkeit mehr, Planungs- bzw. Ausführungsinhalte zu verändern.

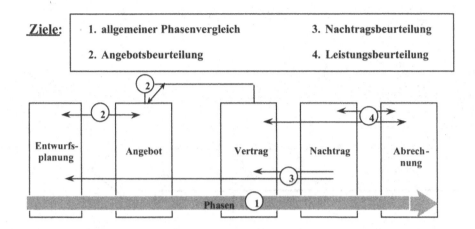

Voraussetzung: einheitliche Projektstruktur

Bild 4.43   Projektstruktur

Das durch die Kostenkontrolle durchzuführende Prüfungsverfahren hat bereits bei den ersten Planungsüberlegungen einzusetzen. Die Kostenplanung verfolgt die inhaltliche Entwicklung des Planungskonzeptes in den einzelnen Planungsphasen und stellt sicher, dass die gewählten Ausführungsstandards wie geplant ausgeschrieben und beauftragt werden. Die Kostenkontrolle unterstützt diese Prüfung durch Soll-/Ist-Vergleiche und Abweichungsanalysen. Hierfür sind fachliche Erfahrungen sowohl im technischen wie auch im wirtschaftlichen Bereich unerlässlich. Weiterhin ist ein in der Praxis erworbenes Fingerspitzengefühl für technische Entscheidungsvorgänge wichtig, damit die Kostensteuerung in einem konstruktiven Miteinander aller Beteiligten erfolgt.

4.10 Finanzmittelplanung

Die Kostenkontrolle liefert den jeweils aktuellen Kostenstand (Ist) und ermittelt den voraussichtlichen Gesamtkostenstand nach Fertigstellung des Projektes. Die Verknüpfung mit der Ablaufplanung liefert die zeitliche Verteilung der Kostenströme. Dies erfolgt im Regelfall auf der Auftragsebene. Die Kostenelemente des Auftrages werden dabei in eine zeitliche Abfolge gebracht und ergeben in ihrer terminlichen Aggregation den Kostenverlauf des Vertrages.

Die Finanzmittelplanung berücksichtigt die bei der Auftragsvergabe festgelegten Vertrags- bzw. Fertigstellungstermine. Sie führt damit die stets aktuellste Vorschau auf den voraussichtlichen Mittelbedarf. In frühen Projektphasen lässt sich eine Finanzplanung auch auf der Grundlage der Kostenplanung (Kostenschätzung/Kostenberechnung/Vergabe) durchführen, allerdings mit einer eingeschränkten Eintrittswahrscheinlichkeit des zeitlichen Kostenverlaufs.

Bei der Finanzmittelplanung werden zwei Kurven erzeugt:

- der Kostenverlauf bei Einhaltung von „Frühestterminen"
- der Kostenverlauf bei Arbeiten nach „Spätestterminen"

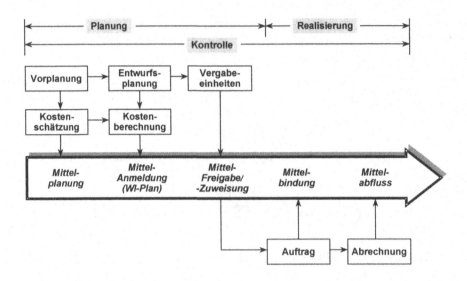

Bild 4.44   Kostenkontrolle und Mittelbewirtschaftung

Da der tatsächliche Kostenverlauf in der Regel zwischen diesen beiden Extremen verläuft, leitet sich daraus zwangsläufig die Frage ab, mit welcher Genauigkeit die Kostensummenlinie erstellt werden soll.

Mittelabfluss (Jahres- und Summenwerte)

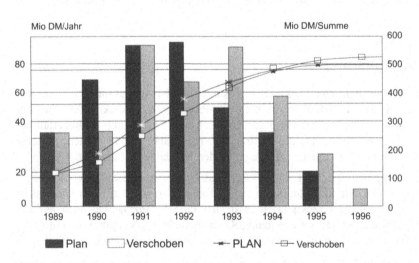

Bild 4.45   Mittelabfluss (Jahres- und Summenwerte)

Meist ist es ausreichend, den Kostenverlauf für größere zusammenhängende Zeiträume zu ermitteln. Für die Anbindung der Kostenkontrolle an die Ablaufplanung leitet sich daraus ab, dass die Kostensummenlinie unter Zugrundelegung

- der neuesten Ergebnisse der Kostenkontrolle und

- des Generalablaufes

für die Projektdauer periodenweise bestimmt werden sollte. Hierfür werden jedem Ablaufvorgang des Generalnetzes die Soll-Kosten aus der Kostenplanung bzw. aus der Vergabe zugeordnet. Zur Kontrolle werden Zielkosten und Ist-Kosten eines jeden Kontrollelementes aus der Kostenkontrolle ermittelt, dem entsprechenden Generalablaufvorgang zugeordnet, und zeitlich kumuliert.

Eine vollautomatische Koppelung der Finanzmittelplanung mit der Kostenkontrolle wäre nur bei eindeutiger Parallelverschlüsselung aller Zahlungsströme möglich, was in der Praxis zu erheblichen Schwierigkeiten führt. Insbesondere ist zu bedenken, dass der Kostenverlauf eines Vorgangs nicht identisch ist mit dem Leistungsverlauf. Vorauszahlungen, Verzögerungen bei der Rechnungsstellung und -bearbeitung, abweichende Zahlungspläne, Rückbehalte und weitere Gründe sprechen dafür, den zeitlichen Verlauf der Kosten auf einer gröberen Strukturebene zu verfolgen.

5 Ablaufplanung

5.1 Allgemein

Projekte stehen unter Zeitdruck. Termine mehrjähriger Projekte müssen frühzeitig bestimmt und je nach Aufgabenstellung um jeden Preis gehalten werden. Typische Beispiele sind die Verkehrsbauten der Deutschen Bahn AG, Sanierungs- und Restaurierungsarbeiten von Theatern und Museen, Sanierungen unter laufendem Betrieb.

In der Ablaufplanung sind für jeden Projektablauf Teilvorgänge zu ermitteln, deren logische Abfolge unter Berücksichtigung technischer, technologischer, produktionsbedingter und kapazitativer Abhängigkeiten festzulegen und ihre Dauern zu bestimmen.

Die Ablaufplanung ist dann am wirksamsten, wenn sie möglichst früh in einem Projektablauf eingesetzt wird. Das bedeutet, dass nicht nur die Ausführung geplant werden muss, sondern auch die Planung (Planung der Planung). Die Tendenz geht zum industrialisierten Bauen. Dies bedeutet, dass die Vorbereitungszeiten länger und die Realisierungszeiten kürzer werden.

Der gesamte Aufwand für die Ablaufplanung und deren Überwachung für ein Projekt ist ein nicht unerheblicher Kostenfaktor. Die Ablaufplanung kostet Geld, jedoch: keine Ablaufplanung kostet mehr. Der getätigte Aufwand für die Ablaufplanung ist heute meistens noch zu niedrig und zu wenig in den gesamten Ablauf integriert. Einige Beispiele sollen zeigen, wo im Ablauf eines Projektes nach wie vor Lücken vorhanden sind: [9]

- Die Planungsphase ist schlecht oder überhaupt nicht geplant.
- Mittlere und größere Bauten bedingen, dass die verschiedensten Stellen integriert werden müssen. Die Frage nach der Führung des Projektes bzw. nach dessen Organisation und Koordination ist jedoch offen.
- Die Terminplanung wird als zweitrangig betrachtet oder nebenbei betrieben. Balkenpläne werden einmal erstellt und dann in den Bauleitungsbüros nicht verändert.
- Die Anwendung von bekannten Methoden ist mangelhaft. Vor Projektbeginn werden Alternativen nicht studiert und die Auswirkungen auf die weiteren Planungs- und Ausführungsphasen nicht durchgespielt.
- Die für die Ausführung verwendeten Balkenpläne sind zur Erfassung des Projektes im Ganzen zu grob und zeigen weder Abhängigkeiten noch Prioritäten der dargestellten Vorgänge.
- Die Bauleistungen, die nicht unmittelbar auf der Baustelle erbracht werden, werden nicht gezielt genug verfolgt. Der Anteil dieser Vorleistungen nimmt unter der steigenden Tendenz der Industrialisierung des Bauens ständig zu.
- Das Know-how der am Projekt wesentlich Beteiligten wird oftmals nicht verständlich genug in die Ablaufplanung eingebracht. Es entstehen dadurch falsche Abhängigkeiten bzw. falsche Verantwortlichkeiten.
- Die Berücksichtigung der Auslastung von Kapazitäten durch laufende und zukünftige Projekte erfährt nach wie vor auch bei den Unternehmen eine stiefmütterliche Behandlung.
- Die Fortschrittsberichte in der Ablaufplanung sind meist wenig zeitnah und treffen mit ihren Informationen oft den falschen Adressaten.

Bei der stationären Industrie wandert während des Produktionsprozesses das zu erstellende Produkt an festen Montagestellen vorbei und erfährt dort seinen festgelegten Fertigungsgrad. Im Gegensatz dazu wandern beim Bauproduktionsprozess die Montagestellen zu dem immobilen Produkt.

Das bedeutet: bei jedem neuen Bauprozess muss der Ablauf der Teilvorgänge immer wieder neu koordiniert werden.

Die Ablaufplanung ist beim Bauprozess von zwei Seiten zu sehen:

Aus Bauherrnsicht sind die Schwerpunkte angesiedelt bei

- der Festlegung von Terminen für Ausschreibung, Vergabe, Fertigstellung
- der Festlegung von Terminen für die Bau- und Lieferfirmen
- der Festlegung der Dauer des Gesamtprojektes
- der Festlegung des Mittelabflussplans
- der Feststellung der Kostenentwicklung in Abhängigkeit vom Baufortschritt.

Aus Sicht des Auftragnehmers liegen die Schwerpunkte bei

- der Auswahl der Bauverfahren und der Bauvarianten
- der Bestimmung des erforderlichen Potentials an Menschen, Material und Geräten
- der Dimensionierung der Teilprozesse und Arbeitsgänge
- der Planung der Baustelleneinrichtung
- der Koordinierung des Einsatzes der Arbeitskräfte, des Materials und der Geräte.

Schwerpunkte auf Bauherrnseite sind die zeitliche Koordination aller Projektvorbereitungs- und Planungsvorgänge, das rechtzeitige Herbeiführen von Genehmigungen, das zeitlich abgestimmte Verfahren der Ausschreibungen und das Gewährleisten eines störungsfreien Ausführungsablaufs auf der Baustelle durch das Koordinieren der beteiligten Firmen.

Die Unternehmensseite beschränkt sich auf die eigentliche Bauproduktion. Deren Teilvorgänge sind zeitlich, räumlich und kapazitiv zu koordinieren. Die Ablaufplanung ist ein wesentlicher Teil der Arbeitsvorbereitung.

5.1.1 Zielsetzung

Die Ablaufplanung soll folgende Ziele erreichen:

- Erfassen aller relevanten Vorgänge und logisches Verknüpfen dieser Vorgänge unter Berücksichtigung der technologischen und planerischen Abläufe.
- Darstellung der für jede hierarchische Stufe oder Phase angepassten Information für die Planung und Überwachung.

5.2 Stufen der Ablaufplanung

Ein Bauprojekt als Gesamtaufgabe umfasst eine Menge von Tätigkeiten aller Projektbeteiligten, Organisationen und Personen. Als Resultat dieser Tätigkeiten und weiterer durch die Projektbeteiligten nicht direkt beeinflusster Vorgänge ergibt sich der jeweils aktuelle Projektzustand.

Besonders bei größeren Projekten ist es deshalb schwierig, den Überblick über das Projekt zu gewinnen und auch während der einzelnen Projektphasen zu behalten. Es muss gewährleistet sein, dass ein Ablaufplan in jeder Projektphase die Zahl von Vorgängen umfasst, die dem erfahrenen Projektingenieur noch als verarbeitbar erscheinen.

Deshalb muss ein Projekt, sobald es seinem Inhalt nach definiert ist – dies sind die Phasen der Projektdefinition und der Projektvorbereitung – phasenweise so weit in Teilaufgaben aufgegliedert werden, bis diese Teilaufgaben für die am Projekt Beteiligten so eindeutig sind, dass ihnen Kosten, Termine und Verantwortlichkeiten zugeordnet werden können.

Diese Gliederung wird als Projektstrukturplan bezeichnet. Seine Gliederung erfolgt in Ebenen. Die übergeordnete Ebene wird in weitere Teilaufgaben zerlegt – solange bis ihnen, wie oben verlangt, eindeutig Kosten, Termine und Verantwortlichkeiten zugeordnet werden können. Diese dann nicht mehr unterteilbaren Teilaufgaben heißen Arbeitspakete.

Nicht jeder Teilbereich eines Projektes muss gleich tief untergliedert werden, die Untergliederung richtet sich danach, ob die oben geforderte Zuordnung möglich ist. So werden bei Projekten Teilaufgaben, die einen hohen Neuigkeitsgrad haben, sehr weit untergliedert werden müssen, andere dagegen, deren Neuigkeitsgrad nicht so hoch ist, können auf einer höheren Stufe verbleiben.

Die Aufgaben und die Erstellung von Projektstrukturplänen sind im Band „Grundlagen" dargestellt.

Es muss hier jedoch nochmals ausdrücklich darauf hingewiesen werden, dass die Erstellung eines Projektstrukturplans in den frühen Projektphasen unumgänglich ist. Erst damit werden die Inhalte und die Verantwortlichkeiten im Projekt klar umrissen. Ein Projektstrukturplan muss nicht immer wieder neu erarbeitet werden – für immer wiederkehrende gleichartige Projekte können Standardstrukturpläne herangezogen bzw. vorhandene Projektgliederungen verwendet werden, wie z. B. die Gliederung nach DIN 276.

Die Bilder 5.1 und 5.2 zeigen Beispiele von Strukturen, wie sie bei Bauprojekten üblich sind.

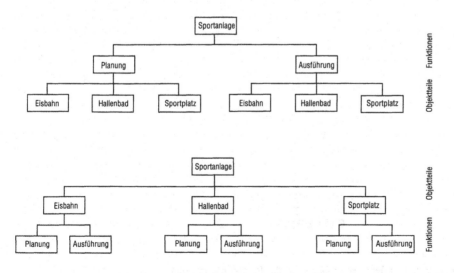

Bild 5.1   Arten von Projektstrukturplänen [2]

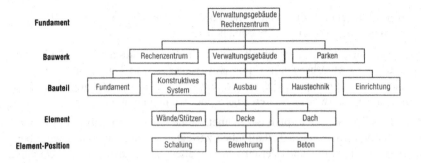

Bild 5.2   Standardstrukturplan eines Verwaltungsgebäudes [7]

Bild 5.3 zeigt die Eingliederung der Ablaufplanung in den Gesamtrahmen des Projektmanagements.

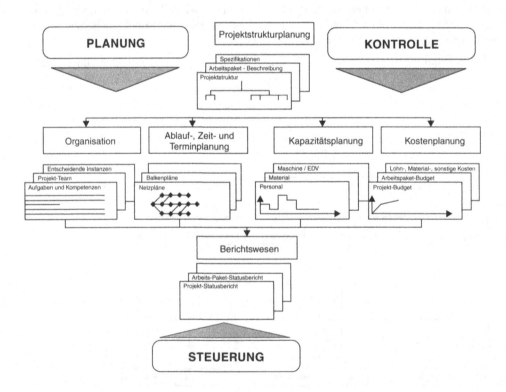

Bild 5.3   Eingliederung der Terminplanung in das Projektmanagement

Aus den einzelnen Teilaufgaben bzw. Arbeitspaketen des Projektstrukturplans lassen sich Vorgänge für die Ablaufplanung ableiten. Diese Vorgänge werden in einer Vorgangsliste zusammengefasst. Das Ableiten von Vorgängen aus Arbeitspaketen geschieht über die Beantwortung der Frage, welche Tätigkeiten zur Abwicklung des gerade betrachteten Arbeitspaketes notwendig sind. Dabei wird diese Tätigkeit als Vorgang definiert, als Geschehen mit einem definiertem Anfangs- und Endzeitpunkt.

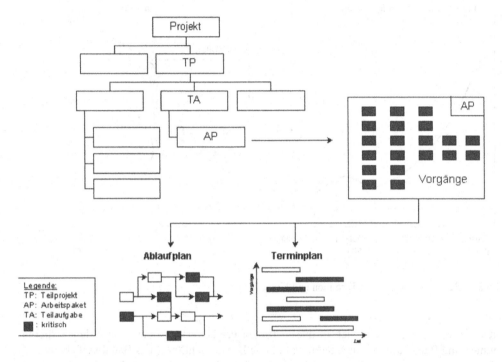

Bild 5.4   Verbindung von Projektstrukturplan, Ablauf- und Terminplan

Bei der Untergliederung wird je nach Projektphase berücksichtigt:
- die organisatorische Abgrenzung der Teilaufgaben bzw. Arbeitspakete – wer ist zuständig?
- der Neuheitsgrad dieses Arbeitspaketes
- das Risiko dieses Arbeitspaketes – welche Auswirkungen hat das Arbeitspaket auf den Gesamterfolg?
- den Einfluss der Kosten dieses Arbeitspaketes auf die Gesamtkosten
- den Einfluss der Dauer dieses Arbeitspaketes auf den Endtermin.

In der Praxis wird die so erstellte Vorgangsliste in Diskussionen mit den beteiligten Planern, Beratern und sonstigen am Projekt Beteiligten ergänzt. Auch vergleicht man die Vorgangsliste mit den Listen vergleichbar abgewickelter Projekte.

Wesentlich bei der Definition der Vorgänge ist als Zusammenfassung:
- der Arbeitsumfang des Vorgangs muss exakt definiert werden können
- die Verantwortlichkeit des Vorgangs muss eindeutig zugeordnet werden können
- die Dauer des Vorgangs muss sich berechnen oder schätzen lassen.

Die Erfahrung hat gezeigt, dass der Ablauf eines Projektes in den frühen Projektphasen – Projektstudie und Projektvorbereitung – festgelegt wird. Die Termine verhalten sich dabei genauso wie die Kosten. Der Grad der Beeinflussung nimmt mit Projektfortschritt schnell ab. Dies zeigt Bild 5.5. [1]

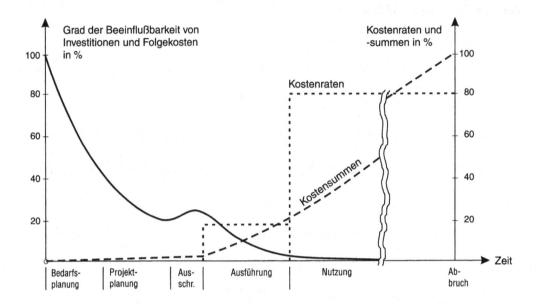

Bild 5.5   Beeinflussbarkeit von Terminen und Kosten

Deshalb ist es unumgänglich, sich in diesen frühen Projektphasen intensiv mit dem späteren Planungs- und Bauablauf auseinanderzusetzen. Die Berücksichtigung des Bauablaufs bereits in der Planungsphase kann große Auswirkungen auf die Planung haben. Man spricht deshalb heute auch vom produktionsgerechten Planen.

5.2.1 Schärfegrade der Terminplanung

Ein Ablaufplan, der alle Vorgänge vom Beginn des Projektes (Vorstudie/Vorprojekt) über die Planung und Bauausführung bis zur Abnahme und Inbetriebnahme im Detail enthält, ist theoretisch erstellbar und mit den heutigen PC-Programmen berechenbar. Für größere Projekte ergeben sich dann Pläne mit 500–1000 Vorgängen. In der Praxis ist ein solcher Ablaufplan nicht brauchbar. Die Vielzahl der Vorgänge ist für den Projektbearbeiter nicht mehr überschaubar, die Aktualisierung solcher Ablaufpläne ist nicht mehr möglich.

Deshalb werden heute Ablaufpläne nach Projektfortschritt und Schärfegrad eingeteilt in

- Rahmenterminplan
- Generalterminplan
- Grobterminplan
- Detailterminplan.

Der Genauigkeitsgrad und der Detaillierungsgrad eines Ablaufplans entspricht durch diese Einteilung dem Informationsstand des Projektes in den einzelnen Phasen.

So wird ein Rahmenterminplan im Rahmen der Definition des Projektes erstellt, um einen groben Überblick über die Projektabwicklung zu erhalten. Im Zuge der Projektvorbereitung wird der Rahmenterminplan zu einem Generalterminplan erweitert, aus dem bereits die Planungsphasen und die Phasen der Bauausführung ersichtlich sind. Am Ende der Entwurfsphase wird der Generalterminplan verfeinert zu einem Grobterminplan, mit dem jetzt die wichtigsten Ecktermine der Ausführungsplanung, der Ausschreibung und der Leistungsbereiche auf der Baustelle festgelegt werden. U. a. dient der Grobterminplan als Vorgabe der Ausführungstermine in den Leistungsverzeichnissen. Beim Grobterminplan kann unterschieden werden in die Planungsphase, Ausführungsvorbereitungsphase und Ausführungsphase. Der Detailterminplan gliedert die Grobtermine in den einzelnen Phasen in verfeinerte Vorgänge auf. Der Detailterminplan dient der Kontrolle und Steuerung in den einzelnen Phasen.

Bild 5.6 zeigt die Abstufung in den Schärfegraden und in den Ebenen der verschiedenen Terminpläne.

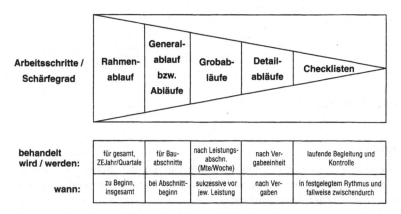

Arbeitsschritte / Schärfegrad	Rahmen-ablauf	General-ablauf bzw. Abläufe	Grobab-läufe	Detail-abläufe	Checklisten
behandelt wird / werden:	für gesamt, ZEJahr/Quartale	für Bau-abschnitte	nach Leistungs-abschn. (Mte/Woche)	nach Ver-gabeeinheit	laufende Begleitung und Kontrolle
wann:	zu Beginn, insgesamt	bei Abschnitt-beginn	sukzessive vor jew. Leistung	nach Ver-gaben	in festgelegtem Rythmus und fallweise zwischendurch

Bild 5.6　Schärfegrade der Ablaufplanung

5.2.2 Rahmenterminplan

Der Rahmenterminplan dient der übergeordneten Information und der Orientierung von Entscheidungsträgern. Er erfasst und steckt die wesentlichen Projektphasen durch Rahmentermine ab, damit der Bauherr seine Finanzierungs- und Planungskapazitäten darauf abstellen kann.

Die **kleinste Zeiteinheit** ist Monate bis Quartale. Der **darzustellende Zeitraum** bewegt sich von der Projektentwicklung bis zur Übergabe bzw. Inbetriebnahme.

Inhalt: Signifikante Projektphasen wie Planungsbeginn bis Baueingabe. Evtl. können die Planungsphasen nach den HOAI-Phasen getrennt werden. Als weitere Phase werden die Ausführungsvorbereitung bis Baubeginn und die bauliche Ausführung bis zur Inbetriebnahme angegeben.

Vorgangszahl: ca. 15–25

Vorgangsdauer: 3–6 Monate, evtl. 1 Jahr

Darstellungsform: meist Balkenplan

Grundlagen für die Dauern: Grobe Bezugsgrößen wie Arbeitsplätze, Krankenhausbetten und ähnliches. Ebenso der Bruttorauminhalt, die Brutto-Grundflächen oder die Nutzflächen können herangezogen werden. Auch können die Dauern ermittelt werden über den geplanten Kostenrahmen und Honorarumsätze/Mitarbeiter bzw. Baustellenumsatz/Monat und Arbeitskraft.

Grundlage: Der Rahmenterminplan ist Grundlage für Projekt-Start-Up-Entscheidungen, für Finanzierungsplanungen und für das Einarbeiten von Terminen in Planerverträgen.

Erstellungszeit: In den Phasen der Projektentwicklung, spätestens bei der Grundlagenermittlung (HOAI).

Ein Beispiel des Rahmenterminplans zeigt Bild 5.7.

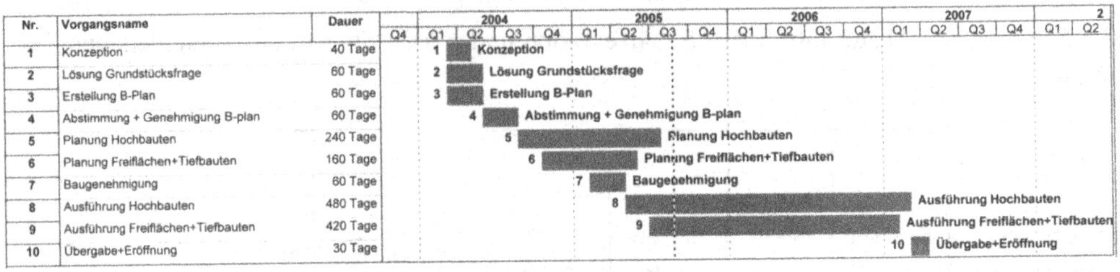

Nr.	Vorgangsname	Dauer
1	Konzeption	40 Tage
2	Lösung Grundstücksfrage	60 Tage
3	Erstellung B-Plan	60 Tage
4	Abstimmung + Genehmigung B-plan	60 Tage
5	Planung Hochbauten	240 Tage
6	Planung Freiflächen+Tiefbauten	160 Tage
7	Baugenehmigung	60 Tage
8	Ausführung Hochbauten	480 Tage
9	Ausführung Freiflächen+Tiefbauten	420 Tage
10	Übergabe+Eröffnung	30 Tage

Bild 5.7   Rahmenterminplan Bundesgartenschau

5.2.3 Generalterminplan

Der Generalterminplan ermöglicht einen Überblick über den Umfang der gesamten Baumaßnahme. Er verschafft einen Überblick über die zeitliche Einordnung von Teilabschnitten, über die erforderlichen Genehmigungen und Entscheidungen.

Kleinste Zeiteinheit: Monat

Darzustellender Zeitraum: Von Grundlagenermittlung/Vorplanung bis zur Übergabe/Inbetriebnahme, möglichst nach Bauwerken oder Bauteilen gegliedert.

Inhalt: Darstellung der zusammengefassten Planungsphasen (HOAI) z. B.

bis zur Vorplanung
bis zur Genehmigungsplanung
bis zur Ausführungsvorbereitung
bis zum Rohbauende bis zu den Endmontagen
bis zur Übergabe/Inbetriebnahme

Wesentliche Projektentscheidungen und Meilensteine sollten hier eingearbeitet sein. Vor allem ist hier der Zeitpunkt darzustellen, ab dem ein Projektabbruch nur noch mit unverhältnismäßig großem Aufwand möglich ist (point-of-no-return).

Die Phase der Bauausführung kann nach einzelnen Bauwerken oder Bauabschnitten gegliedert sein, eine Gliederung nach Grobelementen DIN 276 ist anzustreben.

Wesentliche Zeitpunkte wie

– Abnahmen   – Inbetriebnahmen

        – Probebetrieb   – Mängelbeseitigung

sind, gestaffelt nach Bauteilen und Bauwerken, als Meilensteine darzustellen.

Vorgangszahl: 20–50

Vorgangsdauer: 1–3 Monate

Darstellungsform: Meist in Balkenplanform mit Meilensteinen. Hier können bereits die wesentlichen Anordnungsbeziehungen angegeben werden. Deshalb kann der Generalterminplan auch als Netzplan dargestellt sein.

Grundlagen für Dauern: Ableiten von Dauern aus geeigneten Vergleichsprojekten. Mengenermittlung anhand der Entwurfsskizzen bzw. der Wettbewerbspläne. Ableiten von Dauern auch aus Kostenrahmen- und Nutzerbedarfsprogrammen (über Bezugsgrößen).

Grundlage für: Terminierung der Planungsphasen in den Planerverträgen, Baubeginn, Übergabe/Inbetriebnahme.

Erstellungszeitraum: In der Phase der Projektentwicklung bis zum Beginn der Vorplanung.

Ein Beispiel für einen Generalablaufplan zeigt Bild 5.8. Bei kleineren Projekten können Rahmen- und Generaltermin zusammengefasst werden.

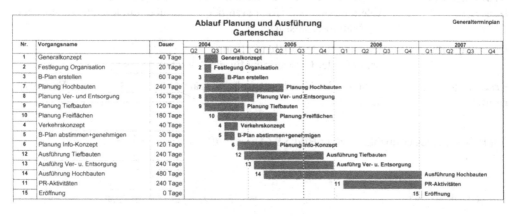

Bild 5.8   Auszug aus dem Generalterminplan Bundesgartenschau

5.2.4 Grobterminplan

Ab der Grobterminplanung wird unterschieden in einen Grobtermin für die Planung und einen Grobtermin für die Bauausführung.

5.2.4.1 Grobablauf für die Planung

Ziel: Die Vorgaben aus der Generalablaufplanung sollen überprüft werden. Der grundsätzliche Ablauf der Planung (unter Umständen bauteilwiese) wird abgeklärt und dargestellt.
Wesentliche Projekt-Meilensteine mit einer Genauigkeit von ca. 1

Monat können sein:

- Abschluss Genehmigungsplanung
- Bauantrag
- Förderantrag
- Beginn Ausführungsplanung
- Versand des ersten Leistungsverzeichnisses (meist Rohbau)
- Baubeginn.

Mit der Grobablaufplanung werden die Eckdaten festgelegt für die Detailablaufplanung und die Planung der Kapazitäten der am Projekt Beteiligten.

Kleinste Zeiteinheit:	Wochen
Darzustellender Zeitraum:	Vorplanung bis zum Planungsende (Ende der Erstellung der LV's).
Inhalt:	Vertragstermine in den einzelnen Planungsphasen für jeden Auftragnehmer. Aus dem Grobablauf sollten auch die wichtigsten Zwischentermine für die Projektkoordination hervorgehen.
Vorgangszahl:	50–150
Vorgangsdauer:	2–6 Betriebswochen
Darstellungsform:	Meist als Balkenplan mit einem dahinterliegenden Netzplan.
Grundlagen für Dauern:	Schätzung der Dauer anhand von geeigneten Vergleichsprojekten, Ableitung aus den Honoraren der Planer über eingesetzte Kapazitäten und Mann-Monatssätzen.
Grundlage für:	Eckdaten für Detailablaufplanung. Ermitteln der Grobtermine für die Ausschreibungsphase.
Erstellungszeitraum:	Während der Vorplanungsphase, spätestens zum Beginn der Entwurfsphase.

Ein Beispiel eines Grobablaufs zeigt Bild 5.9 (Ausschnitt).

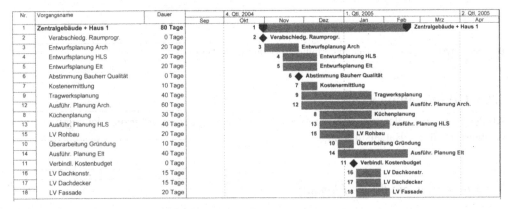

Bild 5.9   Auszug aus dem Grobablauf der Planung (Ausschnitt)

5.2.4.2 Grobablauf für die Bauausführung

Ziel:	Ermittlung der voraussichtlichen Vertragstermine der Bauausführung. Erarbeiten der Eckdaten für die Detailablaufplanung.
Kleinste Zeiteinheit:	Tage bzw. Wochen
Darzustellender Zeitraum:	Baubeginn bis Ende Inbetriebnahme und Mängelbeseitigung.
Inhalt:	Anfangs- und Endtermine der einzelnen Gewerke bzw. Vergabeeinheiten, unter Umständen bauabschnittsweise. Innerhalb eines Bauabschnitts wird lediglich der Gewerketermin angegeben.
Vorgangszahl:	50–250 pro Bauwerk
Vorgangsdauer:	1–4 Wochen
Darstellungsform:	Als Balkenplan dargestellt mit dahinterliegendem Netzplan mit den entsprechenden Anordnungsbeziehungen.
Grundlagen für Dauern:	Aufwandswerte aus geeigneten Vergleichsobjekten. Aufwandswerte aus der Literatur (siehe Quellenangaben). Aufwandswerte über m^3 BRI (z. B. der Rohbau).
Grundlage für:	Detailablaufplanung für die Bauausführung, Termine für die Ausschreibungsphase.
Erstellungszeitraum:	Während der Entwurfsplanung.

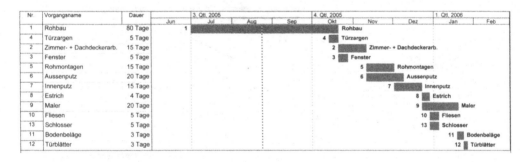

Bild 5.10 Auszug aus dem Grobablauf Ausführung

5.2.5 Detailablaufplanung

Auch hier wird zwischen Detailablaufplanung der Planung und der Bauausführung unterschieden.

5.2.5.1 Detailablauf der Planung

Ziel:	Steuerung der einzelnen Planungsphasen. Festlegung von Detailabläufen innerhalb dieser Planungsphase. Dabei werden komplexe Ablaufstrukturen im Detail dargestellt.

Kleinste Zeiteinheit:	Werktag, Kalendertag.
Darzustellender Zeit- raum:	Zeitraum vom Stichtag der Betrachtung der Planungsphase bis zu einem Projektmeilenstein oder bis zum Ende der Planungsphase bzw. bis zur Überschneidung mit einer weiteren Planungsphase.
Inhalt:	Detaillierte Soll-Terminvorgaben für die einzelnen Arbeitsvorgänge innerhalb der betrachteten Phase, Berücksichtigung von Ferienzeiten. Genaue Erfassung der logischen Abhängigkeiten innerhalb dieser Planungsphase.
Vorgangszahl:	50–250 pro Detailablaufplan
Vorgangsdauer:	5–10 Betriebstage
Darstellungsform:	Als Balkenplan mit dahinterliegendem Netzplan mit den o. g. exakt angegebenen Anordnungsbeziehungen.
Grundlagen für Dauern:	Orientierung an dem Honorar für diese Planungsphase. Kapazitätsangaben der Projektbeteiligten. Aufwandswerte/Leistungswerte aus geeigneten Vergleichsprojekten.
Grundlage für:	Termingerechte Leistungserbringung der einzelnen Arbeitspakete innerhalb der betrachteten Phase, Optimierung von Kapazitäten der Projektbeteiligten, Planliefertermine.
Erstellungszeitraum:	Zu Beginn der darzustellenden Planungsphase.

Nr.	Vorgangsname	Dauer	Qtl. 2004	2. Qtl. 2004	3. Qtl. 2004	4. Qtl. 2004	1. Qtl. 2005
			Feb Mrz	Apr Mai Jun	Jul Aug Sep	Okt Nov Dez	Jan Feb Mrz
1	Planung	217 Tage					Planung
2	Planung Lph 1 - 3	66 Tage		Planung Lph 1 - 3			
3	Klärung Aufgabenstellung	5 Tage	Klärung Aufgabenstellung				
4	Erarbeiten Planungskonzept	20 Tage	Erarbeiten Planungskonzept				
5	Intergrieren Fachplaner	1 Tag	Intergrieren Fachplaner				
6	Kostenschätzung DIN 276	5 Tage	Kostenschätzung DIN 276				
7	Durcharbeiten Planungskonzept	15 Tage	Durcharbeiten Planungskonzept				
8	Objektbeschreibung	5 Tage	Objektbeschreibung				
9	Zeichnerische Darstellung 1:100	20 Tage	Zeichnerische Darstellung 1:100				
10	Kostenberechnung DIN 276	5 Tage	Kostenberechnung DIN 276				
11	Freigabe durch Bauherrn	1 Tag	Freigabe durch Bauherrn				
12	Planung Lph 4	30 Tage	Planung Lph 4				
13	Genehmigungsplanung	30 Tage	Genehmigungsplanung				
14	Bauantrag	0 Tage	Bauantrag				
15	Baugenehmigung	0 Tage			Baugenehmigung		
16	Planung Lph 5	60 Tage			Planung Lph 5		
17	Einarbeiten Auflagen Baugenehmigung	10 Tage			Einarbeiten Auflagen Baugenehmigung		
18	zeichnerische Darstellung 1:50	60 Tage			zeichnerische Darstell		
19	Ausschreibung und Vergabe BA 1	60 Tage			Ausschreibung und Vergabe BA 1		

Bild 5.11   Detailablaufplan der Planung

5.2.5.2 Detailablauf der Bauausführung

| **Ziel:** | Ablaufsteuerung der Firmen in chronologischer und technologischer Reihenfolge. Planung der Ausführungs-, Werk- und Montageplanung für die Gebäudetechnik, den Rohbau (Fertigteile), sowie detaillierte Einordnung der Gewerke der Gebäudetechnik und des Ausbaues in den Gesamtablauf. Festlegen der Termine für |

- Funktionsprüfungen   • Mängelbeseitigung
- Abnahme   • Übergabe/Inbetriebnahme.

Kleinste Zeiteinheit:	Werktag bzw. Woche.
Darzustellender Zeit-raum:	Zeitraum vom Baubeginn bis zum Projektende wird betrachtet. Der Übersichtlichkeit halber jedoch in Form von einer Fenstertechnik, d. h. die erledigten Vorgänge werden nicht mehr betrachtet, die in Arbeit befindlichen Vorgänge mit einer Vorausschau, z. B. von 6 Monaten, werden detailliert betrachtet, die nachfolgenden Vorgänge werden in einem Grobraster dargestellt. Dieses Grobraster hat den Grobterminplan als Grundlage.
Inhalt:	Detaillierte Terminvorgaben für die einzelnen Arbeitsvorgänge.
Vorgangszahl:	150–250 pro Projekt bzw. Bauwerk
Vorgangsdauer:	5–15 Werktage
Darstellungsform:	Als Balkenplan mit dahinterliegendem Netzplan und den o. g. exakt angegebenen Anordnungsbeziehungen. Im späteren Zeitpunkt eines Projektes (alle Vorgänge sind dann angefangen) wird mit Terminlisten gearbeitet. Bei speziellen Linienbaustellen Darstellung im Weg-Zeit-Diagramm. Der Übersichtlichkeit halber wird bei Großprojekten auch mit Bauphasenplänen gearbeitet.
Grundlagen für Dauern:	Spezifische Aufwandswerte. Leistungswerte je Gewerk aus Literatur bzw. Erfahrungswerte bzw. Schätzungen. Angaben der Kapazitäten der Firmen. Erfahrungswerte aus anderen Projekten.
Grundlage für:	Ständigen Soll-Ist-Vergleich, Optimierung des Gesamtablaufes, Koordinationsbesprechungen, Anpassungsmaßnahmen bei Terminabweichungen.
Erstellungszeitraum:	Beginn im Rahmen der ersten Ausschreibungen. Es erfolgt eine stufenweise Erstellung der Terminpläne. Ende mit Projektende.

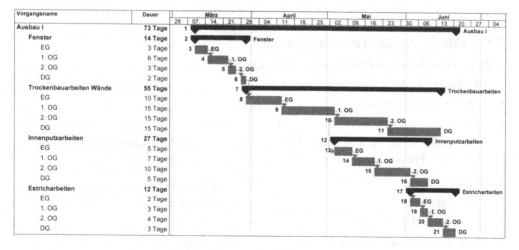

Bild 5.12 Auszug aus einem Detailablaufplan der Ausführung

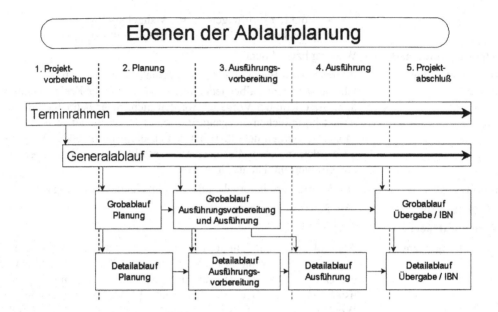

Bild 5.13   Schärfegrade über die Projektphasen [7]

Die Bilder 5.7 bis 5.17 zeigen Beispiele für Grobablauf der Planungen, Grobablauf der Ausführung, Detailablauf der Planung, Detailablauf der Ausführung. Das Bild 5.13 zeigt zusammen fassend die verschiedenen Ebenen der Ablaufplanung und den Einsatzzeitraum – über die verschiedenen Projektphasen hinweg.

5.3 Ablaufplanung in einzelnen Projektphasen

Nachfolgende Ausführungen stellen Empfehlungen für das Erstellen von Ablaufplänen in den einzelnen Projektphasen gemäß HOAI dar.

5.3.1 Ablaufplanung in der Vorplanung

In dieser Phase können folgende Unterlagen vorliegen:

- Ergebnis eines Architektenwettbewerbs
- Nutzerbedarfsprogramm
- Skizzen

Diese Unterlagen müssen dahingehend untersucht werden, welche zusätzlichen Projektbeteiligten in dieser Phase eingeschaltet werden müssen. Im Einzelnen können dies sein:

- Tragwerksplaner
- Bodengutachter
- Planer für Elektrotechnik
- Planer für Heizung, Lüftung
- Planer für Sanitär

- Bauphysiker
- Bauakustiker
- Lichttechniker
- Fassadenplaner
- energiewirtschaftliche Berater

- Planer für Förderanlagen
- Planer für Sicherheitstechnik
- Küchenplaner
- Experten für Maschinenbau

- Brandschutzgutachter
- Vermessungstechniker
- Innenarchitekt
- Landschaftsarchitekt
- sonstige Berater

Weiter muss untersucht werden, mit welchen Behörden die Genehmigungsfähigkeit abgestimmt werden muss. Nachfolgend ist ein Behördenverzeichnis dargestellt, wie es bei einer deutschen Großstadt so oder in ähnlicher Form besteht:

- Bauaufsichtsbehörde
- Prüfstatik
- Amt für kommunale Gesamtentwicklung und Stadtplanung
- Verkehrsamt
- Vermessungsamt
- Liegenschaftsamt
- Amt für Wohnungswesen
- Amt für Denkmalpflege
- Stadtgestaltungskommission
- Straßenbauamt Stadt
- Straßenbauamt Land
- Deutsche Bahn AG
- Garten- und Friedhofsamt
- Untere Naturschutzbehörde
- Untere Wasserbehörde
- Umweltamt
- Innenministerium (in Bayern: Oberste Baubehörde)

- Forstbehörde
- Telekom
- Polizeipräsidium
- Wasser- und Schifffahrtsamt
- Vorbeugender Brandschutz
- Gewerbeaufsichtsamt
- Stadtentwässerungsamt
- Hafenbetriebe
- Rundfunkbetriebe
- Stadtwerke
- Stadtentwässerungsamt
- Ordnungsamt
- Umlandverbände
- Städtische Reinigungsbetriebe
- Gesundheitsamt
- Amt für Müllentsorgung
- Veterinäramt
- Schulamt

Der übliche Grobablauf unter Berücksichtigung der Beiträge o. g. Beteiligten hat folgenden Mindestinhalt:

- Erstellung eines Vorabzugs der Vorplanung durch den Architekten
- Erstellung der Planungen der Fachingenieure und Berater
- Koordinierung der vorliegenden Planungen durch den Architekten
- Abklärung der Genehmigungsfähigkeit
- Erstellung der endgültigen Vorplanung
- Erstellung der Kostenschätzung nach DIN 276
- Genehmigung der Vorplanungsergebnisse durch den Auftraggeber.

Die wesentlichen Leistungspakete der am Projekt Beteiligten sind diesem Grobraster zuzuordnen. Die Dauer für diese Leistungspakete ist zu ermitteln. Dies kann erfolgen durch

- Einsetzen von Erfahrungswerten
- Umrechnung des Honoraranteils auf Tage oder Wochen über Stundensätze im Planungsbüro

- gemeinsames Festlegen mit den Beteiligten

In allen Fällen sind Ferienzeiten wie die Arbeitspausen zwischen dem 20. Dezember und dem 10. Januar sowie die Urlaubszeiten Juli/August zu berücksichtigen.

In diesem Zusammenhang sei auf Kapitel 5.8 verwiesen, in dem die Ermittlung von Vorgangsdauern gesondert behandelt wird.

5.3.2 Ablaufplanung in der Entwurfsplanung

Der Projektinhalt und damit auch das grundsätzliche Planungskonzept ist mit der Vorplanung abgeschlossen. Die Entwurfsplanungsphase arbeitet „nur noch" die Vorplanungsergebnisse in einem größeren Maßstab aus. Die Entwurfsplanung führt ohne weitere Planungsschritte zur Genehmigungsplanung.

Grundlagen der Ablaufplanung in der Entwurfsplanung sind demnach die Ergebnisse

- der Vorplanung ggfs. mit Projektänderungsvorstellungen
- des Nutzerbedarfsprogramms, ggfs. mit Projektänderungen.

Es ist zu überprüfen, ob in dieser Phase noch zusätzliche Projektbeteiligte eingeschaltet werden müssen. Hierbei ist die im Kapitel 5.3.1 aufgeführte Liste zu verwenden.

Ebenso ist anhand der Liste der Genehmigungsstellen aus Kapitel 5.3.1 zu überprüfen, ob weitere Genehmigungsbehörden einzuschalten sind, um die Genehmigungsfähigkeit des Projektes zu erlangen.

Es ist Stand der Technik, dass auf Basis der Entwurfsplanung bereits die Rohbauarbeiten ausgeschrieben werden. Damit muss die Ablaufplanung in der Entwurfsplanung bereits Termine angeben, die über den Anfangs- und Endzeitpunkt eines Leistungsbereiches auf der Baustelle sowie über die Ausschreibungszeitpunkte dieser Leistungsbereiche Auskunft geben.

Außerdem sind der Ablaufplanung die wesentlichen Planliefertermine zu entnehmen.

Das bedeutet, dass in der Entwurfsplanungsphase der Bauablauf bereits in seinen groben Zügen festgelegt wird.

In dieser Phase müssen im Grobablauf als Mindeststandard folgende Vorgänge vorhanden sein:

- Erstellung eines Vorabzuges der Entwurfsplanung durch Architekten
- Erstellung der Entwurfsplanung der Fachingenieure
- Koordinierung der Beiträge der Fachingenieure durch den Architekten
- Endgültige Fassung der Entwurfsplanung
- Erstellung der Kostenberechnung nach DIN 276
- Genehmigung der Entwurfsplanung durch den Auftraggeber
- Ecktermine für die Ausschreibung der wesentlichen Leistungsbereiche
- Ecktermine der Ausführung der wesentlichen Leistungsbereiche

Als wesentliche Leistungsbereiche sind zu nennen (beispielhaft für den Hochbau):

- Rohbauarbeiten
- Dachkonstruktionen und -deckungen
- Fassade und/oder Fenster

- Rohmontagen Gebäudetechnik
- Putz-, Estrich-, Trockenbauarbeiten
- Fliesen-, Natur-, Betonwerksteinarbeiten
- Maler-, Schlosserarbeiten
- Endmontagen Gebäudetechnik
- Abnahmen

Für die Ermittlung der Vorgangsdauern gelten die unter Kapitel 5.3.1 gemachten Ausführungen. In diesem Zusammenhang wird auch auf die Ausführungen in Kapitel 5.8 verwiesen, in dem die Ermittlung von Vorgangsdauern ausführlich behandelt wird.

Bild 5.14 zeigt beispielhaft die Ablaufstruktur der Planung in der Rohbauphase.

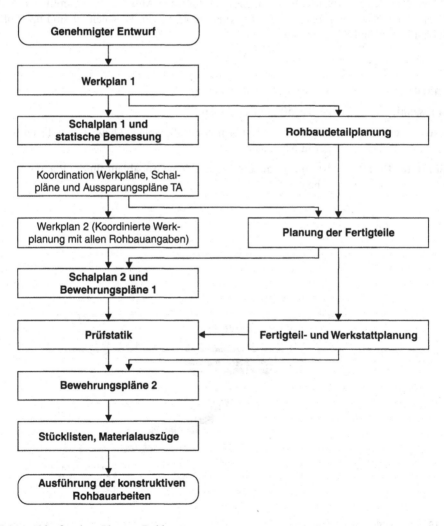

Bild 5.14 Ablaufstruktur Planung Rohbau

5.3.3 Ablaufplanung in der Ausführungsplanung

Mit Beginn der Ausführungsplanung wird die Ablaufplanung wesentlich komplexer und aufwendiger, so dass die Verwendung einer Projektmanagementsoftware zu empfehlen ist.

Die Ausführungsplanung verfeinert die Entwurfsplanung – korrigiert durch die Auflagen aus der Genehmigung – zur Ausführungsreife. Der Koordinierungsaufwand wird intensiver, denn neben den an der Planung Beteiligten treten nun auch noch die an der Ausführung beteiligten Firmen. Verzögerungen in der Planlieferung führen zu Behinderungsanzeigen bei den ausführenden Firmen und damit zu Mehrkosten, die der Auftraggeber bei den Verursachern der Störung geltend macht.

Grundlage der Ablaufplanung in der Ausführungsplanung ist die Entwurfsplanung mit den Anpassungen aus der Genehmigungsphase.

Es haben sich im Laufe der Zeit einzelne Regelabläufe herausgebildet, die den Ablauf während der Koordinierungsphasen standardisieren. Regelabläufe sind Darstellungen sich bei jedem Projekt wiederholender Abläufe, mit dem Ziel, die logische Abfolge zu verdeutlichen und die Gesamtdauer eines solchen Regelablaufs (Zyklus) zu ermitteln. Beispielhaft sind nachfolgend Regelabläufe als Standardabläufe dargestellt.

Beispiel für Regelabläufe:

Zeiteinheit:	Werktag bzw. Kalendertag
Vorgangszahl:	ca. 10–50 pro Regelablauf
Dargestellt werden:	Regelabläufe in Form von Balkenplänen bzw. Terminlisten, weniger in Netzplänen.
Zeitpunkt der Erstellung:	Ist im Zusammenhang mit dem Grobablauf für die Planung zu sehen.

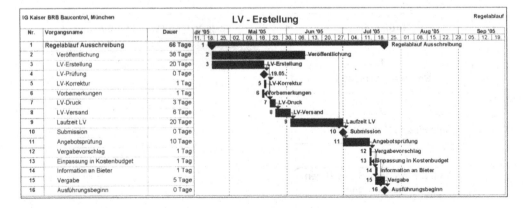

Bild 5.15   Regelablauf Ausschreibung

Regelablauf Ausführungs- und Schlitzplanung mit Freigaben

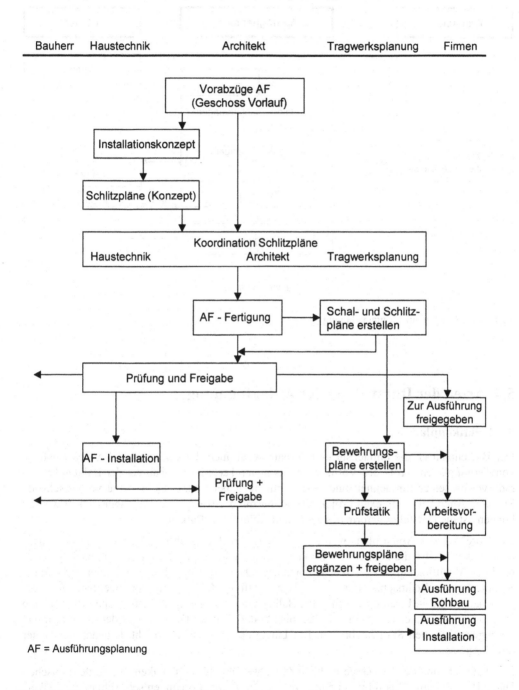

Bild 5.16 Regelablauf Werk- und Schlitzplanung

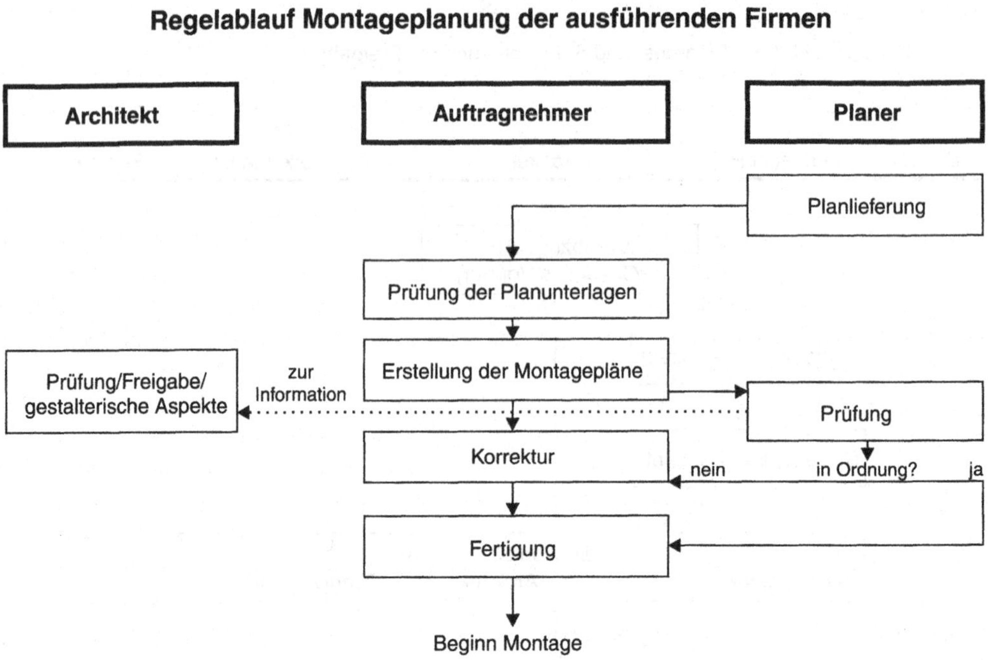

Regelablauf Montageplanung der ausführenden Firmen

Architekt	Auftragnehmer	Planer

Planlieferung

Prüfung der Planunterlagen

| Prüfung/Freigabe/ gestalterische Aspekte | zur Information | Erstellung der Montagepläne | Prüfung |

Korrektur   nein   in Ordnung?   ja

Fertigung

Beginn Montage

Bild 5.17   Regelablauf Montageplanung

5.4 Arten der Darstellung der Ablaufplanung

5.4.1 Balkenplan

Der Balkenplan ist die einfachste und deshalb wohl auch die verbreitetste Darstellungsform von Terminplänen. Trotz des Vorhandenseins neuer Techniken behauptet der Balkenplan gerade wegen seiner Einfachheit und Übersichtlichkeit bei Bauprojekten seine vorherrschende Stellung. Auch bei komplexen Projekten, die nur mit der Netzplantechnik abgewickelt werden können, ist die Darstellungsform des zeitlichen Ablaufs der Balkenplan.

Die Vorgänge des Ablaufplans werden auf der senkrechten Achse aufgelistet, auf der waagrechten Achse wird die zeitliche Abwicklung dargestellt. Das Zeitraster kann ja nach Schärfegrad der Ablaufplanung Tage, Wochen, Monate, Quartale oder Jahre sein. Außerdem können Sommerferien, Weihnachtsferien u. Ä. als arbeitsfreie Zeiten dargestellt werden. Die Vorgangsdauer wird in Form eines schmalen Balkens mit dem Zeitraster entsprechenden Maßstab eingezeichnet – daher der Name „Balkenplan" oder ‚Balken-Diagramm" oder „Gantt graph" im angelsächsischen Sprachgebrauch. Die Länge des Balkens entspricht demnach der Dauer des Vorgangs.

Die Aufzeichnung der Vorgänge und der Zeitachse führt für den Balkenplan zu der typischen Diagonalanordnung. Das führt bei einer größeren Zahl von Vorgängen sehr schnell zu unübersichtlichen Ablaufplänen. Man behilft sich dann damit, dass logisch zusammen gehörende Folgen – sog. logische Ketten – innerhalb eines Bauabschnitts in einer Zeile angeordnet werden. Typische Beispiele dazu sind die Folgen

- Schalen – Bewehren – Betonieren
- Erstellung Leistungsverzeichnis – Versand – Submission – Auswertung – Vergabe.

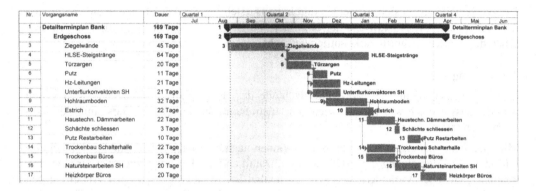

Nr.	Vorgangsname	Dauer
1	Detailterminplan Bank	169 Tage
2	Erdgeschoss	169 Tage
3	Ziegelwände	45 Tage
4	HLSE-Steigstränge	64 Tage
5	Türzargen	20 Tage
6	Putz	11 Tage
7	Hz-Leitungen	21 Tage
8	Unterflurkonvektoren SH	21 Tage
9	Hohlraumboden	32 Tage
10	Estrich	22 Tage
11	Haustechn. Dämmarbeiten	22 Tage
12	Schächte schliessen	3 Tage
13	Putz Restarbeiten	10 Tage
14	Trockenbau Schalterhalle	22 Tage
15	Trockenbau Büros	23 Tage
16	Natursteinarbeiten SH	20 Tage
17	Heizkörper Büros	20 Tage

Bild 5.18   zeigt einen typischen Balkenplan.

Bei Ablaufplänen mit einer größeren Zahl von Vorgängen ist eine Gliederung innerhalb des Plans notwendig. Die Gliederungsmöglichkeiten der Vorgänge auf der senkrechten Achse können nach den verschiedensten Gesichtspunkten gewählt werden, wie z. B.:

- Ablauffolge nacheinander
- Bilden von Ablaufgruppen nach Verantwortlichkeit
- Bilden von Ablaufgruppen nach Bauwerksteilen
- Bilden von Ablaufgruppen mit gleichen Ressourcen.

Zur Erleichterung der Orientierung bei einem großen Balkenplan werden entweder die Vorgangsbezeichnungen, die auf der Ordinate aufgetragen sind, im Balken wiederholt, oder die Vorgänge werden mit Nummern bezeichnet, die dann vor, im oder nach dem Balken wiederholt werden.

Desweiteren können bei der Fortschrittskontrolle im Balken die erreichten Fortschritte eingetragen werden – damit wird die Übersichtlichkeit über den Projektfortschritt optisch dargestellt.

Vorteile des Balkenplans

- einfache Handhabung
- gute Verständlichkeit
- gute Übersichtlichkeit
- Fortschrittskontrolle optisch sehr gut erkennbar

Dem steht allerdings auch eine Reihe von Nachteilen gegenüber. Als Hauptargument gegen den Balkenplan wird vorgebracht, dass der Zwang zur Ablauflogik fehlt, d. h. der Balkenplan zwingt den Ersteller des Ablaufplans nicht dazu, die technologischen Ablauffolgen in dem Projekt zu überdenken. Oft wird ohne größeres Nachdenken eine Ablauffolge als Balkenplan so dargestellt, wie man es aus bisherigen Projekten gewohnt ist.

Nachteile des Balkenplans

- Abhängigkeiten der einzelnen Vorgänge untereinander sind nicht erkennbar.
- Starke Beeinträchtigung der Übersichtlichkeit bei wachsender Anzahl von Vorgängen.
- Zwang zur genauen Ablauflogik ist nicht vorhanden (dadurch steigt die Fehlerquote in der Ablauflogik stark an).

Diese Nachteile lassen sich vermeiden durch die Darstellung der Ablauffolge in einem vernetzten Balkenplan. Die Ablauffolge der einzelnen Vorgänge wird durch Pfeilverbindungen zwischen den Balken nachprüfbar kenntlich gemacht.

Anwendung

Unter Berücksichtigung der Vor- und Nachteile des Balkenplans muss noch einmal betont werden, dass er nach wie vor das wichtigste Instrument für die optische Darstellung der Ablaufplanung ist.

Mit allen heute gängigen PC-Programmen können nach der Netzplanberechnung Balkenpläne mit oder ohne Vernetzung dargestellt werden. Damit entfällt der große Nachteil, dass ein Balkenplan gegenüber Veränderungen sehr unflexibel ist. Er müsste nach jeder Änderung neu gezeichnet werden – in der Praxis geschieht das nicht. Die EDV ermöglicht es jedoch, über Laser-Drucker oder Plotter jeweils in einer sauberen und klaren Darstellung den Balkenplan den neuesten Gegebenheiten anzupassen.

5.4.2 Weg-Zeit-Diagramm

Das Weg-Zeit-Diagramm, auch als Linien-Diagramm, Zeit-Leistungs-Diagramm, Zeit-Menge-Diagramm oder V-/Z-Diagramm bezeichnet, eignet sich für die Darstellung von Linienbaustellen (Straßenbau, Bahnbau, umfangreiche Erdarbeiten usw.). Auch bei Hochhäusern lässt sich mit einem Weg-Zeit-Diagramm leicht die kritische Aufeinanderfolge von sehr engen Terminen darstellen. Allgemein gesagt, ist das Weg-Zeit-Diagramm die Darstellungsform für die Planung und Kontrolle kontinuierlicher und an die Strecke gebundener Arbeitsvorgänge. Dabei handelt es sich um Vorgänge, deren Arbeitsfortschritt in einer Geschwindigkeit (Länge pro Zeiteinheit, Kubikmeter pro Zeiteinheit, Stockwerk pro Zeiteinheit) ausgedrückt werden kann.

Bilder 5.19 und 5.20 zeigen das Prinzip eines V-/Z-Diagramms.

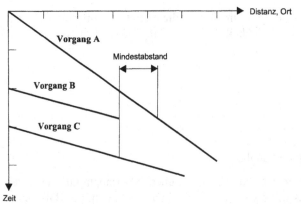

Bild 5.19
Prinzipielle Darstellung eines
V/Z-Diagramms

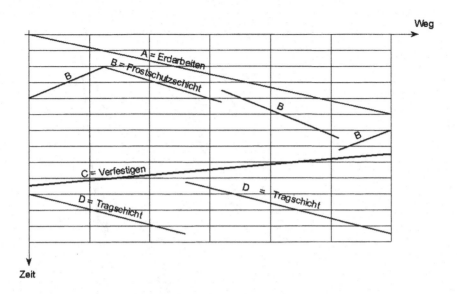

Bild 5.20   Beispiel eines V/Z-Diagramms an einer Straßenbaustelle

In der Darstellung werden auf der X-Achse die Baustrecke maßstäblich aufgetragen (Kilometer, Meter, Stockwerke), auf der Y-Achse die Zeitraster (Tage, Wochen, Monate, Jahre) unter Berücksichtigung von Feiertagen, Ferien usw.

Die einzelnen Vorgänge werden als Linien oder Bänder dargestellt. Aus der Kombination Ort/Menge und Zeit und der Neigung der Linie ergibt sich die Leistung. So bedeutet z. B. ein senkrechter Abbruch in einer Linie, dass während dieser Zeitspanne kein Baufortschritt erzielt wird, die Arbeit also unterbrochen ist (Feiertage, arbeitstechnische Pausen u. ä.). Eine geringe Steigung zeigt einen größeren Baufortschritt des Vorgangs, eine starke Steigung einen geringeren Fortschritt.

In der Regel folgen mehrere Arbeitsgänge aufeinander, deren Leistungsfortschritt unterschiedlich sein kann. Wenn langsamere Vorgänge schnelleren Vorgängen folgen, so ist darauf zu achten, dass sie sich dem Vorgänger nicht zu stark annähern (kritische Annäherung). Der wesentliche Vorteil des Weg-Zeit-Diagramms ist, dass diese kritische Annäherung schnell erkennbar ist.

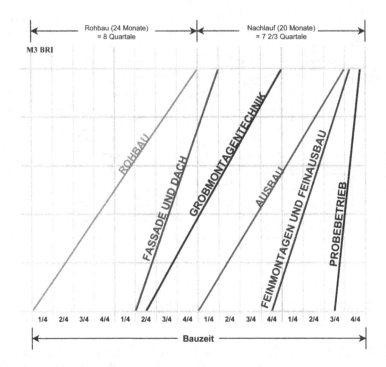

Bild 5.21   Beispiel eines Weg-Zeit-Diagramms

Im Hochhausbau wird der Fortschritt des Rohbaus über die Stockwerke als Linie dargestellt. Mit einem Vorlauf des Rohbaus von 2–3 Stockwerken kann dann die Fassadenmontage folgen. Da deren Montagefortschritt größer ist als die Rohbauerstellung eines Stockwerkes, ergeben sich kritische Annäherungen an den Rohbau. Aus der Darstellung der einzelnen Steigungen lässt sich sehr schnell erkennen, dass die Fassadenmontage entweder unterbrochen werden muss, da der Rohbau noch nicht so weit fortgeschritten ist – die Fassadenmontage würde auf den Rohbau auflaufen – oder dass man mit dem Montagebeginn der Fassade so lange wartet, bis die kritische Annäherung an den Rohbau erst im letzten Stockwerk eintritt.

Anwendung

Die **Vorteile** des Weg-Zeit-Diagramms liegen auf der Hand:
- leichte Verständlichkeit und Lesbarkeit
- Verknüpfung von Ort, Menge und Zeit
- übersichtlich bezüglich der Fortschrittsgeschwindigkeit (kritische Annäherung).

Dem stehen **Nachteile** gegenüber:
- Abhängigkeiten zwischen den Vorgängen sind nicht ausgewiesen
- kritische Wege fehlen
- zur Fortschrittskontrolle nicht unmittelbar geeignet, da dann die Übersichtlichkeit verloren geht.

Der bisherige Nachteil, dass die Darstellung eines V-/Z-Diagrammes nur über ein gesondert aufzurufendes Grafik-Programm geschehen konnte, ist mittlerweile durch die Entwicklung von Ergänzungsprogrammen zu den gängigen PC-Programmen behoben worden. Erwähnt sei hier als Beispiel das Programm LINEA von Graneda.

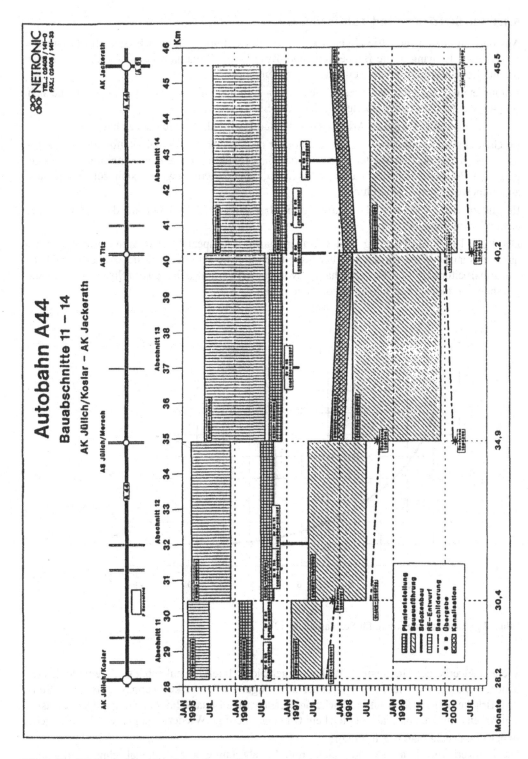

Bild 5.22 VZ-Diagramm einer Linienbaustelle

5.4.3 Fließfertigung und Taktfertigung

Aus der stationären Industrie abgeleitet, hat die Taktfertigung mit zunehmendem Maschinen-
einsatz auch Eingang in die Baubetriebe und damit in den Bauablauf gefunden. Fließfertigung
ist eine Reihenfertigung unter zeitlichen Beschränkungen.

Voraussetzung sind Arbeitsprozesse, die sich wiederholen und von einer Gruppe/Kolonne sich
ständig wiederholend abgearbeitet werden können.

Die Zeit, innerhalb der dieser Arbeitsprozess abläuft, wird als Taktzeit bezeichnet.

Im Gegensatz zur stationären Industrie – bei der das Produkt von Arbeitsstation zu Arbeitsstation bewegt und dort bearbeitet wird – ist das Bauprodukt unbeweglich („immobil"). Die eingesetzten Potentiale (Mannschaften, Maschinen, Materialien) bewegen sich zur Herstellung
zum unbeweglichen Produkt hin.

Es gilt im Zuge der Herstellung alle Arbeitsabschnitte zu definieren, um die Taktfertigung
anwenden zu können.

Der Vorteil der Taktfertigung liegt vor allem darin, dass spezialisierte Arbeitsgruppen durch
das mehrmalige Wiederholen gleicher Arbeitsschritte die Produktivität des Ablaufs erhöhen.
Die Einarbeitungszeit (z. B. bei Schalungsvorgängen) verliert dabei an Einfluss – wie die an-
gegebene Lernkurve bei Schalungsvorgängen zeigt.

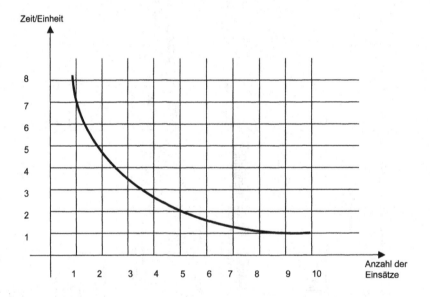

Bild 5.23   Einarbeitungskurve für Schalarbeiten [12]

Viele Bauwerke des Hochbaus – Wohnungsgebäude, Hotels, Krankenhäuser, Verwaltungsgebäude, Schulen, Hochschulbauten – aber auch Ingenieurbauwerke (Tunnel, U-Bahnen, Straßen, Brücken) lassen sich oft in gleiche oder gleichartige Bauabschnitte einteilen. Damit entstehen Arbeitseinheiten mit nahezu gleichem Umfang – häufige Wiederholungen werden möglich.

In der Praxis geht man wie folgt vor:

Das Bauwerk wird in annähernd gleich große Bauabschnitte oder Teilbauabschnitte aufgeteilt.
Möglichkeiten einer Aufteilung sind nachfolgend aufgezeigt:

1. Im Hochbau

1.1 Nach Bauteilen

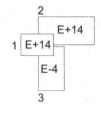

1.2 Nach Bauabschnitten

horizontal: Konstruktions- bzw. Arbeitsfuge
vertikal: Ebenen (Geschosse)

1.3 Nach Teilbauleistungen (beispielsweise im Hochbau)

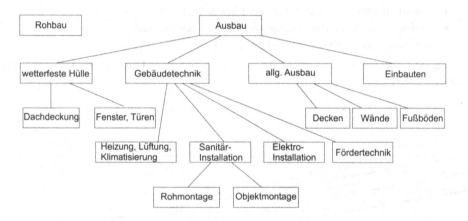

2. Im Ingenieurbau (Brücke)

nach Widerlager (1 und 5)
Pfeiler mit Fundamenten (2-4)
Oberbauabschnitten (I bis IV)

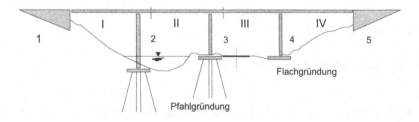

Bild 5.24 Beispiele für eine Einteilung in Abschnitte

Diese Abschnitte werden in Teilvorgänge zerlegt – d. h. Vorgänge, die von einer Arbeitsgruppe in einer oder mehreren vollen Schichten abgearbeitet werden können. Solche Teilvorgänge können sein:

- bei Baugrubenherstellung
  - Träger bohren und setzen
  - Aushub und Einbau Verbau bis zur 1. Ankerlage
  - Anker bohren, setzen und verpressen
  - Aushub und Einbau Verbau bis zur 2. Ankerlage usw.
- beim Rohbau je Teilabschnitt
  - Schalen
  - Bewehren
  - Betonieren
  - Ausschalen
- beim Ausbau je Geschoss
  - Innenwände Trockenbau 1. Schale setzen
  - Installation haustechnische Gewerke in der Wand
  - Freigabe der Wand durch verantwortlichen Fachbauleiter
  - Schließen der Trockenbauwand mit 2. Schale

Die Zeitspanne, die eine Arbeitsgruppe für die Erbringung ihrer Leistung für den Teilvorgang benötigt, ist die Taktzeit.

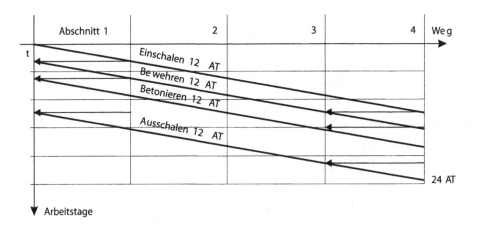

Bild 5.25 Taktanordnung im Rohbau

Ziel der Taktfertigung ist es, möglichst gleichlange Taktzeiten für die wesentlichen Teilvorgänge festzulegen. Diese hängen ab von den verfügbaren Kapazitäten des Schlüsselprozesses, dem Fertigungsengpass. Solche Engpässe können liegen in

- Begrenzter Arbeitsgeschwindigkeit einer Maschine.
- Der Zusammensetzung einer Arbeitsgruppe.
- Der Qualifikation einer Arbeitsgruppe.
- Der Phasenschaltung einer Verkehrsampel bei einer innerstädtischen Erdbaustelle.

Dieser Schlüsselbetrieb – auch Leitprozess genannt – bestimmt letztlich den Produktionsfortschritt und damit die gesamte Bauzeit.

Taktfertigung wird gekennzeichnet durch:

- Kontinuierlichen gleichmäßigen Ablauf der Teilvorgänge.
- Ablauf der einzelnen Teilprozesse in räumlicher Folge.
- Synchronablauf der Gesamtproduktion mit geringstmöglichen Taktzeiten.

Räumliche Folgen sind bei Geschossbauten die einzelnen Geschosse. Bei Linienbaustellen wie Straßen, Kanal- und Bahnbauten sind dies optimal gewählte Teilabschnitte.

5.4.4 Planung von Taktzyklen

Wie oben erwähnt, hängen die Taktzeiten eines Teilvorganges von der Taktzeit des Leitprozesses ab. Sein Engpass in der Kapazität oder der Leistung bestimmt die Gesamtzeit. Die Anpassung der dem Leitprozess folgenden Teilprozesse kann auf zweierlei Art geschehen:

- Unterbrecherbetrieb

  Dabei wird der Betrieb des auf den Leitprozess folgenden Prozesses für eine bestimmte Zeitspanne unterbrochen, um die kritische Annäherung an den Vorgängerprozess nicht zu unterschreiten.

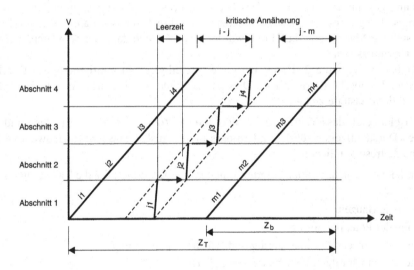

Bild 5.26 Unterbrecherbetrieb

- Kontinuierlicher Betrieb

  Dabei wird die Kapazität des nachfolgenden Prozesses soweit abgemindert, bis ein kontinuierliches Durcharbeiten des Nachfolgeprozesses in den räumlichen Folgen möglich wird. Die Grenze der Kapazitätsabminderung liegt dabei bei der Minimalkapazität, die aus technologischen Gründen nicht unterschritten werden kann.

Beispiel (Bild 5.27)

Über 7 Geschosse (Erdgeschoss und 6 Obergeschosse) sollen die Zwischenwände aus Mauerwerk erstellt werden.

Prozesse sind: – Zwischenwände erstellen

  – Zargen setzen

  – Putzarbeiten.

Die kritische Annäherung besteht darin, dass die einzelnen Prozesse jeweils in einem Geschoss abgeschlossen sein müssen, bevor der nächste Prozess beginnen kann.

- Variante 1
  Alle Prozesse arbeiten mit voller Kapazität – jeder Prozess möchte für sich alleine die kürzeste Dauer erreichen. Das bedeutet, dass die Leistungsfortschritte beim Setzen der Zargen wesentlicher größer sind als der Fortschritt des Leitprozesses, dem Erstellen des Mauerwerkes. Das Setzen der Türenzargen beginnt demnach so spät, dass die kritische Annäherung zum Mauerwerk erst im letzten Geschoss erreicht wird.

- Variante 2
  Der Leistungsfortschritt des Setzens der Türzargen wird durch Verringerung der eingesetzten Kapazität an den Fortschritt des Leitprozesses angepasst. Damit ergibt sich ein Synchronanlauf mit deutlich verringerter Gesamttaktzeit.

- Variante 3
  Das Setzen der Türzargen wird je Geschoss optimal beschleunigt durch eine Kapazitätserhöhung gegenüber Variante 2. Das bedeutet, dass der Prozess „Türzargen" jeweils nach Fertigstellung eines Geschosses aussetzten, unterbrechen muss, da er sonst auf den Prozess „Erstellung Mauerwerk" auflaufen würde. Es ergibt sich daraus eine weitere Verringerung der Gesamttaktzeit.

Anzustreben ist Variante 2. Damit wird allen Beteiligten ein kontinuierliches Durcharbeiten bei diesem Teilabschnitt ermöglicht. Dies ist auch unter der Prämisse anzustreben, alle Beteiligten auf der Baustelle zu halten.

Das Beispiel zeigt, dass Taktfertigung nicht nur im Rohbaubereich zu Erfolgen und damit zu kürzeren Durchlaufzeiten führt, sondern dass in der Ausbauphase eines Bauwerks nicht unerhebliche Zeitreserven liegen.

Im Vergleich zu einem unkoordinierten Bauablauf ergeben sich für die Taktfertigung nachfolgende Vorteile:

- Minimale Bauzeit
- Minimaler Potentialeinsatz
- Minimale Kosten für Einarbeitung und Baustelleneinrichtung

Dem stehen jedoch folgend Nachteile gegenüber:

- Störungen im Ablauf einzelner Teilvorgänge ziehen Störungen der nachfolgenden Teilvorgänge mit sich.

Solche Störungen können sein:

- Witterungseinflüsse während des Taktablaufes im Rohbau.
- Verspätete Planlieferungen.

Sind die Störungen beseitigt, kann sich der weitere Ablauf in zweierlei Form darstellen:

- Der Takt wird aufgenommen, die ursprüngliche Störungszeit wirkt sich unmittelbar auf den Endtermin aus.
- Nach der Störung werden die nachfolgenden Teilvorgänge durch Kapazitätserhöhung so beschleunigt, dass der ursprüngliche Ablauf wiederhergestellt wird.

Beide Entscheidungen führen zu Mehrkosten, die der Verursacher der Störung zu tragen hat.

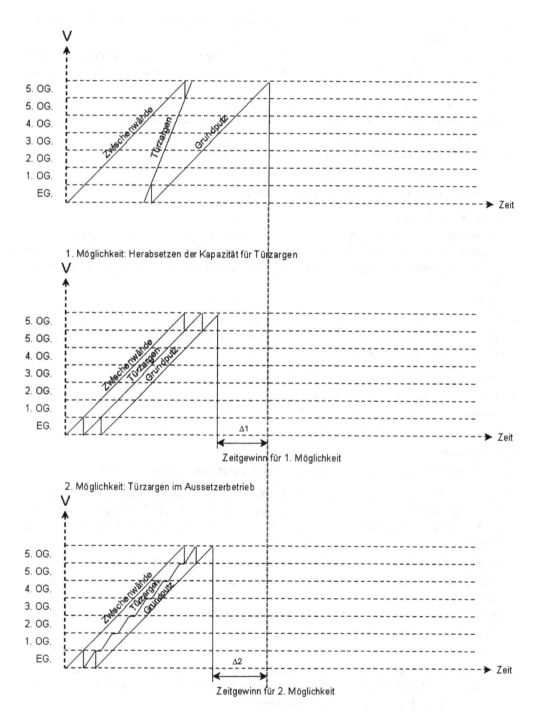

Bild 5.27 Taktbildung im Ausbau – kontinuierlicher Betrieb [2]

5.5 Netzplan

Auf die Grundlagen und die Berechnungsweise der Netzplantechnik wird im Band „Grundlagen" eingegangen.

Die Anwendung der Netzplantechnik beschränkt sich heute nicht nur auf große und komplexe Projekte. Durch die heute vorhandenen diversen Anwendungsprogramme auf dem PC können die Vorteile der Netzplantechnik auch für kleinere Projekte nutzbar gemacht werden. Es muss hier jedoch eindringlich darauf hingewiesen werden, dass die Annahme, ein Netzplanprogramm zu besitzen und damit die Grundlagen des Projektmanagements angewandt zu haben, zwar verbreitet, aber dennoch falsch ist.

Die Vorteile der Anwendung der Netzplantechnik liegen im Zwang

- das Projekt in Vorgänge aufzuteilen und
- Abhängigkeiten zwischen den Vorgängen zu definieren.

Abhängigkeiten können sein

- technischer Art, d. h. die Ablaufstruktur wird nach konstruktiven, technologischen und bautechnischen Gesichtspunkten erstellt gemäß der Schlüsselfrage: Welcher Vorgang oder Teile davon müssen fertiggestellt sein, damit der betrachtete Vorgang beginnen oder enden kann?

oder

- betrieblicher Art, d. h. betriebliche Wünsche oder Forderungen führen zu weiteren Abhängigkeiten. So können z. B. Kapazitätsengpässe oder andere Produktionsbedingungen für die Ablaufstruktur maßgebend sein.

Desweiteren können externe Bedingungen wie

- vom Bauherrn vorgegebene Bauzeiten,
- Sperrzeiten aus Witterungsgründen,
- Ferien- oder sonstige Freizeiten und
- Vegetationszeiten

terminbestimmend sein und müssen in der Ablaufstruktur berücksichtigt werden.

Die Darstellung des Netzplanes erfolgt in der Regel in der Form des Balkenplans. Die Aufzeichnung des entworfenen Netzes dient nur der Kontrolle, ob alle Vorgänge entsprechend ihren Anordnungsbeziehungen bearbeitet wurden – in der Praxis ist diese Darstellung wenig gebräuchlich.

Generell geschieht das Arbeiten mit der Netzplantechnik nach folgendem Ablauf:

1. Auflisten alle in der betrachteten Projektphase anfallenden Vorgänge (s. Kap. 5.2.1 Schärfegrade der Terminplanung).
2. Festlegen der technischen und betrieblichen Abhängigkeiten (Anordnungsbeziehungen).
3. Bestimmen der Dauern der Vorgänge (s. Kap. 5.8).
4. Eingeben der Daten in ein Netzplan-Programm.
5. Ermitteln der frühest möglichen (früheste Lage) und der spätest zulässigen (späteste Lage) Termine der einzelnen Vorgänge und der zugehörigen freien und Gesamtpuffer.
6. Darstellung der Ergebnisse in einem Balkenplan.
7. Durchführung von Plausibilitätskontrollen der errechneten Termine.
8. Vergleich der errechneten Gesamtbauzeit mit den vom Auftraggeber vorgegebenen Daten.
9. Durchführung der evtl. notwendig werdenden Anpassungen im errechneten Terminplan.

Die durchzuführenden Plausibilitätskontrollen dienen der Feststellung von Unverträglichkeiten im Ablauf. Dies können sein:

- Baubeginn kurz vor Jahreswechsel.
- Schlitze werden geschlossen, bevor die Rohmontagen und Druckproben der haustechnischen Gewerke abgeschlossen sind.
- Ablauffolgen des Ausbaus sind technologisch nicht durchdacht.
- Vorgänge sind als Endvorgänge/Startvorgänge ausgewiesen, obwohl sie technologische Nachfolger/Vorgänger haben müssen.
- Arbeiten werden zu technisch nicht geeigneten Zeiten ausgeführt (Nichtberücksichtigung von Vegetationsperioden bei Bepflanzungen, Spenglerarbeiten zur kalten Jahreszeit).

Außerdem werden im Rahmen der Plausibilitätskontrollen mittels Kennwerten (s. Kap. 5.8) die Gesamtdauern überprüft (Länge der Rohbauphase, der Ausbauphase, der Installationsphase).

Anpassungsmaßnahmen der errechneten Termine an vorgegebene Termindaten müssen immer zu Terminverkürzungen führen. Maßnahmen zur Terminanpassung können sein:

- Überlappen der Vorgänge, d. h. Verändern der Normalfolgen in Anfangs- und Endfolgen.
- Taktbildungen, nicht nur in der Rohbauphase, sondern auch in der Ausbauphase.
- Erhöhung der Kapazitäten zur Verkürzung der Vorgangsdauern.

Zu beachten ist bei diesen Verkürzungsmaßnahmen, dass sich dadurch die Lage des kritischen Weges verändern kann, d. h. es werden andere Vorgänge als bisher ermittelt zu kritischen Vorgängen.

Die Möglichkeit der Verkürzung der errechneten Termine hat dann ihre Grenze erreicht, wenn 25 %–30 % der Vorgänge eines Netzplanes kritisch oder nahezu kritisch werden. Ein solcher Terminplan ist äußerst empfindlich gegen Störungen – die Störungen sind aus der Erfahrung des Verfassers nicht mehr beherrschbar. Ein solch enger Terminrahmen wirkt sich dann auch unweigerlich auf die Projektkosten aus.

5.6 Kapazitätsplanung

Ein weiterer wesentlicher Nutzen der Netzplantechnik – vor allem für Unternehmen – ist die Möglichkeit der Kapazitätsplanung auf der Basis der Ablaufplanung.

Den Vorgängen werden Potentiale oder Ressourcen (Mannschaften, Geräte) zugeordnet. Aus der Terminberechnung ergibt sich eine den Vorgangszeiten überlagerte Kapazitätsganglinie.

Ziel ist es nun, eine gleichbleibende Auslastung der eingesetzten Mannschaften und Geräte zu erreichen.

Kapazitätsspitzen, d. h. meist die eigene Kapazität übersteigende Anforderungen, können abgebaut werden, indem Arbeiten auf einen späteren Zeitraum verlegt werden durch Ausnutzung des freien Puffers, d. h. Ausnutzung des Spielraumes eines Vorgangs zwischen frühester und spätester Lage – es müssen nicht alle Vorgänge in der frühesten Lage abgearbeitet werden. Hier liegen große Kapazitätsreserven.

Weitere konstante Kapazitätsauslastungen können erreicht werden durch Verschieben von Baufolgen.

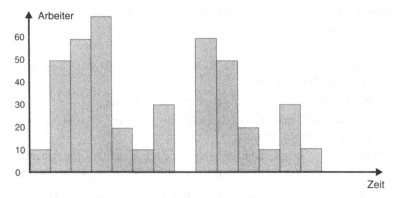

Bild 5.28 Kapazitätsverlauf bei Vorgängen in der frühesten Lage

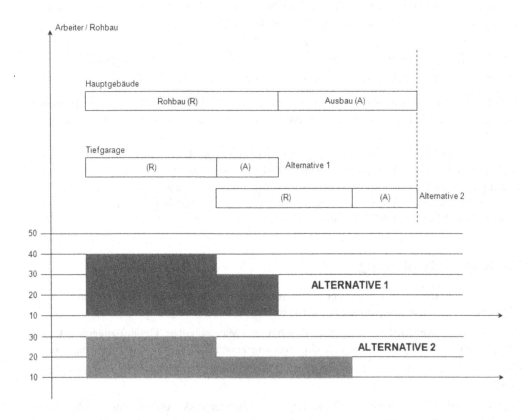

Bild 5.29 Kapazitätsausgleich durch Baufolge

Bild 5.31 zeigt verschiedene Kapazitätsverläufe, wie sie sich aus der Simulation von Abläufen ergeben können – ein Beispiel für die Empfehlung, solche Simulationen im Rahmen der Arbeitsvorbereitung durchzuführen.

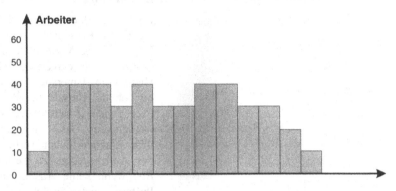

Bild 5.30 Kapazitätsausgleich durch Ausnutzung der freien Pufferzeiten

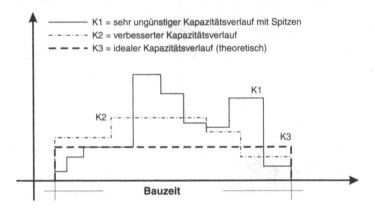

Bild 5.31 Verschiedene Kapazitätsverläufe

5.7 Multi-Projekt-Planung

Eine weitergehende, für das Unternehmen äußerst wichtige Kapazitätsplanung ist die Multi-Projekt-Planung.

Die Leistungsträger in einem Unternehmen werden immer an mehreren Projekten gleichzeitig arbeiten. Dadurch kommt es zu Konflikten über den Einsatz der begrenzten Kapazitäten zur gleichen Zeit bei den verschiedenen Projekten (Schalungskolonnen, Schalungsmaterial etc.).

Eine schlechte Multi-Projekt-Planung führt dann zur Erhöhung der Kapazitäten durch teures „Hinzukaufen" externer Kapazitäten, zum Brachliegen eigener Kapazitäten und damit zur Unwirtschaftlichkeit bei den Projekten. Die Konfliktsituation ist zu spät erkannt worden.

Eine effektive Multi-Projekt-Planung zeigt diese Konfliktsituation rechtzeitig auf. Zwar lassen die einzelnen Baustellen nicht immer eine sinnvolle Kapazitätsverschiebung zu, rechtzeitig erkannt, kann in Gesprächen und Verhandlungen mit dem Auftraggeber nach sinnvollen Lösungen des Konfliktes gesucht werden.

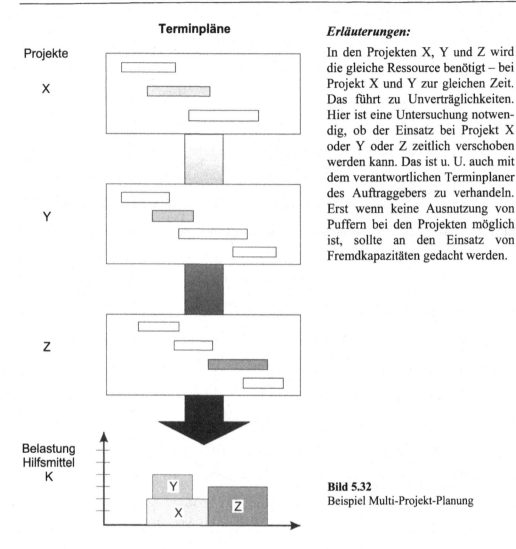

Terminpläne

Projekte

X

Y

Z

Belastung
Hilfsmittel
K

Erläuterungen:

In den Projekten X, Y und Z wird
die gleiche Ressource benötigt – bei
Projekt X und Y zur gleichen Zeit.
Das führt zu Unverträglichkeiten.
Hier ist eine Untersuchung notwendig, ob der Einsatz bei Projekt X
oder Y oder Z zeitlich verschoben
werden kann. Das ist u. U. auch mit
dem verantwortlichen Terminplaner
des Auftraggebers zu verhandeln.
Erst wenn keine Ausnutzung von
Puffern bei den Projekten möglich
ist, sollte an den Einsatz von
Fremdkapazitäten gedacht werden.

Bild 5.32
Beispiel Multi-Projekt-Planung

5.8 Bauphasenpläne

Die Darstellung der Terminsituation zu einem bestimmten Projektzeitpunkt in Bauphasenplä-
nen ist eine weitere Möglichkeit der optischen Veranschaulichung. Zu bestimmten Stichtagen
werden zukünftige Bauzustände des Projektes angefertigt. Sie zeigen in Grundrissen und Iso-
metrien den Stand an, wie weit

- der Rohbau,
- die Fassadenmontage,
- der Ausbau und
- die Montage der haustechnischen Gewerke

des Projektes zu diesem Stichtag gediehen ist.

Diese Darstellungen dienen der Verständlichkeit. Sie sind als Ergänzung zu den anderen gezeigten Terminplanmethoden zu sehen.

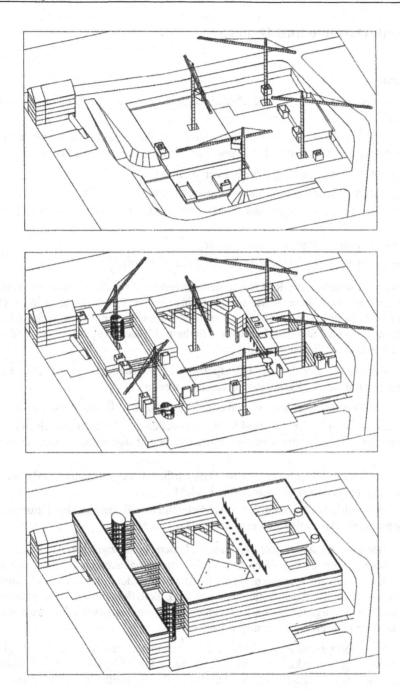

Bild 5.33 Bauphasenplan

5.9 Zeitbedarfswerte und Dauern

5.9.1 Allgemein

Nachfolgend sollen Richtwerte für die überschlägige Ermittlung von Dauern der Vorgänge angegeben werden.

Richtwerte sind immer problembehaftet, je nachdem welchem Zweck sie dienen sollen. Die Variationsbreite der veröffentlichten Erfahrungswerte in der Literatur ist erheblich.

Die Ursachen für diese Abweichungen liegen vor allem in:
– unterschiedlichen Baustellen- und Betriebsbedingungen.
– eingeschränkter Vergleichbarkeit der Werte durch unterschiedliche baubetriebliche Einflüsse.
– dem Zweck, dem die Richtwerte dienen sollen.
– der Betriebsplanung, der Kalkulation oder der Arbeitszeitvorgabe.

Im vorliegenden Falle sollen die Richtwerte der Betriebsplanung dienen, also der Ermittlung von Dauern. Deshalb sind diese Werte zu unterscheiden von den in verschiedenen Quellen veröffentlichten Aufwandswerten. Diese dienen der Kalkulation und beinhalten Akkordzuschläge, Randstunden und Stunden, die auch außerhalb des Betriebspunktes erbracht werden und in die Kalkulation einfließen müssen.

Deshalb sollen die Richtwerte für die Ablaufplanung als **Zeitbedarfswerte** im Gegensatz zu den **Aufwandswerten** bei der Kalkulation bezeichnet werden.

Beispiele für den Unterschied zwischen Zeitbedarfswerten und Aufwandswerten sind:
– Bei den Schalarbeiten ist der Aufwand für das Herstellen und Zerlegen mehrfach eingesetzter Schalelemente zwar für die Kalkulation wichtig, beeinflusst jedoch den Zeitbedarfswert nicht.
– Bei den Betonarbeiten beeinflusst beim Transportbeton das Herstellen und Liefern des Betons den Zeitbedarfswert am Betriebspunkt nicht.
– Bei den Betonstahlarbeiten beeinflusst das Schneiden und Biegen des Betonstahls den Zeitbedarfswert für das Einbringen der Stahleinlagen nicht.

So könnten beliebige, auch aus anderen Gewerken, Unterschiede zwischen den beiden Werten aufgezeigt werden. Gleich ist bei allen, dass Vorbereitungsmaßnahmen für einen Vorgang in der Kalkulation erfasst werden müssen, im Zeitbedarfswert jedoch ohne Ansatz bleiben müssen, da sie für die Dauer des Ablaufs nicht relevant sind. Trotzdem müssen diese außerhalb der Baustelle ablaufenden Vorgänge beobachtet werden (z. B. durch Kontrolle bei den Fertigungsbetrieben), damit keine Lieferverzögerungen eintreten.

Eine weitere Reduzierung des Zeitbedarfswertes gegenüber dem Aufwandswert liegt in der Nichtberücksichtigung von Akkordzuschlägen. Dieser Akkordüberschuss sind Stunden, die dem Arbeitnehmer zwar vergütet werden, jedoch auf der Baustelle/dem Betriebspunkt nicht erbracht werden.

Berücksichtigt man die o. g. Einschränkungen, so können mit den beschriebenen Reduzierungen Aufwandswerte bzw. Aufwandsfunktionen aus der Literatur durchaus als überschlägige Zeitbedarfswerte verwendet werden. Es ist jedoch immer zu berücksichtigen, dass es sich dabei nur um Näherungswerte handelt, die angenommen werden können, wenn keine anderen Werte aus der Erfahrung des Ablaufplaners vorliegen. Auf jeden Fall sind die Ablaufpläne, die mit den Zeitbedarfswerten erstellt werden, einer genauen Plausibilitätsprüfung zu unterziehen. Im Nachfolgenden sind Zeitbedarfswerte und Plausibilitätsüberlegungen angegeben.

5.9.2 Berechnung von Dauern mittels Zeitbedarfswerten

Die Dauer eines Vorgangs I in Arbeitstagen errechnet sich nach der allgemeinen Formel:

$$D[I] = \frac{V \cdot Z}{A \cdot t_A}$$

D[I] Dauer des Vorganges
V Produktmenge (m^3, m^2, t...)
Z Zeitbedarfswert (Ah/m^2; Ah/m^3; ...)
A Zahl der eingesetzten Arbeitskräfte
t_A tägliche Arbeitszeit (h)

Beispiel: In einem Wohnungsbau sind in 10 Bädern Fliesenarbeiten mit einer Gesamtfläche von 90 m^2 Bodenfliesen und 325 m^2 Wandfliesen im Dünnbettverfahren durchzuführen:

Aus den Richtwerttabellen [4] ist zu entnehmen für Fliesenarbeiten

Z = 2,40 h/m^2 Fließen
M_1 = Abminderungsfaktor für Verlegen im Dünnbett = 0,7
M_2 = Abminderungsfaktor für Bodenfliesen = 0,7
A = Kolonnen à 2 Mann = 4
T_A = tägl. Arbeitszeit = 8h

$$D = \frac{90 \cdot 2,40 \cdot 0,7 \cdot 0,7}{4 \cdot 8} + \frac{325 \cdot 2,4 \cdot 0,7}{4 \cdot 8} = 20 \text{ Arbeitstage}$$

Diese Dauer ist beim Vorgang „Fliesenarbeiten" einzusetzen.

5.9.3 Leistungsbedarfswerte und Dauern für Planungsleistungen

Die Bestimmung von Planungsdauern ist für jedes Projekt ein komplexes Unterfangen, da man es fast bei jedem neuen Projekt mit anderen Planern zu tun hat.

Generell kann man auf zweierlei Art an die Ermittlung von Zeitbedarfswerten herangehen. Die erste Methode basiert auf Erfahrungswerten in m^2 Pläne/m^3 BRI und dem Aufwand, 1m^2 Pläne unterschiedlichsten Schwierigkeitsgrades zu erstellen. Rösel gibt in [10] Kennwerte dafür an. Diese berücksichtigen aber nicht die in jüngster Zeit extrem angestiegene Anwendung von CAD bei der Planung und die Rationalisierungserfolge in den Planungsbüros. Trotzdem können die dort angegebenen Werte als Anhaltswerte eingesetzt werden.

Die zweite Methode zur Bestimmung von Zeitbedarfswerten für die Planung basiert auf der Einteilung der Planung in Phasen und der Entgelte, die gemäß HOAI für diese Phasen zu erzielen sind. Man geht dabei von einem mittleren Stundensatz für den Mitarbeiter aus, der analog dem Mittellohn in der Ausführung alle Kosten eines Planungsbüros abdeckt.

Die Vorgehensweise ist wie folgt:

1. Ermittlung des Gesamthonorars für die Planung gem. §§ 15, 65, 74 u. ä. und der anrechenbaren Kosten gem. HOAI.

2. Aufteilung des Gesamthonorars in die einzelnen Leistungsphasen mit den in der HOAI genannten %-Sätzen.

3. Festlegung, welche Mitarbeiter in welcher Intensität in den einzelnen Planungsphasen eingesetzt werden.

4. Ermittlung der Gesamtstunden durch Division des zu erzielenden Honorars durch den mittleren Stundensatz und die tägliche Arbeitszeit der Mitarbeiter.

Das nachfolgende Beispiel soll generell die Vorgehensweise darstellen. Die erzielten Dauern entsprechen den Erfahrungen des Autors. Die so ermittelten Dauern für Planungsleistungen haben eine straffe Planung mit exakten Vorgaben des Bauherrn und schnellen Entscheidungen als Voraussetzung. Nicht enthalten in den so ermittelten Dauern sind z. B. Plankorrekturen durch Nutzungsänderungen u. ä.

Eine Beispielrechnung zeigt Tabelle 5.1. Die Daten sind einem abgewickelten Projekt entnommen.

Tabelle 5.1   Planungsdauern

Projekt:	Bankgebäude mit
Bruttorauminhalt	10.000 m³ BRI
Kosten DIN 276 KGR 3+4 netto	3.750.000 EUR

Planungsphasen	Objektplanung		Planung HLS		Planung Elt	
Geamthonorar		349.000		53.000		60.000
Mittlerer Stundensatz €/h	55					

| | Phasen - | | Phasen- | | Phasen- | |
	%	Teil-Honorar	%	Teilhonorar	%	Teilhonorar
Grundlagenermittlung	3	10.470	3	1.590	3	1.800
Vorplanung	7	24.430	11	5.830	11	6.600
Entwurfsplanung	11	38.390	15	7.950	15	9.000
Genehmigungsplanung	6	20.940	6	3.180	6	3.600
Ausführungsplanung	25	87.250	18	9.540	18	10.800
Vorbereiten der Vergabe	10	34.900	6	3.180	6	3.600
Mitwirken bei der Vergabe	4	13.960	5	2.650	5	3.000
Objektüberwachung	31	108.190	33	17.490	33	19.800

	MA-Zahl	Dauer(AT)	MA-Zahl	Dauer(AT)	MA-Zahl	Dauer(AT)
Grundlagenermittlung	1	24	0,5	7	0,5	8
Vorplanung	1,5	37	1	13	1	15
Entwurfsplanung	2	44	1	18	1	20
Genehmigungsplanung	2	24	1	7	1	8
Ausführungsplanung						
Vorbereiten der Vergabe						
Mitwirken bei der Vergabe						
Objektüberwachung	1	246	0,3	133	0,3	150

5.9.4 Zeitbedarfswerte und Dauern im Rohbau

Auf die Problematik von Zeitbedarfswerten im Rohbau ist bereits zu Beginn dieses Kapitels eingegangen worden. Berücksichtigt man die dort gemachten Einschränkungen, so können die nachfolgenden Ausführungen nach den Erfahrungen des Autors durchaus zu realistischen Ergebnissen führen.

Für die Grobebene – d. h. für die überschlägige Ermittlung von Rohbauzeiten – kann nachfolgende Grafik herangezogen werden.

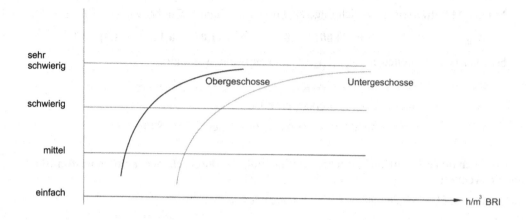

Bild 5.34 Grobzeitwerte Rohbau nach Sommer [3]

Um jedoch die Gebäudegeometrie sowie die Planungsdetails exakter zu berücksichtigen, sind die um die Einflüsse der Betriebsplanung bereinigten Funktionen aus Platz [8] eher geeignet zur realistischen Terminaussage. Die nachfolgend beschriebenen Funktionen beruhen auf Planungsaussagen, zumindest in Vorplanungsgüte unter Zuhilfenahme von Erfahrungswerten von Materialverbräuchen. Dazu gibt Rybicki [5] sehr gute Anhaltswerte. Die Formelansätze von [8] sind vom Autor angepasst worden.

Formeln für Rohbauzeitwerte für Wohn- und Verwaltungsbauten nach [6] und [8]

$$W_{stb} = \quad f \cdot (s \cdot W_{sch} + 0{,}001 \cdot f_e \cdot W_{bew} + W_{bet}) \cdot z \quad [Ah/m^3 \; BRI]$$

$f =$	Feststoffanteil m^3 i. M. $0{,}12 - 0{,}15$	Feststoff/m^3 BRI
$s =$	Schalungsanteil i. M. $4 - 8 \; m^2/m^3$	m^2 Schalung/m^3 Beton
$W_{sch} =$	Aufwandswert für Schalung i. M. $1{,}0 \; Ah/m^2$	Ah/m^2
$f_e =$	Bewehrungsanteil i. M. $90 - 150 \; kg/m^3$	kg Bewehrung/m^3 Beton
$W_{bew} =$	Aufwandswert für Bewehrung i. M. $20 \; Ah/t$ ohne Schneiden und Biegen	Ah/t
$W_{bet} =$	Aufwandswert für Betonieren i. M. $1{,}0 \; Ah/m^3$ bei Transportbeton	Ah/m^3
$z =$	Zuschlagsfaktor für Baustelleneinrichtung und Räumung sowie Nebenarbeiten i. M. $1{,}00$	

Mit den Mittelwerten ergibt sich folgende Formel für Stahlbetonarbeiten:

$$W_{stb} \quad = \quad 0,12 \cdot (s \cdot 1,0 + 0,001 \cdot 120 \cdot 20 + 1,0) \cdot 1,0 = \quad 0,12 \cdot (s + 3,4) \quad [7]$$

bei Mauerwerksanteilen ergibt sich der Gesamtaufwand wie folgt:

$$W_{m,\,stb} \quad = \quad W_{stb} \cdot (1 - \alpha_M + \alpha_M \cdot \gamma_M / 2,5) \qquad\qquad Ah/m^3 \; BRI$$

$\alpha_M \qquad =$ Anteil des Mauerwerks am Feststoff

$\gamma_M \qquad =$ spez. Gewicht des Mauerwerks (zwischen $1,0 - 1,8 \; t/m^3$)

Für die genauere Ermittlung werden die nachfolgend angegebenen Zeitbedarfsfunktionen verwendet:

Sie beruhen auf Untersuchungen und Erfahrungen des Autors.

Schalung

$W_{sch} = \quad (W_t + W_h + W_e) \cdot F_r / F_{st}$ $\qquad\qquad [Ah/m^2]$

$W_t \quad = \quad 3 \cdot g / (1000 \cdot F_n \cdot N)$ $\qquad\qquad [Ah/m^2]$ Lade- und Transportaufwand

$G \quad =$ spezif. Schalungsgewicht (kg/m^2)

$F_n \quad =$ Ausnutzungsgrad der Schalung: betonberührte Fläche/Schalungsfläche $<=1,0$

$N \quad =$ Gesamteinsatzzahl der Schalung

Beispiel Deckenschalung:

$g \quad = \quad 50 \; kg/m^2$

$F_n = \quad 0,95$

$N = \quad 5$

$W_t = \quad 0,03 \; [Ah/m^2]$

$W_h = \quad g \cdot F_s / (100 \cdot F_n \cdot N)$ $\qquad\qquad [Ah/m^2]$
Aufwand für Herstellen und Zerlegen

$F_s \quad =$ Zuschlag für schwierige (z. B. gekrümmte) Schalungen oder Eigenanfertigung der Unterkonstruktion

allgemein: $F_s = 1,0$; max. $2,0$

angenommen: $F_s = 1,0$

Beispiel Deckenschalung:

$W_h = \quad 0,11 \; [Ah/m^2]$

$W_e = \quad W_o \cdot F_b \cdot F_w \cdot F_e \cdot F_h + D_{Ws}$ $\qquad\qquad [Ah/m^2]$
Aufwand für Ein- und Ausschalen

$W_o = \quad 0,55 - (30 - 0,6 \cdot F) \cdot F / 1000$ $\qquad\qquad [Ah/m^2]$
Grundaufwand

$F \quad =$ Elementgröße der Schalung (m^2)

$W_o = \quad 0,75 \; Ah/m^2$ bei konventioneller Schalung

Beispiel: Deckenschalung, Elementgröße F = 10 m²

$W_o =$ 0,31 [Ah/m²]

$F_b =$ Einfluss der Bauteilschwierigkeit   Bodenplatte   0,6
                                                              Flachde-
cken   0,8
Fundamente   0,8
       Stahlschalung

                                              runde Stützen   0,9
                                                              Wand-
schalung   1
       Überzüge, Brüstung   1,3
            Unterzüge   1,5
            Stützen   1,7
            rechteck. Treppen gerade   2
            Treppen gezogen   3
            Holzschalung
                                              runde Stützen   2,3
$F_w =$ Einfluss der Einarbeitung durch Wiederholungen

Tabelle 5.2   Einfluss der Einarbeitung

N	GF-Schalung	konv. Schalung
1	2	1,5
2	1,8	1,38
3	1,67	1,29
4	1,58	1,23
5	1,51	1,18
6	1,45	1,0+0,9/N
7	1,4	w. o.
8	1,25	w. o.
9	1,32	w. o.
10	1,29	w. o.
>10	1,0 + 2,9 N	w. o.

$F_e =$ Einfluss der Elementanordnung   1,0 gleichbleibende Anordnung
                                          1,15 veränderliche Anordnung

$F_h =$ Einfluss der Schalungshöhe (m) $H \leq 3$ m : 1,0
                                           $H > 3$ m : $F_h = 0,15 \cdot H + 0,55$

$D_{Ws} =$ Zuschlag für Sichtbetonschalung, i. a. 0,25

Beispiel: Deckenschalung, Einsatzzahl = 5

mit $F_b = 0,8$; $F_w = 1,51$; $F_e = 1,0$; $F_h = 1,0$; $D_{ws} = 0$

$W_e =$ 0,37 [Ah/m²]

Zusammengefasst ergibt sich der Schalungsaufwand zu

$$W_{sch} = \quad (\; 0{,}03 + \; 0{,}11 + \; 0{,}37) \cdot \quad 1{,}87 = \qquad 0{,}95 \; [Ah/m^2]$$

$$\qquad\qquad W_t \qquad W_h \cdot \quad W_e \cdot \qquad F_r/F_{st}$$

$F_r \quad = \quad$ Zuschlag für Randstunden $1{,}30 - 1{,}50$

$F_{st} \quad = \quad$ Stochastische Einflüsse aus den Baustellen- und Betriebsbedingungen

Hier gewählt: $F_r = 1{,}4$; $F_{st} = 0{,}75$

Tabelle 5.3 Stochastische Einflüsse aus den Baustellen- und Betriebsbedingungen

Betrieb \ Baustelle	sehr gut	gut	mittelmäßig	schlecht
sehr gut	0,84	0,81	0,76	0,7
gut	0,78	0,75	0,71	0,65
mittelmäßig	0,72	0,69	0,65	0,6
schlecht	0,63	0,61	0,57	0,52

Bewehrung

$$W_{bew} = \quad (W_{s+b} + W_t + W_v) \cdot F_r/F_{st} \qquad\qquad [Ah/t]$$

$\qquad W_{s+b} \qquad$ Aufwand für Schneiden und Biegen
Hat für Terminbestimmung heute keinen Einfluss mehr; wird außerhalb des Betriebspunktes abgearbeitet.

$\qquad W_t \qquad$ Aufwand für Transport an der Baustelle

$\qquad\qquad$ 1,0 Ah/t i. M.

für Rundstahl:

$\qquad W_v \qquad$ Aufwand für Verlegen
$\qquad\qquad W_v = \quad 38 - 0{,}75 \cdot d \cdot (100 - d) - 100 \cdot m$
$\qquad\qquad d \quad = \quad$ Durchmesser (mm)
$\qquad\qquad m \quad = \quad$ Beiwert für Bauteilschwierigkeit
$\qquad\qquad\qquad$ 2 Plattenfundamente
$\qquad\qquad\qquad$ 1 Einzel- und Streifenfundament
$\qquad\qquad\qquad$ 4 flächige waagrechte Bauteile
$\qquad\qquad\qquad$ 5 flächige senkrechte Bauteile
$\qquad\qquad\qquad$ 6 stabförmige waagrechte Bauteile
$\qquad\qquad\qquad$ 7 stabförmige senkrechte Bauteile

Beispiel: Unterzug mit D = 16 mm

$W_v = \quad$ 17,5 Ah/t

für Matten:

$W_v = \quad m \cdot (30/g + 8) \qquad\qquad [Ah/t]$

$g \quad = \quad$ Mattengewicht $[kg/m^2]$

Tabelle 5.4 Mattengewichte

Matte	kg/m^2
Q131	2,09
Q377	5,21
Q513	6,97
R131	1,47
R317	2,76
R589	5,24

m = Bauteilwert

1   waagerechte flächige Bauteile

1,15   senkrechte flächige Bauteile

1,3   stabförmige Bauteile

Beispiel: Decke mit Q 513

g = 6,97 kg/m^2

W_v = 12,3 Ah/t

F_r = Zuschlagfaktor für Randstunden 1,0–1,15

F_{st} = stochastische Einflüsse s. vor

Beton:

(untersucht wird nur Lieferbeton!)

W_{bet} = $(A / (L_e \cdot V_d) + 0,5 \cdot A / V_{bet})$ [Ah/m^3]

A = Anzahl der Arbeiter, abh. von der Zahl der eingesetzten Rüttler N_r

A = $2 \cdot Nr + 3$

L_e = Einbringleistung

L_e = $500 \cdot N_r / (s + 5,5 \cdot f_e / 100)^2$ mit

s = Schalungsanteil m^2 Schalung / m^3 Beton

f_e = Bewehrungsanteil kg Bewehrung / m^3 Beton

NR = Zahl der eingesetzten Rüttler

1   bei senkrechten stabförmigen Bauteilen

1–2   bei Einzel- und Streifenfundamenten

2–3   bei senkrechten flächigen Bauteilen

3–4   bei waagrechten Bauteilen

V_d = Verdichtungsmaß nach DIN 1045

1,45–1,26   steife Betone (K1)

1,25–1,11   plastische Betone (K2)

1,10–1,04   weiche Betone (K3)

$V_{bet} =$ Größe des Betonierabschnittes (m^3)

$f_r =$ Zuschlag für Randstunden i. M. 1,0

$f_{st} =$ Zuschlag für stochast. Einflüsse wie vor

Bewehrungsanteile:

Fe =	30–60 (kg/m^3)	Fundamente
$f_e =$	20–60 (kg/m^3)	flächige senkrechte Bauteile
$f_e =$	50–80 (kg/m^3)	flächige waagrechte Bauteile
$f_e =$	80–100 (kg/m^3)	stabförm. waagrechte Bauteile
$f_e =$	100–130 (kg/m^3)	stabförm. senkrechte Bauteile

Beispiel: Decke

Betonierabschnit:	10 m^3
Bewehrungsanteil:	65 kg/m^3
Zahl der Rüttler:	3
Schalungsanteil:	5 m^2/m^3

Einbringleistung	L_e =	20,4 m^3/h
	W_{bet} =	1,1 Ah/m^3

Gesamtbauzeit G$_t$ eines Projektes

Wohnbauten:	$G_t =$	Rohbauzeit · (1,5–1,8)
Verwaltungsbauten:	$G_t =$	Rohbauzeit · (2,0–2,2)
Krankenhäuser:	$G_t =$	Rohbauzeit · (3,0–3,5)

Werden genauere Zeitbedarfswerte z. B. für die Detailterminplanung benötigt, können die Daten aus dem Arbeitsverzeichnis [11] entnommen werden.

Zeitbedarfswerte sind in der Literatur ausgewertet.

5.9.5 Zeitbedarfswerte und Dauern in der Ausbauphase

Hier sind für die Betriebsplanung noch die wenigsten Zeitbedarfswerte veröffentlicht. Eine sehr gute Quelle ist die Veröffentlichung des Landesinstituts für Bauwesen des Landes NRW [4]. Darin sind Zeitbedarfswerte für einzelne Elemente (siehe auch Kap. Kostenplanung) sowie für einzelne Leistungsbereiche ausgewertet.

Nachfolgend sind diese Werte mit den Erfahrungen des Autors überarbeitet dargestellt. Mit diesen Werten sind realistische Dauern auch für die Leistungsbereiche des Ausbaus darstellbar. Die Dauern eines Leistungsbereiches sind abhängig von den eingesetzten Kolonnen auf der Baustelle. Auch hier gibt die o. a. Literatur Werte für die Kolonnenstärke an. Daraus können unter Verwendung der Tabelle Tages- bzw. Wochenleistungen und damit die Dauern für die jeweiligen Vorgänge errechnet werden.

Tabelle 5.5 zeigt die Zeitbedarfswerte und die Kolonnenstärken für ausgewählte Leistungsbereiche des Ausbaus.

Tabelle 5.5 Leistungsbedarfswerte Ausbau

**Zeitbedarfswerte für Grobterminplanung
für ausgewählte Ausbau-Leistungsbereiche**

LB =   Leistungsbereiche nach DIN 276

LB	Beschreibung	Zeitbedarfs-wert	Einheit	Leistung/Tag/ Kolonne (3 AK)
015	Betonwerkstein	1,00	h/m2	24
016	Zimmerarbeiten Dachstühle	0,20	h/m2	120
020	Dachdeckung Dachziegel auf Lattung	0,40	h/m2	60
022	Klempnerarbeiten Falzdeckung aus Zn oder Cu	0,80	h/m2	30
022	Putzarbeiten Wand- /Deckenputz			
	einlagig	0,30	h/m2	80
	Edelputz mit Unterputz	0,80	h/m2	30
	Wärmedämmputz	1,00	h/m2	24
024	Fliesenarbeiten Fliesen 15/15 cm			
	im Dünnbett, Wandbelag	1,20	h/m2	20
	im Dünnbett, Boden	0,80	h/m2	30
025	Estricharbeiten schwimm. Estrich bis 50 mm Zementestrich	0,30	h/m2	80
	Anhydritestrich	0,10	h/m2	240
034	Malerarbeiten Anstrich auf Putz- und Betonflächen	0,10	h/m2	240
036	Bodenbeläge			
	Verbundestrich mit Anstrich	0,40	h/m2	60
	PVC auf Estrich	0,30	h/m2	80
	Textil auf Estrich	0,30	h/m2	80
	Linoleum auf Estrich	0,30	h/m2	80
	Parkett auf Estrich	0,40	h/m2	60
039	Trockenbau abgeh. Decke:			
	Unterkonstruktion	0,15	h/m2	160
	Gipskarton	0,50	h/m2	48
	Akustikdecke	0,80	h/m2	30
	Decke als Paneel-Decke 20-40 m2	0,40	h/m2	60
	GIKA-Trennwände			
	Unterkonstruktion(Metall) +	0,33	h/m2	73
	einlag. Beplankung	0,23	h/m2	104

5.9.6 Zeitbedarfswerte für die haustechnischen Gewerke

Die Vielfalt der Projektarten, die Intensität der gebäudetechnischen Ausstattung und der Standard der Ausstattung lässt die Angabe von gebäudetechnischen Leistungsbedarfswerten problematisch erscheinen. Zwar sind in der Literatur solche Richtwerte angegeben. Diese sind vom Verfasser aus seiner Erfahrung überarbeitet worden und sind nachfolgend angegeben. Die Grundlagen sind Platz [8] zu entnehmen. Die Anwendung kann nur bei einer sehr groben Abschätzung der Termine empfohlen werden.

Klima/Lüftung	ca. 0,25–0,30 h/m³ BRI
Heizung	ca. 0,10–0,15 h/m³ BRI
Sanitär	ca. 0,15–0,25 h/m³ BRI
Elektro	ca. 0,25–0,35 h/m³ BRI

Eine wesentlich genauere Methode, Leistungsbedarfswerte zu ermitteln, hat als Grundlage den Lohnkostenanteil des jeweiligen gebäudetechnischen Leistungsbereichs. Zu beachten ist, dass bei der Betrachtung des Lohnkostenanteils lediglich die an der Baustelle für die Montagen anfallenden Lohnkosten zu berücksichtigen sind.

In der Termingrobplanung sind als Einzelprozesse innerhalb eines gebäudetechnischen Leistungsbereiches

- die Rohmontagen,
- die Endmontagen,
- die Dämmarbeiten bei Kanälen und Rohren und
- die Montage der Zentralen

als für die Terminplanung ausreichend anzusehen.

Auch hier hat Platz [8] Angaben über Anteile der Kosten der Gebäudetechnik an den Gesamtkosten (Bild 5.35) gemacht.

Prozentuale Verteilung der Gebäudekosten auf die Bereiche Rohbau-Technik-Ausbau

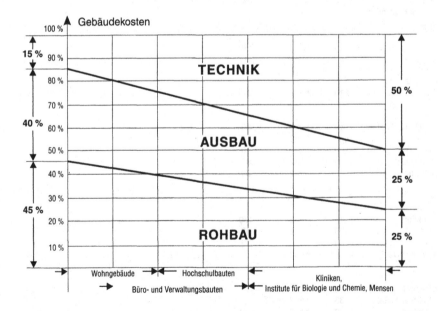

Bild 5.35   Prozentuale Verteilung der Gebäudekosten

Die Gesamtkosten eines gebäudetechnischen Leistungsbereiches können für ein Projekt den jeweiligen Kostenermittlungen entnommen werden. Anhand der Lohnkostenanteile und dem für den jeweiligen Leistungsbereich anzunehmenden Mittellohn und der Stärke einer Arbeitskolonne (z. B. 3), können für die Gesamtmontage und die Montage in den Einzelprozessen, Dauern ermittelt werden.

Tabelle 5.6 Kostenaufteilung der Gewerke auf die Einzelprozesse

Einzelgewerke	Einzelprozesse				
	Rohmontage %	Endmontage %	Montage Zentralen %	Isolierung %	Summe
Sanitär	50–55	15–25	20–25	ca. 5	i. M. 100
Heizung und Warm-wasserbereitung	40–45	ca. 10	35–40	ca. 10	i. M. 100
Lüftung	35–40	ca. 10	45–50	ca. 5	i. M. 100
Elektrotechnik	35–40	30–35	25–35	–	i. M. 100
Fernmeldetechnik	30–40	20–30	30–50	–	i. M. 100
Förderanlagen (Aufzüge)	40–45	10–15	40–50	–	i. M. 100

Dazu dienen die Werte der Tabelle 5.6 mit der überschlägigen Aufteilung der Kosten der Gewerke auf die Einzelprozesse.

Tabelle 5.7 Prozentuale Anteile der Baustellen-Lohnkosten zu den Einzelprozesskosten

Einzelprozesse / Einzelgewerke	Grobmontage %	Feinmontage %	Zentralen %	Isolierung %	Summe %
1) Lüftung	ca. 40	ca. 40	ca. 20	ca. 65	30 - 35
2) Heizung und Warmwasserbereitung	ca. 50	ca. 25	ca. 25	ca. 65	35 - 40
3) Sanitär	ca. 40	ca. 30	ca. 30	ca. 65	35 - 40
4) Starkstrom mit Beleuchtung	ca. 60	ca. 40	ca. 50	–	45 - 50
5) Schwachstrom	ca. 50	ca. 60	ca. 30	–	35 - 40
6) Fördertechnische Anlagen	ca. 40	ca. 35	ca. 25	–	40 - 45

Mit den Prozent-Anteilen der Einzelprozesse aus Tabelle 5.7 lassen sich die Dauern der Einzelprozesse wie

- Rohmontage
- Endmontage
- Montage Zentralen

ermitteln.

Beispiel:

Leistungsbereich Heizung:	Gesamtkosten aus Kostenschätzung		€ 200.000,–
	Kostenanteil Rohmontage (Tab. 5.6)	45 %	€ 90.000,–
	Lohnanteil Rohmontage (Tab. 5.7)	50 %	€ 45.000,–
	Mittellohn	€ 35.–/h	
	Dauer in Stunden 45.000/35,–	1.286 h	
	Bei tägl. Arbeitszeit 8 h und 1 Kolonne		
	mit 3 Arbeitern		

Dauer in Tagen	54 Tage

5.9.7 Plausibilitätsprüfungen

Die Ergebnisse der Terminplanung müssen Plausibilitätsprüfungen unterzogen werden. Das bedeutet, die Durchführung einer Überprüfung der ermittelten Termine, ob

die Abhängigkeiten den technologischen und/oder den kapazitativen Bedingungen entsprechen wie z. B.

- Putzarbeiten vor Estricharbeiten,
- Fenstereinsetzen vor Estricharbeiten,
- Durchführung der Druckprüfung vor Schließen der Schlitze,
- Schließen der zweiten Schale bei Leichtbauwänden nach der Rohinstallation,
- Einsetzen der Türblätter nach dem Bodenbelag.
- Vorliegen des 1. Bewehrungsplans 2–3 Wochen vor Erstellen der Fundamente.
- Berücksichtigung von Lieferzeiten bei Vorfertigungen (Fassaden, Fertigteile, Türen).

die Termindaten den jahreszeitlichen Bedingungen entsprechen wie z. B.
- Blecharbeiten in der dafür geeigneten Jahreszeit,
- Berücksichtigung von Pflanzzeiten bei Außenanlagen,
- Berücksichtigung von Stillstandszeiten bei Fertigungen (Asphalt),
- Rohbaubeginn im Winter und
- Bau dicht vor der kalten Jahreszeit.

die Termindaten dem Kalender entsprechen wie z. B.
- Laufzeit von LV's (Kalkulationszeit) über den Jahreswechsel,
- Submission an einem Montag,
- Arbeitsbeginn vor einem Wochenende, vor Feiertagen oder an Brückentagen,
- Übergabe des Bauwerks kurz vor der Sommerpause und
- Baubeginn im August.

Der Termin muss bei einem Widerspruch mit den o. g. Plausibilitätskriterien angepasst werden. Erst dann kann er als Vorgabe für die Ausführung freigegeben werden.

5.10 Terminkontrolle

Die in den vorigen Kapiteln genannten Verfahren führen zu Terminplänen, die den Soll-Ablauf in der Planungs-, Ausführungs- und Inbetriebnahmephase darstellen.

Diese Soll-Termine müssen umgesetzt, d. h. sie müssen den an den Abläufen Beteiligten bekannt gemacht werden, mit ihnen abgestimmt und dann als gültige Terminpläne vereinbart werden. Die Abstimmung mit den Beteiligten ist unbedingt erforderlich, um Einwände und Bedenken rechtzeitig einarbeiten zu können. Nach Bekanntmachung und Abstimmung müssen die Terminpläne durchgesetzt werden, d. h. von nun an hat sich der tatsächliche Ablauf am Soll-Ablauf zu orientieren.

Die Umsetzung und Durchsetzung vollzieht sich gemäß den aufgezeigten Schärfegraden der Terminplanung:

– der Generalplan ordnet sich in den Rahmenplan ein,
– der Grobterminplan in den Generalterminplan,
– der Detailterminplan in den Grobterminplan und
– die Terminlisten in den Detailterminplan.

Dies soll am Beispiel des Grobtermin- und des Detailterminplanes demonstriert werden:

Wie in Kapitel 5.2.4 beschrieben, entsteht ein Grobterminplan für die Ausführungsphase in der Endphase der Vorplanung oder zu Beginn der Entwurfsplanung. Die so ermittelten Grobtermine dienen der Ausschreibung. LV-Termine werden festgelegt, die Ecktermine der Ausführung werden je Vergabeeinheit ermittelt, damit der anbietende Unternehmer die Ausführungsfristen seines Gewerkes kennt und damit kalkulieren kann. Das bedeutet, dass je Gewerk/Leistungsbereich/Vergabeeinheit Ecktermine festgelegt werden und im LV als verbindliche Termine erscheinen. Nach Auftragserteilung werden diese Ecktermine Vertragsbestandteil mit allen rechtlichen Konsequenzen, wenn sie durch Verschulden des Auftraggebers oder des Auftragnehmers nicht eingehalten werden. Diese Termine können mit Vertragsstrafen belegt werden. Dies sollte allerdings nur dann geschehen, wenn durch eine Terminverschiebung schwerwiegende Folgen bei den nachfolgenden Arbeiten entstehen. Die Vereinbarung von Vertragsstrafen ziehen bei dem mit der Strafe Bedrohten immer den Aufbau eines umfangreichen, rechtfertigenden Schriftverkehrs mit sich, dem die andere Partei dann aus absichernden Gründen begegnen muss. Damit wird der Ablauf des Baugeschehens unnötig verkompliziert und bürokratisiert. Den handelnden Personen auf der Baustelle wird dann letztendlich die Verantwortung entzogen und diese auf juristische Ebene verlagert.

Aus diesen Eckterminen werden Detailtermine in einem Detailterminplan abgeleitet durch

– Detailterminplan der Rohbaufirma und
– Detailterminplan der Objektüberwachung gemäß § 15.8 HOAI.

Diese Terminpläne erfahren eine Detaillierung, wie sie beispielhaft nachfolgend dargestellt ist:

Terminvorgänge beim Grobterminplan	Terminvorgänge beim Detailterminplan		
Rohbau EG	Schalen	Stützen	} EG
	Bewehren	Decken	
	Betonieren	Unterzüge	
	Mauerwerk		EG
Fliesenarbeiten	Fliesenarbeiten		
	Boden		
	2. OG		
	1. Bauabschnitt		
	Achse II–IV		
Rohmontage Elektro	Rohmontage KG oder		
	Rohmontage Elt		
	1. Bauabschnitt		
	Achse I–III		

Diese Detailtermine sind im Gegensatz zu den Grobterminen Vereinbarungstermine zwischen den ausführenden Unternehmen und der Objektüberwachung. Sollen Rechtsfolgen daran gebunden werden, müssen sie zu Vertragsterminen deklariert werden. Um die Dispositionsfreiheit der Objektüberwachung und der ausführenden Firma zu gewährleisten, sollten hier vertragliche Rahmen nicht zu eng geschnürt werden.

Objektüberwachung und Firma sollten vor Ort bei solchen Terminen noch selbst entscheiden, ob geringe Terminabweichungen geduldet werden können, oder ob bereits rechtliche Maßnahmen angedroht werden bzw. eingeleitet werden müssen.

In diesem Sinne ist auch bei der Vereinbarung von Planlieferterminen zu verfahren. Nicht jeder zu spät gelieferte Plan verursacht eine terminliche Katastrophe. Es gibt im Sinne einer ABC-Analyse wichtige Pläne, deren Eingang genauestens überwacht werden müssen. An ihnen hängen wichtige Ausführungstermine, wie sich dies bei den ersten Bewehrungsplänen darstellt. Dann gibt es Pläne, bei denen eine verspätete Lieferung von einigen Tagen keine Auswirkung auf der weiteren planerischen oder Ausführungsseite gegenüberstehen. Nur die wichtigen Termine sollten im Sinne einer effizienten Überwachung mit Maßnahmen belegt werden. Terminplanung muss einer strengen Termindisziplin unterworfen werden. Jedoch soll eine Terminplanung nur so genau wie nötig und so fein wie möglich erarbeitet werden.

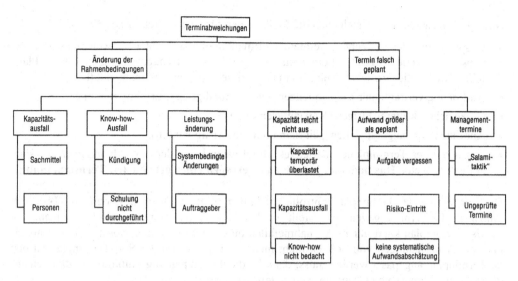

Bild 5.36 Terminabweichungen

Vereinbarte Termine – ob Vertragstermine oder Vereinbarungstermine – unterliegen der Gefahr der Abweichung. Mögliche Ursachen für Terminabweichungen sind in Bild 5.36 dargestellt.

Bevor Ursachenforschung betrieben wird, muss eine Ist-Aufnahme der Termine erfolgen. Dies kann geschehen durch:

- Abfragen des Ist-Standes anlässlich eines Jour-fixe-Termins auf der Planungs- oder Ausführungsseite,
- Abfragen der Planlieferungstermine auf der Empfängerseite und
- Abfragen des Fertigungsstandes beim Fertigteilwerk/Fassadenfertigung/Fertigung von Ausbauleistungen.

Die Abfragen müssen stichprobenartig vom erfahrenen Terminplaner vor Ort auf ihre Stichhaltigkeit und Plausibilität überprüft werden. Dazu gehört:

- Baustellengang mit %-Abschätzung des gemeldeten Leistungsstandes,
- Besuch beim Fertigteilwerk/Fassaden- oder Fensterhersteller u. ä. und
- Teilnahme an Planungs-Jour-fixe-Runden.

Nach der Ist-Aufnahme werden die Ergebnisse im Terminplan verarbeitet und die Auswirkungen festgestellt:

- Bewegen sich die festgestellten Terminverzüge eines Gewerkes innerhalb der freien Pufferzeit?
- Verschieben sich Vorgänge in ihrer frühesten und spätesten Lage, der Endtermin bleibt aber bestehen?
- Verschiebt sich der Endtermin?

Bevor nun Schritte eingeleitet werden, müssen folgende Hauptursachen abgefragt werden:

- Änderung der Rahmenbedingungen (Bedarfsänderungen) und
- falsche Terminplanung (falsche Anordnungsbeziehungen, falsch eingeschätzte Dauern u. Ä.)

Nach den Ursachen richten sich auch die Maßnahmen für eine Korrektur des Ablaufes:

- Gespräch mit der in Verzug geratenen Firma/Planer bei leichten Abweichungen. Unter Umständen ist der Verzug auf einen kurzfristigen Kapazitätsengpass zurückzuführen. Pläne fehlen kurzfristig. Vorleistungen für ein Gewerk fehlen oder sind mangelhaft.
- Androhung vertraglicher Konsequenzen wie Teilkündigung („Ersatzvornahme").
- Hinzuziehen weiterer Firmen (Kapazitätserhöhung).
- Anordnen von längerer Arbeitszeit (kann nur kurzfristig wirken).
- Umstellen des Terminplanes als letztes Mittel wenn keine der o. g. Maßnahmen Aussicht auf Erfolg bietet. **Das bedeutet jedoch das Versagen einer geordneten Terminplanung!**

Die Darstellung der Terminplankontrolle hat immer so zu erfolgen, dass den Soll-Terminen immer die Ist-Termine gegenübergestellt werden. Eine Anpassung des Soll-Terminplanes an den Ist-Terminplan kann nur in Ausnahmefällen durchgeführt werden. Sonst ist eine Darstellung der Abweichungen von Soll-Ist nicht mehr möglich. Wenn der Soll-Terminplan an den Ist-Terminplan angepasst werden muss, dann ist die Terminplanung vollkommen durcheinander geraten und muss von Grund auf neu erstellt werden.

Die Auswirkung von Terminanpassungsmaßnahmen in den nächsten Terminaufnahmen kann auf unterschiedliche Art dargestellt werden. Bild 5.37 zeigt die einfachste Darstellungsart. Dabei wird aufgezeichnet, wie sich die Lage des Endtermins gegenüber dem Soll entwickelt unter Berücksichtigung der eingeleiteten Maßnahmen. Dabei ist auch ersichtlich, wie sich die Maßnahmen auswirken und ob weitere, schärfere Maßnahmen zu ergreifen sind.

Eine Verfeinerung der Darstellung zeigt der Meilensteinplan. Dabei werden in den Terminplan Meilensteine eingebaut. Ebenso wie die Entwicklung des oben gezeigten Endtermins werden dabei die terminlichen Entwicklungen der Meilensteine beobachtet. Deren Abweichungen vom Soll werden in einen Meilensteinplan eingetragen. Eingeleitete Maßnahmen zur Ablaufkorrektur werden in ihrer Auswirkung auf die Meilensteine erfasst und in das Diagramm eingetragen. Daraus kann dann ein Trend für die einzelnen Meilensteine abgelesen werden. Daher leitet sich auch der Name für diese Darstellungsart ab – Meilenstein-Trendanalyse.

Eine weitere Darstellung der Entwicklung des Gesamtablaufes zeigt Bild 5.38. Der Unterschied zu den bisherigen Darstellungen ist das Hinzuziehen von Vorgangskosten. Aus der aufgetragenen Soll-Kosten-Verlaufslinie in frühester und spätester Lage mit Soll- und Ist-Kosten kann erkannt werden, ob das Projekt noch im Kostenrahmen und Terminrahmen liegt.

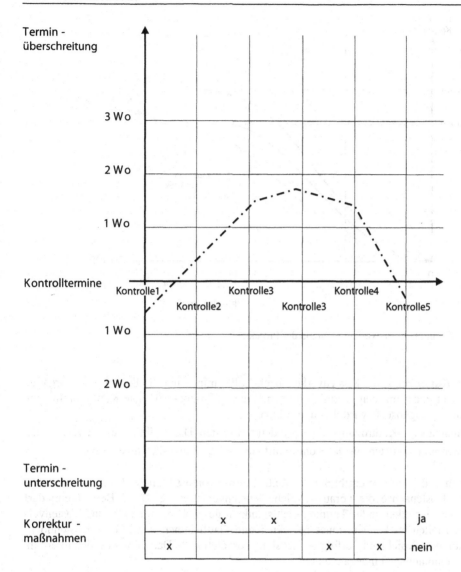

Bild 5.37 Wirkung von Anpassmaßnahmen

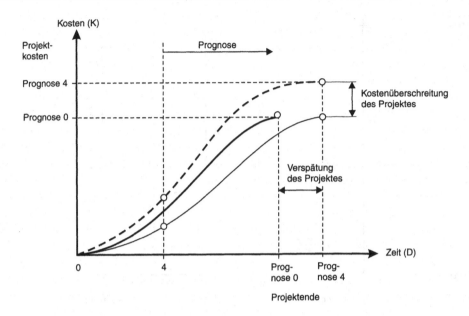

Bild 5.38 Soll- und Istkostenverlauf während der Projektzeit

Die mittlere Kurve zeigt den Kostenverlauf nach Sollterminen und Sollkosten der Vorgänge an. Das Projekt endet mit dem Termin und den Kosten „Prognose 0". Die Kontrollaufnahme zum Zeitpunkt „Prognose 4" wird durchgerechnet mit

1. Istterminen aus der Kontrollaufnahme und den Sollkosten. Das ergibt die untere Kurve und
2. Istterminen und Istkosten aus der Kontrollaufnahme. Das ergibt die obere Kurve.

Die Auswertung der Kurven ergibt auf der Zeitachse die voraussichtliche Terminverzögerung und auf der Kostenachse die voraussichtliche Kostenveränderung. Diese Betrachtung darf allerdings nicht nur allein unter Termingesichtspunkten geschehen. Um auch eine Kostenveränderung beurteilen zu können, muss bei den Kontrollaufnahmen immer eine Kostenhochrechnung auf das Projektende erfolgen („cost to completion"). Darauf wurde detailliert im Kapital „Kostenplanung" eingegangen.

5.11 Zusammenfassung

Bei Kontrollen sollte immer auch die psychologische Komponente im Auge behalten werden, die Kontrollmaßnahmen verursachen. Niemand lässt sich gerne kontrollieren, doch „Vertrauen ist gut, Kontrolle ist besser". Es ist eine bekannte Tatsache, dass Vorgaben ohne Kontrolle auf Einhaltung zu nichts führen. Sind die Vorgaben jedoch mit den Beteiligten abgestimmt – und nur so können wirkungsvolle Terminpläne entstehen – dann sind Kontrollen auch leichter durchzuführen, da Verständnis für die Maßnahmen vorhanden ist.

Es gilt auch hier: Ein Projekt ist Gemeinschaftsarbeit, Teamarbeit. Nur wenn das Ziel und die zielführenden Methoden bekannt sind, lassen sich Vorgaben und Kontrollen leichter durchführen.

Quellenangaben zu Kapitel 5

[1]   Diederichs, C. J.: Kostensicherheit im Hochbau, Deutscher Consulting Verlag, Essen: 1984

[2]   Brandenberger, J./Ruosch, E.: Ablaufplanung im Bauwesen, Bauverlag AG, Zürich: 1991

[3]   Sommer, H.: Projektmanagement im Hochbau, Springer Verlag, 1994

[4]   Landesinstitut für Bauwesen (Hrsg.): Terminplanung – Zeitbedarfswerte für Bauleistungen im Hochbau, 1989

[5]   Rybicki, R.: Faustformeln und Faustwerte f. Konstruktionen im Hochbau, Werner Verlag, 3. Aufl., Düsseldorf: 1988

[6]   Schub, A./Meyran, G.: Praxis-Kompendium Baubetrieb, Bd. 1, Bauverlag GmbH, Wiesbaden: 1982

[7]   Stark, Kh.: Vorlesungsskript Projektmanagement an der FH München, 2002, unveröffentlicht

[8]   Platz, H.: Tabellen für Aufwand und Preise in Praxis-Kompendium Baubetrieb [6]

[9]   GPM/RKW: Projektmanagement-Fachmann, RKW-Verlag, 3. Aufl., 1998

[10]   Rösel, W.: Baumanagement, Springer Verlag, 1994

[11]   Weiß, R. u. a.: Kosten-/Leistungsrechnung, Vieweg Verlag, Braunschweig/Wiesbaden: 1998

[12]   Bauer, H.: Baubetrieb 1 + 2, Springer-Verlag, 1991

[13]   Rösch, W./Volkmann, W.: Bau-Projektmanagement, Rudolf Müller-Verlag, 1994

6 Qualitätsmanagement

Wie kaum ein anderes menschliches Tun prägt Bauen das Bild der Erde, leitet Veränderungen von sozialen Strukturen ein und bestimmt die Lebensbedingungen gegenwärtiger wie zukünftiger Generationen. Damit ist Bauen ein Wertschöpfungsprozess, dessen Wertgewinnung auf die Zukunft ausgerichtet ist.

Zuweilen erfordert die Errichtung von Bauwerken Eingriffe in gewachsene Lebensräume, bedeutet ein möglicher zukünftiger Wertgewinn die gleichzeitige Gefährdung von Bestehendem. Bauliche Wertschöpfung wird damit zu einem Optimierungsprozess, bei welchen einem künftigen Wertezuwachs ein momentaner Werteverlust gegenüberstehen kann.

Widersprechende Interessen der Beteiligten erschweren zuweilen die Zielerreichung. So wird das Verhalten von Bauherrn im Wesentlichen durch das Streben nach einer bestmöglichen Nutzung- bzw. einer Vermögensmehrung geprägt, die Schwerpunkte der Planung liegen in der Gestaltung und Konstruktion, das Interesse der ausführenden Unternehmungen in der Erwirtschaftung eines auskömmlichen Gewinnes. Die Träger öffentlicher Belange üben begleitend eine baurechtliche Kontrollfunktion aus, um die Eingriffsauswirkungen eines Bauwerkes in seine Umgebung beherrschbar zu machen.

6.1 Bauen – ein Wertschöpfungsprozess

Meist sind es **wirtschaftliche Interessen**, die zur Triebfeder eines Bauprojektes werden. Damit sind im Regelfall immer Risiken verbunden. Für jeden Bauherrn bedeutet seine Entscheidung zur Durchführung einer Baumaßnahme zunächst einmal Kapital für das Grundstück, für die Planung, für die Herstellung des Bauwerkes sowie für die Inbetriebnahme bzw. für die Vermarktung bereitstellen zu müssen. Er muss folglich für etwas bezahlen, was er noch nicht nutzen kann. Ein „Return of Invest" stellt sich im Regelfall erst dann ein, wenn das Bauwerk verkauft wird oder wenn Mieterträge erzielt bzw. bisherige Mietzahlungen nicht mehr geleistet werden müssen. Der Grad einer Wertschöpfung ist damit in hohem Maße davon abhängig, inwieweit Projektziele beherrscht werden können und die Beteiligten fähig sind, konkurrierende Einzelinteressen auszugleichen.

Ob eine Projektentwicklung im Sinne einer derart definierten Wertschöpfungskette erfolgreich ist und auch zukünftig sein wird, hängt folglich von den Eingriffsauswirkungen in den Bestand, von der Art der Konstruktion, dem erzielbaren Nutzen und den langfristigen Auswirkungen auf die Umwelt ab.

Werte zu schaffen ist eng mit der Qualität des Planens und des Erstellens verbunden. Für Bauinvestitionen gilt dies im besonderen Maß. Mit der Bedarfsanforderung erfolgt eine erste Eingrenzung des voraussichtlichen Investitionsvolumens; mit der Vorgabe eines Kostenrahmens wird die Bandbreite machbarer Qualitätsstandards festgelegt. Aufgabe einer baulichen Wertschöpfung ist es demnach, diese beiden Bedingungen zu einer insgesamt befriedigenden Lösung zu bringen. Am Beispiel eines Gebäudes bedeutet dies: Bedarf heißt Fläche, und Fläche in Verbindung mit Qualität bestimmt die Kosten.

Die bedarfsgerechte Umsetzung von Nutzungskonzepten und die qualitative Steuerung in der Realisierung bilden die beiden entscheidenden Pole einer Investition. Die **Beherrschung** von Terminen und Kosten im Spannungsfeld der Qualitätssicherung stellt einen Vorgang dar, der mit der Projektkonzeption einsetzt, und mit der Inbetriebnahme endet. Nutzungsveränderungen begleiten anschließend die Betriebsphase; sie stehen damit in einem ständigen Kontext zur Entstehungsgeschichte des Bauwerks.

Während der Nutzungsphase werden infolge technischer Überalterung, Abnutzung oder Umnutzung zusätzliche Ersatzinvestitionen erforderlich, die sich zu den Erstinvestitionen addieren und damit die Bruttoinvestitionssumme eines Investitionsobjektes bilden. In welchem Umfang und in welchen Zeitabständen Reinvestitionen notwendig werden, hängt wiederum entscheidend davon ab, welche Qualitätsansprüche an das Bauwerk gestellt wurden, und wie flexibel das Nutzungskonzept auf veränderte Ansprüche reagieren kann.

6.2 Wirtschaftlichkeit und Qualitätsanspruch

Auch aus der Sicht der Leistungsvereinbarung finden sich in der Wertschöpfung des Bauens Regelungen, die unmittelbar auf die Qualität der Produkterstellung durchschlagen. Zum einen zwingen neue Bautechnologien und die zunehmende Komplexität von Herstellungsprozessen zu einer fortschreitenden Arbeitsteilung. Zum anderen werden immer mehr Teilleistungen von verschiedenen Fachgruppen ausgeführt, deren reibungsloses Zusammenwirken für den qualitativen wie für den wirtschaftlichen Erfolg eines Projektes ausschlaggebend ist. Neben den originären **Projektrisiken** entstehen dadurch zusätzliche **Vertragsrisiken**, die naturgemäß schwer beherrschbare Gefahrenquellen für das Erreichen der Projektziele darstellen. Jedes einzelne Vertragsverhältnis birgt die Möglichkeit von Störungen bzw. von Engpässen in der Bearbeitung, die, wenn sie zu spät erkannt werden, im Regelfall zu Mehrkosten, zu Bearbeitungszeitverlängerungen und zu Qualitätseinbußen führen. Projektrisiken können niemals vollständig ausgeschlossen werden, sie sind jedoch im Rahmen wirtschaftlicher Abwägungsprozesse beherrschbar.

Die Investitionskosten einer Baumaßnahme, die Bewertung der Folgekosten und die Einordnung des Nutzens stehen bei jedem Projekt erneut auf dem Prüfstand. Für die Projektarbeit bedeutet dies einen permanenten Zielkonflikt, bei dem Kosten zu senken und gleichzeitig der Nutzwert zu erhöhen ist.

Wirtschaftliches Bewusstsein in der Planung und Bauabwicklung stellt in diesem Sinne eine ständige Verpflichtung für jeden Beteiligten dar, um langfristig Qualität zu erzielen. Dies lässt sich jedoch nur dann erreichen, wenn die Projektbearbeitung nicht im Raster eines

Bild 6.1
Qualitätspyramide

Spezialistentums sondern im interdisziplinären Dialog erfolgt. Dies bedarf der Koordination, der Kontrolle und einer Steuerungsinstanz, die dem gesamtheitlichen Projekterfolg verpflichtet, die übergreifende Verantwortung für qualitätsbewusstes Handeln im Rahmen wirtschaftlicher Zielvorgaben übernimmt. Diesem Anspruch hat das Projektmanagement zu genügen und dafür Sorge zu tragen, dass auftretende Zielkonflikte bereits im Vorfeld der Projektbearbeitung ausgeräumt werden. **Wirtschaftliche Qualität** ist nach diesem Verständnis kein Zufallsergebnis, sondern stellt ein weiteres Kriterium dar, welches gleichbedeutend neben der Funktionalität, der Konstruktion und der Gestaltung im Entscheidungsprozess des Bauens steht und damit zum Ausdruck wirtschaftlichen Handelns wird.

Heute gibt es einen weltweiten Trend zu höheren Kundenerwartungen für Qualität. Dieser Trend wird begleitet von der wachsenden Erkenntnis, dass immer häufiger Qualitätsverbesserungen notwendig sind, um eine befriedigende Leistungsfähigkeit zu erreichen und aufrecht zu erhalten. Die wachsende Bedeutung von Qualität findet Ausdruck in der großen Beachtung von Qualitätsauszeichnungen. So formulierte beispielsweise bei der Verleihung des „Malcolm Baldridge National Quality Award" kein geringerer als der amerikanische Präsident die Ansprüche nationaler Qualitätsanstrengungen mit den Worten: „The improvement of quality in products and the improvement of quality in Service – these are national priorities as never before".

Qualität entsteht im Bewusstsein des Handelnden, ist aber auch eine Frage der Verfügbarkeit von Zeit und Geld. Das Planen in engen Fristen und die Steuerung begrenzter Finanzmittel stellen heute die vorherrschenden Rahmenbedingungen für Projektrealisierungen dar. In diesem Spannungsfeld gewinnt die Sicherung qualitativer Ansprüche zunehmend an Bedeutung. Dies bedarf der Planung, der Kontrolle und der Steuerung und führt damit zum wirtschaftlichen Handeln.

Der Ruf nach Qualität

→ verschärfte Konkurrenz im nationalen und internationalen Bereich

→ neue Marktsituationen durch die EU-Harmonisierungsrichtlinien

→ zunehmende Bedeutung der Kundenorientierung bei der Leistungserstellung

→ verkürzte Produktlebenszyklen (von der „Wiege" bis zur „Bahre")

→ Struktur-, Prozess- und Ergebnisoptimierung verdrängen reines Marketing-Denken („lean, leaner, am leansten")

Bild 6.2 Qualität als Schlüsselfaktor

6.3 Qualitätsmanagement

Die Wirtschaftlichkeit einer Projektrealisierung und die Qualität eines Bauwerkes stehen in einem untrennbaren Zusammenhang. Dieser leitet sich aus der Definition des Qualitätsbegriffes in den einschlägigen Normen ab. Während die DIN 55 350 (Begriffe der Qualitätssicherung und der Statistik, 1987) noch die Qualität als die „Beschaffenheit einer Einheit bezüglich ihrer Eignung, festgelegte und vorausgesetzte Erfordernisse zu erfüllen" beschreibt erweitert die DIN ISO 8402 (Qualitätsmanagement und Qualitätssicherung, 1992) diese Definition durch die Einführung von Qualitätsmerkmalen. „Qualität ist die Gesamtheit von Merkmalen einer Einheit bezüglich ihrer Eignung, festgelegte und vorausgesetzte Erfordernisse zu erfüllen." Belegt man den in dieser Definition verwendeten Begriff der „Einheit" inhaltlich mit einer Tätigkeit, einem Prozess, einem Produkt, einer Dienstleistung bzw. einer Organisation, verknüpft man damit zwangsläufig die Definition der Wirtschaftlichkeit mit dem merkmalorientierten Qualitätsverständnis.

Merkmale bestimmen die Eigenschaften einer Einheit, sie beschreiben in ihrem Zusammenwirken und in ihren Abhängigkeiten die Qualität eines Objektes, eines Gegenstandes, ganz allgemein einer Einheit. Gleichzeitig bilden Merkmale aber auch die Ausgangsgrößen einer Kostenkalkulation und damit die Einflussfaktoren für wirtschaftliches Handeln. Die Gesamtheit aller Merkmale qualifiziert die Güte eines Werkes oder einer Dienstleistung und wird damit zum Maßstab einer Gebrauchsfähigkeit, was in Amerika mit „Quality is fitness for use" bezeichnet wird. Qualität als Ausdruck verfügbarer Merkmale kann somit weder gut noch schlecht, weder hoch noch niedrig sein. Qualität als Eigenschaft einer Einheit hat sich vielmehr der Beurteilung zu stellen, ob verfügbare Merkmale eine gestellte Anforderung erfüllen oder nicht. Anforderungen beschreiben wiederum Erwartungen. Voraussetzung für ein Qualitätsmanagement ist damit die lückenlose Kenntnis aller Projektanforderungen sowie das Wissen um das Zusammenwirken unterschiedlicher Merkmalsausprägungen, mit denen eine qualitative Lösung gefunden werden kann.

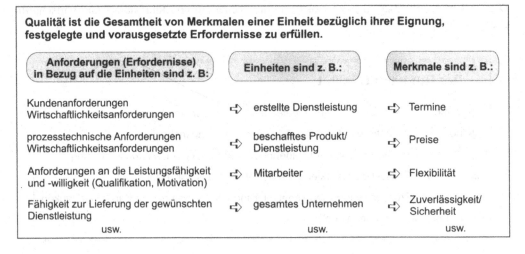

Bild 6.3 Definition nach DIN ISO 8402

6.4 Qualität im Lebenszyklus

Ein Gebäude zu planen ohne dessen zukünftige Nutzung zu kennen, stellt nicht den Normalfall dar. Ein Gebäude im Laufe seiner Lebensphase veränderten Nutzungsansprüchen zuzuführen und dabei die ursprünglichen Programmziele zu verlassen, ist jedoch nicht ungewöhnlich. Bedingt durch die rapide Veränderung von Produktionsprozessen, getragen von dem gestiegenen Umweltbewusstsein und beschleunigt durch den permanenten Zwang zur Rationalisierung, nehmen die Ansprüche an die **Flexibilität** von Gebäuden ständig zu. Der stetige Wandel von der Produktions- zur Dienstleistungsgesellschaft verstärkt heute diesen Trend zusätzlich. Die **Schnelllebigkeit** des Marktes bestimmt die immer kürzer werdenden Lebenszyklen vieler Produkte, flexible Anpassungsfähigkeiten an wechselnde Betriebszustände werden damit für Unternehmer immer wichtiger. Der tatsächliche Wert einer Immobilie bemisst sich damit in erster Linie danach, wie diese in der Lage ist, ohne größere bauliche Eingriffe sich verändernden Ansprüchen anzupassen.

Viele Institutionen verfügen heute über ein großes Anlagevermögen. Unternehmer müssen allerdings auch immer öfter feststellen, dass bereits in der Konzeptphase der Anlagen allzu häufig Fehler gemacht wurden, die einer flexiblen Anpassung an veränderte Nutzungen entgegenstehen: Fehler, die ihren Ursprung in einer unzureichenden Bedarfserhebung haben. Fehler, die während der Planung gemacht wurden, oder Fehler, die auf der zu geringen Beachtung zukünftiger Veränderungen beruhen. Wirtschaftliches Handeln erfordert den Weitblick für Veränderungen, führt zum Abwägen von kurzfristigen und langfristigen Erfolgspotentialen, verifiziert mit Hilfe von Simulationsmodellen Entscheidungsalternativen und hilft damit, den verschiedenen Aspekten einer Bauschöpfung gerecht zu werden. In diesem Sinn wird das Qualitätsmanagement zum Ausgangspunkt und zum Gegenstand für wirtschaftliches Handeln.

Qualitätsansprüche sind nicht statisch, sondern verändern sich dynamisch im Projektablauf. Sie beschreiben Zustände, die während der Planung, des Bauens und in der Betriebsphase des Bauwerkes jeweils neue Bedeutung erlangen. Das Qualitätsmanagement sichert die geforderte Flexibilität, vereinbart soziale Anforderungen mit ökonomischen Vorgaben, integriert das Bauwerk in seine Umgebung. Das Qualitätsmanagement formuliert Ziele und Lösungen, die die langfristige Funktionssicherheit gewährleisten, die helfen, das Kosten-/Nutzenverhältnis zu verbessern und die Qualität eines Bauwerkes zu erhöhen.

Im Allgemeinen beurteilt man eine Planungslösung als wirtschaftlich, wenn die **Verhältnismäßigkeit** von Funktion, Konstruktion und Gestaltung in der Weise erfüllt ist, dass unter der Maßgabe eines verbindlichen Kostenrahmens die mit der Nutzung des Bauwerkes verbundenen langfristigen Gebäudebetriebs- und Bauunterhaltskosten minimiert werden. Die ausschließliche Konzentration auf eine dieser Zielgrößen ist jedoch im Sinne eines projekt-

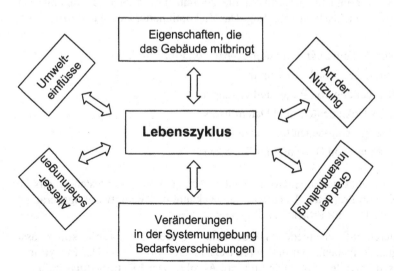

Bild 6.4
Einflussfaktoren im
Lebenszyklus

projektübergreifenden Qualitätsmanagements zu eng gesehen. Qualitatives Abwägen verlangt die Einbeziehung aller das Projekt betreffenden Einflüsse. Hierzu zählt insbesondere die Integration in seine Umwelt.

Der Lebenszyklus des Qualitätsmanagements erfordern die Vereinbarung von **Schnittstellen**. An den Übergängen von Planung, Realisierung, Nutzung und Abriss entstehen Schnittmengen, die bei nicht ausreichender Beachtung früher oder später zu Konflikten führen. Nur durch deren eindeutige und frühzeitige Definition werden im Gefüge von Zuständigkeit, Anforderung und Leistungserfüllung Entscheidungsdefizite vermieden. Informations- und Kompetenzverluste, die bei einer isolierten Betrachtung der einzelnen Lebensphasen eines Gebäudes unvermeidbar sind, werden durch die Bündelung auf einen projektübergreifenden Gesamtansatz ausgeschlossen. Der gesamte Lebenszyklus eines Gebäudes wird damit zum Bestandteil seiner Planung, die Systemintegration zur Kernaufgabe des Qualitätsmanagements.

6.5 Geschäftsprozesse

Die Einführung eines Qualitätsmanagements in eine Projektorganisation ist geeignet, die Diskrepanz aus ergebnisbezogener Phasengliederung und terminorientierter Vorgangssicht zu lösen. Kern eines Qualitätsmanagements bildet der Ansatz, dass Qualität ohne die Beteiligung der Projektmitarbeiter nicht machbar ist. Folglich muss der Mitarbeiter als Prozesseigner das Qualitätsmanagement vorrangig als Unterstützung seines eigenen operativen Handelns verstehen. Hierfür sind Mechanismen zu entwickeln, die helfen, Handlung und Informationsbedarf laufend miteinander abzugleichen. Dies lässt sich am wirkungsvollsten mit Hilfe von **Geschäftsprozessen** erreichen.

Der Geschäftsprozess ist sowohl ablauf- als auch leistungsbezogen, er definiert, koordiniert und verwaltet alle Daten, die zur Erledigung einer bestimmten Aufgabe in zeitlicher Abfolge benötigt werden und die in ihren Abhängigkeiten die Basis für Projektentscheidungen bilden. Geschäftsprozesse sind personenbezogen und strukturieren damit das Informationsmanagement eines Projektes, sie bündeln Datenquellen nach einer gesamtheitlichen Sicht, sie integrieren die verschiedenen Aspekte der fachlichen Bearbeitung auf eine gemeinsame Entscheidungsebene und koordinieren das Zusammenwirken der fachlich Beteiligten.

Ein Geschäftsprozess ist vereinfacht ausgedrückt die zusammengehörende Bündelung von Projektdaten zum Zwecke einer Leistungserfüllung. Das Ziel optimierter Geschäftsprozesse ist

- eine Verbesserung von Ablaufstrukturen durch Abbau von Prozesszyklen
- die Einführung vereinfachter Projektstrukturen
- eine ganzheitliche Bearbeitung von Projektteilleistungen
- die Beschleunigung des Dokumenten- und Datenflusses
- die Sicherstellung eines geschlossenen Informationsmanagements
- die wirtschaftliche Führung von Outsourcing-Prozessen

Geschäftsprozesse, für die es keine Verantwortlichkeiten gibt, sind die beliebtesten Spielbälle im Entscheidungsumfeld von Projekten. Verantwortungsvakuum und Verantwortungsgerangel sind die Folge, Qualitätsverluste im Projekt das Ergebnis.

Geschäftsprozesse basieren auf verschiedenen Prozessflüssen. Der **Organisationsfluss** fasst die am Prozess beteiligten Aufgabenträger und deren Beziehungen zusammen. Der **Funktionsfluss** beschreibt die auszuführenden Aufgaben und ihre Abfolge. Der **Leistungsfluss** definiert das mit der Aufgabenerfüllung zu erzielende Ergebnis und unterstützt damit Funktionen des Qualitätsmanagements. Der **Informationsfluss** hingegen identifiziert und organisiert die notwendigen Informationsobjekte, die zur Leistungserfüllung benötigt werden.

Keiner dieser Flüsse kann alleine vollständig den gesamten Sachverhalt eines Geschäftsprozesses abbilden. Es muss folglich mit Hilfe der Prozessbildung ein Weg gefunden werden, der wirtschaftlichen, konstruktiven und baubetrieblichen Aspekten in gleicher Weise gerecht wird. Dies ist grundsätzlich durch die projektrelevante Modellierung von Geschäftsprozessen möglich. Integrierte Kontrollflüsse innerhalb der Geschäftsprozesse regeln zusätzlich wie und wann in Abhängigkeit zu den Projekterfordernissen Vorgänge angestoßen werden müssen, um eine wirtschaftlich sinnvolle Logik in die Entscheidungsabläufe zu bringen.

Am Beispiel des Geschäftsprozesses „Vergabecontrolling" lässt sich dies verdeutlichen. Bei einem Projekt ist eine Vielzahl von Entscheidungen zu treffen, die unmittelbare Auswirkungen auf Beauftragungen haben. Die erforderlichen Entscheidungsgrundlagen werden aus verschiedenen Datenquellen gewonnen, die mit der täglichen Arbeitswelt des Bauherrn, der Planung, den Behörden oder bereits beauftragter Bauunternehmen korrespondieren. Mit der Aufgabenbearbeitung im Projekt und parallel zur Erfüllung von Teilleistungen werden unmittelbar die betroffenen Datenbestände aktualisiert, und daraus wiederum Informationen gewonnen, die zur Entscheidungsfindung beitragen.

Betrachtet man beispielsweise die Sanierung einer Eisenbahnbrücke, die eine Gemeindestraße überquert, ist vor der Vergabe sicherzustellen, dass die Finanzierung insgesamt und die Teilfinanzierung über eine Kreuzungsvereinbarung mit der Gemeinde sichergestellt ist, die Baufreiheit durch eine Betriebssperrung geregelt ist, die baurechtlichen Genehmigungen vorliegen sowie das Submissionsverfahren durchgeführt wurde. Hierfür müssen Kosten-, Termin- und Finanzierungspläne verfügbar sein, Betriebsplanungen erstellt, Ausschreibungen, Submissionen und Genehmigungsanträge bearbeitet und die Ergebnisse dieser Teilbeiträge zu einem Vergabevorschlag zusammengefasst werden. Aus der Sicht des Geschäftsprozesses bedeutet dies, dass die Entwicklung der benötigten Informationen konsequent von den ersten Anfängen bis zur Vergabeentscheidung zusammengefasst, abgestimmt, geprüft und zueinander in Bezug gebracht werden muss, um bei der Entscheidungsfindung hilfreich zu sein.

Die Verknüpfung von Tätigkeit und Information, die Verfolgung einer Prozesskette nach ihren Input-Output Erfordernissen, und die Einrichtung von integrierten Regelkreisfunktionen von der Anforderung bis zur Entscheidung ermöglicht es, für beliebige Geschäftsprozesse schrittweise die Vollständigkeit, Aktualität und Entscheidungsrelevanz der Prozessdaten zu prüfen, Einflussgrößen zu bewerten und nach alternativen Lösungen zu suchen. Geschäftsprozesse verbinden damit die operativen mit den strategischen Gesichtspunkten eines Projektes. Sie gewährleisten die Verfügbarkeit zeitpunktbezogener Ergebnis- bzw. Erfolgsrechnungen. Sie ermöglichen Trendanalysen und unterstützen Sensitivitätsbetrachtungen zur Früherkennung von Zielabweichungen.

Geschäftsprozesse sichern durch die Einführung von Werkzeugen, Verfahren und Regeln das **Qualitätsmanagement** eines Projektes. Mit Hilfe von Geschäftsprozessen lassen sich schrittweise wissensbasierte Steuerungssysteme aufbauen und im Rahmen eines projektübergreifenden Qualitätsmanagements die Projektabläufe nach fachlicher Logik verifizieren. Damit übernimmt das Denken in Geschäftsprozessen eine Schlüsselrolle bei der Verfolgung wirtschaftlicher Projektziele, wenn in Erweiterung eines kurzfristigen Planungshorizontes der langfristige Lebenszyklus des Projektes in die Betrachtung einbezogen wird.

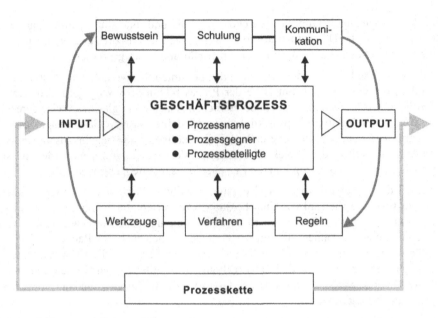

Bild 6.5 Geschäftsprozess: Systematik

6.6 Zertifizierung nach ISO 9000 ff

Die Kenntnis der Einflussfaktoren eines Geschäftsprozesses verdeutlicht die Zusammenhänge und die Abfolge von Einzelprozessen in der Wertschöpfungskette eines Projektes. Ein erfolgreiches Projekt hängt damit maßgeblich davon ab, wie präzise die Anforderungen an den Output formuliert werden und wie vollständig die Vorgaben für den Input zur Verfügung stehen. Alles, was man mit Reparatur, Nachbesserung, Ausfall oder Ersatz bezeichnet ist letztlich nicht anderes als eine Störung in der Wertschöpfungskette eines Projektes. In diesem Sinn sind auch die zwischenzeitlich immer wieder verwendeten Begriffe wie „Lean Production" bzw. „Outsourcing" zu verstehen. Die Wirkung dieser Strategien darf nicht darin bestehen, Menschen als Know-How Träger aus dem Projekt zu eliminieren sondern muss dazu führen, Arbeitsprozesse so zu gestalten, dass unnötige Verluste durch Reparaturarbeiten oder wiederholte Nacharbeiten vermieden werden.

Um ihre Chancen am Markt zu erhöhen, haben viele Projektgesellschaften daher seit längerem begonnen, mit Zertifikaten ein höheres Kundenvertrauen zu gewinnen. Die **Zertifizierung** weist darauf hin, dass die Produkte bzw. die Dienstleistung des Unternehmens nach strengen Qualitätskriterien überwacht werden. Diese Kriterien finden ihren Ursprung in der ISO 9000 ff. Mit einem nach ISO 9000 zertifizierten Qualitätssicherungssystem wird einem Auftraggeber vermittelt, dass seine Anforderungen an Dienstleistungen mit großer Sicherheit erfüllt werden und dies auch in Zukunft so sein wird. Dies gewährleisten unter anderem externe Auditoren, die die Wirksamkeit des Qualitätssicherungssystems alle 3 Jahre überprüfen und die Zertifizierung bestätigen.

Führungselemente

❏ Verantwortung der Leitung
❏ Qualitätsmanagementsystem   ❏ Interne Qualitätsaudits
❏ Korrektur- u. Vorbeugungsmaßnahmen ❏ Schulung

Phasenübergreifende QM-Elemente

❏ Lenkung der Dokumente u. Daten   ❏ Lenkung fehlerhafter Produkte
❏ Kennzeichnung und Rückverfolg.   ❏ Qualitätsaufzeichnungen
❏ Prüfmittelüberwachung   ❏ Statistische Methoden
❏ Prüfstatus

Phasenbezogene QM-Elemente

❏ Vertragsprüfung   ❏ Prozesslenkung
❏ Designlenkung   ❏ Prüfungen
❏ Beschaffung   ❏ Handhabung, Lagerung usw.
❏ Vom Kunden beigest. Produkte   ❏ Wartung

Bild 6.6 Die 20 QM-Elemente nach DIN ISO 9000

In der Praxis hat sich gezeigt, dass Kontrolle allein nicht ausreicht, um Qualität im Projekt zu sichern. Die Zertifizierung sagt relativ wenig über die Verhaltensweise eines Auftragnehmers aus, wenn überraschende Abweichungen im Projekt auftreten, Ansprechpartner nicht mehr verfügbar sind, Fertigstellungstermine aufgrund nicht geplanter Umstände überschritten werden, oder wie sich ein Auftraggeber bei der Durchsetzung vermeintlicher Nachträge verhält. Die Verantwortung für das Verhalten der Geschäftsführung bzw. der Projektleitung wird nach ISO 9001-9003 lediglich auf die Geschäftspolitik und die Organisation beschränkt. Die DIN ISO 9004 ergänzt dies durch die Formulierung von Qualitätszielen und der Einführung eines Qualitätssicherungssystems. Entscheidend ist jedoch ein ausgeprägtes Bewusstsein für Qualität und für die hierfür notwendigen Maßnahmen bei der Unternehmensleitung.

Für das Überleben im Marktgeschehen sind „mehr Kontrollen" der ungeeignete Weg. Kontrollen demotivieren, Kontrollen führen zur Nachlässigkeit. Qualität kann nicht „kontrolliert" werden, Qualität muss geplant sein. Die Planung einer qualitativen Wertschätzungskette setzt wiederum ein projektübergreifendes Prozessmanagement voraus.

Dies führt zu dem Begriff des „Total Quality Managements". TQM nach DIN ISO 8402 bedeutet eine „auf der Mitwirkung aller ihrer Mitglieder beruhende Führungsmethode einer Organisation, die Qualität in den Mittelpunkt stellt und durch Zufriedenstellung der Kunden auf langfristigen Geschäftserfolg sowie auf Nutzung für die Mitglieder der Organisation und für die Gesellschaft zielt."

Ein TQM weitet damit die Sicht des Geschäftsprozesses auf Führungsmethoden aus. Dies erfordert, dass der Prozesseigner einen persönlichen Nutzen in der Qualitätsverbesserung erkennen muss und dies als Motivation seines Engagements versteht. TQM zielt darüber hinaus auf die Zukunft eines Unternehmens, eines Berufsstandes oder einer persönlichen Weiterentwicklung. Nicht der kurzfristige Erfolg sondern die langfristige Absicherung eines qualitätsvollen Handelns steht im Mittelpunkt des TQM. Erhöhte Kundenzufriedenheit und gesteigerte

Produktivität stärken die eigene Wettbewerbsposition. Reduzierte Prüf- und Nachbesserungs-
kosten sichern einen höheren Gewinn und damit die Zukunft eines Unternehmens. Für den
einzelnen bedeutet dies weniger Stress und mehr Erfolgserlebnisse. Stolz auf die eigene Arbeit, die Zufriedenheit mit seiner Tätigkeit und die persönliche Integration in das Projektgeschehen sind Faktoren, die wesentlichen Anteil an der Zufriedenheit von Mitarbeitern haben.

Aber auch im übergeordneten Sinne führt das TQM zu einem erhöhten Nutzen. Die Sicherung
von Arbeitsplätzen, eine größere volkswirtschaftliche Effizienz und der bewusste Umgang mit
Ressourcen sind primäre Ziele. Nicht die alleinige Einführung eines zertifizierten Qualitätssicherungssystems nach DIN ISO 9000 bringt den eigentlichen Nutzen. Es ist vielmehr die konsequente Verbesserung von Arbeitsprozessen in der Wertschöpfungskette des Projektgeschehens.

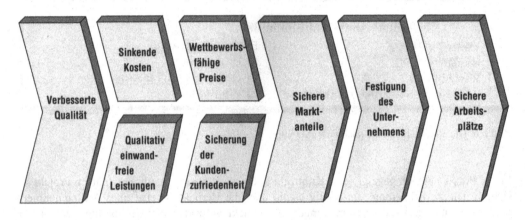

Bild 6.7   Wirkungskette eines zertifizierten und gelebten QM-Systems

7 Projektentwicklung

7.1 Gründe für die Projektentwicklung

Die Wandlung der Industriegesellschaft in eine Dienstleistungs- und/oder Informationsgesellschaft in den meisten Industrieländern bedingt einen zusätzlichen Bedarf an Büro- und Verwaltungsbauten. Das betrifft nicht nur die eigentlichen Träger der Informationsverarbeitung, sondern vor allem deren Nutzer wie Banken, Versicherungen, Konzernverwaltungen. Auch die in Zukunft entstehenden Wohnbauten müssen sich mit dem Phänomen des Wandels auseinandersetzen.

Weitere Gründe für den Einsatz der Projektentwicklung sind die Fehlentwicklungen von Immobilien und die vielen leerstehenden Büroflächen. Sie sind größtenteils am falschen Standort errichtet worden. Gründe für die Projektentwicklung sind z. B.:

- die Suche nach geeigneten Standorten für Investoren z. B. Fonds;
- Entkoppelung von Angebots- und Nachfrageschwankungen durch Projektentwicklung i. S. des „to make or to buy";
- Berücksichtigung von Nutzerinteressen bereits in der Entwicklungsphase;
- Auslastungen der eigenen Baukapazitäten bei Baukonzern-Developern;
- Mitnahme des Wertschöpfungsgewinns durch Projektentwicklung;
- Umwidmung bestehender und/oder sanierungsbedürftiger Immobilien.

7.2 Definition

Ausgehend von der Erkenntnis, dass mit fortschreitender Planung eines Gebäudes die Einflussmöglichkeit auf die Kosten abnimmt und dass die größte Einflussnahme in den ersten Projektphasen liegt (Bild 7.1), setzt sich allmählich die Notwendigkeit durch, in diesen frühen Projektphasen die Projektplanung auf besseren Planungsdaten aufzubauen. Diese Phase wird heute als Projektvorbereitungsphase bezeichnet und liegt noch vor der Phase § 15.1 HOAI „Grundlagenermittlung". In dieser Phase ist vor allem der Bauherr, Nutzer, Investor gefragt. Er muss definieren, welchen technischen und organisatorischen Ansprüchen sein Projekt genügen und zu welchen Kosten und innerhalb welcher Zeit es realisiert werden soll.

Nach der Definition von Diederichs [1] ist Projektentwicklung die Kombination der Faktoren

- Standort,
- Projektidee und
- Kapital

zur Errichtung von Immobilienprojekten, die

- arbeitsplatzschaffend und -sichernd,
- gesamtwirtschaftlich und
- sozial- und umweltverträglich

sind und dauerhaft rentabel genutzt werden können.

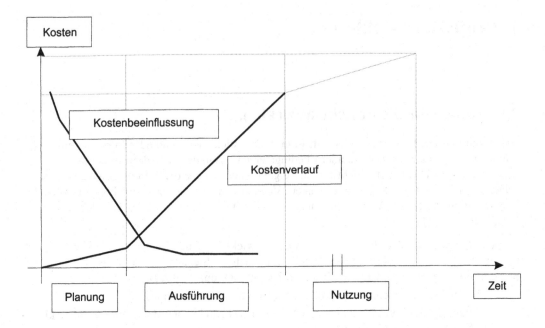

Bild 7.1   Kostenbeeinflussbarkeit in den Projektphasen

Hochbauprojekte jeglicher Art sind gekennzeichnet durch sparsame Verwendung der Ressourcen Kapital und Bauland. Die Projektentwicklung soll diese Ressourcen einer sinnvollen Verwendung zuführen.

Im Falle der Eigennutzung benötigt ein Investor Nutzflächen und sucht ein geeignetes Baugrundstück. Im Zuge der Projektentwicklung müssen die Nutzungen strukturiert werden in Form z. B. eines Nutzerbedarfsprogramms. Planungsgrundlagen für die zu beauftragenden Planer müssen geschaffen werden, die Eignung des Grundstücks oder der Grundstücke muss geprüft werden.

Im Falle einer Fremdnutzung will anlagesuchendes Kapital, z. B. ein Fonds, in ein Gebäude investieren. Versicherungen sind gemäß Gesetz gehalten, einen bestimmten Teil ihrer Einnahmen in Immobilien anzulegen. Ziel ist es dabei, langfristig eine gesicherte Rendite zu erzielen. Die Projektentwicklung hat hier vorrangig eine Markt- und Standortanalyse durchzuführen, um die Möglichkeiten von potentiellen Nutzungen zu ergründen. Aus diesen Analysen wird die Struktur der Nutzung in Form z. B. einer Nutzerbedarfsanalyse abgeleitet und dann wie bei der Eigennutzung Planungsvorgaben geschaffen.

Wenn im Folgenden von Projektentwicklung gesprochen wird, dann bezieht sich diese nur auf die Projektvorbereitungsphase – nach Diederichs „Projektentwicklung im engeren Sinne" [1]. Die weiteren Phasen bedürfen keines neuen Namens – sie sind durch die Phasen des Projektmanagements und der HOAI bereits hinreichend und erschöpfend definiert.

7.3 Projektarten der Projektentwicklung

Bild 7.2 zeigt eine Übersicht über die Nutzungsformen von Gewerbeimmobilien [1].

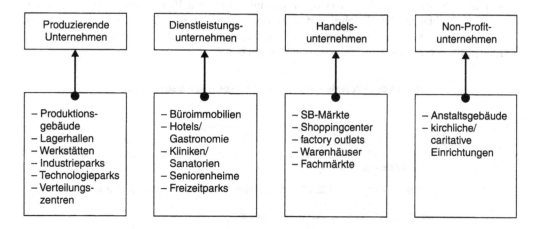

Bild 7.2 Nutzungsformen von Gewerbeimmobilien

Alle Nutzungsformen sind für den Einsatz der Projektentwicklung geeignet. Zu unterscheiden ist dabei nur, ob dabei externe, professionelle Projektentwickler eingeschaltet werden oder ob der Investor selbst Dank seines eigenen Know-hows die Projektentwicklung übernimmt. Auch hier gilt – wie im gesamten Einsatzbereich des Projektmanagements: die erforderlichen Leistungen müssen erbracht werden, gleich, welche Leistungsträger – externe oder interne – sie erbringen.

Projekte, bei denen Nutzer oder Investor die Projektentwicklung meist selbst erbringt, sind:

- Gewerbeimmobilien und
- Hotels

Projekte, bei denen die Projektentwicklung auch von professionellen Projektentwicklern erbracht werden kann, sind:

- Gewerbeparks,
- Büro- und Verwaltungsgebäude und
- Handelsimmobilien

Bei Wohnbauten setzt sich die Projektentwicklung bisher nur zögerlich durch. Die Gründe liegen in den relativ niedrigen Mietpreisen, durch die die Rendite für Anleger uninteressant wird. Dazu kommt noch das sehr mieterfreundliche Recht im Wohnbereich, das Investoren abschreckt. Der Einsatz von Projektentwicklern kann sich durchaus bezahlt machen bei der Anlage in Wohnimmobilien aus versicherungsrechtlichen oder steuerlichen Gründen.

Die Projektarten werden z. Zt. noch erweitert durch die Privatisierung ursprünglich sich in Bundesbesitz befindlicher Gesellschaften. Dies betrifft vor allem die Post und die Bahn. Diese suchen für ihre freiwerdenden Immobilien und Grundstücke neue Nutzungen. z. B. Umwidmung von Teilen von Bahnhöfen oder von nicht mehr benötigten Bahngrundstücken vor allem in innerstädtischen Bereichen.

7.4 Ablauf der Projektentwicklung

Wie bereits oben ausgeführt beschränkt sich die Projektentwicklung hier auf den Bereich von der Projektidee bis zur Bereitstellung der Planungsvorgaben. Bild 7.3 zeigt exemplarisch den Ablauf der Projektentwicklung von der Projektidee bis zum Beginn der Vorplanung eines Verwaltungsgebäudes. Die Erfahrung des Autors zeigt, dass bei allen o. g. Projektarten mit geringfügigen Abweichungen dieser Ablauf Bestand hat. Deshalb soll er im Folgenden als Leitfaden für den Ablauf von Projektentwicklungen dienen.

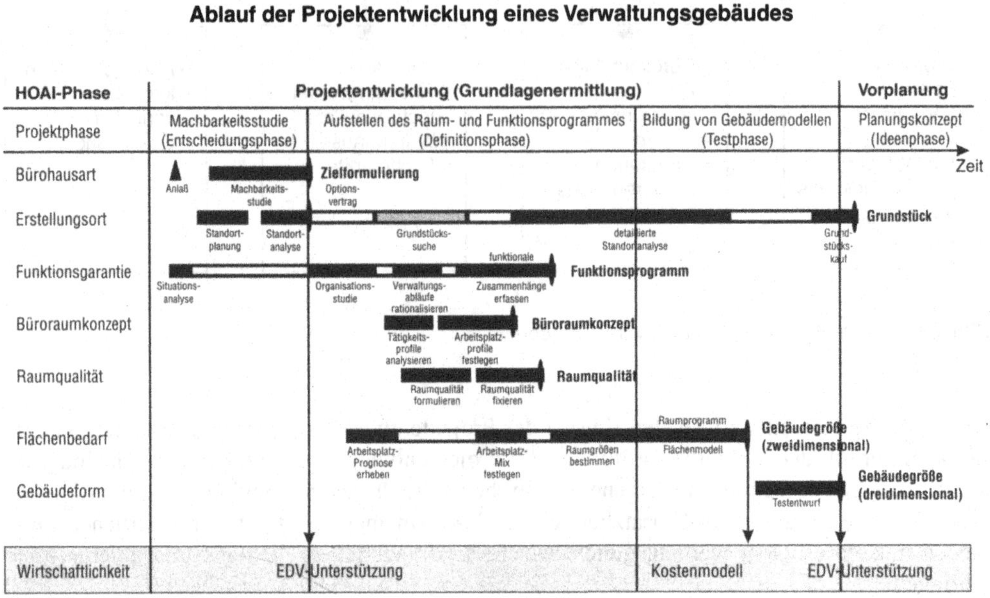

Ablauf der Projektentwicklung eines Verwaltungsgebäudes

HOAI-Phase	Projektentwicklung (Grundlagenermittlung)			Vorplanung
Projektphase	Machbarkeitsstudie (Entscheidungsphase)	Aufstellen des Raum- und Funktionsprogrammes (Definitionsphase)	Bildung von Gebäudemodellen (Testphase)	Planungskonzept (Ideenphase)
Bürohausart	Anlaß, Machbarkeitsstudie	Zielformulierung, Optionsvertrag		Zeit
Erstellungsort	Standortplanung, Standortanalyse	Grundstückssuche	detaillierte Standortanalyse	Grundstückskauf, Grundstück
Funktionsgarantie	Situationsanalyse	Organisationsstudie, Verwaltungsabläufe rationalisieren, funktionale Zusammenhänge erfassen	Funktionsprogramm	
Büroraumkonzept		Tätigkeitsprofile analysieren, Arbeitsplatzprofile festlegen	Büroraumkonzept	
Raumqualität		Raumqualität formulieren, Raumqualität fixieren	Raumqualität	
Flächenbedarf		Arbeitsplatz-Prognose erheben, Arbeitsplatz-Mix festlegen, Raumgrößen bestimmen	Raumprogramm, Flächenmodell	Gebäudegröße (zweidimensional)
Gebäudeform			Testentwurf	Gebäudegröße (dreidimensional)
Wirtschaftlichkeit	EDV-Unterstützung		Kostenmodell	EDV-Unterstützung

Bild 7.3   Ablauf der Projektentwicklung eines Verwaltungsgebäudes [2]

Die Grafik lässt sich in drei Stufen einteilen:

Stufe 1:   Machbarkeitsstudie mit Situations- und Standortanalyse

Stufe 2:   Erstellen eines Raum- und Funktionsprogramms mit abschließendem Nutzerbedarfsprogramm

Stufe 3:   Erstellen eines Gebäudemodells mit Kosten- und Terminrahmen

7.4.1 Machbarkeitsstudie

Grundsätzlich sind auch hier zwei Fälle zu unterscheiden:

Fall 1:   Der Nutzer steht vor der grundsätzlichen Entscheidung, ob infolge von Veränderungen in seinem Geschäftsbereich (Wachstum, Umorganisation u. ä.) die räumlich-organisatorischen Veränderungen durch bauliche oder nur durch organisatorische Maßnahmen behoben werden können. Die Machbarkeitsstudie soll als Ergebnis die Entscheidung bringen, ob ein Neubau erstellt (Vorgaben für Standortsuche), ob ein bestehendes Gebäude gekauft oder ob zusätzliche Flächen angemietet werden sollen.

Die Alternativen zeigt Bild 7.4.

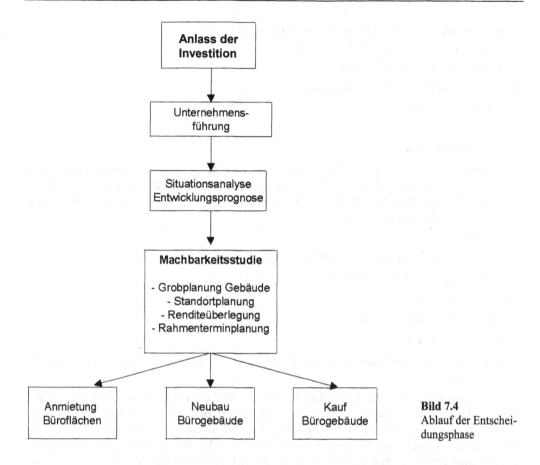

Bild 7.4
Ablauf der Entscheidungsphase

Fall 2: Ein vorhandenes Grundstück soll einer dauerhaft rentablen Verwertung zugeführt werden. Die Erfahrungen aus den neuen Bundesländern und auch die jüngsten Ereignisse bei Kreditvergaben führen zur Erkenntnis, dass in diesen Fällen eine seriöse Standort- und Marktanalyse für die Verwertung durchzuführen ist. Einige der fatalen Fehlentscheidungen bei Gewerbeparks und Bürohauskomplexen in den neuen Bundesländern sind auf das Fehlen oder das mangelhafte Durchführen von Standort- und Marktanalysen zurückzuführen.

Aus dieser Analyse werden dann die Nutzungskonzepte abgeleitet, die für die weitere Projektentwicklung notwendig sind.

Auf die Durchführung von Standort- und Marktanalysen soll hier nicht näher eingegangen werden, da sie nur Randbereiche des Projektmanagements berührt. Die Wichtigkeit und die Unverzichtbarkeit der Durchführung bei der Projektentwicklung soll hier jedoch noch einmal betont werden. Ausführlich wird auf Methoden und Ergebnisse in [1] eingegangen.

Der Durchführung der Machbarkeitsstudie geht immer eine Projektidee voraus. Dies kann bedingt sein durch

● Entscheidung der Unternehmensleitung aus marktstrategischen Gründen,

● Herstellung der Gleichheit der Arbeitsplätze und der Arbeitsbedingungen und

● Auflagen der Behörden wie Berufsgenossenschaft, Gewerbeaufsichtsamt u. Ä.

Eine Machbarkeitsstudie sollte mindestens folgende Gliederung enthalten:

- Rahmenplanung der erforderlichen Flächen,
- Grundstücksbezogene Auswertung,
- Kosten- und Renditeüberlegungen und
- Rahmenterminplan.

7.4.1.1 Rahmenplanung

Der Nutzer legt die Zahl der künftigen Funktionen im Gebäude und die Zahl der zukünftigen Arbeitsplätze fest. Anhand von Flächenkennwerten je nach Gebäudenutzung (Verwaltung, Banken u. ä.) wird der Flächenbedarf des Gebäudes grob bestimmt. Dazu können Erfahrungswerte aus Vergleichsprojekten für

Büroarbeitsplätze,

Sonderflächen (Eingangshalle, Kundenhallen u. ä.),

Stellplätze nach Stellplatzverordnung,

Technikflächen und

Erschließungsflächen im Gebäude

herangezogen werden.

Über die so ermittelten Flächen können über Kennwerte Kostenaussagen getroffen werden (s. auch Kap. 4).

Eine Hochrechnung über die ermittelten Flächen ergibt die zu erwartende Bruttogrundfläche (BGF). Dabei ist zu unterscheiden zwischen dem Teil der BGF, die oberirdisch liegt, d. h. die Geschossfläche (GF), die im Sinne des Baurechts voll angerechnet wird und dem Teil der BGF, die unterirdisch liegt. Dort werden nur Räume auf die Geschossfläche angerechnet, die einem dauernden Aufenthalt dienen. Die so ermittelte Geschossfläche – aus dem oberirdischen Teil der BGF und Teile aus dem unterirdischen Bereich – liefert den wichtigsten Wert für die Auswahl des in Frage kommenden Grundstücks.

Nachfolgendes Beispiel zeigt eine Flächenermittlung nach DIN 277 (Tab. 7.1), einen Kostenrahmen (Tab. 7.2) und die aus den Flächen sich ergebende Geschossfläche anhand eines Bankgebäudes.

Tabelle 7.1 Raum- und Funktionsprogramm einer Sparkassen-Hauptstelle

Projekt: Neubau Hauptstelle

Raum- und Funktionsprogramm
Ergebnis der Besprechung vom :   01
(s. Protokoll Nr. PG/08/96)

Funktion	Fläche (HNF)	UG	EG	1.OG	2.OG	DG	Summe
Sitzungssaal	80		80				80
Soz. Bereich/Kantine	80		80				80
Vorstand	30			30			30
Gebietsdirektor							
- Büro	30			30			30
- Sekretariat	20			20			20
- Kopierraum/Post	10			10			10
Kreditabteilung							
- Leiter	25			25			25
- Firmenkundenberater	75			75			75
- Besprechung	30			30			30
- Marktservice							
- Leiter	20				20		20
- Sachbearbeiter	75				75		75
- Nachbearbeitung	90				90		90
Innenrevision/Verbandsprüfer	20				20		20
TZE	20			20			20
Schalterhalle	400		400				400
Registratur	30	30					30
Tresor Kunden/Sparkasse	200	200					200
Geldanlieferung	30	30					30
Hausmeister/Fahrer	30	30					30
Stellplätze	700	650					650
Technikflächen	200	200					200
Wohnungen	Restflächen					350	350
Büros	Restflächen			200	200		400
Läden			120				120
Summen	**2195**	**1140**	**680**	**440**	**405**	**350**	**3015**
BGF-Faktor		0,9	0,85	0,75	0,7	0,8	
BGF		1.267	800	587	579	438	3.669
Geschossfläche			800	587	579	438	**2.404**
BRI		3.800	2.800	1.761	1.737	1.314	**11.412**

GFZ   **1,93**

Tabelle 7.2 Kostenrahmen der Hauptstelle

Projekt	Neubau Hauptstelle		
Kostenrahmen in EUR Basis: Raum und Funktionsprogramm			
Geschoss	Fläche (m² BGF)	Kennwert (EUR/m² BGF)	Kosten
Abbruch			125.000
KGR 2 DIN 276			**125.000**
UG	1.267	650	
EG	800	1.400	
1. OG	587	1.150	
2. OG	579	1.150	
DG	438	1.050	
KGR 3+4 DIN 276			**3.744.350**
Außenanlagen			150.000
KGR 5 DIN 276			**150.000**
Einrichtung			650.000
KGR 6 DIN 276			**650.000**
Baunebenkosten (22 % KGR 2–5)			851.257
KGR 7 DIN 276			**851.257**
Kostenrahmen netto			5.520.607
Kostenrahmen brutto (MwSt. 19 %)			6.569.522

7.4.1.2 Grundstücksbezogene Auswertung

Das in Aussicht genommene Grundstück beeinflusst die Machbarkeit des Projektes in entscheidenden Maße. Das Idealgrundstück für eine Projektidee ist heute auch in Randbereichen von Ballungsgebieten kaum mehr zu erhalten. Deshalb können rückwirkend die Randbedingungen des Grundstücks Auswirkungen auf die Rahmenplanung haben.

Die Projektentwicklung unterscheidet dabei zwischen harten und weichen Standortfaktoren, wie sie dem Bild 7.5 zu entnehmen sind.

Standort-faktoren

Beeinflussbar-keit durch In-vestoren

harte

hoch

- Topografie / Bodenbeschaffenheit
- technische Ver- und Entsorgung
- Nachbarschaft (Umfeld, Versorgungs mit Dienstleistungen,
  Einzel- oder Sammellage, Nutzungsstruktur)
- Verkehrsanbindung / Erreichbarkeit für das Einzugsgebiet (öffentl.
  Verkehr, Individualverkehr, Fußgänger, Parken, Bahnhof)
- Raumordnung / Bauleitplanung
- Sozio-ökonomische Daten (Bevölkerungsentwicklung, Fluktuation,
  Sozialstruktur, Wirtschaftsstruktur)
- rechtliche, steuerliche Situation
- „Adresse" des Standortes
- Verwaltungsstruktur
- Investitionsklima
- Kultur-, Wohn-, Freizeitangebot

weiche

niedrig

Bild 7.5   Standortfaktoren

Interessanterweise können die „harten" Standortfaktoren wie Topografie vom Investor durchaus beeinflusst werden, in dem ein bestehendes Gebäude beseitigt oder die Verkehrsanbindung durch geeignete Maßnahmen verbessert werden kann.

Daneben sollte sich die Projektentwicklung auch mit dem Standort aus

– historischer,
– sozialer und
– kultureller Sicht

befassen. Was hat den Standort in der Vergangenheit geprägt, welche Bindungen haben die Bürger zu diesem Standort, welche Geschichte hat dieser Standort? Die rechtzeitige Beschäftigung und Berücksichtigung dieser „Standortfaktoren" hätte in der Vergangenheit manchen Investor vor einer Fehlentscheidung bewahrt.

Ist aus den oben erwähnten Untersuchungen über den Standort eine Entscheidung für 2 oder 3 Grundstücke gefallen, so sind diese einer weiteren Untersuchung zu unterziehen. Weitere Faktoren, die das eigentliche Bauen stärker berücksichtigen, sind heranzuziehen. Solche Faktoren können sein:

- Grundstücksgröße und Preis,
- Zulässige Bebauung des Grundstücks,
- Anzahl der erforderlichen Stellplätze,
- Beschaffenheit des Baugrunds,
- Altlastenproblematik und
- Verkehrserschließung des Grundstücks

Aus den in der Rahmenplanung erarbeiteten Grundlagen geht die erforderliche Geschossfläche hervor. Aus der zulässigen Bebauung entweder über die Aussagen eines vorliegenden Bebauungsplanes oder aus den Rahmenbedingungen der umliegenden Bebauung wird die zulässige Geschossflächenzahl (GFZ) und die Grundflächenzahl (GRZ) als mögliche überbaubare Grundstücksfläche abgeleitet:

$$FG\ (m^2) * GFZ\ >= GF_{RP}\ (m^2)$$

mit   FG   = Grundstücksfläche (m^2)

       GFZ   = zulässige Geschossflächenzahl

       GF_{RP} = ermittelter Flächenbedarf aus der Rahmenplanung

Unter Hinzuziehung der GRZ lässt sich ermitteln, welche Fläche des Grundstücks überbaut werden darf. Aus der Kombination zwischen GRZ und GFZ kann die Geschosszahl ermittelt werden. Damit steht die Traufhöhe des Gebäudes fest – die Frage nach der baurechtlichen Zulässigkeit des Projektes kann beantwortet werden.

Über die Grundstückspreise kann ein erster Anhaltspunkt aus den Bodenrichtwertkarten der Gutachterausschüsse für Wertermittlung abgelesen werden. Maßgebend bestimmt jedoch die Ausnutzung des Grundstücks (über die GFZ geregelt) den Grundstückspreis. Die Abhängigkeit kann aus den Wertermittlungsrichtlinien entnommen werden. Dies alles können jedoch nur Anhaltspunkte sein. Sinnvollerweise wird der für den Investor noch zulässige Grundstückspreis über eine Gesamtkosten- und eine Renditebetrachtung ermittelt. Dabei werden die Kosten des zu errichtenden Gebäudes, die Kosten der Erschließung und die Nebenkosten den zu erwartenden Einnahmen gegenübergestellt. Durch eine Modellrechnung kann dann der Grundstückskaufpreis eingegrenzt werden. Weitere Ausführungen zu dieser Berechnung sind im Kap. 7.4.1.3 gemacht.

Auf keinen Fall sollte die gängige Praxis weiterverfolgt werden, dass überhöhte Grundstückspreise, die keiner Kostenüberlegung folgen, durch erzwungene Einsparungen bei der Planung und beim Bauen kompensiert werden.

Die Anzahl der erforderlichen Stellplätze sind zwar durch die Stellplatzverordnung in den einzelnen Verwaltungsvorschriften geregelt. Es ist jedoch abzuklären, ob die erforderliche Stellplatzzahl überhaupt gebaut werden darf (einige Kommunen tun sich da sehr restriktiv hervor und lassen sich die notwendigen, aber nicht genehmigten Stellplätze ablösen) oder ob eine bestimmte Zahl der Stellplätze gegen die Zahlung eines bestimmten Betrages je Stellplatz abgelöst werden kann. Bereits die Forderung, die notwendigen Stellplätze auf dem Grundstück nachzuweisen, kann bedeuten, dass 2–3 Untergeschosse für eine Tiefgarage gebaut werden müssen. Die dazu notwendigen Investitionen können je nach Beschaffenheit des Baugrundes den gesamten Investitionsrahmen sprengen.

Um Auskünfte über die Beschaffenheit des Baugrundes zu erhalten, bedarf es einer genaueren Untersuchung. In der Phase der Machbarkeitsstudie sollten in erster Linie Aussagen von Nachbarbebauungen, Behörden und die Auswertung von geologischen Karten herangezogen werden. Vor allem ist auf die Erfassung der Grundwasserstände Wert zu legen. Sind wenige oder keine Daten zu erhalten, ist zur Risikobewertung auch in dieser frühen Phase ein Bodengutachten einzuholen.

Dieselbe Problematik ergibt sich bei den Altlasten. Hier ist wesentlich, die Historie des Grundstücks zu kennen. Die meisten Altlasten stammen aus der Nachkriegszeit. Als beste Informationsquelle über ein Grundstück haben sich die Mitbürger herausgestellt, die seit langer Zeit am Ort wohnen. Sie wissen meist besser Bescheid als die Unterlagen, die behördenseits vorliegen. Auch wenn nach dem Verursacherprinzip der Verkäufer eines Grundstücks für die Beseitigung der Altlasten verantwortlich ist, hat die Altlastenbeseitigung in der Regel solche terminlichen Folgen, dass von einer Investition abgesehen werden muss.

Bei der Verkehrserschließung ist zu prüfen, ob das in Frage kommende Grundstück ohne aufwendige Maßnahmen an das öffentliche Netz angeschlossen werden kann.

7.4.1.3 Kosten- und Renditeüberlegung

Im Zuge der Rahmenplanung wurden bereits Kostenüberlegungen mittels Kennwerten der einzelnen Anteile an der BGF angestellt. Aus Plausibilitätsgründen empfiehlt es sich, die so erhaltenen Summen mit Kennwerten aus Vergleichsprojekten abzugleichen. Vergleichsprojekte können der Literatur entnommen werden [3]. Um die Vergleichsprojekte anwenden zu können, sind die Kosten nach folgender Formel zu ermitteln [4]:

$$K_{pr} = I_{ges} \cdot (\Sigma WFL_{oi} \cdot \text{€/m}^2 WFL_{oi} \cdot c + \Sigma BGF_{ui} \cdot \text{€/m}^2 BGF_{ui} \cdot d)$$

Mit $\quad I_{ges} = I_1 \cdot I_2$

$\quad I_1 \quad =$ Verhältnis des amtlichen Baukostenindex zum Zeitpunkt der Kostenschätzung zum Index zum Zeitpunkt der Erstellung des Vergleichsprojektes

$\quad I_2 \quad =$ Verhältnis des Regional-Indexes der Baukosten des Bundeslandes des eigenen Projektes zum Index des Bundeslandes des Vergleichsprojektes

$\quad c \quad = (BRI_{pr}/WFL_{pr}) / (BRI_{db}/WFL_{db})$

$\quad d \quad = (BRI_{pr}/NF_{pr}) / (BRI_{db}/NF_{db})$

Mit den Faktoren c und d werden die Verhältnisse von BRI zu den Nutzflächen des Eigenen und des Vergleichsprojektes berücksichtigt.

$\quad NF \quad =$ Nutzfläche (m^2)

$\quad BRI \quad =$ Bruttorauminhalt (m^3)

$\quad WFL \quad =$ Wohnfläche (m^2)

$\quad oi \quad =$ oberirdisch

$\quad ui \quad =$ unterirdisch

$\quad pr \quad =$ eigenes Projekt

$\quad db \quad =$ Vergleichsprojekt (Datenbank)

Entscheidend bei den Kosteneinflüssen ist neben den Verhältnissen BGF zu Nutzflächen auch das Verhältnis der Hüllfläche HF zu dem eingeschlossenen Volumen V. Nachstehende Formel gibt den Einfluss wieder:

$$\Delta I = e \cdot K_{pr} \cdot (HF_{pr}/V_{pr} - HF_{db}/V_{db}) \qquad \text{[EUR]}$$

mit $\quad \Delta I \quad =$ Kostendifferenz zu K_{pr}

$\quad e \quad =$ empirischer Verhältniswert zwischen 0,27 und 0,31

Der Einfluss unterschiedlicher Verhältnisse der Hüllfläche zum eingeschlossenen Volumen kann sich in Kostendifferenzen bis zu 30 % ausdrücken!

Für die Renditeüberlegungen sind nicht nur die Höhe der Gesamtinvestition von Bedeutung, sondern auch die jährlichen Zahlungsströme, die von der Investition während der Lebensdauer des Projektes ausgelöst werden („life cycle cost").

Die laufenden Ausgaben eines Projektes können sein:
- Regelmäßig anfallende Kosten in einer Periode wie
  - Versicherungen,
  - Verwaltungskosten,
  - Betriebskosten und
  - Wartungskosten
- Unregelmäßig anfallende Kosten wie
  - Bauunterhaltungskosten und
  - Modernisierungskosten
- Einmalige Kosten
  - Umwidmungskosten zur Nutzungsänderung und
  - Abbruchkosten am Ende der Nutzungszeit des Projektes

Die einzelnen Betriebs- und Bauunterhaltungskosten sind in DIN 18 960 aufgezählt. Es gibt in der Literatur einfache Methoden, diese Kosten auch in frühen Projektphasen überschlägig zu ermitteln [5].

Die laufenden Einnahmen einer Periode können sein:
- Mieten, bestehend aus
  - Grundmiete,
  - Nebenkostenanteil und
  - sonstige Kostenteile gemäß individuellen Mietbetrag
- Mieten für Stellplätze und
- Mieten für Werbeflächen

Außerordentliche Einnahmen können sein
- ein Veräußerungserlös am Ende der Nutzungszeit

Die Investitionskosten und die in der Zukunft liegenden Zahlungsströme müssen vergleichbar gemacht werden. Dies geschieht durch Abzinsung („Diskontierung") der Zahlungsströme auf den Zeitpunkt der Investition – man ermittelt also den Barwert der Zahlungsströme mit einem kalkulatorischen Zinssatz. Außerdem können bei der Abzinsung auch Preissteigerungsraten für Mietpreiserhöhungen oder Steigerungen der Energiepreise bei den Betriebskosten berücksichtigt werden (s. Bd. 1: Baubetriebslehre, dort: Investitionsrechnung).

Die Formeln für den Barwert bei periodischen Zahlungsströmen mit Preissteigerung lauten:

$$B_W = e \cdot (f_e/q) \cdot ((f_e/q)^n - 1)/(f_e/q - 1)$$

Die Formel für den Barwert bei aperiodischen Zahlungsströmen mit Preissteigerung lautet:

$$B_W = E \cdot (f_e/q)^n$$

Mit $\quad$ B_W $\quad$ = $\quad$ Barwert

$\qquad$ f_e $\quad$ = $\quad$ Preissteigerung = 1 + Preissteigerungsrate (%)

$\qquad$ q $\quad$ = $\quad$ Zinsfaktor = 1 + Zinssatz (%)

$\qquad$ n $\quad$ = $\quad$ Betrachtungszeitraum in Jahren

$\qquad$ e $\quad$ = $\quad$ jährlicher Zahlungsbetrag

$\qquad$ E $\quad$ = $\quad$ aperiodisch anfallender Zahlungsbetrag

Strittig ist bei der Berechnung der Barwerte der anzunehmende kalkulatorische Zinssatz. Ohne auf die theoretischen Abhandlungen der Betriebswirtschaftslehre einzugehen, hat sich für die

Projektentwicklung die Annahme des langfristigen Hypothekenzinssatzes (10-Jahres-Bindung) als praktikabel erwiesen.

Die Investition mit dem niedrigsten Betrag aus der Summe Investitionskosten und Barwert ist die günstigste.

Während die aufgezeigte Barwertmethode von vereinfachten Zahlungsströmen während der Nutzungszeit ausgeht, gehen moderne Methoden von einer vollständigen Abbildung aller Zahlungsströme des Projektes vom Beginn der Investition über die Entwicklung der Finanzierung des Projektes bis hin zum Veräußerungserlös aus [1]. Man bezeichnet dies als Methode der „vollständigen Finanzpläne". Es wird hier nur der Vollständigkeit halber auf diese Methode verwiesen.

Ein in der Immobilien-Praxis häufig angewandtes, überschlägiges Verfahren zur Ermittlung der Rendite eines Immobilienprojektes soll im Folgenden kurz dargestellt werden. Das Verfahren wird als einfache Developer-Rechnung bezeichnet und ermittelt die Bruttoanfangsrendite.

Das Verfahren basiert auf der statischen Anfangsrendite, d. h. dem Verhältnis der Gesamtinvestition zur erzielbaren Jahresmiete. Das Ganze soll an einem Beispiel dargestellt werden.

Aus der Rahmenplanung und der Plausibilitätskontrolle liegt die Höhe der Gesamtinvestition fest. Es fehlt lediglich die Bauzwischenfinanzierung. Diese wird mit einem marktüblichen Zwischenfinanzierungszinssatz angesetzt. Die zu verzinsenden Kostenanteile werden gemäß ihres zeitlichen Anfalls mit dem Zinssatz berücksichtigt. Das bedeutet, dass der Grundstückspreis vom Tage der Zahlung des Kaufpreises bis zur Übergabe des Projektes verzinst wird, die Baukosten fallen vereinfacht linear zur Bauzeit an, d. h. man rechnet vereinfacht mit der Hälfte der Baukosten über die Bauzeit als Höhe der Verzinsung (Bild 7.6).

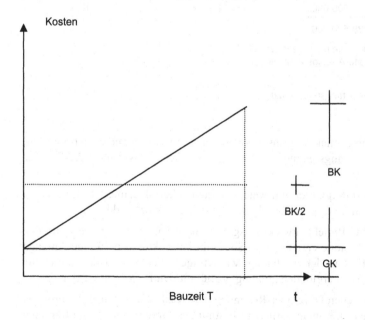

Bild 7.6 Ermittlung der Zwischenfinanzierungs-Zinsen

Die erzielbaren Mieterträge werden als Bruttoerträge vor Zinsen, Steuern und AfA (Abschreibung für Abnutzung) angesetzt.

mit   BK = Baukosten

GK = Grundstückskosten

T   = Bauzeit in Jahren

q   = Zinsfaktor = 1 + Zinssatz

Ergeben sich die Zinsen Z:

$$\mathbf{Z = (GK + BK/2) \cdot p \cdot T}$$

Damit sind die Grunddaten für eine Berechnung gemäß Bild 7.7 gegeben.

Bruttoanfangsrentabilität:

Bürogebäude mit erhöhtem Standard

Flächen:

BRI	96.000 m2
BGF	24.000 m2
Vermietbare Fläche	16.400 m2
Stellplätze	220 St

Investitionskosten in EUR

		Brutto-Mieteinnahmen in EUR	
1.0 Grundstück	8.000.000	Miete EUR 13,75/m2	2.706.000
2.0 Erschließung	250.000	Stellplätze	132.000
3.0 Baukonstruktionen	16.500.000		2.838.000
4.0 Gebäudetechnik	7.000.000		
5.0 Außenanlagen	750.000	**Brutto-**	
6.0 Einrichtung	0	**Anfangsrentabilität**	7,37 %
7.0 Baunebenkosten	6.000.000	**Makler-Faktor**	13,60
	38.500.000		

Brutto-Anfangsrentabilität = Bruttomieteinnahmen/Investitionskosten
Makler-Faktor = Kehrwert der Brutto-Anfangsrentabilität

Bild 7.7   Ermittlung der Bruttoanfangsrentabilität

Zur Auswertung wird der Jahresmietertrag ins Verhältnis gesetzt zur Gesamtinvestition. Dies ergibt die bereits erwähnte Anfangsrendite, mit der sich die Gesamtinvestition jährlich verzinst.

Der Kehrwert der Anfangsrendite gibt an, mit welchem Faktor die Jahresmiete zu multiplizieren ist, um die Höhe der Gesamtinvestition zu erhalten („Makler-Faktor", Bild 7.7)

Diesen Faktor macht sich eine Projektentwicklungsgesellschaft zunutze, wenn sie weiß, dass ein Investor eine bestimmte Rendite erzielen will. So ergibt ein Faktor von 19 eine Anfangsrendite von 5,3 %. Die Differenz der Rechnung Mieterträge · Faktor und den tatsächlich aufgewendeten Investitionskosten ergibt den „trading profit" für den Projektentwickler.

Sinnvoll ist es, bei dieser einfachen Developer-Rechnung eine Risikoabschätzung der prognostizierten Werte vor zunehmen, d. h. man variiert in bestimmten Grenzen die Mieterträge und beobachtet die Auswirkungen auf die Anfangsrendite.

Zu beachten ist, dass die aufgeführte Berechnungsmethode keine Zahlungsströme der Zukunft berücksichtigt, sondern nur den Bereich der Investitionsdauer (2–3 Jahre) in die Rechnung einbezieht. Deshalb werden heute von den Investoren die komplexeren Methoden der Investitionsrechnung herangezogen, unter Beachtung der Gesamtinvestition und der Zahlungsströme der Zukunft, wie sie oben beschrieben wurden. Trotzdem ist die einfache Developer-Rechnung nach wie vor ein einfaches und bewährtes Mittel, um sich schnell über eine Anfangsrendite einen Überblick zu verschaffen.

Die o. a. Untersuchungen führen zu einer weiteren Verfeinerung der Grundstücksauswahl. Aus den ursprünglich 2–3 ausgewählten Grundstücken werden max. 1–2 übrig bleiben. Da wir uns noch in der Phase der Machbarkeitsstudie befinden und damit noch gewisse Unschärfen in den Flächen und den Kosten vorhanden sind, ist es sinnvoll, für diese sich in der engeren Wahl befindlichen Grundstücke Optionsverträge abzuschließen. Damit hat man sich das Grundstück für eine gewisse Zeit gesichert. In dieser Zeit können weitere verfeinerte Untersuchungen durchgeführt werden, die dann die Wahl auf eines der Grundstücke fallen lassen.

7.4.1.4 Rahmenterminplan

Als letzten Punkt der Machbarkeitsstudie ist die terminliche Abwicklung des Projektes darzustellen. Dazu dient der Rahmenterminplan (s. Kap. 5). Wie bereits im Kapitel Terminplanung dargestellt, gibt der Rahmenterminplan den Gesamtablauf wieder, der möglichst nicht mehr geändert werden sollte. Änderungsgründe könnten jedoch sein:

- Verzögerte Genehmigungsverfahren,
- Probleme bei der Altlastenbeseitigung und
- Änderung des Bebauungsplans

Der Rahmenterminplan soll den Investor in die Lage versetzen, aufgrund der genannten Termine seine Zwischen- und Endfinanzierung aufzubauen, die Kündigung seiner bisherigen Mietverträge (sofern er Eigennutzer ist) vorzubereiten. Desweiteren ist der Rahmenterminplan Grundlage für die weiteren Schritte beim Projekt, wie das Erstellen des Raum- und Funktionsprogramms und den Abschluss von Planerverträgen u. ä.

7.5 Raum- und Funktionsprogramm

Während die Machbarkeitsstudie die Möglichkeit, das vorgesehene Projekt zu realisieren, grob abschätzt, dient die Erstellung des Raum- und Funktionsprogramms der umfassenden Definition der Anforderungen an das Projekt.

Aus falsch verstandener Sparsamkeit im Bereich der Planungshonorare unterbleibt diese Definition sehr oft – Bestandsaufnahme, Standortanalyse, Aufstellen eines Raumprogramms sind Besondere Leistungen gemäß HOAI § 15.2.1 und unterliegen demnach auch einer gesonderten Honorierung. Auch hier entsprechen die Leistungen der HOAI nicht mehr dem Stand der Technik. Auch hier ist unbedingter Handlungsbedarf bei der Aufklärung des Bauherrn. In der heute noch üblichen Praxis wird gerade noch eine Machbarkeitsstudie aufgestellt, anschließend beginnt sofort die Planung. Während der Planungsphasen werden die Anforderungen an das Projekt nur in der Intensität definiert, die die aktuelle Planungsphase erfordert. Mit fortschreitender Planung erkennt man, dass durch sich jetzt einstellende Erkenntnisse Änderungen gravierender Art in den Funktionen des Projektes notwendig sind – man schiebt die Schuld dann auf die unvorhergesehene Marktentwicklung oder auf Änderungen in den steuerlichen Rahmenbedingungen. Die Planung wird umgestellt, es kommt zu Behinderungen, im

Extremfall zum Baustillstand mit all seinen juristischen, terminlichen und finanziellen Folgen. Die weitere Folge ist Frust bei den Planern und äußerste Unzufriedenheit beim Bauherrn.

Eine solche Entwicklung eines Projektes muss nicht sein. Die Definitionsphase, in der die Anforderungen an das Projekt definiert werden müssen, muss von der Planungsphase getrennt werden und dieser vorausgehen. Diese gilt für alle Arten von Projekten – ob Wohnbauten, Verwaltungsbauten oder Industriebauten. In der Definitionsphase werden die Ziele des Investors, des Nutzers festgelegt, nach denen sich der weitere Projektfortschritt zu richten hat und nach denen ein Projekt gesteuert wird. Eine Steuerung ohne Vorgabe von Projektzielen ist nicht möglich. Das Ende der Definitionsphase bildet den Übergang von der Projektentwicklung zur Projektsteuerung. Die Sollvorgaben entstehen in der Erstellung des Raum- und Funktionsprogramms und münden in das Nutzerbedarfsprogramm. Dieses soll den Investoren- und/oder den Nutzerwillen in eindeutiger Form beschreiben.

Am Beispiel des Neubaus der Hauptstelle einer Sparkasse soll der ideale Ablauf bis zur Verabschiedung des Nutzerbedarfsprogramms aufgezeigt werden. Bild 7.8 gibt den Weg von der Zielformulierung bis zum Raum- und Funktionsprogramm beispielhaft an. Für andere Projekte kann dieser Ablauf analog umgestaltet werden, er ändert sich grundsätzlich nicht. Hier sei auf die grundlegende Arbeit von Ulrich Schütz [2] verwiesen.

Die Zielformulierung im Sinne einer strategischen Unternehmensplanung lautet:

Es soll eine neue Hauptstelle gebaut werden!

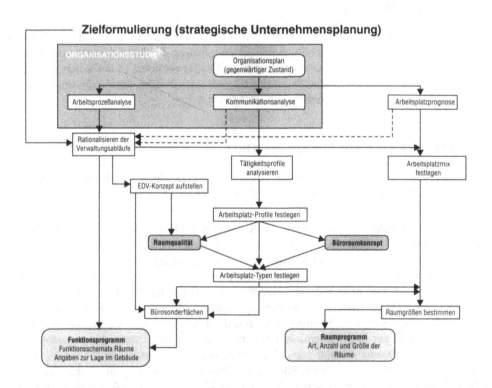

Bild 7. 8   Strategische Unternehmensplanung [2]

Dieses Ziel wird hier nicht mehr in Frage gestellt, die Notwendigkeit ist bereits in der Machbarkeitsstudie beantwortet worden. Der Weg zu einer neuen Hauptstelle ist nun Sache eines von der Unternehmensleitung eingesetzten Teams aus Mitarbeitern und externen Beratern. Diesen stellt sich am Anfang die Frage:

Wie sieht die Hauptstelle einer Sparkasse im Jahre 2015 aus?

Diese grundlegende Frage beherrscht die nächsten Schritte des eingesetzten Teams. Für andere Projekte stellt sich abgewandelt die Frage:

- Wie sieht das Verwaltungsgebäude des Jahres 2015 aus unter den Aspekten des reengineerings, des outsourcings und der Informationsverarbeitung? Die Frage nach dem „Verwaltungsgebäude der Zukunft" stellt sich nicht, da sie nicht zu beantworten ist. Es müssen konkrete Ziele angegeben werden.

- Wie sieht die Entwicklung eines Stadtbezirks im Jahre 2015 aus?

- Wie sieht der Wohnungsmix einer größeren Wohnanlage für das Jahr 2015 aus?

Für das weitere Vorgehen zum Erstellen des Raum- und Funktionsprogramms soll nachfolgender Katalog der Aufgabenbereiche dienen. Die einzelnen Gliederungspunkte werden anschließend kurz abgehandelt.

Um ein Raum- und Funktionsprogramm effektiv erstellen zu können, bedarf es der Festlegung einer Projektorganisation, d. h. die Organisation aller am Projekt Beteiligten und der Kompetenzen. Entscheidungsträger Nr. 1 wird in aller Regel die Unternehmensleitung sein, die eine Projektgruppe einsetzt. In dieser Projektgruppe sind Mitarbeiter und externe Berater vertreten. Diese Gruppe erarbeitet oder lässt gemäß Bild 7.9 Vorlagen erarbeiten, die dem Entscheidungsgremium zur Entscheidung vorgelegt werden. Mitarbeiter müssen in der Projektgruppe vertreten sein – es geht um deren zukünftige Arbeitsplätze und die Akzeptanz der Entscheidungen. Die Vertreter der Mitarbeiter werden vor allem verstärkt für die Ist-Analyse der vorhandenen Organisation und deren Schwachstellen eingesetzt, während externe Berater mehr für die in die Zukunft gerichteten Funktionsbereiche erforderlich sind, da sie unabhängig vom Betriebsgeschehen planen.

Neben der Projektorganisation müssen die Entscheidungswege festgelegt werden für den Einkauf von externen Leistungen und für die Freigabe von erarbeiteten Planungsvorgaben. Desweiteren ist unbedingt ein Terminplan mit Aussagen, was in welcher Zeit erreicht werden soll, aufzustellen und zu verabschieden.

1. Aufbauorganisation

    - Personalstruktur

    - Arbeitsplatz- und Raumstruktur

    - Kommunikationsuntersuchung und Mitarbeiter-
      befragung

2. Ablauforganisation

    - funktionale Beziehungen in und zwischen den
      Abteilungen

    - Ablauforganisation in Sonderbereichen und zwischen
      Abteilungen und Sonderbereichen

    - Alternative Modelle der Ablauforganisation (Analyse,
      Bewertung, Entscheidung)

3. Nutzungsspezifische Gebäude- / Raumkonzeption

    - Arbeitsplatz- und Raumtypen

    - Formen der Raumorganisation

    - Alternative Gebäude- und Raumkonzeptionen
      (Analyse, Bewertung, Entscheidung)

    - Funktionsprogramm

4. Ermittlung des Flächenbedarfs

    - Nutzungsspezifische Flächen

    - Sonderflächen, Sonderräume, Zentrale Dienste

    - Stellplätze

    - Raum- und Flächenprogramm nach DIN 277

5. Anforderungen an Bauweise und Geschossbelegung

    - Standortfaktoren

    - Bauweise

    - Geschossverteilung und -belegung

Bild 7.9   Aufgabenbereiche der Projektentwicklung

7.5.1 Aufbauorganisation

Hier gilt es, den gegenwärtigen Zustand der Organisation des Unternehmens zu beleuchten. Dazu hat sich die Analyse des bestehenden Organisationsplans bewährt, die Auskunft über die vorhandenen Stellen gibt. Orientierend an der Zielfrage: Wie sieht die Hauptstelle im Jahr 2015 aus? Werden hier erste zukunftsweisende Tendenzen aufgezeigt, welche Funktionen verstärkt (Service-Funktionen), welche Funktionen verkleinert oder in Zukunft gänzlich entfallen werden.

7.5.2 Ablauforganisation

Da das bestehende Organigramm keine Abläufe der in der Organisation zu erbringenden Tätigkeiten aufzeigt, ist eine Kommunikations- und eine Arbeitsprozessuntersuchung durchzuführen. Das kann in der Projektgruppe geschehen, wenn die Kommunikationen und die Arbeitsprozesse übersichtlich sind. Ansonsten geschieht dies über Mitarbeiterbefragung mittels Fragebögen. Bei der Kommunikationsuntersuchung werden innerhalb eines festgelegten Zeitraums sämtliche Kommunikationen, die z. B. Abteilungen miteinander haben, festgehalten und ausgewertet.

Bei der Arbeitsprozessuntersuchung wird der gesamte Verwaltungsbetrieb einer kritischen Betrachtung unterzogen. Zunächst werden die Geschäftsvorfälle verfolgt von der ersten Kontaktaufnahme bis zum endgültigen Abschluss und dann analysiert, welche Schritte innerhalb der Verwaltung tatsächlich notwendig wären. Es ergeben sich Schwachstellen aus Gründen gewachsener Strukturen, aus Vorliebe einzelner Mitarbeiter wie z. B.:

- Datenredundanz, überflüssige Informationen,
- zu viele Bearbeitungsstellen, auch infolge überflüssiger Kontrollen,
- eingeschränkter Handlungsspielraum von Mitarbeitern und
- uneffektive Informationsverarbeitung infolge z. B. uneinheitlichem Datenformat

Aus diesen Untersuchungen und Analysen lässt sich ableiten, welche neuen Funktionen zusätzlich eingeführt werden müssen und welche alten Funktionen entfallen können. Daraus ergibt sich das Funktionsprogramm.

7.5.3 Nutzungsspezifische Gebäude-/Raumkonzeption

Die nutzungsspezifische Gebäude-/Raumkonzeption ist das Ergebnis aus den Analysen der Aufbau- und Ablauforganisation. Neue Funktionen werden geschaffen, alte jetzt oder auf Frist gesehen abgeschafft. Danach richten sich die im Projekt zu schaffenden Flächen und die Zuordnung der Flächen zueinander. So sollten Flächen von auf Sicht aufzulösenden Funktionen in unmittelbarer Nähe zu neuen, expandierenden oder auf Sicht zu schaffenden Funktionen liegen.

Es müssen die Arbeitsplatztypen definiert werden. Diese hängen z. B. ab von den Arten der durchzuführenden Besprechungen. Im Bankbereich mit seinen sensiblen Kundengesprächen wird man mehr Diskretionszonen schaffen, ohne den Charakter einer Klausurtagung zu erwecken. Dabei sind folgende Fragen zu beantworten:

- Art, Häufigkeit, Dauer und Zahl der Teilnehmer an Besprechungen.
- Gibt es Besprechungen, die in Arbeitszimmern abgehalten werden können/müssen?
- Ist ein Konferenzbereich notwendig?
- Sind variable Raumgrößen mit variablen Trennwandsystemen notwendig?

Weiter wird der Arbeitsplatz bestimmt durch die Art der Archivierung der Kundenunterlagen. Dabei stellen sich folgende Fragen:

- Welche Akten müssen am Arbeitsplatz direkt zugriffsbereit sein?
- Welche Unterlagen können in Gruppen zusammengefasst werden?
- Welche Unterlagen können in zentralen Archiven untergebracht werden, wie sieht der Zugriff auf diese Unterlagen aus?

Für die zentralen Bereiche ist vor allem die Frage nach der Lage und den Anforderungen des EDV-Systems, der Sozialräume und der Schulungsräume wichtig.

Beim angedachten Beispiel des Hauptgebäudes einer Sparkasse ist ein weiterer wesentlicher Bereich die Schalterhalle. In der betrachteten Phase der Erstellung des Raumprogramms geht es dabei vor allem um die Größe und die Art der Nutzung (allgemeiner Service-Bereich, Bereich der Selbstbedienung, Kundenhalle). Dieser Bereich unterliegt in den nächsten Jahren einer starken Veränderung und muss deshalb in der Projektgruppe von allen Seiten beleuchtet werden. Die Ausarbeitung eines Layouts ist jedoch Sache der Planungsphasen und nicht der Projektvorbereitung.

Mit der Definition der o. g. Bereiche – der abgestimmten Funktionen, der Zahl der Arbeitsplätze, der Zahl der Besprechungsräume, der Konferenzräume, des EDV-Raum-Bedarfs und der Größe der Schalterhalle liegt das Funktionsprogramm fest. Es fehlt noch das Raumkonzept im Groben, d. h. mit welchen generellen Konzepten der Büroordnung muss sich die Planungsphase auseinandersetzen. Ohne im Detail auf die einzelnen von den verschiedenen Philosophien der Büroraumkonzeption erarbeiteten Büroordnungsvorschläge einzugehen, kann gesagt werden, dass die Wahl aus den Konzepten

- Zellenbüro,
- Großraumbüro,
- Gruppenbüro und
- Kombibüro

abhängig ist von den Tätigkeitsprofilen wie

- Art und Anzahl von Kommunikationsvorgängen,
- Anteil an Bildschirmarbeit,
- Anteil sitzender Tätigkeit,
- Teilnahme an Besprechungen und
- Aktenverfügung am Arbeitsplatz.

Die nachfolgenden Bilder 7.10 und 7.11 zeigen beispielhaft Kriterien und Daten für diverse Büroraumkonzeptionen.

Kriterien	Ein-ZB	Dopp-ZB	Flex. ZB	GroßRB	GrupB	KombiB
Direkte Kommunikation	x	xx	xx	xxx	xxx	xx
Kontrollierbarkeit	x	x	x	xxx	xxx	xx
Gleichwertigkeit der AP	xxx	xx	xx	x	xx	xxx
Flexibilität	x	x	xx	xxx	xxx	xx
Störungen bei Wartung	x	x	xx	xxx	xxx	xx
Privatsphäre	xxx	xx	xx	x	x	xx
Persönl. Gestaltung des AP	xxx	xx	xxx	x	x	xxx
Bezug Außenwelt (Fensterfläche)	xxx	xxx	xxx	x	xxx	xxx
Persönl- Raumkonditionierung	xxx	xx	xx	x	xx	xxx
Mitarbeiterakzeptanz	xxx	xx	xx	x	xx	xxx

Erläuterung:

EinZB = Zellenbüro mit Einzelbelegung
DoppZB = Zellenbüro mit Doppelbelegung
Flex.ZB = Zellenbüro mit flexibler Belegung
GroßRB = Großraumbüro
GrupB = Gruppenbüro
KombiB = Kombibüro
AP = Arbeitsplatz

x = kaum vorhanden/gewährleistet
xx = i.a. vorhanden/gewährleistet
xxx = überwiegend vorhanden/gewährleistet

Bild 7.10   Kriterien für eine Büroraumkonzeption [2]

Kriterien	DoppZB	GroßRB	GrupB	KombiB
Raumtiefe (m)	4,5 - 5,4	20 - 30	12 - 15	3,9 - 5,0
Gesamttiefe (m)	13 - 14	20 - 30	12 - 24	16 - 17
Geschosshöhe (m)	2,8 - 3,6	3,8 - 4,5	3,7 - 4,0	3,0 - 4,0
Abstand AP-Fenster	< 5,0	< 15,0	< 7,5	< 4,0
Raumbreite (m)	< 4,0	20 - 60	12 - 20	6 - 8
Raumfläche (m2)	15 - 25	400 - 1200	150 - 300	9 - 12
Personen / Raum	2	> 80	12 - 25	1
Tragwerk	1-achsig	2-achsig Klimatisierung	2-achsig	1-achsig statisch
Heizung	statisch	Bauteilkühlung	statisch	Bauteilkühlung Fensterlüftung s.
Lüftung	Fensterlüftung	s. Heizung	Fensterlüftung	Heizung
Beleuchtung bei Tage	Tageslicht	Kunstlicht	Tageslicht	Tageslicht
Medienversorgung	FBK/HB	DB	DB	FBK/DB
Horiz. Erschließung	Flure	flurlos	Flure o. Türen	Flure/ Multizone

Erläuterung:

DoppZB   = Zellenbüro mit Doppelbelegung
GroßRB   = Grossraumbüro
GrupB   = Gruppenbüro
KombiB   = Kombibüro

FBK   = Fensterbankkanal
DB   = Doppel-/Hohlraumboden

Bild 7.11   Daten bei verschiedenen Büroraumkonzeptionen [2]

Aus der Wahl der generellen Büroraumkonzeption ergeben sich die Nutzflächen der Bürobereiche. Eine weitere Untergliederung der Bürobereiche sollte in dieser Phase unterbleiben. Sie führt in der Ermittlung der Büroflächen zu keinem besseren Ergebnis und schränkt die weiteren Überlegungen in der Planungsphase nur unnötig ein.

Damit liegen die Nutzflächen aller Funktionen fest. Für Verwaltungsgebäude, zu denen auch unser Beispiel gezählt werden kann, kann man annehmen, dass das Verhältnis

Nutzfläche (NF) / Bruttogrundfläche(BGF) = ca. 0,7 beträgt.

Damit liegt die BGF für die Funktionsbereiche fest.

Es fehlen noch die Flächen der Haustechnik sowie der Stellplätze.

Die Technikflächen für Sanitär-, Heizungs-, Elektro-, Lüftungs-/Klima- und Sprinklerbereich sind abhängig von den Leistungsdaten, z. B. bei der Heizung von der Nennwärmeleistung. Diese Daten sind jedoch erst nach den ersten Planungsschritten bekannt. Deshalb behilft man sich in der vorliegenden Phase mit Erfahrungswerten, d. h. Anteil der Technikflächen an der BGF. Näherungsweise kann als Erfahrungswert aus der Auswertung einer Vielzahl von Projekten für die Leistungsbereiche:

- Heizung   - Elektro

- Sanitär   - Lüftung

ein Wert von ca. 7–10 % der BGF genannt werden.

Diese Werte sind nur Anhaltswerte. Abweichungen können eintreten, müssen dann aber begründet werden.

Die Anordnung der Technikflächen ist nicht auf ein Untergeschoss beschränkt. Eine Heizung kann durchaus auch in einem Dachgeschoss untergebracht werden. Man spart sich dann den Kamin.

Bereits in der Machbarkeitsstudie wurde die Zahl der erforderlichen Stellplätze ermittelt. Sie sollte anhand der jetzt ermittelten Nutzflächen noch einmal überprüft werden. Die Unterbringung der Stellplätze (Ablöse, Tiefgarage, oberirdische Stellplätze) wurde ebenfalls in der Machbarkeitsstudie untersucht. Kommt im vorliegenden Falle eine Tiefgarage zur Ausführung, um die Stellplätze unterzubringen, so ist zu prüfen, ob dann auch die Technikflächen im Untergeschoss/den Untergeschossen angesiedelt werden können.

Damit liegt nunmehr die BGF für das Gebäude vor.

Analog zur Machbarkeitsstudie werden die baurechtlichen Zwänge noch einmal überprüft. Über die zulässige GFZ und GRZ wird ermittelt, ob die Flächen der Funktionen die zulässige Geschossfläche nicht übersteigt und ob die überbaute Grundstücksfläche unter anteiliger Berücksichtigung der Untergeschosse den zulässigen GRZ-Wert nicht überschreitet. Aus den über die GRZ ermittelten zulässigen Flächen der einzelnen Geschosse lässt sich unschwer die Anzahl der oberirdischen Geschosse ermitteln. Zu prüfen ist jetzt noch, ob die so ermittelte Traufhöhe sich mit der Ortssatzung verträgt. Weitere Details wie das gekonnte Ausnutzen des Baurechts sollte dann der Planungsphase überlassen bleiben.

Damit ist die Phase der Raumkonzeption und der gebäudespezifischen Nutzung abgeschlossen. Die Daten für die Nutzung des Gebäudes liegen als Nutzerbedarfsprogramm vor – es fehlen lediglich noch realistische Kosten- und Terminaussagen. Diese liefert uns der letzte Schritt der Projektentwicklung – die Erstellung eines Massenmodells.

7.6 Massenmodell

Mit den Daten des Nutzerbedarfsprogramms und den Daten des in Betracht kommenden Grundstücks wird ein Massenmodell erstellt, das die Entwicklung der BGF über die unterirdischen und oberirdischen Geschosse aufzeigt. Jetzt wird auch die dritte Dimension, die Geschosshöhe eingefügt. In den vorliegenden Fällen weichen die Geschosshöhen nur im EG und KG von den üblichen mittleren Höhen von 3,0–3,50 m (ohne Klimatisierung) ab. Dabei werden die im Funktionsprogramm entwickelten Zuordnungen von Funktionen entsprechend der Kommunikationsanalyse eingearbeitet. Unter Berücksichtigung der in der Landesbauordnung verankerten Abstandsflächen entsteht ein Baukörper, gegliedert nach Geschossen. Die Fassadenabwicklungen entstehen gemäß den Abstandsflächen. Nachfolgendes Bild 7.12 gibt den Ablauf zur Erstellung des Massenmodells wieder.

Über die aus dem Massenmodell zu entnehmenden Mengen (Gründungs-, Außenwand-, Innenwand-, Decken und Dachflächen) kann ein Kostenmodell als Kostenrahmen aufgebaut werden. Die anhand des Massenmodels ermittelten Mengen, bewertet mit Kostenkennwerten – in diesen spiegelt sich die Qualität der Ausführung wieder – führen über die Grobelemente der Gruppen 3.0 und 4.0 der DIN276 zu einem realistischen Kostenrahmen. Näheres ist in Kap. 4 – Kostenplanung – erläutert.

Die Außenanlagen (KGR 5.0 DIN276) werden über einen Kostenansatz für die nicht überbaute Fläche, die Einrichtung (KGR 6.0 DIN276) über die Anzahl der Arbeitsplätze, die Baunebenkosten (KGR 7.0 DIN276) über einen Prozentsatz der honorarfähigen Kosten (z. B. 15–18 %) bewertet.

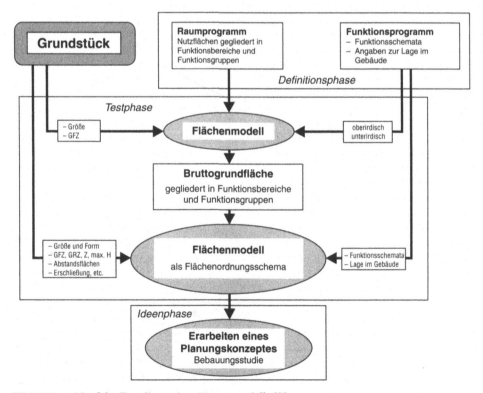

Bild 7.12   Ablauf der Erstellung eines Massenmodells [2]

Dieser Kostenrahmen bildet eine realistische und seriöse Kostenvorgabe für die nunmehr folgenden Planungsphasen.

Mit den Daten des Massenmodells stehen auch die Daten fest, die für die Ermittlung eines Terminrahmens notwendig sind. Über die Größe des m^3 BRI (Bruttorauminhalt) und der Abschätzung des Aufwandswertes des Rohbaus (s. Kap. 5) sowie über die Näherungswerte der Gesamtbauzeit in Abhängigkeit vom Rohbau kann die Ausführungsdauer angegeben werden. Die Planungszeit ab jetzt kann angeschätzt werden – z. B. Dauer für die Vorplanung, Entwurfsplanung bis zur Ausschreibung und Vergabe Rohbau ca. 6–8 Monate. Damit ergibt sich der Gesamtterminrahmen von Beginn der Planungsphase bis zur Übergabe des Bauwerks – vorausgesetzt, die baurechtlichen Randbedingungen sind klar, es bedarf keiner Änderung z. B. eines Bebauungsplanes.

Quellenangaben zum Kapitel 7 Projektentwicklung:

[1]   Schulte, Karl-Werner (Hrsg.): Handbuch Immobilien-Projektentwicklung, Rudolf- Müller-Verlag, 1996

[2]   Schütz, Ulrich: Projektentwicklung von Verwaltungsgebäuden, Expert-Verlag, 1994

[3]   Arch.-Kammer Baden-Württemberg: Gebäudekosten, Teil 1 + 2, 2004

[4]   Heinisch, Martin: Wirtschaftlichkeit im Geschosswohnungsbau, Expert-Verlag, 1995

[5]   Schub, Adolf/Stark, Karlhans: Life cycle cost von Bauprojekten, Verlag TÜV Rheinland, 1985

8 Objektvorplanung

Im Schwerpunkt werden nachfolgend Vorgänge im Hochbau behandelt. Dies heißt nicht, dass die zugrundegelegten Konzepte nicht auch bei anderen Bauobjekten wie z. B. im Ingenieurbau Anwendung finden können. Durch die Vielzahl der Beteiligten bilden aber Hochbauten wahrscheinlich die komplexesten Baumaßnahmen; außerdem sind hier Normen und Regelwerke im technischen/wirtschaftlichen Bereich besonders weit gediehen.

Bei anderen Bauten als Hochbauten sind die in Kap. 2 beschriebenen Phasen und Schritte grundsätzlich gleich. Dies gilt sogar für den Anlagenbau, obwohl dort in der Regel andere Abwicklungsformen gewählt werden (überwiegend konsortiale Errichtungen nach funktionalen Vorgaben).

Zunehmend wird die Objektvorplanung auch als Meilenstein für die Beauftragung der weiteren Planung und Ausführung an ein Unternehmen genutzt.

8.1 Phasendefinition

Die Phase der Objektvorplanung ist nicht nur eine in sich abgeschlossene HOAI-Phase. Auch in der Phasendefinition für beschleunigte Abläufe nach Kap. 2 wird die Objektvorplanung als eigene Phase definiert. Der Grund für die Isolierung dieser Phase ist, dass darin die wesentlichen (und kostenbestimmenden) Konzeptionsentscheidungen für das Objekt getroffen werden.

Zur Entscheidungsreife müssen häufig Alternativen erarbeitet werden. Sofern nicht grundsätzlich andere Alternativen in Betracht zu ziehen sind, berechtigt in dieser Phase die Alternativentwicklung nicht zu Mehrvergütungen auf Planerseite (vgl. HOAI).

Ist die Vorplanung mit dem Vorentwurf fertiggestellt, dient dieser als Ausgangspunkt für weiterführende Planungs- und Realisierungsarbeiten, insbesondere für die Phase 3 nach HOAI.

Sonderfälle bilden sog. Realisierungswettbewerbe, allgemein bekannt als Architektenwettbewerbe. Die sog. Wettbewerbsentwürfe einschl. des letztlich ausgewählten Entwurfes (vgl. hierzu GRW [1]) beinhalten meist wesentliche Elemente des Vorentwurfes und haben vielerorts sogar die Qualität von Vorentwürfen. Wird ein Wettbewerbsentwurf ausgewählt, so sind aber im Regelfall sowohl weitere Überarbeitungen als auch Präzisierungen erforderlich. Üblicherweise werden dann dem Architekten und den Fachplanern Aufträge über die Leistungen der Phase 2 erteilt, ggf. unter Anrechnung von Wettbewerbsvergütungen.

8.2 Ziele und Leistungen

In der Vorplanung werden erstmalig Realisierungsmöglichkeiten durch planerische Bearbeitungen geprüft. Die Planungsergebnisse stellen die Entscheidungsgrundlage für die weitere Realisierung dar. Erste belastbare Kosten- und Terminaussagen sollen hier geliefert werden.

Die Vorplanungsphase ist eigentlich die letzte rein konzeptive Phase. Alle weiteren Aktivitäten für Planung und Ausführung sollen sich in dem hier gesteckten Rahmen bewegen. Mit Ende der Phase sollen geklärt sein:

- Funktionale Zusammenhänge
- Gestaltungsrahmen und Gebäudegeometrie
- Haustechnische Systeme

- Konstruktive Systeme
- Vorgaben für Weiterbeauftragungen

8.3 Grundsätzlicher Ablauf der Phase Objektvorplanung

Voraussetzung für die Objektplanung sind die bereits vorgenommene Auswahl von Projektbeteiligten, die Verabschiedung von Rahmenkonzepten für die planerische Umsetzung der Grundlagen, die Freigabe eines Kostenrahmens sowie abgestimmte Bedarfsprogramme, Funktions- und Raumprogramme.

Insgesamt ist damit bereits ein Programm vorgegeben, das nunmehr planerisch umgesetzt werden muss.

Sinnvollerweise beginnt der Architekt nach Überlegungen zur Funktionserfüllung und zur Programmumsetzung mit der Konzeption der Gebäudegeometrie und mit der Fixierung gestalterischer Richtlinien. Dazu gehören bereits Baumassenentwicklungen, grundsätzliche Fassadengestaltung usw. sowie städtebauliche und genehmigungsrechtliche Abklärungen. Dieses Konzept ist idealerweise bereits mit den Fachplanern abgestimmt.

Auf der Basis der Abstimmung erarbeiten die Fachplaner ihre Grundkonzepte, z. B. für Tragwerk und Haustechnik. Alternativen der Konzepte und der Raumplanung werden zwischen den Planern abgestimmt.

Das Ergebnis sind Vorabzüge, zunächst vom Architekten, dann mit Einarbeitungen durch die Fachplaner. Nach HOAI haben diese Vorabzüge den Maßstab 1:200, wobei für die Wahl des Maßstabs immer mehr praktische Erwägungen maßgeblich sind (z. B. Handhabbarkeit der Pläne bei Großprojekten). Früher wurde durch den Maßstab auch die Schärfe der Planung ausgedrückt; heute, insbesondere bei Verwendung von CAD (Computer Aided Design), ist allein aus der Wahl des Maßstabs der Schärfegrad der Planung nicht erkennbar.

Die Rohfassung der Pläne, ggf. unter Einbezug von Alternativen, wird dann mit allen Beteiligten abgestimmt. In der Folge werden diese Pläne reingezeichnet.

Nach Maßgabe der HOAI wird am Ende des Vorentwurfs im Hochbau vom Architekten die Kostenschätzung nach DIN 276 als Grundleistung erstellt.

Die Rolle des Bauherrn ist hierbei unterschiedlich. Der Bauherr kann entweder bis zum Ende der Phase abwarten und dann prüfen, ob seine Programme und Vorgaben erfüllt sind. Zweckmäßiger wird jedoch eine laufende Begleitung durch den Bauherrn sein, insbesondere in den Abstimmungsphasen und bei der Wahl von Alternativen.

Diese Begleitung ist an ein Projektmanagement delegierbar. Die Einzelleistungen hierzu werden noch behandelt. Generell besteht die Leistung des Projektmanagements in einer intensiven Begleitung des Vorhabens. Häufig wird die gesamte Kostenbearbeitung ebenfalls durch das Projektmanagement übernommen, zumal sie Voraussetzung für die Wirtschaftlichkeit ist. Das Projektmanagement wird auch darauf achten, dass nicht erst am Ende des Vorentwurfes eine Kostenschätzung vorliegt. Vielmehr wird es die planerischen Aktivitäten laufend auch nach ihren kostenseitigen Auswirkungen beurteilen.

Ein grundsätzlicher Ablauf ist in Bild 8.1 skizziert, ebenso die Struktur der Vorplanung aus einem Hochbauprojekt.

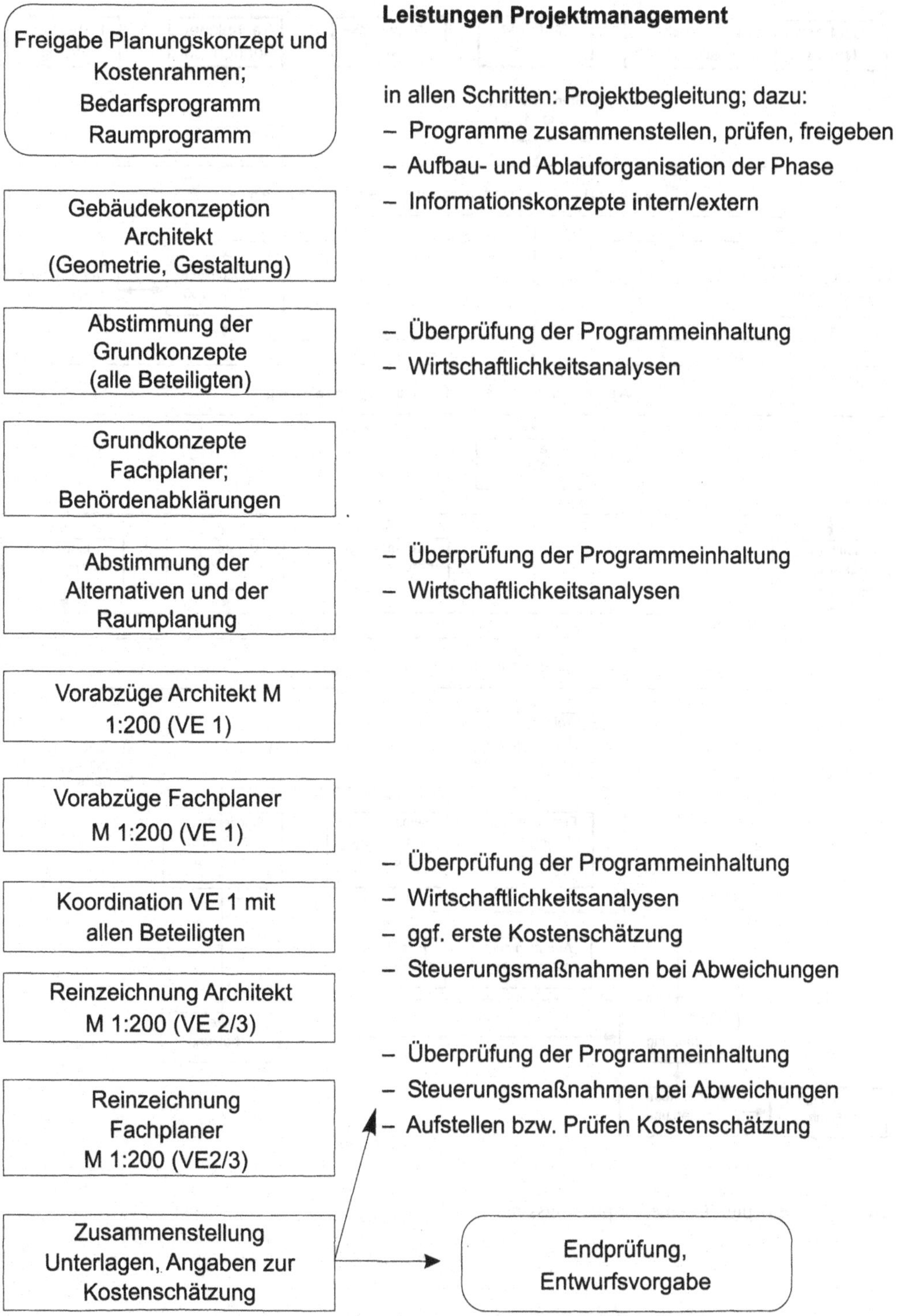

Leistungen Projektmanagement

Freigabe Planungskonzept und
Kostenrahmen;
Bedarfsprogramm
Raumprogramm

in allen Schritten: Projektbegleitung; dazu:
– Programme zusammenstellen, prüfen, freigeben
– Aufbau- und Ablauforganisation der Phase
– Informationskonzepte intern/extern

Gebäudekonzeption
Architekt
(Geometrie, Gestaltung)

Abstimmung der
Grundkonzepte
(alle Beteiligten)

– Überprüfung der Programmeinhaltung
– Wirtschaftlichkeitsanalysen

Grundkonzepte
Fachplaner;
Behördenabklärungen

Abstimmung der
Alternativen und der
Raumplanung

– Überprüfung der Programmeinhaltung
– Wirtschaftlichkeitsanalysen

Vorabzüge Architekt M
1:200 (VE 1)

Vorabzüge Fachplaner
M 1:200 (VE 1)

Koordination VE 1 mit
allen Beteiligten

– Überprüfung der Programmeinhaltung
– Wirtschaftlichkeitsanalysen
– ggf. erste Kostenschätzung
– Steuerungsmaßnahmen bei Abweichungen

Reinzeichnung Architekt
M 1:200 (VE 2/3)

– Überprüfung der Programmeinhaltung
– Steuerungsmaßnahmen bei Abweichungen
– Aufstellen bzw. Prüfen Kostenschätzung

Reinzeichnung
Fachplaner
M 1:200 (VE2/3)

Zusammenstellung
Unterlagen, Angaben zur
Kostenschätzung

Endprüfung,
Entwurfsvorgabe

Bild 8.1   Ablauf einer Objektvorplanung (Hochbauprojekt)

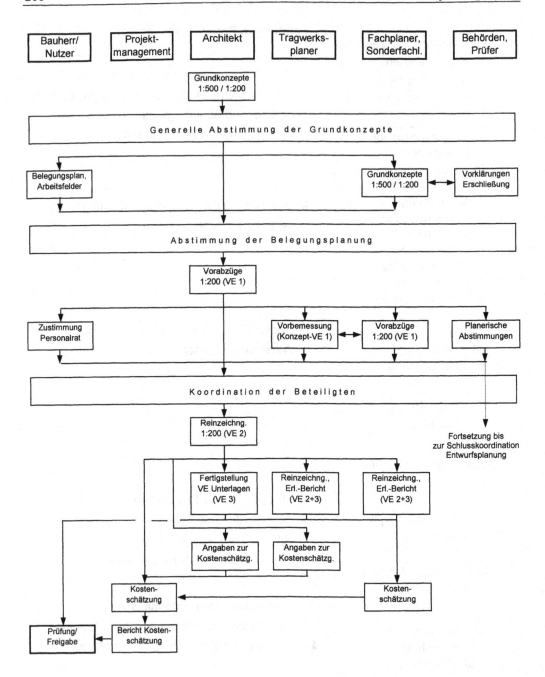

Bild 8.2   Beispiel für eine Vorplanungsstruktur

8.4 Inhalt von Vorplanungen im Einzelnen

Die Einzelleistungen für Vorplanungen sind in der HOAI beschrieben. Häufig reichen diese Beschreibungen zur Prüfung von Vorplanungsleistungen nicht aus. Zu berücksichtigen ist dabei immer die gewünschte Präzision und Weiterverwendung der Planungsaussage. Fallweise werden sogar Beauftragungen von Ausführungsleistungen auf Vorplanungsbasis vorgenommen.

Zur Prüfung der Ergebnisse lassen sich auch Checklisten aufstellen. Beispiele für Checklisten sind:

Checklistenbeispiel für Planung Hochbau/Freianlagen

- allgemeine Vorkehrungen zum Planungskonzept (planerische Freiheitsgrade und Objektanbindung an Versorgung und Verkehr)
- grundsätzliche Festlegungen Rohbau (Bauteile, Abmessungen, Rastermaße, Brandabschnitte, Konstruktionsmerkmale)
- grundsätzliche Festlegungen zum raumschließenden System mit Überlegungen zu Materialien
- grundsätzliche Festlegungen zum Ausbaustandard mit Festlegen von Systemen für Haustechnik, Raumausstattungen, Kommunikationssystemen, Verkehrsführungen und Transportsystemen
- bauphysikalische Voruntersuchungen und Randbedingungen
- Abklärungen zur Genehmigungsfähigkeit
- Grundkonzept Freianlagen
- Koordination mit Fachplanern
- Berechnungen zu Rauminhalt und Flächen
- Erläuterungsberichte
- Kostenschätzung nach DIN 276
- Planunterlagen inkl. Lageplan, Grundrisse, allseitige Ansichten, mindestens ein Längsschnitt und mindestens ein Querschnitt des Gebäudes

Checklistenbeispiel für Tragwerksplanung

- alternative Vorschläge für wesentliche Tragwerk- und Konstruktionselemente
- laufende Abstimmung mit der Systemfindung von Ausbau und Haustechnik
- Wahl von Systemen in Zusammenarbeit mit dem Architekten
- Vordimensionierung aller wesentlichen Tragwerks- und Konstruktionselemente
- Ausarbeitungen wie Planskizzen, überschlägige Berechnungen und Erläuterungsberichte

Checklistenbeispiel für Technische Ausrüstung (= Haustechnik)

- Festlegung der Ver- und Entsorgungssysteme
- vorläufige Bedarfsermittlungen und Vordimensionierung der Zentralen
- Vordimensionierung horizontaler und vertikaler Trassen, Festlegung der Trassenführung
- Koordination der einzelnen Haustechnik-Projekte untereinander
- Festlegung von baulich relevanten Angaben (z. B. Auflast von Großgeräten, erforderliche Rohbaumaße von Schächten und Zentralen)
- Vorverhandlungen mit Versorgungsunternehmen
- Kostenschätzung der technischen Ausrüstung nach DIN 276
- Ausarbeitung entsprechender Pläne mit Erläuterungsbericht

Diese Beispiele müssen für den Einzelfall angepasst werden.

8.5 Alternative Wege, Entscheidungen und Vorbereitungen

Die Komplexität der Planung wird mit ihrem Fortschritt größer. Gestaltungskonzepte werden von Architekten erarbeitet. Sie sind laufend mit sämtlichen Projektbeteiligten abzustimmen und auch dahingehend zu prüfen, ob sie im Sinne des Bauherrn sind. Umfasst das Gestaltungskonzept beispielsweise eine Glasfassade, hat dies möglicherweise Konsequenzen für die technische Auslegung (z. B. Kühlung) und damit entsprechende Kostenkonsequenzen. Die Genehmigungsfähigkeit der Konzepte wird als selbstverständlich vorausgesetzt, weil eine genehmigungsfähige Planung auch zu den Grundleistungen aller Planer gehört.

Nutzungskonzepte sind an und für sich zu Beginn der Vorplanung festzulegen. Sie können sich aber durch vielfache Einflüsse ändern. Die Änderungen sind mit allen ihren Auswirkungen entsprechend zu berücksichtigen.

Zu einer immer zentraleren Rolle werden Qualitätskonzepte. Damit sind nicht die üblichen Qualitätskontrollen gemeint. Vielmehr geht es um aufeinander abgestimmte Qualitätsstandards. Abgestimmt bedeutet, dass die Qualitätsvorgaben in sich schlüssig sind, z. B. nicht eine hochwertige Tür mit billigen Beschlägen versehen wird oder umgekehrt. Dazu gehört auch die Abstimmung der Lebensdauer der Bauteile.

Damit werden in dieser Phase wesentliche Entscheidungen über die maßgeblichen Objektparameter gefällt.

Bei der weiteren Durchplanung ist zu bedenken, wie weit planerische Modifikationen das Programm beeinflussen oder umgekehrt. Die laufenden Änderungen von Vorgaben und Planungen sind ein baubegleitendes Phänomen, das jedem Projektbeteiligten geläufig ist. In der Phase des Vorentwurfes kann noch relativ einfach geändert werden. Auch Programmmodifikationen können entweder im laufenden Planungsprozess oder durch Neuaufnahme des Planungsprozesses berücksichtigt werden.

So muss in dieser Phase vieles entschieden werden; vieles ist noch möglich. Die eingegangenen Verpflichtungen und erforderlichen Zahlungen sind meist noch in einem Bereich, der selbst bei Aufgabe des Projektes leicht getragen werden kann.

Ausdrücklich zu warnen ist aber vor der allzu weitgehenden Interpretation der „alternativen Planung". Grundsätzlich andere Objektalternativen sind in der Regel neue Projekte.

8.6 Dimensionen des Projektmanagements

Im Fokus des Projektmanagements sollen immer das Gesamtprojekt und alle hierfür erforderlichen Leistungen und Phasen bleiben. Für die spezifische Vorplanungsphase bestehen die folgenden Schwerpunkte.

8.6.1 Organisation

Die **Aufbauorganisation** dieser Phase ist relativ unproblematisch, weil meistens noch nicht sehr viele Stellen an der Objektrealisierung beteiligt sind. Die Organisationsstruktur wird flach und im Wesentlichen funktional, d. h. nach fachlichen Tätigkeiten der Beteiligten strukturiert sein. Eine Ausnahme sind Großprojekte, bei denen jetzt schon Zonen/Objektbereiche/Lose zu definieren sind.

Häufig wird diese Phase aber überorganisiert, weil man bereits den Rahmen für die Organisation der späteren Realisierung schaffen will. Dies ist aus folgenden Gründen meist unzweckmäßig:

- in dieser Phase stehen Systemplanungen im Vordergrund, nicht einzelobjektspezifische Planungen; es kommt auf das Funktionieren der Systemkonzeptionen an
- Anforderungen und Projektkonstellationen sind in dieser Phase auch häufigen Änderungen unterworfen
- die Beteiligten sind am effektivsten mit einer sehr schlanken Organisation zu strukturieren;
- schließlich soll die Organisation im Projekt leben, organisch wachsen

Bei der **Ablauforganisation**, insbesondere im Dokumentationswesen, wird in dieser Phase bereits ein Rahmen geschaffen, nach dem im ganzen Projekt gearbeitet werden soll. So kann man beispielsweise bei der Dokumentation nicht so großzügig verfahren wie bei der Aufbauorganisation: Codierungen müssen durchdacht geschaffen werden, Kommunikation und Dokumentdurchlauf sind zu regeln.

Auch die Art der Projektbegleitung ist zu definieren, so beispielsweise der Grad der Mitwirkung des Bauherrn, des Projektmanagers und der Nutzer.

Die wesentlichen Hilfsmittel hierfür sind

- Projektstrukturierung
- Projekthandbücher
- Besprechungswesen

Die grundsätzliche Struktur des Projektes muss in dieser Phase definiert werden. Für die Abarbeitung der Phase und für die Folgephasen sind bereits Arbeitspakete aufzustellen.

Projekthandbücher sind spätestens in dieser Phase auszuarbeiten. Diese Projekthandbücher können beispielsweise enthalten

- Projektstrukturplan der Beteiligten
- Verzeichnis der Beteiligten
- Termine/Ablaufstrukturen
- Funktionsprogramm, Raumprogramm und Raumbuch
- funktionelle Vorgaben für die Gebäudeplanung
- Anforderungen an Vorgaben für Hochbau und Haustechnik
- Gebäudesicherung
- Informationssystematik
- Belegungspläne

Relativ einfach ist das Besprechungswesen zu handhaben. In dieser Phase werden nur Bauherrn- und Planungsbesprechungen erforderlich sein. Auf die im Abschnitt „Organisation" (Kap. 3) aufgezeigte Kanalisierung der Nutzerwünsche sei hier erneut und ausdrücklich hingewiesen.

Rein fachliche Abstimmungen sind inhaltlich nicht die Aufgabe des Projektmanagements. Die hierzu erforderliche Koordination ist ureigene Aufgabe des Architekten. Allerdings obliegt dem Projektmanager die Definition des organisatorischen Rahmens für die fachliche Abstimmung, insbesondere für den Rahmen der Plankoordination.

Traditionell wird eine sequentielle Abstimmung vorgenommen, wonach in die Planrohlinge des Architekten die beteiligten Fachplaner sukzessive ihre Eintragungen vornehmen.

Dieses Verfahren hat folgende Mängel:

- Schlussabstimmungen sind erst am Ende des Durchlaufs möglich; das kostet Zeit;
- Fehlentwicklungen müssen durch einen nochmaligen Durchlauf korrigiert werden;
- häufig warten Planer auf die Lieferung von Rohlingen durch die vorgeschaltete Stelle.

Modernere Verfahren weichen daher von diesen Sequenzen ab. Vielmehr findet mit dem Architekten als zentraler Stelle, ggf. auch mit dem Fachplaner für das umfangreichste Ausrüstungsgewerk, ein laufender Austausch mit den anderen Planern und untereinander statt. Dazu wird oft in Verträgen definiert, dass jeder Planer erforderliche Vorleistungen abfordern muss und sich nicht darauf berufen kann, dass ihm ungenügende Angaben vorliegen (Holpflicht gegenüber Bringpflicht).

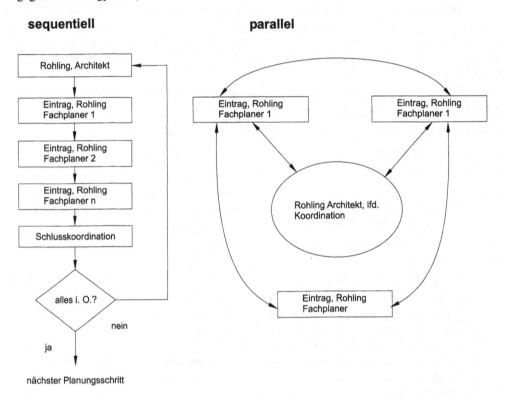

Bild 8.3   Varianten der Planumläufe

In Literatur und Praxis werden immer mehr EDV-gestützte Verfahren für Planumläufe und Koordination, z. T. mit Hilfe von Internet-Plattformen, behandelt. Bisher sind diese Verfahren reine Hilfsmittel zur Rationalisierung bestehender Verfahren und Konzepte. Methodisch haben sie ihre Bedeutung bei der Zuordnung von Tätigkeiten in der Datenverwaltung (vgl. Kapitel „Zusammenarbeit im Projekt"). Work-flow Modelle geben Datenflüsse vor – häufig mit Unterlaufen der mittlerweile bewährten Holpflicht. Eine grundsätzliche Neuordnung der Planungsprozesse ist erst am Anfang (beispielsweise mit 3 D-Modellierungen vom Skizzenstadium an und Simulationen). Entsprechende Forschungen haben erst rudimentär ihre Umsetzung in die Praxis erfahren, vornehmlich im Bereich der Simulation in der Gebäude- und Klimatechnik.

8.6.2 Leistungsträger

Die wesentlichen Projektbeteiligten dieser Phase sind:
- Bauherr   – Sonderfachleute
- Architekt/Ingenieur   – Behörden.
- Fachplaner

Eine tragende Rolle hat der **Bauherr**. Ihm obliegt es, die Nutzerwünsche zu kanalisieren und die Vorgaben für die Planung zu erstellen bzw. über sie zu entscheiden. Der Bauherr kann sich in seinen Belangen weitgehend vertreten lassen, z. B. durch ein internes oder ein externes Projektmanagement. Von besonderer Bedeutung sind *klare* Vorgaben, gleich in welchem Detaillierungsgrad sie erstellt werden und zügiges Fällen von Entscheidungen durch entsprechend vom Bauherrn autorisierte Personen.

Der **Architekt** bzw. **leitende Ingenieur** erbringt bei Hochbauten die Leistungen nach § 15 HOAI. Er ist für das gesamte Bauwerk verantwortlich und plant die Baukonstruktion. Als primus inter pares (Erster unter Gleichen) sind ihm die anderen Planer zwar nicht im vertraglich-hierarchischen Sinn unterstellt. Er wird aber für die fachliche Koordination sorgen und die Beiträge anderer fachlich Beteiligte in die Gesamtplanung integrieren.

Die **Fachplaner** sind die Planer der technischen Ausrüstung, („Haustechnik") und der Tragwerksplaner. Sie alle haben ein in der HOAI definiertes Leistungsbild und erstellen ihre Planung eigenverantwortlich. Gleichzeitig haben sie aber entsprechende Mitwirkungspflichten bei der Planung und Ausführung des Gesamtwerkes.

Sonderfachleute sind Ingenieure bzw. Spezialisten, die im Bedarfsfall hinzugezogen werden, beispielsweise für Bodengutachten, Vermessung, Bauphysik usw. Anders als die Fachplaner werden sie in der Regel nur punktuell für bestimmte Problemstellungen eingeschaltet. Sonderfachleute sind in der Phase der Vorplanung nicht immer gefordert. Es ist aber empfehlenswert, erkannte Problemstellungen schon in dieser Phase von Sonderfachleuten untersuchen zu lassen.

Schließlich sind bei Bauprojekten eine Fülle von **Beratern** tätig. Die Spanne reicht vom Steuerberater bis zum Berater für betriebliche Abläufe und Nutzungstechniken (beispielsweise Medizintechnik). Ihre Einschaltung ist nach Bedarf zu definieren. Wegen der damit verbundenen Beratungskosten wird ihr Einsatz häufig – vor allem in den frühen Projektphasen – minimiert. Gerade in einer so frühen Phase wie der der Vorplanung können damit aber u. U. kostspielige Fehlentwicklungen vermieden werden.

Fallweise beansprucht man auch Berater, um Planungsergebnisse fachlich zu kontrollieren. Dieser Weg ist vom Grundsatz her aus den folgenden Gründen problematisch:
- Alle Planer haben als Grundleistung eine wirtschaftliche und genehmigungsfähige Planung nach Stand der Technik unter Berücksichtigung einschlägiger Regelwerke zu bringen; sie haften dafür!
- Engmaschige Kontrollen benötigen die Definition entsprechender Projektschritte.
- Fundierte Kontrollen brauchen Zeit und sind aufwendig.
- Plausibilitätskontrollen sollte auch der Bauherr oder der Projektmanager vornehmen können.
- Bei der öffentlichen Hand verbietet sich dieses Verfahren eigentlich schon durch die dort nicht zulässige Doppelhonorierung

Eine fachliche Kontrolle durch externe Berater ist aus Erfahrung nur dann sinnvoll, wenn auf Grund von Plausibilitätsprüfungen erhebliche Zweifel an der Güte der Planungsergebnisse aufgekommen sind. Dann aber ist die Grundsatzfrage nach der Qualifikation des betroffenen Planers angesprochen.

Schließlich sind als Leistungsträger auch noch **Behörden** oder behördenähnliche Institutionen zu sehen. Hierzu gehören Stellen wie Baugenehmigungsbehörden, hiervon Beauftragte (z. B.

Prüfstatiker), Gewerbeaufsichtsamt, Brandschutzbehörde, Technische Überwachungsbehörden usw. Ihre Aufgabe besteht im Wesentlichen in der Prüfung und Freigabe der durch Verordnung zur Prüfung verlangten und vorgelegten Unterlagen.

Die Einflüsse dieser Prüfungen auf das Projekt können erheblich sein, z. B. durch Auflagen aus der Baugenehmigung. Vor allem bei Großprojekten empfiehlt es sich, die Behörden rechtzeitig in den Projektablauf einzubinden. Damit können Überraschungen und aus diesem Bereich entstehende Verzögerungen zumindest eingegrenzt werden.

Naturgemäß aber können die vorgenannten Stellen nicht dem Projektmanagement untergeordnet werden, sie sind dessen Weisungen entzogen. Beispielsweise können Genehmigungsfristen für Baugenehmigungen nur nach Abschätzungen berücksichtigt werden. Der übliche Rahmen dafür liegt zwischen ¼ Jahr und 1¼ Jahren. Die tatsächlichen Fristen sind nur durch einwandfreie Antragsunterlagen und vorsichtige Rückfragen günstig zu beeinflussen.

8.6.3 Qualitäten und Standards

Die bereits behandelten Aspekte des Qualitätsmanagements und der Abstimmung der Gebäudestandards müssen im Projektmanagement berücksichtigt werden. Qualitätsstandards sind verantwortlich nach den Vorgaben des Bauherrn durch das Projektmanagement zu definieren. Funktionale und technisch/konstruktive Anforderungen sind zu formulieren, mit dem Bauherrn abzustimmen und für die weitere Planung vorzugeben. Die Einhaltung ist entsprechend zu kontrollieren. Insbesondere gilt dies dann, wenn diese Vorgaben direkt, ohne planliche Definition des Werkes, Eingang in Verträge finden (z. B. bei „funktionalen" Ausschreibungen an Generalübernehmer). Die übrigen Projektbeteiligten unterstützen dabei das Projektmanagement mit ihrem Fachwissen.

Die Definition der Anforderungen stellt den Projektmanager bereits vor große Aufgaben. Zusätzliche Schwierigkeiten entstehen durch Zielkonflikte. Werden beispielsweise funktionale Anforderungen hervorragend gelöst, geht dies möglicherweise zu Lasten der Investitionskosten. Hoch angesetzte Standards mögen Betriebskosten günstig beeinflussen, erhöhen aber die Investitionskosten.

Aufgabe des Projektmanagements ist es, diese Zielkonflikte zu beherrschen. Aufgabe des Bauherrn ist es, diesbezügliche Entscheidungen zu treffen.

8.6.4 Kosten und Wirtschaftlichkeit

Es ist davon auszugehen, dass zu Beginn der Vorplanung bereits ein verbindlicher Kostenüberschlag oder ein sog. Kostenrahmen vorliegt. Dieser Kostenrahmen weist naturgemäß Schwankungen auf, die bis zu ± 30 % reichen können. Zur Eingrenzung des Kostenrisikos behilft man sich oft damit, dass ein sog. „Kostendeckel" definiert wird, der als Obergrenze für die Investitionskosten gilt. Sinnvoller sind Ansätze zum Target Costing bzw. Zielkostenplanung, bei dem wie in der stationären Industrie sämtliche Elemente auf ihre Kostenwirksamkeit und auf Konformität mit dem Kostenziel überprüft werden („Design to Cost" anstelle „Cost to Design").

Mit dem Vorliegen von Planungen können detaillierte Ermittlungen vorgenommen werden. Kernpunkt ist bei Hochbauten die Kostenschätzung nach DIN 276. Die in der DIN geforderte Mindestgliederung ist nicht eindeutig. Genannt wird dort als Mindestanforderung die Gliederung nach den sieben Hauptkostengruppen [2], jedoch unterstützt durch entsprechende „Einzelermittlungen".

Traditionell werden im Hochbau die Gesamtkosten nach BRI (Bruttorauminhalt) und BGF (Bruttogrundfläche) geschätzt und der Umfang der Kostengruppen durch prozentuale Aufteilungen nach Erfahrungswerten bestimmt. Dieses Verfahren mag ausreichend genau die Gesamtkosten liefern. Als Vorgabe für Kosten von Gebäudeteilen und/oder Maßstab für Kostensenkungsmaßnahmen ist es unzureichend.

Detailliertere Verfahren bieten sich an (vgl. Kap. 4), die auch schon in dieser Phase einsetzbar sind. Bei einer fundierten Kostenschätzung bei Gebäuden sind Toleranzgrenzen um ± 10 % und darunter durchaus realistisch; Voraussetzung dabei ist der Einsatz einer begleitenden Kostensteuerung.

Dies geschieht einerseits durch die kostenseitige Betrachtung von Alternativen, andererseits durch die möglichst frühzeitige Ermittlung der kostenseitigen Auswirkung von Planungen.

Die Ermittlung von Baunutzungskosten nach DIN 18960 [3] gewinnt zunehmend an Bedeutung. Viele Bauherren fordern mit der Vorplanung bereits Angaben späterer Unterhaltungs- und Betriebskosten. Damit werden Analysen der Gesamtwirtschaftlichkeit über den Lebenszyklus des Projektes ermöglicht.

Wirtschaftlichkeitsuntersuchungen sind zu diesem Zeitpunkt meist punktueller Art, z. B. durch den Vergleich von alternativen Konzeptions- oder Konstruktionselementen.

Am Ende der Phase 2 (Objektvorplanung) sollte ein abgestimmtes Budget mit entsprechenden Teilbudgets für die Gebäudeelemente vorliegen. Die Zuordnung zu Gewerken oder Vergabepaketen wird zu diesem Zeitpunkt jedoch noch nicht möglich sein.

Die Kostenermittlung selbst ist ursprünglich Teil des Grundleistungsbildes nach § 15 HOAI. Werden diese Leistungen erweitert, z. B. durch die Berücksichtigung von Bauelementen und weitergehenden Gliederungen, müssen Besondere Leistungen (vgl. HOAI) und/oder Beratungsleistungen wie Wirtschaftlichkeitsuntersuchungen in Auftrag gegeben und bezahlt werden.

Die Leistungen des Projektmanagements bei der Kostenplanung in diesem Stadium bestehen zunächst nur in der Begleitung der Kostenermittlung, deren Prüfung und deren Übernahme in ein Gesamtbudget mit entsprechenden Teilbudgets. Zunehmend aber wird die gesamte Kostenplanung Teil des Projektmanagements, d. h. der Projektmanager plant die gesamten Kosten unter Mitwirkung des Architekten und der fachlich Beteiligten. Eine besondere Mitwirkungspflicht liegt hierbei bei den Fachingenieuren der Technischen Ausrüstung, weil der Projektmanager diese Kosten nur auf Plausibilität an Hand seiner Erfahrungswerte prüfen kann. Demgegenüber werden aber immer mehr die Kosten außerhalb der Technischen Ausrüstung auch inhaltlich vom Projektmanager ermittelt.

8.6.5 Termine

Zu Beginn der Phase 2 nach HOAI sind allenfalls Rahmentermine und gewisse Meilensteine für Planungsvorlauf, Rohbau, Dach/Fassade und Technik/Ausbau definiert.

Zunächst sind Einzeltermine der Phase 2 zu strukturieren und zu terminieren. Dies geschieht mit einem Detailablauf für die Planung dieser Phase. In jedem Fall ist diese Planung keine Grundleistung der Planer; sie ist mit den Planern abzustimmen und vom Projektsteuerer bzw. vom Projektmanager zu erstellen.

Hierfür ist die geeignete Methode zu wählen. Bei Großprojekten hat sich dazu die Netzplantechnik durchgesetzt.

Die Terminierung der Planung bezeichnet man als „Planung der Planung". Auch eine noch so detaillierte Terminplanung für die Phase 2 wird hierfür nicht ausreichen. Sie ist in ein Gesamtkonzept zu betten. Hierfür müssen die Meilensteine der Rahmenplanung berücksichtigt werden. Auch die Folgephase muss bereits strukturiert und in Grobabläufe umgesetzt werden. Mit Ende der Vorplanung sind auch schon detailliertere Überlegungen zu Abläufen der Ausführung möglich. Deshalb müssen spätestens zu diesem Zeitpunkt fundierte Generalterminpläne erarbeitet werden.

Die laufende Terminsteuerung ist nach den in Kap. 5 aufgezeigten Regeln vorzunehmen.

8.7 Beauftragung von Leistungen

Traditionell wurde ausschließlich der Architekt in der Leistungsphase 2 bei Gebäuden beauftragt. Bei ihm setzte man das notwendige Fachwissen für Fachplanungsbelange voraus. Bei größeren Bauvorhaben ist dieses Verfahren nicht mehr zielgerecht, weil durch die hohe Spezialisierung der Projektbeteiligten beispielsweise technische Konzepte nicht mehr im zufriedenstellenden Umfang Berücksichtigung finden können. Außerdem wird die planerische Lösung der Bauaufgabe zunehmend vernetzter (Beispiel: Nutzung der Sonnenenergie durch entsprechende Gebäudegeometrien und technische Auslegungen).

Ausgehend von den gestellten Anforderungen an die Phase der Vorplanung sind also auch Fachingenieure und Sonderfachleute zu beauftragen.

Diskussionen gibt es immer wieder zum Umfang der Beauftragung. Einerseits betrifft dies die Beauftragung der sog. Besonderen Leistungen nach HOAI zusätzlich zu den Grundleistungen. Derartige Aufträge können nur im Einzelfall durch Abwägen von Kosten und Nutzen geklärt werden.

Andererseits scheut man sich angesichts der rasanten Marktentwicklung der Nutzung davor, Planer schon zu Beginn für alle Phasen zu beauftragen. Dies umgeht man damit, dass man Gesamtverträge schließt und die einzelnen Phasen ohne Rechtsanspruch auf die Folgephase für die Planer definiert und einzeln abruft. Ausdrücklich sieht die HOAI ein solches Verfahren nur für Vor- und Entwurfsplanung sowie für die Bauüberwachung vor. Phasenweise Beauftragungen ohne Einschränkungen und Mehrvergütungen sind aber heute durchaus üblich.

Für die Beauftragung der Leistungen gilt im Wesentlichen die HOAI mit ihren Honorarregelungen. Allerdings sind dort einige Leistungen gebührenseitig nicht erfasst, beispielsweise Leistungen mit anrechenbaren Kosten oberhalb der Gebührentabellen, Besondere Leistungen sowie Projektsteuerung und viele notwendige Beratungsleistungen.

Liegen anrechenbare Kosten oberhalb der Gebührentabellen, wird man sich entweder auf den Prozentsatz der Gebühr bei den höchsten anrechenbaren Kosten oder auf Fortschreibungstabellen der öffentlichen Hand beziehen.

Besondere Leistungen sind im Einzelfall ebenso frei zu vereinbaren wie Leistungen für Projektsteuerung und sonst in der Gebührenaufstellung der HOAI nicht erfasste Leistungen.

Für Projektsteuerungsleistungen besteht ein Honorarentwurf des DVP (Deutscher Verband der Projektsteuerer), mittlerweile vom AHO (Ausschuss der Ingenieurverbände und Ingenieurkammern für die Honorarordnung e. V.) veröffentlicht [4]. Zunehmend wird dieser Entwurf von Auftraggebern und Fachbüros herangezogen, wobei allerdings auch hier wieder, gerade für den Bereich des Projektmanagements, Besondere Leistungen formuliert und nicht ausgepreist sind.

Quellenangaben zu Kapitel 8

[1]   GRW 95 Grundsätze und Richtlinien für Wettbewerbe, 2004 novelliert

[3]   DIN 276 Kosten im Hochbau

[3]   DIN 18960 Nutzungskosten im Hochbau

[4]   Untersuchungen zum Leistungsbild, zur Honorierung und zur Beauftragung von Projektmanagement-Leistungen in der Bau- und Immobilienwirtschaft, Nr. 9 der Schriftenreihe des AHO, Bonn, 2004

9 Die Bauvorbereitung

Die Phase der Objektvorbereitung verfolgt als vorrangiges Ziel die Absicherung der Programmplanung. Hierbei geht es in erster Linie darum, die Anforderungen von Nutzung und Betrieb in ein stimmiges Konzept zu bringen, um damit eine Entscheidung für die Weiterführung des Projektes zu ermöglichen. Die Objektvorbereitung entwickelt das raumbildende System, mit dem die funktionalen Anforderungen erfüllt werden können. Es legt grundsätzliche Konstruktionsprinzipien fest und weist die Wirtschaftlichkeit einer Wettbewerbslösung bzw. einer Vorentwurfsplanung nach.

Die Phase der Bauvorbereitung organisiert dagegen die Prozesse der Bauwerkserstellung. Das Bauwerk soll unter den Zielvorgaben der Projektentwicklung und auf den Grundlagen detaillierter Konstruktionen realisiert werden. Dies geschieht üblicherweise im Rahmen verbindlicher Vorgaben, die sich auf die Belange der Kosteneinhaltung, der Qualitätssicherung und der Termintreue konzentrieren lassen. Ziel der Bauvorbereitung ist es somit, innerhalb dieser Rahmenbedingungen eine Lösung zu schaffen, welche Genehmigungsauflagen erfüllt und die vertraglichen Regelungen berücksichtigt sowie die Abnahmefähigkeit der erbrachten Leistungen gewährleistet. Die Phase der Bauvorbereitung stellt damit das Bindeglied zwischen Bauherr und Baumarkt dar, sie bündelt entwurfsabhängige Ausführungsbedingungen mit den Angeboten von Produktherstellern und der Leistungsfähigkeit ausführender Unternehmen.

9.1 Die Bauplanung

Der Entwurf entwickelt schrittweise durch Präzisierung der Zielvorgaben eine Lösung, welche die funktionalen, konstruktiven und gestalterischen Ansprüche des Bauherrn bzw. der Nutzer umsetzt. Die einzelnen Planungsphasen Entwurf, Genehmigung und Ausführung werden zeichnerisch durch die Darstellung von Grundrissen, Ansichten, Schnitten und Details sowie durch Berechnungen und Beschreibungen dem Bauherrn so weitgehend verständlich gemacht, dass er damit in die Lage versetzt wird, die Planungslösung sowie die Wirtschaftlichkeit der Baumaßnahme zu prüfen und zur weiteren Bearbeitung freizugeben. Parallel zu den Entwurfsarbeiten werden genehmigungsrelevante Belange geklärt sowie durch deren Beachtung ein in sich schlüssiges Planungskonzept erarbeitet, welches sowohl die Genehmigungsfähigkeit als auch die Gebrauchsfähigkeit des Bauwerkes gewährleistet.

Die Planungsphasen verfolgen primär das Ziel einer wirtschaftlichen Gesamtlösung. Hierbei sind einige Grundsätze zu beachten, deren Durchsetzung dem Projektmanagement obliegt.

9.1.1 Der Regelkreis von Planen und Bauen

Der Planungsablauf wird durch das Rollenspiel „Kennen" und „Können" bestimmt. Das Können übernimmt eine Schlüsselfunktion für die Wirtschaftlichkeit und damit für die Akzeptanz der Problemlösung. Das Kennen bedarf der Kenntnis aller wesentlichen Einflussgrößen einer Planung. Die sachgerechte Bewertung alternativer Lösungen erfordert somit neben der Kenntnis technischer Zusammenhänge auch das Wissen um deren wirtschaftlichen Auswirkungen.

Die Planungssteuerung erfolgt in der systematischen Abfolge von vier Einzelschritten:

1) Aufstellen von bewertbaren Planungszielen. Entwickeln der zur Erreichung dieser Ziele erforderlichen Tätigkeiten und Bestimmung ihrer Abhängigkeiten.

2) Festlegen der erforderlichen Einsatzmittel. Aufstellen von verbindlichen Soll-Vorgaben für die jeweiligen Einzelziele.

3) Erfassen des Ist-Standes zu festgelegten Zeitpunkten und Durchführen von Soll-Ist-Vergleichen.

4) Analyse des Projektstandes und Beurteilung von Abweichungen. Vorausschau der voraussichtlichen Wird-Entwicklung und Gegenüberstellen des Soll-Ist-Wird-Zustandes. Bei Gefährdung der Projektziele Entwickeln von Anpassungsmaßnahmen bzw. Fortschreiben der Zielvorgaben.

Planen und Bauen basiert auf **Regeln,** mit deren Beachtung wirtschaftlich befriedigende Lösungen erzielbar sind. Regeln beschreiben ganzheitliche Problemlösungen mit Hilfe interdisziplinärer Einzelansätze. Das Zusammenfügen von Teillösungen geschieht durch Koordination und Integration, eben durch Planung.

Regeln der Planung und Regeln des Bauens beschreiben das Anspruchsniveau, welches an die Beschaffenheit eines Bauwerkes gestellt wird. **Ansprüche** können hierbei neben der Qualität die Sicherheit des Bauwerkes betreffen, soziale, politische oder ökologische Rahmenbedingungen der Projektabwicklung festlegen oder unternehmerische Zielvorstellungen beschreiben. Die **Ermessensspielräume** bei der Entwicklung eines im Allgemeinen mehrstufigen Entscheidungsprozesses führen zu unterschiedlichen **Sichten** für wirtschaftlich sinnvolles Handeln.

Welchen Wechselbädern diese Sichten unterliegen, lässt sich mit einem typischen Beispiel aus dem Planungsalltag beschreiben. In Zeiten knapper Finanzmittel kann man bei privaten Bauherrn wie auch bei öffentlichen Bauverwaltungen immer wieder feststellen, dass infolge enger Budgets die allgemeine Bereitschaft zur Einschränkungen größer ist als üblich. Dieses Verständnis für kostenbewussten Umgang mit Qualitätsansprüchen nimmt jedoch im selben Maße wieder ab, wie sich die finanzielle Situation bessert.

Ein derartiger Bewusstseinswandel hat mit der Akzeptanz des Wirtschaftlichkeitsprinzips wenig zu tun. Wirtschaftliche Verantwortung wird erst dann bewiesen, wenn aus fachlicher Verantwortung überzogene Ansprüche in der Planung zurückgeschraubt und Lösungen auf das beschränkt werden, was technisch notwendig und wirtschaftlich sinnvoll ist.

Die Wechselwirkungen zwischen Projektphase, Handlung und wirtschaftlicher Erkenntnis wird durch die Philosophie des **Regelkreises** in einen fachlichen Zusammenhang gebracht. Die Funktion des Reglers übernimmt der **Soll-Ist-Vergleich,** durch den Aktionen eingeleitet werden, wenn bei Abweichungen zu den Zielen steuernd in das Projektgeschehen eingegriffen werden muss. Aktiviert wird der Regler durch Störungen, deren Ursachen im Allgemeinen in den Projektabläufen liegen.

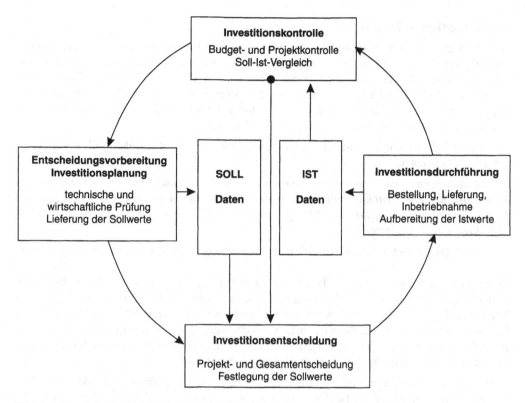

Bild 9.1 Regelkreis von Planen und Bauen

Die Philosophie des Regelkreises erlaubt es, in jedem Stadium der Projektabwicklung die Ergebnisse einzelner Planungsschritte zu bewerten und diese wirtschaftlichen Zielsetzungen gegenüber zu stellen. Bei Störungen ist damit projektbegleitend die Entwicklung der Wirtschaftlichkeit messbar. Somit wird gewährleistet, dass Projektanforderung und wirtschaftliche Projektsicht stets im Gleichklang stehen.

Im Allgemeinen wird bei der Analyse von Regelkreisfunktionen zwischen einer ökonomischen und einer technischen Wirkung unterschieden. Zu Ermittlung der ökonomischen Wirkung werden die verschiedenen Einsatzmengen in Geld bewertet. So gibt der Saldo von Einnahmen- und Ausgabenströmen Auskunft über die zeitpunktbezogene Finanzreserven eines Projektes. Bei der technischen Wirkung von Regelkreisfunktionen steht dagegen die Effizienz des Handelns im Vordergrund. Je weniger Mängel, umso weniger Nacharbeiten werden erforderlich. Die betriebswirtschaftliche Einordnung der Wirtschaftlichkeit setzt gedanklich auf dieser Definition auf und fordert einerseits einen zielbezogenen/sparsamen Einsatz an Produktionsfaktoren und andererseits eine technisch hochstehende Bauqualität. Überträgt man diese Gedanken auf den Regelkreis, wird wirtschaftliches Handeln als das optimierte Verhältnis eines minimalen Ausgabenstroms zu einer maximalen Ertragsmöglichkeit charakterisiert.

Die Festlegung von Soll-Vorgaben basiert auf Planungen. Dies ist immer dann problematisch, wenn keine oder nur ungenügende Vergleichsdaten vorliegen bzw. wenn die Berechnung von Soll-Größen nicht nach anerkannten Regeln möglich ist. Also immer dann, wenn nicht wie bei erwerbswirtschaftlich genutzten Gebäuden dem Investitionsaufwand ein messbarer Ertrag gegenübersteht. Die Berechnung einer Kapitalrendite oder des Zeitraumes, in welchem das eingesetzte Kapital zurückgeführt werden soll ist in diesem Fällen nur bedingt möglich.

9.1.2 Handlungsalternativen

Die Geschichte des Bauens ist geprägt durch die begrenzte Verfügbarkeit notwendiger Produktionsfaktoren. Der Zwang enger Budgets zieht sich wie ein roter Faden durch alle Bauphasen, zeitweise verstärkt durch eine zusätzliche Knappheit an Baustoffen oder an ausgebildeten Fachkräften. Mit Beginn der wirtschaftlichen Neuorientierung (Merkantilismus ab Ende des 15. gewinnt der Faktor Zeit zunehmend an Bedeutung. Termine und Ausführungsfristen besetzen verstärkt Schlüsselfunktionen im Handeln der Menschen.

Wie wenig sich bis heute an diesen Rahmenbedingungen geändert hat, lässt sich aus nachfolgendem Zitat ableiten:

Häufig verlangen auch Bauherrn und andere der Sache unkundige von einem Baumeister **Pläne und Kostenanschläge, ohne diesem Zeit und Muße zu gönnen,** *die hierzu nötigen Erhebungen zu machen, gründliche Pläne auszuarbeiten und einen vollständigen und nachhaltigen Kostenanschlag zu berechnen.*

(Heinrich Grebenau: Anleitung zur Herstellung verlässiger Kostenanschläge, 1862)

„Remember, that time is money" beschreibt unser heutiges Verständnis für wirtschaftliches Handeln. Der Zeitgeist änderte aber auch unser Bewusstsein für ökonomisches Verhalten: das Streben nach größtmöglichem Gewinn und die Macht des Kapitals werden zu beherrschenden Faktoren und mit ihnen die Planung ihrer Verfügbarkeit. Dieser Zeitgeist findet Eingang in Ansprüche, Abläufe und Entscheidungsprozesse; er prägt Verhaltensweisen von Bauherrn und verändert das ökonomische Bewusstsein des Bauens nachhaltig.

Wirtschaften ist der Inbegriff aller menschlichen Tätigkeiten, die planvoll und unter Beachtung des ökonomischen Prinzips ausgeführt werden. Unter planvoll wird hierbei die gedankliche Vorwegnahme zukünftigen Handelns bei Abwägen verschiedener **Handlungsalternativen** verstanden. Die Aufgabe einer Planung besteht damit in der Transformation von scheinbar sicheren Erkenntnissen (Theorien) zu praktischen Handlungsanweisungen mit dem Ziel, langfristig Nutzungsqualität zu erreichen. Planen heißt aber auch, sich für den sinnvollsten Weg zu entscheiden. Damit wird Planung zum Kernelement wirtschaftlichen Handelns.

Es liegt in der Natur der Sache, dass nicht Jeder das Gleiche unter dem Begriff der „Wirtschaftlichkeit" versteht. Verfolgt der Ingenieur in erster Linie den baulichen Aufwand, der Kaufmann das Kosten-/Nutzenverhältnis und der Investor die Rentabilität des eingesetzten Kapitals, so ist für den öffentlichen Bauherrn im Regelfall die gesamtwirtschaftliche Wirkung eines Projektes von vorrangiger Bedeutung. Auch wenn unterschiedliche Sichten den subjektiven Wert einer Investition prägen, steht dennoch die Erreichbarkeit einer größtmöglichen Wirtschaftlichkeit im Mittelpunkt gemeinsamen Handelns.

Die Planung von Bauwerken unterliegt im Regelfall dem **Prinzip der Nutzenmaximierung**. Mit Planungen wird die Gewinnung eines größtmöglichen Güterertrages in den Grenzen vorgegebener Rahmenbedingungen angestrebt. Dies geschieht im Allgemeinen nach den Grundsätzen iterativer Entscheidungsprozesse, bei welchen alternative Lösungen mit ihrem jeweiligen Aufwand untersucht werden. Ziel einer derartigen Optimierung ist es, das Verhältnis des Inputs – wie etwa die zu erwartenden Bau- und Betriebskosten einer Planung – zum Output in Form des gewonnenen Nutzens möglichst günstig zu gestalten.

Im Wettbewerbsverfahren wird zur Auftragsvergabe eine Ausschreibung durchgeführt und auf der Grundlage der Submissionsergebnisse dem wirtschaftlich annehmbarsten Angebot der Zuschlag erteilt. Bei dem Auswahlverfahren wird im Regelfall allerdings unterstellt, dass jeder Anbietende in der Lage ist, eine vergleichbar gute Qualität zu erbringen. Damit wird im Sinne einer wirtschaftlichen Vergabe üblicherweise der Billigste auch als der Leistungsfähigste bewertet. Die Gewinnung des mit der Ausschreibung definierten Güterertrages wird damit entsprechend dem Minimalprinzip mit dem geringst notwendigen Kapitaleinsatz angestrebt. Mit zunehmender Verschärfung des Wettbewerbs bedingt durch die Öffnung der Grenzen und den Veränderungen in Osteuropa gewinnt allerdings die Qualität wieder einen höheren Stellenwert im Entscheidungsprozess des Bauens.

Im Allgemeinen wird die Bauqualität in Abhängigkeit zu den Baukosten beurteilt. Baukosten beschreiben jedoch nur den augenscheinlichen Wert eines Bauwerkes. Untersuchungen am Massachusetts Institut in den USA belegen, in welcher Weise sich in den letzten Jahren die Einstellung zum Wert eines Gebäudes verändert hat und welchen grundsätzlichen Wandel die Bewertungsmaßstäbe erfahren haben.

Zusammengefasst drückt sich die veränderte Wertschätzung in einer Umkehrung von der „Hardware" eines Gebäudes zur „Software" seiner Nutzung aus. Während mit dem Begriff Hardware Faktoren wie Konstruktion, Gebäudetechnik oder Ausbaustandards zusammengefasst werden, wird als „softfact" die Gesamtheit der Nutzungseigenschaften eines Gebäudes bezeichnet. Diese Eigenschaften lassen sich jedoch nicht durch einzelne Merkmale charakterisieren, sondern sind in einem komplexen Zusammenhang von Arbeitsprozess, Sozialgefüge und Unternehmenskultur zu sehen.

Baukosten spielen für die Bewertung eines Gebäudes nur eine zeitlich begrenzte Rolle. Die „weichen" Faktoren stellen hingegen Wertgrößen dar, die durch unternehmerische Auslegung jeweils neu interpretiert werden. Baukosten haben nur einen eingeschränkten Bezug zum Nutzwert eines Gebäudes, während umgekehrt die Nutzungsziele langfristig kostenbestimmend wirken.

9.1.3 Der Substitutionseffekt

Bauwerke werden nach vorgegebenen Programmen errichtet. Art und Umfang des Bauprogrammes orientieren sich hierbei an den Ansprüchen der **Nutzung**. Durch eine verbindliche und eindeutige Anforderungsspezifikation zu Beginn eines Projektes legt man das gewünschte Qualitätsniveau fest. Durch die Festlegung einzelner Qualitätsstandards bestimmt man anschließend den wirtschaftlichen Rahmen für die Planung und den Bau.

Stillschweigend wird bei allen Überlegungen zum Planungsprozess die grundsätzliche Möglichkeit unterstellt, **Wahlhandlungen** vornehmen zu können. Ohne Planungsalternativen oder ohne Austauschbarkeit von einzelnen Komponenten einer technischen Lösung wäre wirtschaftliches Handeln und damit Entwurfsbeeinflussung nicht möglich. Dieser Zusammenhang spiegelt sich im Substitutionseffekt wieder.

Substitution im volkswirtschaftlichen Sinn bedeutet ein Gut durch ein anderes Gut vom Markt zu verdrängen, wenn durch dessen Einsatz ein im volkswirtschaftlichen Sinn günstigeres Gesamtergebnis erzielt werden kann. Substitutionen unterliegen damit den Regeln des Wettbewerbs.

Substitutionseffekte lassen sich auf verschiedene Wege erreichen. Substitution bedeutet zum einen den Ersatz eines Konstruktionselementes durch eine Variante mit vergleichbaren Eigenschaften, ohne dass damit eine Veränderung der Nutzungseigenschaften oder der Gebrauchsqualität verbunden ist. Die Wirkungen von Substitutionen spielen folglich für den Planungs- und Bauprozess eine wichtige Rolle, um Projektlösungen nach alternativen Gesichtspunkten gestalten zu können.

Das Prinzip der Komponentensubstitution lässt sich beispielhaft an der Abhängigkeit des Heizenergiebedarfs zur Art der Wärmedämmung verdeutlichen. Substituierende Faktoren sind die Dicke der Wärmedämmschicht sowie der Heizenergiebedarf pro Quadratmeter Abstrahlungsfläche. Werden diese beiden Faktoren mit ihren jeweiligen Einstandspreisen bewertet, lässt sich aus der Kostendifferenz von Dämmschichtpreis und zeitbezogenen Energiekosten pro Quadratmeter die optimale Kostenkombination berechnen. Ein wechselndes Δt (Differenz zwischen Innen- und Außentemperatur) beeinflusst den Grad der Substitutionsmöglichkeiten und zeigt die Grenzbereiche, in denen eine derartige Substitution wirtschaftlich sinnvoll ist.

Wesentlich komplexer wird dieser Zusammenhang, wenn neben der variablen Dicke der Wärmedämmung zusätzlich verschiedene Fensterkonstruktionen in die Abstrahlungsfläche und damit in die Substitution einbezogen werden. Wenn beispielsweise verschiedene Materialien (Holz, Metall, Kunststoff etc.) für die Rahmenkonstruktionen bei gleichzeitig variierenden Fenstergrößen in die Kostenrechnung eingehen, verändern sich sowohl die Baukosten als auch die Energiekosten je nach gewählter Alternative. Damit stellt sich das Prinzip der Austauschbarkeit substituierbarer Konstruktionselemente als mehrdimensionaler Entscheidungsprozess dar, der nicht ohne weitergehende Berechnungen und Wertungen möglich ist.

Grundsätzlich können Baukosten und Betriebskosten jeweils für sich oder miteinander substituieren. Neben den damit verbundenen Kostenfolgen können Substitutionen aber auch entscheidende Auswirkungen auf das subjektive Nutzenempfinden haben. So verringert sich beispielsweise mit zunehmender Dicke der Wärmedämmschicht der Wärmeübergangskoeffizient an der Innenwandfläche, was geringere Zugerscheinungen und damit ein größeres Behaglichkeitsgefühl zur Folge hat. Auch wenn durch Substitutionen die Kosten eines Bauteils steigen sollten, kann ein subjektives Nutzenempfinden dann für eine modifizierte Substitutionsentscheidung sprechen, wenn zusätzlich die „nicht quantifizierbaren" Faktoren berücksichtigt werden.

9.1.4 Das Prinzip der Lebenszeitkosten

Von außerordentlicher Bedeutung ist das Prinzip der Substitution bei der Betrachtung der **Lebenszeitkosten** – Life-Cycle-Cost – eines Bauwerkes. Grob vereinfacht werden die Lebenszeitkosten eines Bauwerkes nach den Herstell- und nach den Baunutzungskosten unterschieden. Während die Herstellkosten in erster Linie von Standortbedingungen, vom Markt, von konstruktiven Lösungen, der Gebäudetechnik und den Ausbaustandards abhängen, unterliegen die Baunutzungskosten Kriterien, die maßgeblich von der Art und Intensität der Nutzung beeinflusst werden. Weiterhin sind Herstellkosten im Regelfall einmalige Kosten auf gesicherter Preisbasis, während Baunutzungskosten langfristige Aufwendungen darstellen, deren Höhe von Verbrauchsmengen und inflationsbedingten Preisentwicklungen abhängt. Werden nun diese beiden Kostenströme sowie notwendig werdende Reinvestitionen in ihrer Gesamtheit betrachtet, erhält man die Lebenszeitkosten. Sie beinhalten damit alle Kosten, die für die Erstellung, den Betrieb, den Unterhalt sowie die Beseitigung eines Bauwerkes anfallen.

Die gezielte Ausnutzung der Substitutionseffekte zwischen den Herstell- und den Unterhaltskosten sollte dazu führen, durch die bewusste Inkaufnahme höherer Investitionskosten in der Bauphase langfristig niedrigere Unterhaltskosten während der Nutzung zu erreichen. Die frühzeitige Kenntnis der gegenseitigen Abhängigkeiten sollte folglich zu einer höheren Sicherheit in der Entscheidungsfindung führen als dies bei ausschließlicher Betrachtung der Herstellkosten der Fall ist. In der Praxis lässt sich ein in dieser Art richtungsweisender Ansatz jedoch häufig nicht durchsetzen. Denn trotz einer Entscheidungsalternative für geringere Lebenszeitkosten ist es zuweilen erforderlich, von einer derartigen Lösung bewusst abzuweichen, wenn dies als ein zeitliches Vorzielen zukünftiger Kostenströme zu Lasten eines festgelegten Kostenbudgets verstanden wird. Denn die Auffassung, es sei besser, mittels höherer Erstinvestitionen Gebäude mit langfristig niedrigeren Betriebskosten zu erstellen, ist häufig dann nicht vermittelbar, wenn langfristige Finanzierungsüberlegungen in einem **Zielkonflikt** zu einem verbindlichen Haushaltsansatz stehen. Dies ist immer dann der Fall, wenn höhere Erstinvestionen zur Erreichung niedriger Betriebskosten als ein zeitliches Vorziehen zukünftiger Haushaltsausgaben verstanden wird, was insbesondere öffentliche Haushaltsordnungen nicht zulassen.

Substitution wird dann in einem erweiterten Sinn verstanden, wenn neben der Prüfung einzelner Konstruktionsvarianten das Regelwerk des Planungsprozesses in die Bewertung einbezogen wird. Damit wird „Know-how" zu dem bedeutendsten Substitutionsfaktor, was C.F. von Weizäcker mit „durch Informationen substituieren" beschreibt.

9.1.5 Rechtsvorschriften und Normen

Das Planen und Erstellen von Bauwerken wird in einem Rechtsraum vollzogen, dessen Kenntnis für die Durchsetzung wirtschaftlicher Ziele unerlässlich ist. Die Handlungs- und Gestaltungsspielräume für Substitutionsprozesse werden durch Rechtsvorschriften, Verwaltungsverordnungen und technische Regelwerke bestimmt. Rechtsvorschriften stellen hierbei Schutzbestimmungen dar, mit deren Beachtung eine mögliche Gefährdung von Leib und Leben ausgeschlossen werden soll. Sie sind unabdingbar und schaffen den Rahmen, in welchem sich fachliche Vorgaben zu bewegen haben. Technische Normen hingegen sind im Regelfall Festlegungen ohne rechtliche Wirkung. Sie haben Empfehlungscharakter für technisch sinnvolles Handeln. Erst durch Verwaltungsverordnungen erhalten sie rechtliche Verbindlichkeit.

Im Planungsalltag wird dieser Differenzierung häufig wenig Beachtung geschenkt. Seit der Einrichtung des Normenausschusses Bauwesen üben Baunormen einen beherrschenden Einfluss auf Bauplanungen aus. Planer, Bauherren und Ausführende verstehen die DIN-Normen als ein allgemein anerkanntes Regelwerk der Bautechnik, das Verlässlichkeit und Sicherheit im Handeln schafft. Sie verbinden Normen und wirtschaftliche Handlung in ihrem Planungsverständnis. Sie werden bestätigt, wenn DIN-Normen in vielen Bereichen durch Einführungserlasse Bestandteil baubehördlicher, berufsgenossenschaftlicher oder anderer Vorschriften wurden und damit gleichbedeutend neben rechtlichen Geboten stehen.

Für die wirtschaftliche Beurteilung von Substitutionseffekten ist die Differenzierung nach Verpflichtung und Empfehlung jedoch von außerordentlicher Bedeutung. Erst die Unterscheidung zwischen rechtlichem Gebot und fachlicher Empfehlung schafft **Handlungs- und Gestaltungsräume** für alternative Lösungen, deren Kenntnis für wirtschaftlich sinnvolles Handeln unerlässlich ist.

DIN-Normen sind nach ihrer ursächlichen Zweckbestimmung lediglich ein Maßstab für technisch einwandfreie Lösungen. Sie erheben keinen Ausschließlichkeitsanspruch, sondern sie stellen nur eine von mehreren Erkenntnisquellen für technisch ordnungsgemäßes Planen dar. Die strikte Anwendung einer Norm wider besseren Wissens widerspricht dann dem Gebot wirtschaftlichen Handelns, wenn an Stelle einer kostengünstigeren Lösung außerhalb der Norm eine normadäquate Variante zur Anwendung gelangt, nur weil damit ein scheinbar größerer Haftungsausschluss verbunden ist. Würde man beispielsweise die höheren Auflagen einer noch in der Abstimmung befindlichen Norm bereits vor Inkrafttreten der Norm zur Anwendung empfehlen, ohne dass hierzu eine fachliche Veranlassung besteht, würde man Mehrkosten in Kauf nehmen ohne hierfür höhere Qualität zu erhalten. Noch gravierender stellt sich dieser Sachverhalt bei Sanierungsmaßnahmen dar, wenn an Stelle der ursprünglichen, also der bei der Erstellung gültigen Normen ein zwischenzeitlich angehobenes Normenniveau zur Anwendung kommt. Dies kann zu Mehrkosten bei Sanierungen führen, die weit über das gehen, was wirtschaftlich zu vertreten und für die Nutzung erforderlich ist.

Zweifellos sind Normen für eine stimmige Planungslösung unverzichtbar. Vergleicht man jedoch den Umfang des deutschen Normenwerkes mit denen unserer Nachbarn, erkennt man ein ausgeprägtes Ungleichgewicht. Im Geflecht vielfältiger Gesetze, Richtlinien und Verordnungen muss man häufig feststellen, dass Bauherrn und Planer infolge schwieriger Abgrenzungen oftmals nicht in der Lage sind zu unterscheiden, ob es sich im Einzelfall bei einer fachlichen Formulierung um eine Vorgabe, um eine Rechtsnorm, um eine Verwaltungsanordnung oder lediglich um eine fachliche Empfehlung handelt. Die Folge davon ist, dass sich die Grenzen wirtschaftlich ausschöpfbarer Substitutionsspielräume verwischen. Damit wird zwangsläufig der Hang gefördert, durch Nichtbeachtung alternativer Planungsmöglichkeiten eine falsch verstandene Planungssicherheit zu schaffen und dies im Regelfall zu Lasten der Qualität.

9.1.6 Benchmarking

Hilfe bieten bei der Bewertung von Planungen **technisch-wirtschaftliche Kennzahlen**. Hierfür legt man die Kosten, seien es nun geplante Soll-Werte oder die tatsächlichen Ist-Ergebnisse auf Bezugsgrößen um. Dies können z. B. Nutzflächen, der umbaute Raum oder die Anzahl definierter Nutzeinheiten sein. In gleicher Weise definieren Bemessungsgrößen wie „Aufwand pro Leistungseinheit" die technische Wirtschaftlichkeit, wie auch Kennzahlen, bei denen Output-Einheiten auf zeitabhängige Bezugsgrößen umgelegt werden. Derartige Kennzahlen werden nunmehr an Hand von Vergleichswerten bereits fertiggestellter Bauwerke überprüft.

Probleme bei der Entwicklung von Kennziffern entstehen immer dann, wenn mehrere Projektziele – Kosten, Terminvorgaben, Qualitätsstandards - gleichzeitig verfolgt werden und deren wechselseitige Beeinflussung nicht ohne weiteres erkennbar ist. Wirtschaftliche Kennzahlen benötigen daher einen eindeutigen Bezugsrahmen, der gewährleistet, dass sie nur denjenigen Entscheidungsvorgängen zugeordnet werden, für die sie verwertbare Aussagen bringen.

Mit Hilfe von wirtschaftlichen Kennzahlen lassen sich Benchmarking-Prozesse unterstützen. **Benchmarking** in der Projektentwicklung ist ein methodischer wie auch praxisbezogener Verbesserungsprozess unter aktiver Beteiligung der Projektmitarbeiter. Die Verbesserung geschieht durch die direkte Konfrontation mit den Ergebnissen der Projektarbeit und den Vergleichsdaten von Referenzprojekten. Das Aufnehmen und Umsetzen dieser Erkenntnisse in die Projektplanung führt zur schrittweisen Verbesserung der Planungsqualität. Kennziffern belegen die erfolgreiche Weiterentwicklung und objektivieren diese.

Auf der Grundlage aktueller Kennziffern lässt sich folglich die Bandbreite brauchbarer Alternativen eingrenzen und bei Anwendung eines qualitativen Wertesystems wirtschaftliche Ziele steuern. Tatsächlich hängt jedoch die Bewertung dessen, was wirtschaftlich als sinnvoll erkannt wird nicht von einzelnen Kennwerten ab, sondern wird durch die Fülle an Anforderungen bestimmt, die an ein Bauwerk gestellt werden. Verbesserungsprozesse haben diesen Abhängigkeiten Rechnung zu tragen und dies auch im Benchmarking zu berücksichtigen.

Verbesserungsprozesse in der Projektentwicklung orientieren sich im Wesentlichen an den Projektphasen. Dies bedingt eine in Abhängigkeit zur Planungstiefe zunehmende Detaillierung der Entscheidungsdaten und erfordert die Beachtung von **Transformationsregeln**, um Aussagen verschiedener Projektphasen miteinander vergleichbar zu machen.

„Durch eigenen Wandel erfolgreich werden" ist die Botschaft von Benchmarking. Eine frühzeitige, präzise und detaillierte Erhebung von Kennziffern eröffnet bereits in der Phase der Projektkonzeption Handlungsräume für wirtschaftliche Sichten. Projektbegleitend können Entscheidungen geprüft, gewichtet und beeinflusst werden. Fehlentwicklungen sind damit vermeidbar.

Die Beeinflussbarkeit von Planungen nimmt zum Projektende hin immer mehr ab. Gleichzeitig steigt die Datenmenge gewaltig an, die für die Steuerung von Entscheidungen notwendig wird. Verschiebt man beispielsweise den Aufwand für die Erstellung detaillierter Kosten- und Terminziele in frühe Planungsphasen, erhöht sich damit die Beeinflussbarkeit des Projektes, die Projektrisiken sinken. Daraus folgt wiederum, dass ohne frühzeitige Qualitätsfestlegungen erst zu einem relativ späten Zeitpunkt Kostentransparenz möglich ist, und damit im Regelfall wirtschaftliches Handeln unmöglich gemacht wird.

Wie entscheidend die frühzeitige Installation von Regelkreisen für das Erreichen von Planungsqualität ist, lässt sich aus nachfolgender Graphik ersehen: Am Projektanfang besteht eine große Beeinflussbarkeit des Projektes, wie beispielsweise gezielte Eingriffe in das Nutzungsprogramm. Hierfür sind im Regelfall nur verhältnismäßig wenige Festlegungen und Angaben erforderlich. Doch bereits 80 % aller Fehler entstehen in dieser frühen Planungsphase, die, wenn sie nicht rechtzeitig erkannt werden, zu erheblichen Beseitigungskosten führen. Dies wird auch durch die Feststellungen der sog. „10er-Regel" bekräftigt. Diese besagen, dass die Kosten für die Beseitigung von Planungsmängeln – seien dies Fehler im Entwurf oder in der Bauausführung – von der Phase der Planung zur Ausschreibung und über die Vergabe zur Bauausführung, nach der Inbetriebnahme in die Nutzung jeweils um das Zehnfache steigen. Für einen Mangel, dessen Behebung in der Planungsphase beispielsweise 1 EUR erfordern würde, müssten bei der Ausschreibung bereits 10 EUR und später in der Ausführungsphase 100 EUR aufgewendet werden, um die geforderte Qualität zu gewährleisten.

Eine ausschließliche Konzentration des Benchmarkings auf die Abläufe der Bauplanung und Realisierung wäre jedoch zu kurz gegriffen. Die verantwortungsvolle und erfolgreiche Wahrnehmung aller Aufgaben, die im Zuge einer wirtschaftlich bewussten Projektrealisierung ge-

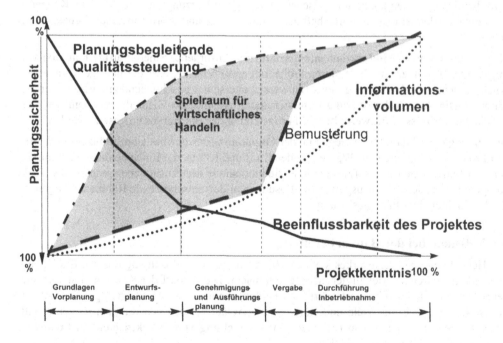

Bild 9.2 Planungsbegleitende Projektsteuerung

leistet werden müssen, macht vielmehr einen globalen Denkansatz erforderlich. Dieser basiert auf der Erkenntnis, dass die Planung eines Bauwerkes nicht lediglich die Erfüllung verschiedener Einzelanforderungen darstellt, sondern dass ein Bauwerk ein vernetztes System aus Funktionen, Räumen und Elementen ist. Bei diesem **Netz** kommt es neben einer sinnvollen Ausgestaltung der einzelnen Bauelemente insbesondere auf die Beachtung der Beziehungen an, die zwischen diesen aus gestalterischer, funktionaler und konstruktiver Sicht bestehen.

Bei komplexen Systemen, welches heute Bauwerke mit zahlreichen und verschiedenartigen Nutzungen darstellen, können diese Beziehungen ein weitverzweigtes Geflecht bilden. Um diese in sich schlüssig zu machen, sind vielfältige fachliche und organisatorische **Vereinbarungen** erforderlich. Hierfür werden Fähigkeiten benötigt, die über bestehende Wechselbeziehungen Bescheid wissen und diese zu einem Gesamtsystem integrieren können.

Die **Systemintegration** von Planen, Bauen und Nutzen wird zunehmend auf zwei Ebenen erreicht. Zur klassischen Integration zählen die Koordination, die Steuerung und die Kontrolle der Planung und Ausführung, die Sicherung von Qualitätsansprüchen und die Einhaltung von Genehmigungsauflagen, um nur einige Beispiele zu nennen. Diese Ebene wird nunmehr von einer zweiten Ebene überlagert, welche die Ansprüche der nachfolgenden Nutzungsphase frühzeitig in den Planungsprozess einbringt und das Bauwerk in seine Umwelt integriert. Diese Integrationsebene verbindet die Planung des Bauwerkes mit seinen späteren Betriebszuständen. Sie gewährleistet damit die Umweltverträglichkeit und sichert gleichzeitig die qualitativen Ziele des Projektes.

Ganzheitliches Planen als strategischer Ansatz zur Lösung dieser Aufgaben verfolgt den Anspruch, den Lebenszyklus eines Bauwerkes von seiner Konzeptphase bis zu seiner Beseitigung in einen nutzungsorientierten Zusammenhang zu bringen. Wirtschaftliches Bewusstsein wird damit zum Systemintegrator zwischen Planung und Nutzung, der die Bereiche Konzeption, Entwurf, Herstellung, Bewirtschaftung, Unterhaltung und Abriss in einen Lebenszyklus vereint.

Planung erfordert die **Moderation** interdisziplinärer Ansprüche. Eine derartige Funktion verfolgt zugleich strategische Ziele, deren Einhaltung gewährleistet, dass der häufige Kompetenzbruch zwischen der Herstellung eines Bauwerkes und seiner anschließenden Nutzung vermieden wird. Die Qualität der Nutzung formuliert damit verbindliche Ziele, die in einem integrierten Planungsprozess schrittweise bis zur Fertigstellung des Bauwerkes umgesetzt werden.

Die **Ökologie** wird damit zum Gegenpol der **Ökonomie**. Das bewusste und frühzeitige Werten von Projektauswirkungen auf Wasser, Boden, Luft und Klima, die Einbeziehung von Emissionen und Immissionen in die Entscheidungsfindung sowie der Einsatz energiesparender Technologien für wirtschaftlich ausgewogene Lösungen bilden entscheidende Rahmenbedingungen für die Qualität einer Planungslösung.

9.1.7 Risiken bei der Bauvorbereitung

Die Herstellung eines Bauwerkes stellt im Regelfall eine Einzelfertigung dar, die das Zusammenwirken zahlreicher Beteiligter erforderlich macht. Dies bedarf der Koordination verschiedener fachlicher Fähigkeiten, erfordert Entscheidungskompetenz und nachhaltiger Kontrollverfahren. Gesicherte Projektziele und störungsfreie Abläufe bilden den Rahmen für wirtschaftlich erfolgreiche Projekte. Die rechtzeitige **Beherrschung** von Projektrisiken wird damit zu einer zentralen Managementaufgabe.

Projektstörungen infolge permanenter Wechselwirkungen zwischen Bedarfsanforderung, Planung und Realisierung finden ihren Ursprung in Defiziten, die durch mangelhafte Koordination der Beteiligten, durch unterschiedliche Arbeitsmethoden oder durch Kommunikationsprobleme entstehen.

Störungsursachen können im Wesentlichen nach fünf verschiedenen Kategorien unterschieden werden:

Störungsursache I

Änderungen in der Programm- und/oder Funktionsplanung, z. B.
- Änderung der Nutzeranforderungen
- Zusätzliche behördliche Auflagen
- Ersatz oder Änderung geplanter Systeme
- Einführung zusätzlicher Systeme

Störungsursache II

Änderungen während der Planung, z. B.
- Änderung bei den technischen Anforderungen
- Änderungen in der Bauwerksgestaltung
- Unvorhergesehene geologische oder hydrologische Gegebenheit

Störungsursache III

Defizite in der Planungsorganisation, z. B.
- Kapazitätsengpässe innerhalb der Planungsgruppe
- Fehlen von:
  Informationen
  Genehmigungen
  Entscheidungen

Störungsursache IV

Verzug im Vorbereitungsbereich, z. B.
- Planungsänderungen
- Kapazitätsengpässe
- Lieferverzug
- Schnittstellen-/Dateninkonsistenz
- Gegenseitige Behinderung infolge mangelhafter Koordination

Störungsursache V

Ausfall von Instanzen, z. B.
- Engpässe oder Versagen im Bereich technischer Hilfsmittel
- Ausfälle im Personenbereich

Störungen führen im Regelfall zu Mehrkosten und Terminverzügen. Die Folgen sind
- Nachbesserungsarbeiten
- Terminüberschreitungen
- Feuerwehreinsätze
- Personalfluktuation
- Forderungs- bzw. Zinsverluste
- verlorene Kunden

Die überkommene Vorstellung, ein Risikomanagement würde Geld kosten wurde in letzter Zeit nachhaltig widerlegt. Vorsorge kostet nichts. Verluste hingegen können die Existenz kosten.

Eine Untersuchung der häufigsten Mängelursachen kommt zu dem Ergebnis, dass der Ausgangspunkt für diese überwiegend in einer unzureichenden Beschreibung der Anforderungen zu sehen ist, die an die Arbeitsprozesse gestellt werden. Entweder, dass der Output des Vorgängers überhaupt nicht oder nicht eindeutig definiert wurde oder dass dieser nicht kommuniziert bzw. als Input für den nachfolgenden Arbeitsschritt transformiert wurde. Das Fehlen von Schnittstellenvereinbarungen ist der Beginn einer jeden Projektstörung. Dies frühzeitig zu erkennen, bildet das Erfolgsrezept erfolgreicher Projektabwicklungen.

Störungsursachen lassen sich nach Projektphasen, Verantwortlichkeiten oder Bearbeitungsinhalten gruppieren. Das Entstehen der Störungen lässt sich jedoch auf einen einfachen Nenner bringen. Den meisten Störungen liegt als Hauptursache die fehlende Verfügbarkeit des Produktionsfaktors „Information" zugrunde.

Fehlende, sich ändernde, zusätzliche bzw. neue Informationen haben letztlich immer zur Folge, dass sich Verfahrensabläufe verzögern, zum Stillstand kommen, oder unter veränderten Bedingungen wieder aufgenommen werden müssen. Dies ist im Regelfall mit Mehrkosten oder mit Qualitätsverlusten verbunden. Für die Planung und die Koordination des **Informationsmanagements** übernimmt damit das Projektmanagement eine Schlüsselrolle.

Grundsätzlich regeln die Leistungsbilder der HOAI, welche Ergebnisse durch wen in den einzelnen Projektphasen zu erzielen sind und welche Informationsverpflichtungen damit verbunden sind. Eine ausschließliche HOAI-Orientierung führt jedoch immer wieder zu Problemen, da vorzugsweise die Beschreibung der Teilleistungen mit ihren Ergebnissen global gehalten ist. Nur in wenigen Bereichen wird durch Angabe eines konkreten Resultats die Vorgabe präzisiert, so dass daraus eine prüffähige Informationsschuld abgeleitet werden kann.

Die Koordination wirtschaftlicher Handlungen geschieht im Regelfall durch Programme und Regeln. Diese werden für die einzelnen Phasen eines Projektes und deren Arbeitsergebnisse festgelegt, zum Beispiel die Erstellung einer Kostenschätzung, das Aufstellen einer Wirtschaftlichkeitsberechnung etc. Nach der DIN 69900, 1987, Teil 1 bedeutet dies, dass die Arbeiten einer Projektphase als sachlich getrennt gegenüber den Arbeiten anderer Phasen zu sehen sind. Theoretisch geht zwar eine Projektphase in die nachfolgende über, was auch der Meilensteinphilosophie im Projektmanagement entspricht. Der sachliche Zusammenhang der Teilleistungen bricht damit jedoch vielfach beim Phasenübergang ab.

Unter diesem Bruch leiden naturgemäß projektübergreifende Managementansätze, da sich die Leistungsorientierung der Planung im Wesentlichen auch nur auf das konzentriert, was phasenbezogen gefordert wird. Die Teilbeauftragung von lediglich einzelnen Projektphasen und Leistungsbildern, wie zunehmend praktiziert, wirkt damit einer gesamtheitlichen Projekt Sicht entgegen und verhindert insbesondere, dass wirtschaftliches Handeln durchgängig, transparent und aktuell vollzogen wird.

9.2 Der Bauvertrag

Für jedes Bauwerk sind immer wieder aufs neue Methoden und Wege zu suchen, um größtmögliche Wirtschaftlichkeit bei seiner Planung und Realisierung zu erreichen. Gleichzeitig ist die Bauqualität im Hinblick auf die dauerhafte Funktions- und Gebrauchstüchtigkeit durch eine vorbeugende Mängelverhinderung sicherzustellen. Nicht die Mängelbeseitigung im Nachhinein, sondern die Vorsorge der Mängelvermeidung steht im Mittelpunkt der Bauvorbereitung. Hierfür sind klare und eindeutige Regelungen der einzelnen Verfahrensschritte aufzustellen.

Die Herstellung eines Bauwerkes erfolgt im Regelfall in den Grenzen verbindlicher Leistungsvereinbarungen. Diese basieren auf einer Leistungsbeschreibung, die nach Teilleistungen gegliedert die geforderte Qualität eindeutig spezifiziert. Bei der Auslegung der Formulierung entstehen immer wieder Zielkonflikte, was zu Zahlungsnachforderungen, Leistungsminderungen oder Qualitätsverlusten führen kann. Dies auszuschließen ist Aufgabe der Bauvorbereitung.

Bei der Bauabwicklung sind zahlreiche Regelwerke zu beachten, welche entweder durch Verordnungen eingeführt oder im Allgemeinen Verständnis der Bauschaffenden als normengerechtes Bauen verwurzelt sind. So müssen insbesondere bei öffentlichen Auftraggebern die Vorgaben der Verdingungsordnung für die Vergabe von Bauleistungen (VOB/A) zwingend eingehalten werden. Durch die VOB erfolgt auch eine eindeutige begriffliche Abgrenzung der Leistung, indem diese ausdrücklich mit dem Baugeschehen gekoppelt wird. Eine weitere Klarstellung erfolgt dadurch, dass die für die Errichtung eines Bauwerkes erforderlichen Dienstleistungen – im Allgemeinen sind dies die vorlaufenden Planungen – nicht zu den Bauarbeiten zählen und somit auch nicht das Wesen der Leistung im Sinne der VOB erfüllen. Diese Differenzierung ist für die Art der Leistungsbeschreibung von grundsätzlicher Bedeutung.

Die anstehende Entscheidung lautet, ob nach einzelnen Gewerken beauftragt wird oder ob Gewerke zu einer fachlich zusammengehörenden Einheit gebündelt werden, um als Gesamtgewerk beauftragt zu werden. Ob man also den traditionellen Weg des Leistungsverzeichnisses oder ob man den Weg einer funktionalen Beschreibung mit Leistungsprogramm wählt. Diese Entscheidung formt den Charakter des Bauvertrages. Das Projektmanagement hat dies zu begleiten und den Bauherrn zu beraten, welches unter Berücksichtigung der gegebenen Projektverhältnisse das sinnvollste Vorgehen ist.

Geschäftliche Handlungen erfordern – ob auf der Grundlage der VOB oder sonstiger Geschäftsbedingungen – einen schriftlichen Vertrag, welcher Rechte und Pflichten des jeweiligen Vertragspartners regelt. Ein derartiges Vertragswerk bildet die Grundlage für Leistungsabgrenzungen einerseits, andererseits stellt es die Voraussetzung für die Leistungsvergütung dar. In der Bauwirtschaft liegen diesen Vereinbarungen Einkaufs- und nicht wie üblich Verkaufsbedingungen zugrunde. Nur selten kommen dabei Standardverträge zur Anwendung mit der Folge, dass jeweils abweichende Ausführungsbedingungen beachtet werden müssen.

Ein Bauvertrag besteht üblicherweise aus einer Leistungsbeschreibung, den Allgemeinen Vertragsbedingungen (AVB), den Besonderen Vertragsbedingungen (BVB) und den Zusätzlichen Technischen Vorschriften (ZTV). Während die Allgemeinen Vertragsbedingungen den Geschäftsbedingungen von Lieferverträgen entsprechen und damit im Regelfall nur die in der VOB bereits enthaltenen Festlegungen präzisieren, sind in den Besonderen Vertragsbedingungen (BVB) häufig Ergänzungen und Festlegungen zur Leistungsabgrenzung, zur Leistungsdurchführung und zur Abrechnung enthalten, die unmittelbare Auswirkungen auf die Bauabläufe haben. Dies ist beispielsweise dann der Fall, wenn in den Allgemeinen Vertragsbedingungen die Zulässigkeit von Preisgleitklauseln festgelegt wird, während die Besonderen Vertragsbedingungen für einzelne Lose bzw. für das gesamte Bauwerk die Gültigkeit dieser Vereinbarung nach Art und Höhe fixieren. Eine große Rolle spielen weiterhin Vertragstermine, Vertragsstrafen oder Ausführungsbedingungen wie die Überlassung von Baustelleneinrichtungsflächen, Anschlüssen etc. Soweit im Einzelfall erforderlich werden weiterhin durch Zusätzliche Technische Vorschriften die Allgemeinen Technischen Vorschriften (ATV) der VOB/C ergänzt bzw. modifiziert.

Das Projektmanagement spielt bei der Festlegung dieser Vorgaben eine Schlüsselrolle für das reibungslose Zusammenwirken von Auftraggeber und Auftragnehmer. Es entwickelt zur laufenden Überwachung der Auftragnehmer eine Systematik zur Erfassung aller relevanten Vertragsdaten, legt diese in einer Vertragsdatei ab und stellt mit Hilfe von Verknüpfungen die Abhängigkeiten innerhalb der Verträge dar. Dieses Vertragsnetz terminiert die Zusammenhänge von Planbeistellung und Bauablauf, plausibilisiert Auswirkungen bei Vertragsstörungen und hilft die sich daraus ergebenden Kostenfolgen zu erkennen.

9.2.1 Das Kostenmanagement der Bauvertrages

Das Projektmanagement erstellt und pflegt eine Kostendatenbank, in welcher die Kostenbudgets verwaltet werden. Es analysiert Kostenentwicklungen durch Integration von Kostenermittlung, Vergabeplanung sowie des Auftrags- und Abrechnungswesens, betreibt Kostensteuerung durch Kosteninformation und unterbreitet fachliche Vorschläge zu Alternativangeboten. In diesem Sinne ist das Projektmanagement eine echte Stabsfunktion des Bauherrn und ist als zentrales Kostenmanagement in dessen Einkaufsstrategie eingebunden.

Das Kostenmanagement übernimmt Verantwortung für die Kostentransparenz des Bauvertrages. Es ist frei von Firmenbindungen, äußeren Markteinflüssen und unterliegt keinen organisatorischen Restriktionen. Die direkte Zuordnung des Vertragsmanagements an die Entscheidungsgremien des Bauherrn gewährleistet die fachliche Unabhängigkeit der Kostensteuerung. Als Vertreter des Bauherrn übergibt das Vertragsmanagement allen Projektbeteiligten diejenigen Vertragsinformationen, welche diese für ihre Entscheidungsfindungen benötigen. Es stellt damit sicher, dass alle Beteiligten aktuelle Kenntnis von Planung, Leistung und zum Stand der Bauabwicklung besitzen.

Die mit dem Begriff Kostenmanagement zusammengefassten Tätigkeiten des Vertragsmanagements gewährleisten, dass technische und kaufmännische Interessen in nachhaltiger Weise in die Projektbearbeitung eingehen. Voraussetzung hierfür ist, dass die Aufgaben des Vertragsmanagements während der Bauvorbereitung und Bauabwicklung nicht getrennt werden, sondern durchgängig in einer Hand bleiben.

Das Kostenmanagement des Bauvertrages koordiniert die Pflege verschiedener Kostenpakete, z. B.

* Ansätze des Investitionsplanes
* Kostenbudgets für die Verträge
* Reservekosten für noch ausstehende Planungsbereiche Nachträge

Die Pflege beinhaltet die Aktualisierung während der Ausführungsplanung, der Vergabe und der Beauftragung. Das Kostenmanagement entwickelt Kostenbudgets für die Vergabeplanung durch Kostenvorgaben auf der Aggregationsebene von Vergabeeinheiten. Es verfügt weiterhin über abgesicherte Kostenrichtwerte, mit deren Hilfe die Verhältnismäßigkeit von Investitionsplanung und Markteinflüssen bewertet und damit das Angebotsniveau überprüfbar gemacht wird. Als Ergebnis dieser Überprüfung wird die Berechnung der vertragliche Kostenrahmen aktualisiert.

Im Rahmen des Auftragswesens erfolgt mit jeder Veränderung der Parameter „Menge" bzw. „Einheitspreis" eine Überprüfung der zugrundeliegenden Kosteneinflussgrößen, um sicherzustellen, dass durch die Verlagerung von Einzelkosten innerhalb der Kostenbudgets keine unwirtschaftlichen Teillösungen entstehen bzw. Kostenüberschreitungen unerkannt bleiben.

Das Kostenmanagement verwaltet die Reservekosten, wenn sich durch Planungsänderungen Kostenminderungen bzw. Kostenerhöhungen und damit in Teilbereichen Kostenreserven ergeben. In die Führung der Reservekosten fließen später alle Nachträge sowie die Kostenfortschreibungen infolge von Programmänderungen ein. Die Reservekosten bilden damit die Liquidität des Projektes, durch deren Ausnutzung noch Einzellösungen realisiert werden können, ohne dass der Investitionsrahmen des Gesamtprojektes überschritten werden.

Die damit einhergehende Finanzmittelplanung basiert auf diesen Vorgaben. Dem Finanzierungsmanagement obliegt die Aufgabe, Nachweis zu führen, in welchen Bereichen und in welcher Höhe aufgrund von Planungsmodifizierungen bzw. durch Nachtragsbeauftragungen zeitliche Freiräume/Engpässe in der Verfügbarkeit von Finanzierungsreserven geschaffen werden. Es untersucht weiterhin, ob die freigesetzten Mittel ein tatsächliches Dispositionsvolumen darstellen oder ob lediglich durch Verlagerungen bei einzelnen Kostenermittlungen eine Verschiebung erfolgt ist.

9.2.2 Schnittstellen

Vordringliche Aufgabe des Kostenmanagements der Bauvorbereitung ist die Gewährleistung einer aktuellen, transparenten und nachvollziehbaren Kostenberichterstattung. Diese bezieht sich auf die Planungs- und Vergabephase und hat Veränderungen nach Ursache und Höhe darzustellen. Die Verwaltung der Plan-/Soll- und Ist-Kosten wird im Regelfall in einer zentralen Datenbank durchgeführt, die im Rahmen der Kostenaufbereitung nach unterschiedlichen Kriterien ausgewertet wird. Hierfür ist die fachliche Fähigkeit zur Erstellung von Analysen, Bewertungen und Interpretationen der Kostenbewegungen Voraussetzung. Eine Aussage nur unter Zugrundelegung von EDV-Auswertungen wäre irreführend, schwer lesbar und daher nicht geeignet, zuverlässige Kostenkenntnis zu vermitteln. In dem Berichtswesen werden daher neben dem Verweis auf EDV-Auswertungen Hinweise auf Ursachen sowie fachliche Erklärungen zu deren Zustandekommen gegeben. Missverständnisse oder unklare Informationszustände zwischen den Beteiligten sind dadurch vermeidbar.

Die Einbindung des Kostenmanagements in die Bauvorbereitung erfordert eine verbindliche Abklärung von Schnittstellen für den Datenaustausch zwischen den Beteiligten. Diese lassen sich in zwei Gruppen gliedern:

- Schnittstellen für maschinell lesbare Datenträger. Neben der Kompatibilität ist insbesondere die Einhaltung der Datenformatierung sowie die Kennzeichnung der Leistungsverzeichnisse und der Angebotsdaten von Bedeutung.

- Schnittstellen im Belegwesen. Diese Schnittstellen erfordern eine manuelle Aufbereitung von Angebotsdaten auf Belegen. Diese werden in das Kostensteuerungssystem übernommen. Die Datenerfassung erfolgt hierbei direkt über diese Belege. Ein formalisiertes Belegwesen unterstützt und vereinfacht die Koordination dieser Schnittstelle.

Die Einhaltung aller Konventionen, die einvernehmlich zwischen den Beteiligten als Schnittstellenregelungen vereinbart werden, ist eine der wichtigsten Voraussetzungen für die Durchführung einer erfolgreichen Kostensteuerung. Das Projektmanagement hat dies zu gewährleisten.

9.3 Das Qualitätsmanagement der Bauvorbereitung

Planungssicherheit erfordert bei allen Baumaßnahmen die detaillierte Kenntnis der Raum- und Gebäudedaten. Diese sind vielfach in Form von Katalogen, Plänen oder als Raumbücher vorhanden. Ein erheblicher Nachteil von derart dokumentierten Gebäudedaten ist jedoch, dass diese im Regelfall nach ihrer Erhebung nicht laufend aktualisiert werden, und somit nicht der tatsächlichen Planungssituation entsprechen, wenn sie benötigt werden. Auch ist die Auswertung für den Einzelfall zeitintensiv und aufwendig.

Diese beiden Hauptgründe – fehlende Aktualität und umständliche Handhabung – führen immer öfter zur Einrichtung eines raumbezogenen Informationssystems, mit dem das Qualitäts- und Konfigurationsmanagement während der Bauvorbereitung unterstützt wird. Dieses System sollte sinnvollerweise durch den Bauherrn zur Verfügung gestellt werden. Da dies häufig jedoch unterbleibt, sollte es sich das Projektmanagement zu seinem Anliegen machen, ein derartiges Hilfsmittel in die Planungsabläufe einzubringen.

Die Frage des richtigen Zeitpunktes der Verfügbarkeit derartiger Führungssysteme ist einfach zu beantworten. Sinnvollerweise sollten bereits die Raum- und Funktionsprogramme sowie die Bedarfsanforderungen damit verwaltet werden. Da dies in den frühen Planungsphasen häufig außer Acht gelassen wird, ist der Beginn der Bauvorbereitungsphase der richtige Zeitpunkt, um begleitend zur Ausführungsplanung diejenigen Daten zu erheben, welche für ein zukünftiges Bestandsraumbuch benötigt werden. Da im Zusammenhang mit der Bauvorbereitung auch bereits Fragen der Raumbelegung, des Schlüsseldienstes, der Inventarisierung oder Fragen des IT-Managements angesprochen werden, ist hohe Flexibilität bei der Datenfortschreibung ein wichtiges Kriterium. Dies macht den Einsatz der Datenverarbeitung erforderlich, da damit ein adäquates Hilfsmittel bereitgestellt wird, um die Anforderungen an eine aktuelle Datenpflege zu erfüllen sowie eine jederzeitige Datenauswertung zu ermöglichen. Die Datenbestände sollten sich entsprechend den Informationsbedürfnissen nach unterschiedlichen Detaillierungsstufen abrufen lassen, gezielte Anfragen zu Einzelaussagen sollten jederzeit möglich sein.

Das Arbeiten mit einem Raumbuchsystem erfordert die systematische Aufnahme von Nutzeranforderungen, des Raum- und Flächenbestandes nach der Entwurfsplanung, Ausbauelemente, betriebstechnische Einbauten, die Elemente der Raumausstattung etc. Zur Identifikation der dokumentierten Projektteile werden zwei voneinander unabhängige Sichten notwendig. Die eine Sicht gliedert das Projekt funktional nach Nutzungseinheiten. Die andere geometrisch orientierte Sicht dient auf der Grundlage der Projektstruktur zur Lokalisierung von Bauteilen. Üblicherweise werden den Raum-/Anlagenteilen Merkmale und Merkmalseigenschaften mit Merkmalswerten zugeordnet. Durch Angabe von Verfasser und Quelle sowie dem Erhebungsdatum wird die Herkunft der Daten festgehalten. Dadurch lässt sich nachträglich eine Projekthistorie erstellen und Änderungen im Rahmen des Konfigurationsmanagement nach Ursache und Veranlassung verfolgen. Mit den Merkmalen werden neben der Qualitätsbeschreibung auch Angaben zur späteren Nutzung, der Inbetriebnahme, der Wartung etc. gemacht. In der Phase der Bauvorbereitung werden diese Angaben als Solldaten abgelegt, denen im Laufe der Bauwerkserstellung die tatsächlichen Ist-Ergebnisse gegenübergestellt werden.

Art und Inhalt der Merkmalsbeschreibungen richten sich nach den Projektbedürfnissen. Das Interesse des Bauherrn ist primär darauf gerichtet, seine Anforderungen zu dokumentieren und deren Erfüllung zu kontrollieren. Der Nutzer hingegen hat ein maßgebliches Interesse daran, die Daten des Bestandsraumbuches auch für den nachfolgenden Bauwerksunterhalt und für den Bauwerksbetrieb verwenden zu können. Die laufende Ergänzung und Verfeinerung des Datenbestandes verfolgt damit verschiedene Ziele, deren Erfüllung eine wesentliche Voraussetzung für die Akzeptanz eines derartigen Systems ist.

Auch das Projektmanagement bekommt eine wertvolle Hilfe an die Hand, um die Leistungsbe-schreibungen nach Menge und Inhalt überprüfen zu können. Weiterhin werden Änderungen des Auftraggebers, der Objekt- und Fachplaner sowie der ausführenden Firmen dokumentiert, um bei Nachträgen die Anspruchsberechtigung und den Anspruchsumfang nachvollziehbar zu machen.

Das Raumbuchsystem stellt weiterhin eine wertvolle Hilfe bei der Planverwaltung dar. Das Projektmanagement hat die Erstellung einzelner Planpakete in der Weise zu organisieren, dass diese in Übereinstimmung mit der zu Projektbeginn gewählten geometrischen Gliederung nunmehr einzelnen Planungssektoren zugeordnet werden, für die Ausführungspläne erstellt und entsprechend gekennzeichnet werden. Je nach Planart müssen die Schnittstellen in Abhän-gigkeit zum Planinhalt auf diese Planungssektoren abgestimmt und in das Gesamtplanungspa-ket integriert werden.

Die Koordination von Rohbau- und Ausbauplanung mit einer großen Anzahl an Werk- und Detailplanungen muss in ständiger Übereinstimmung mit der Ausführungsplanung der techni-schen Gebäudeausrüstung erfolgen. Ausführungspläne für Heizung, Lüftung, Sanitär und Elektro erfordern Angaben zur Kanalführung, zur Lage von Auslässen, den Ort von Geräteauf-stellungen, Anschlüssen, etc. Die Ausführungspläne für Förderanlagen müssen bereits frühzei-tig mit ausführenden Firmen für Aufzüge, Rolltreppen, Rohrpost bzw. Müllentsorgungsanla-gen in der Rohbauplanung abgestimmt werden. Werkstattpläne mit Angaben des Herstellers und Vormontagen im Werk erfordern eine hohe Maßhaltigkeit, was die frühzeitige Angabe von Rohbaudetails erfordert. Raumbücher werden daher in den letzten Jahren schrittweise mit CAD-Systemen gekoppelt, um das Planmanagement in die Qualitätssteuerung zu integrieren.

9.4 Das Terminmanagement

Das Terminmanagement der Ausführungsvorbereitung wird bereits erheblich durch Anforde-rungen aus der nachfolgenden Bauabwicklung beeinflusst. Somit wird zunächst unter Berück-sichtigung der Terminvorgaben des Generalablaufplanes ein Steuerungsplan für den vorgese-henen Bauablauf erstellt. Aus diesem sind die maßgeblichen Meilensteine ersichtlich, Ver-tragstermine lassen sich daraus entwickeln. Dieser Steuerungsplan wird laufend mit den Ab-laufkonzepten der Objekt-/Fachplanung abgestimmt, um diese in die Terminverantwortung mit einzubinden.

Der Bauablauf bildet die Grundlage für die Ablaufplanung der Plansteuerung. Es ist und wird eine Wunschvorstellung bleiben, mit Baubeginn alle Ausführungspläne bereits fertigzustellen zu haben. Daher ist es das vorrangige Ziel der Plansteuerung, diejenigen Planpakete terminlich einzuordnen, die mit Baubeginn bereits zur Verfügung stehen müssen, um das Anlaufen der Baustelle zu ermöglichen. Sind aber erst einmal die Bauarbeiten im Gang, bedeutet jede Un-terbrechung wegen fehlender oder unvollständiger Pläne eine Behinderung mit im Regelfall erheblichen Kostenfolgen. Die terminliche Koordination der Ausführungspläne zum richtigen Zeitpunkt und im erforderlichen Umfang stellt aus der Sicht des Terminmanagements eine Schlüsselrolle für eine ungestörte Bauabwicklung dar.

Die Terminplanung des Vergabeverfahrens erfordert demgegenüber eine detaillierte Untersu-chung der einzelnen Vergabeschritte in ihren Abhängigkeiten und in ihrem Zeitbedarf. Da sich das Vergabeverfahren bei Einzelvergaben über einen größeren Zeitraum erstreckt und parallel zur Bauabwicklung läuft, kommt der termingerechten Vergabeentscheidung und der rechtzeiti-gen Beauftragung von Teilleistungen eine große Bedeutung zu. Im Regelfall ist hierbei auch eine gewisse Trägheit im Entscheidungsverhalten größerer Organisationen zu berücksichtigen, auf welche das Terminmanagement einerseits keinen Einfluss ausüben kann, die es jedoch andererseits zu beachten gilt.

9.5 Koordination der Ausschreibung

Die meisten Bauvorhaben stehen unter einem erheblichen Termindruck. Im Regelfall sollte nach der Entscheidung für die Erstellung eines Bauwerkes kurzfristig mit den Bauarbeiten begonnen werden. Häufig stehen dann keine ausreichenden Vorlaufzeiten für die Herstellung von ausführungsreifen Ausschreibungsunterlagen zur Verfügung. Die Festsetzung eines zeitlich engen Baubeginns führt damit zur Frage, in welcher Form die Leistung zu beschreiben ist, um trotzdem weitgehende Vertragssicherheit zu gewährleisten.

Die Leistungsbeschreibung besteht im Regelfall aus einer Baubeschreibung und den nach Teilleistung gegliederten Leistungsverzeichnissen (LV), welche durch Pläne, technische Systemskizzen, zeichnerischen Details bzw. durch Montagepläne ergänzt werden. Je nach Art der Leistungsbeschreibung ergeben sich daraus Abläufe, Verpflichtungen und Prüfungen, die für den Bauherrn, den unterstützenden Projektsteuerer und insgesamt für den Ablauf des Vergabeverfahrens von außerordentlicher Bedeutung sind. Denn letztlich geht es hier um die Entscheidung, ob die Bauleistung nach Einzelpositionen beschrieben durch einen Komponentenwettbewerb oder in Form eines Funktionsprogramms im Rahmen eines Systemwettbewerbs vergeben wird.

Das Projektmanagement unterstützt den Bauherrn bei der Wahl des Ausschreibungsverfahrens. Hierfür muss es über Vor- und Nachteile der jeweiligen Ausschreibungsart Bescheid wissen, um das Für und Wider einer Einzelgewerkevergabe contra einer Paketvergabe beurteilen zu können.

Die Vorteile einer Einzelgewerkevergabe liegen zweifellos in der Tatsache, dass diese seit über hundert Jahren Tradition haben und damit einen eingespielten Prozess darstellen. Die Aufgaben und Pflichten der Beteiligten – Bauherr, Ingenieurbüros, Projektsteuerer, Unternehmer – sind in Regelwerken, Normen und Vorschriften festgeschrieben. Die Abläufe sind bei allen Beteiligten eingespielt. Ein weiterer Vorteil ist die Flexibilität der Einzelgewerkevergabe. Nachdem nicht ein Gesamtpreis für das vollständige Bauwerk bzw. für gebündelte Teile des Bauwerkes vereinbart werden, können auch während der Ausführung noch Änderungen beauftragt werden. Weiterhin können einzelne Gewerke Schritt für Schritt an den Genehmigungsprozess angepasst sowie zeitversetzt nach Abschluss der Ausführungsplanung ausgeschrieben und vergeben werden.

Der Nachteil einer Einzelgewerkevergabe liegt in der Beschränkung des Wettbewerbes auf ein Komponentenangebot. Letztendlich wird lediglich derjenige Anbieter gesucht, der technisch vorgegebene Einzelkomponenten am wirtschaftlichsten ausführt. Es findet kein Wettbewerb über Ausführungsmethoden, der Systemintegration oder der Einbindung in die Betriebsplanung statt. Dies erfordert wiederum auf Seiten des Bauherrn einen erheblichen Koordinationsaufwand mit einem anspruchsvollen Schnittstellenmanagement. Dies bedarf ausgewählter Spezialisten, die nicht nur Erfahrungen im Komponentenbereich, sondern übergreifendes Verständnis für das Zusammenspiel aller technischen Belange einer Systemlösung mitbringen.

Die Paketvergabe hat gegenüber der Einzelvergabe einige prinzipielle Vorteile, denen allerdings auch Ausschlusskriterien gegenüberstehen. Diese muss der Projektsteuerer kennen, um diese Vergabeart beherrschbar zu machen.

Die Paketvergabe umfasst die gesamte Bauwerkserstellung oder zumindest fachlich zusammengehörende Teilleistungen. Als fachlich logisch werden beispielsweise folgende Gesamtpakete ausgeschrieben:

- Die komplette Gebäudekonstruktion, jedoch ohne Fassade
- Gebäudehülle einschließlich der technischen Gebäudeausrüstung
- der vollständige Ausbau

Bei der Paketvergabe findet der Wettbewerb über eine Systemlösung statt. Daraus folgt, dass die Ausführungsplanung und die Bauausführung in einer Hand zusammengefasst werden. Die Schnittstelle zwischen Planung und Ausführung liegt somit nicht bei der Übergabe von Ausführungsplänen, sondern erfolgt bereits mit Abschluss der Genehmigungsplanung durch die funktionale und qualitative Definition der Systemlösung. Der Wettbewerb wird folglich nicht über die Einheitspreise der Komponenten geführt, sondern über einen Paketpreis für einen technisch-logistischen Systemvorschlag.

Dies eröffnet ein weites Spektrum an kreativer Innovation und lässt Optimierungen in der Zusammenarbeit mit Herstellern zu. Die Paketvergabe ermöglicht die Verknüpfung von Komponententechnik und Bauablauf, die Integration von Einzelkomponenten zu einem funktionsfähigen System, sowie die frühzeitige Abstimmung von System- und Betriebsplanung. Paketvergaben basieren auf einer Gesamtverantwortung, bei der Ausführungsplanung und Bauausführung in einer Hand liegen. Die Vergabe erfolgt zu einem Festpreis und zu festen Terminen.

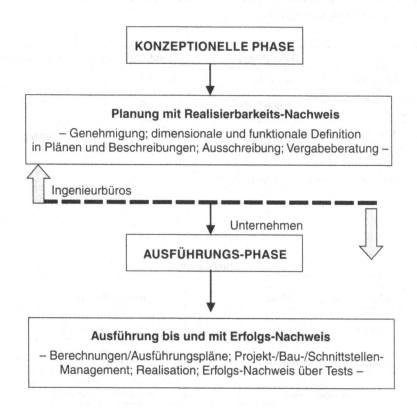

Bild 9.3 Schnittstelle der Paketvergabe

Die wirtschaftliche Zweckmäßigkeit von Paketvergaben ist heute unbestritten. Sie erfordert allerdings eine starke Entscheidungsdisziplin und verträgt Projektänderungen nur in geringem Umfang. Ansonsten drohen vereinbarte Festpreise zu einer Makulatur zu werden. Dies bedeutet, dass die Planung bis zum Nachweis ihrer Realisierbarkeit lediglich bis in eine Tiefe geführt wird, die es erlaubt, technische, logistische und wirtschaftliche Rahmenbedingungen funktional und qualitativ zu beschreiben. Dies bedingt, dass die Genehmigungsplanung abgeschlossen sein muss mit der Folge, dass sämtliche Leistungs- und Baueinflüsse entschieden sein müssen.

9.6 Die Vergabe

Vergabeverfahren unterliegen den allgemeingültigen Wettbewerbsregeln, die durch Angebot und Nachfrage bestimmt werden. Die Auslober können dabei prinzipiell bestimmen, wen sie am Wettbewerb teilnehmen lassen wollen und wen nicht. Ausnahmen gelten für öffentliche Auftraggeber und Sektorenauftraggeber, die verpflichtet sind, ab einer definierten Auftragssumme eine europaweite Ausschreibung durchzuführen.

Die Verfahrensarten der Auslobung werden nach nationalen Vergabeverfahren und europaweiten Vergaben unterschieden. Die Vergabeart kann hierbei nicht willkürlich gewählt werden, sondern unterliegt definierten Eintrittsbedingungen. Auch können dem eigentlichen Vergabeverfahren Teilnehmerwettbewerbe vorgeschaltet werden, um die im Wettbewerb verbleibenden Anbieter zahlenmäßig einzugrenzen.

	Bauaufträge	Lieferaufträge	Dienstleistungsaufträge
Öffentliche Auftraggeber	5.000.000	200.000	200.000
Sektorenauftraggeber: Wasser, Energie, Transport	5.000.000	400.000	400.000
Sektorenauftraggeber: Telekommunikation	5.000.000	600.000	600.000

Bild 9.4 Kriterien für europaweite Ausschreibungen

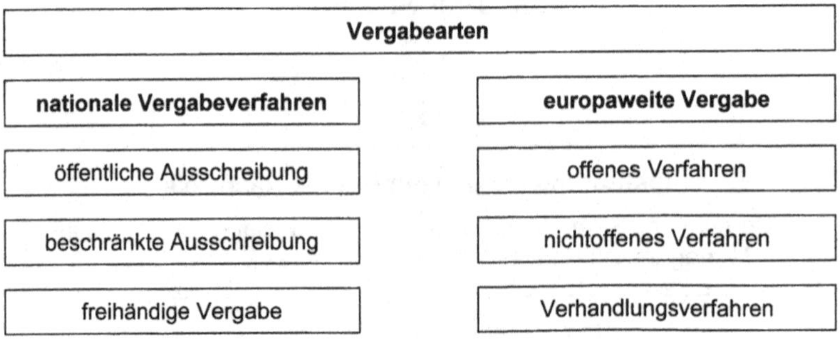

Vergabearten	
nationale Vergabeverfahren	**europaweite Vergabe**
öffentliche Ausschreibung	offenes Verfahren
beschränkte Ausschreibung	nichtoffenes Verfahren
freihändige Vergabe	Verhandlungsverfahren

Bild 9.5 Vergabearten

Das Projektmanagement entwickelt für jedes Projekt eine zielgerichtete Vergabestrategie, um zu erreichen, dass die für das Projekt wirtschaftlichste Vergabeart zum Tragen kommt. Die grundsätzliche Entscheidung lautet hierbei: Einzelunternehmer oder Generalunternehmer.

Die Entscheidung für einen Generalunternehmer hat sicherlich eine Reihe positiver Aspekte, muss allerdings vom Bauherrn und seinen Vertretern auch beherrscht werden. Der Auswahl einer leistungsfähigen Firma kommt hierbei größte Bedeutung zu.

Auch das Prüfen und Werten der Angebote erfordert eine wesentlich höhere Qualifikation als dies bei Einzelvergaben der Fall ist. Im Allgemeinen werden Ausschreibungen mit Leistungsprogramm zu pauschalierten Kosten vergeben. Eine Aufschlüsselung von Teilleistungen nach Mengen und Einheitspreisen liegt zur Angebotsbeurteilung nicht vor. Damit bereitet die Wertung von unterschiedlichen Konstruktionsvarianten, verschiedenartigen Materialien und die Einordnung von Gestaltungsvorschlägen außerordentliche Schwierigkeiten. Auch muss man sich bewusst sein, dass neben der Systemkalkulation Zuschläge für Planungsleistungen und Gesamtkoordination in die Kostenrechnung eingehen, was einen reinen Kostenvergleich der Angebote stark einschränkt.

Zur Nachvollziehbarkeit der Angebotsbewertung werden daher vorab Kriterien entwickelt, mit denen die verschiedenen Angebotsmerkmale mit Hilfe einer Nutzwertanalyse in eine Rangfolge gebracht werden. Die Ergebnisse des Bewertungsmodells stehen damit gleichbedeutend neben den Angebotspreisen und bestimmen in Ergänzung zu den messbaren Systemeigenschaften den Wettbewerb.

Die Wertung eines Komponentenwettbewerbs wird im Wesentlichen durch Prüfung der ausgepreisten Leistungsverzeichnisse geführt. Die Abfolge der Prüfungsschritte wird durch die Projektsteuerung terminlich festgelegt und die für die Bearbeitung erforderlichen Zuständigkeiten bis zur Fertigstellung des Vergabevorschlages koordiniert. Die wichtigsten Schritte von der Kostenplanung (1) bis zur Beauftragung (11) stellen sind in Bild 9.6 dargestellt.

- Nach Fertigstellung der Entwurfsplanung werden im Laufe der Ausführungsplanung vom Architekten/Fachplaner inhaltliche Änderungen auf Kostenelementebene gemeldet. Das Projektmanagement erstellt eine Kostenbewertung, die die kostenmäßigen Auswirkungen der geänderten Planungsinhalte fortschreiben. Es wird geprüft, ob die gemeldeten Kostenveränderungen realistisch sind und abgeklärt, ob nicht gegebenenfalls wirtschaftlichere Alternativen zum Tragen kommen könnten. Nach Genehmigung der weiterentwickelten Planung und nach Freigabe der Kostenfortschreibung erfolgt eine Aktualisierung des Kostenrahmens.

- Auf der Grundlage der fortgeschriebenen Kostenberechnungen werden durch Zusammenfassung von Kostenelementen Vergabeeinheiten gebildet. Diese orientieren sich im Regelfall an der Leistungsbereichsgliederung des Standardleistungsbuches. Ein oder mehrere Leistungsbereiche bilden eine Vergabeeinheit, die ausgeschrieben und im Regelfall auch beauftragt wird. Ohne einheitliche Gliederung von Kostenermittlung, Vergabeeinheit und Leistungsverzeichnis wäre die Aktualisierung der Soll-Datenbestände nicht möglich und somit eine durchgängige Kostenverfolgung zum Scheitern verurteilt.

- Die Ausschreibungen werden durch die beauftragten Planer erstellt. Arbeitsunterlagen sollten die fertiggestellten und geprüften Ausführungspläne sein. Üblicherweise erfolgt die Ausschreibung jedoch auf der Grundlage von Entwurfsplänen, der aktualisierten Kostenberechnungen sowie Beschreibungen und Berechnungen der Entwurfsphase. Zwischen Planer und Projektsteuerung wird vor Beginn der LV-Erstellung die LV-Gliederung festgelegt. Damit soll erreicht werden, dass der Zusammenhang von Kostenberechnung und

Leistungsverzeichnis nicht verloren geht. Sollten während der LV-Erstellung Umgruppierungen oder Veränderungen in der Gliederung der Kostenberechnung notwendig sein, werden diese vom Planer veranlasst und von der Projektsteuerung durchgeführt. Mit Fertigstellung der Leistungsverzeichnisse liegt eine aktualisierte Kostenberechnung vor, die mit der LV-Gliederung übereinstimmt.

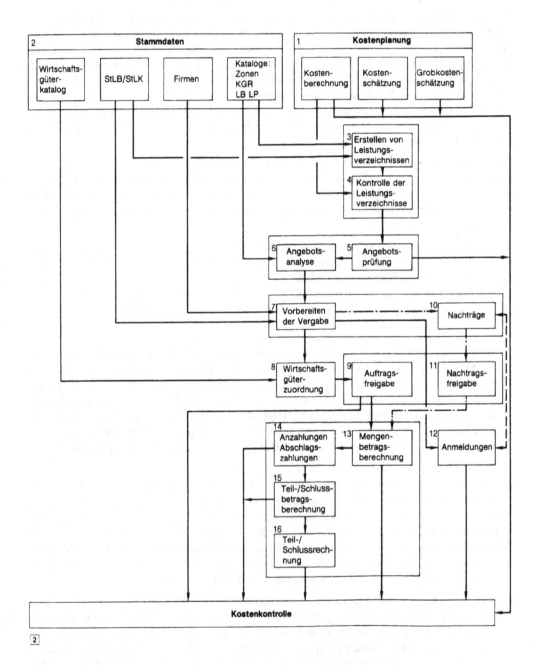

Bild 9.6 Ablauf Kostenplanung

- Die Übergabe der Leistungsverzeichnisse erfolgt auf maschinell lesbaren Datenträgern. Die Datensätze werden nach den GAEB-Satzarten formatiert und können somit in das Prüfsystem der Projektsteuerung übernommen werden. Dieses führt die Kontrolle der Leistungsverzeichnisse auf Mengensicherheit und Vollständigkeit durch. Dabei werden die Ansätze der Kostenberechnung mit den aggregierten Positionsmengen verglichen und untersucht, ob jedem Kostenansatz eine oder mehrere vergleichbare Teilleistungen des Leistungsverzeichnisses gegenüberstehen. Ist dies nicht der Fall, werden dort Korrekturen veranlasst, wo dies fachlich geboten ist.

- Im Regelfall erfolgt die rechnerische, technische und wirtschaftliche Prüfung der Angebote durch den Planer. Als Prüfergebnis werden Preisspiegel und Erläuterungsberichte übergeben. Der Projektsteuerer hat nunmehr zu kontrollieren, ob diese Prüfung ohne Mängel erfolgte, ob nachträgliche Korrekturen bzw. Manipulationen an den Ausschreibungs- oder Angebotsunterlagen stattfanden, ob eventuell Preisabsprachen getroffen bzw. Unterangebote eingereicht wurden. Bei Produktangeboten sind die geforderten Qualifikationsnachweise zu prüfen. Bei Sondervorschlägen berät der Projektmanager den Bauherrn und bearbeitet die wirtschaftlichen Auswirkungen.

- Das Vergabeverfahren wird verantwortlich durch den Bauherrn durchgeführt. Der Projektmanager unterstützt ihn in der Organisation. Er weist die Kostendeckung des Vergabevoschlages im Rahmen der Kostenbugets nach. Nach Prüfung der Angebote und nach Auswahl des wirtschaftlichsten Bieters werden dem Projektmanagement online bzw. auf maschinell lesbaren Datenträgern Einheitspreise und Vertragskonditionen des zu beauftragenden Angebotes übergeben. Des Weiteren erhält das Projektmanagement die Einheitspreisspiegel aller Bieter auf Datenträger. Damit ist eine Analyse marktbedingter Preisbewegungen möglich, die Einfluss auf andere Gewerke haben könnten.

- Das Projektmanagement veranlasst erforderliche Änderungen der Leistungsverzeichnisse, erstellt das Auftragsdatenprotokoll sowie gegebenenfalls eine Wirtschaftsgüterzuordnung. Die Auftragsleistungsverzeichnisse werden zentral beim Bauherrn verwaltet. Dies ist erforderlich, da in dieser Phase alle Basisdaten für das Rechnungswesen und damit für die Kostenkontrolle aufbereitet werden. Hierzu zählt auch die Umrechnung der Einheitspreise entsprechend den Auftragskonditionen, welche wiederum für die Zuordnung der Abrechnungsergebnisse zu den Wirtschaftsgütern erforderlich ist. Die Auftragsleistungsverzeichnisse werden in die Kostenkontrolle der Projektsteuerung übernommen und stehen damit für Soll-Ist-Vergleiche während der Baudurchführung zur Verfügung.

10 Bauausführung

10.1 Phasendefinition

Die Phase der Bauausführung umfasst zeitlich die gesamte bauliche Ausführung nach Leistungsphase 8 gemäß HOAI. Sie beginnt daher mit der Aufnahme der Bauarbeiten und endet mit dem Abschluss der Mängelbeseitigung. Im Sinne des Projektmanagements wird damit diese Phase zeitlich definiert. Inhaltlich erfasst sie mehr. Nach dem Kommentar zum Projektmanagement [1] beschränkt sich die Projektüberwachung im Projektmanagement nicht auf die Überwachung der Ausführungsleistungen. In der Projektüberwachung werden sämtliche Tätigkeiten zur Ausführung des Objekts gesehen, also auch die Tätigkeit von Objektüberwachern, sonstigen Bauherrnbeauftragten und Aktivitäten von Bauherr bzw. Nutzer selbst.

Nach der Definition der Phasengliederung für das Projektmanagement in diesem Buch reicht auch diese Definition noch nicht aus: Sollen Phasen sachlich und zeitlich definiert werden, fallen insbesondere beim beschleunigten Ablauf noch viele Planungsaktivitäten in diesen Zeitraum. Demnach ist die Ausführungsphase definiert als die zeitliche Phase, die mit der Aufnahme der Bauarbeiten beginnt und mit dem Abschluss der Bauarbeiten endet. Damit ist der Beginn klar definiert. Das Ende ist projektspezifisch zu definieren, beispielsweise Ende der Abnahmen oder Übergaben, weil die Mängelbeseitigung vielfach in die Nachlauf- bzw. Schlussphase einbezogen wird. Inhaltlich betrifft die Ausführungsphase alle während dieser Zeit anfallenden Aktivitäten.

10.2 Ziele und Leistungen

In der Theorie ist die Ausführungsphase nichts anderes als die bauliche Realisierung der bis dahin aufgestellten Pläne. Ohne Änderungen und Störungen bestünde sie allein in der Überwachung der Zielrealisierung der vorgelagerten Phasen und in der Anwendung der bereits vorgestellten Instrumente. Bei entsprechend sorgfältiger Bearbeitung der vorausgegangenen Phasen bestünde die Ausführungsphase nunmehr in einem kontrollierenden Projektmonitoring.

Die Praxis stellt sich anders dar: Mit Beginn der Ausführung sind selten alle Parameter der Projektrealisierung definiert. Die weitere Präzisierung dieser Parameter ist **ein** Ziel der projektbezogenen Tätigkeiten während dieser Zeit. Modifizierungen der Projektziele, Störungen und Projektanpassungen erfordern entsprechende gestaltende Elemente im Projektmanagement. Solche Elemente können neben Störungen und Behinderungen auch die Anpassung der Projektziele an veränderte Vorgaben, neue Erfordernisse des Marktes oder modifizierte technische Gegebenheiten sein.

Das Ziel der baulichen Realisierung des Projekts im (bereits definierten) Rahmen für Qualität/Funktion/Wirtschaftlichkeit/Terminrahmen kann daher nicht durch rein kontrollierende Tätigkeiten erreicht werden. Vielmehr ist auch in dieser Phase aktiv in das Projektgeschehen einzugreifen, um den gesteckten Rahmen zu präzisieren, ggf. zu modifizieren und im Sinne des Regelkreises gezielt das gewünschte Ergebnis zu erreichen.

10.3 Abgrenzung mit der Bauüberwachung des Bauherrn

Objektbezogen obliegt nach HOAI in der Leistungsphase 8 die Überwachung der Bautätigkeiten dem Objektplaner (vgl. HOAI § 15/8). Er hat die Ausführung des Objekts auf Übereinstimmung mit den Vorgaben zu überwachen, dafür erforderliche Tätigkeiten zu erbringen (vgl. HOAI) und die Beiträge anderer Planungsbeteiligter zu integrieren. Für Ingenieurbauwerke und Verkehrsanlagen liegen die Verhältnisse ähnlich, wobei dort noch zwischen Örtlicher Bauüberwachung (§ 57 HOAI) und Bauoberleitung (§ 55 HOAI, Phase 8) getrennt wird.

Die Schnittstellen von der Objektüberwachung zu Projektmanagement bzw. -steuerung sind nicht immer einfach zu definieren. So ist die Objektüberwachung auch in den nominellen Leistungsbereichen des Projektes tätig, beispielsweise bei der Kosten- und Terminplanung. Doppelhonorierungen werden von den meisten Bauherrn nicht gewünscht, es sei denn, sie betreffen erweiterte Kontrollfunktionen; bei der Öffentlichen Hand sind Doppelhonorierungen nicht zulässig.

Die Definition der Schnittstellen ist eine wesentliche Aufgabe des Projektmanagers bzw. -steuerers. Sie kann nicht allgemein gültig aufgestellt werden, beispielsweise durch eindeutige und vollständige Zuordnung von Handlungsbereichen wie Terminen und Kosten.

Es bestehen aber nach herrschender Meinung gewisse Spielregeln:

- Basisleistungen der Technischen Objektüberwachung, der Fachplaner-Koordination, der Feinkoordination der Arbeiten auf der Baustelle und der Rechnungsprüfung sind originäre Aufgaben der Objektüberwachung.
- Ebenso obliegt die Feinkoordination von Planern und Ausführenden der Objektüberwachung, beispielsweise wann welche Montage-Kolonnen eingesetzt oder wann welche Mängelbeseitigungen vorgenommen werden.

Vergleichbar ist diese Tätigkeit mit der Technischen Produktionsleitung in der Industrie.

Dem Projektmanager (in Leitungsfunktion) bzw. dem Projektsteuerer (in Stabsfunktion) obliegt hingegen die projektbezogene Organisation, die Führung des Entscheidungs- und Änderungsmanagements, die vertiefte Bearbeitung der Projektkosten und die (übergeordnete) Terminplanung und -steuerung.

Die Zuordnung dieser Aufgaben ist aus dem Vorschlag zu Einzelleistungen, aber auch in der Kommentierung nach [2] ersichtlich.

Vereinfacht stellt die nachfolgende Matrix eine mögliche Variante der Schnittstellendefinition dar.

Teilleistung	Projektebene		Objektebene	
	Auftraggeber	Steuerer bzw. Manager	(Bauüberwacher)	Bemerkung
Überwachen der Ausführung des Objekts...., Abstecken... (nur § 57), Überwachen.... Von Fertigteilen	Begleitung, Handlung / Entscheidung bei gemeldeten Leistungsmängeln	Überwachen der ordnungsgemäßen Objektüberwachung durch Plausibilitätskontrollen	Grundleistungen § 15/8 bzw. § 57	
Koordinieren der an der Objektüberwachung fachlich Beteiligten	w.o.	Plausibilitätsprüfung der Planung und Überwachung, übergeordnete Terminsteuerung, Anregung evtl. Einschaltung weiterer Fachleute und Sachverständiger	w. o.: umfasst auch fachliche Lenkung des Planlaufs und der Überwachung	
Terminplanung	Freigaben, Verhandlungen mit Dritten, Durchsetzen der Steuerungsergebnisse	Aufstellen, Verfolgen und Fortschreiben von Terminplänen, Abstimmung mit Ausführenden zusammen mit Bauüberwachung durch eigene Informationssysteme und Besprechungen	Mitwirken dabei, Feinkoordination auf der Baustelle	entspricht im Umfang Grundleistung § 15/8
Führen Bautagebuch	Reaktion auf Störungen auf der Basis der Entscheidungsvorschläge der Steuerung	Kontrolle, Führen der Projektchronologie	Grundleistungen § 15/8 bzw. § 57	
Gemeinsames Aufmaß...		Organisation der Verfahren, Stichpunktüberprüfung der Grundleistungen auf Objektebene	w.o.	
Abnahme der Bauleistung...	Eigentliche Abnahme	Mitwirken, Überprüfung der Mängelerledigung	w.o.	
Rechnungsprüfung	Endprüfung, Erfassung in Projektbuchhaltung, Zahlung	Erfassung in Kostensteuerungssystem, Einarbeiten und Nachprüfung der Ergebnisse der Bauüberwachung, Sicherung evtl. Ersatzvornahmen und Regresse, lfd. Berichterstattung Bauherr, Freigabevorschläge	w.o.	
Kostenfeststellung	eigentliche Feststellung	w.o.	w.o., jedoch lfd. Datenübermittlung der Rechnungsdaten an Steuerung und Mitwirken beim Zusammenstellen der Ergebnisse	entspricht im Umfang Grundleistung § 15/8
Antrag auf behördliche Abnahmen...	Teilnahme	Terminierung, Teilnahme	Grundleistungen § 15/8 bzw. § 57	
Übergabe....	Abnahme	Systematische Datensammlung und - Aufbereitung	w.o.	
Auflisten der Gewährleistungsfristen	Entgegennahme	Führen im Informationssystem	w.o.	
Überwachen der Beseitigung ... (der) Mängel	Begleitung, Handlung / Entscheidung bei gemeldeten Leistungsmängeln	Überwachen der ordnungsgemäßen Objektüberwachung, Führen der Fertigstellungsgrade der Erledigung, Beratung zu Ersatzvornahmen etc.	w.o.	
Kostenkontrolle....	eigentliche Feststellung	im Rahmen der Kostensteuerung	Datenlieferung, Information zu offenen Leistungen	
Nachtragswesen	eigentliche Feststellung und Beauftragung	Erfassen, Nachprüfen, AG zur Feststellung aufbereiten	Anmeldung Erfordernis, Vorprüfung, Vorverhandlung	
Sonstige PM - Leistungen	Erledigen oder beauftragen; Rechtsgeschäfte und Verhandlungen mit Dritten	Mit AG definieren; z.B. nach [2] oder Anhang	Zuarbeit im definierten Umfang	
Streitigkeiten	Als Vertragspartner vertreten	Zuarbeit im definierten Umfang und bis zu definierten Zeitpunkten (z.B. bis Übergabe einer Dokumentation zur Klage/Widerklagevorbereitung); üblicherweise Aufwandsposition; juristische Schnittstelle ist zu klären!	AG- bzw. Steuererinformationspflicht in AVB zu klären!	

Bild 10.1 Mögliche Aufgabenzuordnungen Projekt-/ Objektüberwachung in LP 8 HOAI

Der oft vertretenen Auffassung, bei Einschaltung eines Generalunternehmers oder ähnlich konzentriert wirkenden Organisationsformen sei eine Objektüberwachung nach § 15 HOAI obsolet, ist zu widersprechen: Je nach Vertragsmaßgabe können sicher einige Tätigkeiten wie die Prüfung von Aufmaßen und die Koordination vieler Unternehmer entfallen. Eine begleitende Qualitätsprüfung auf Auftraggeberseite bleibt aber ebenso unverzichtbar wie eine wie auch immer geartete Art der Baufortschritts- und Rechnungsprüfung.

Ein weiteres Dilemma ist die Forderung nach Fachkompetenz im Projektbereich. Mancherorts wird gefordert, dass auf Projektebene gegenüber der Objektebene technischer Sachverstand so vertreten sein müsste, dass sämtliche objektbezogenen Tätigkeiten mit größerer Fachkompetenz gesteuert und gewertet werden können (z. B. [3]).

Aus der Erfahrung der praktischen Abwicklung erscheint dies nicht zielführend. Projektmanagement bzw. -steuerung soll den methodischen Rahmen der Projektbewältigung geben und übergeordnet die Arbeiten am Projekt steuern. Dies beinhaltet zweifelsohne auch Prüfungsaufgaben im Bereich der Planung und Ausführung. Der Schnittstellenvorschlag hierfür ist ähnlich wie in der Termin- und Kostenplanung: Auf Projektebene sind das Gesamtwerk laufend auf Schlüssigkeit und Zielerfüllung zu verfolgen. Sachliche bzw. inhaltliche Detailüberprüfungen können damit nicht gemeint sein. Dies würde beispielsweise detaillierte Überprüfungen von Dingen wie technischer Konzeption im Bereich der Haustechnik, von sämtlichen Abrechnungsunterlagen usw. bedeuten. Wären diese Aufgaben auf Projektebene, wären die Objektplaner lediglich Zuarbeiter von ersten Fassungen. Sämtliche Arbeiten müssten dann doppelt erledigt werden.

Bewährt haben sich demgegenüber Konzepte „by exception". Danach wird auf Projektebene die Plausibilität und die formale Richtigkeit der Unterlagen geprüft (z. B. Schlüssigkeit technischer Konzepte, Titel-Kostenverteilungen der Angebote, Stimmigkeit der Ablehnungsunterlagen usw.). Tauchen hierbei Zweifel auf, sind entsprechende Fachleute heranzuziehen und ggf. Planer auszuwechseln.

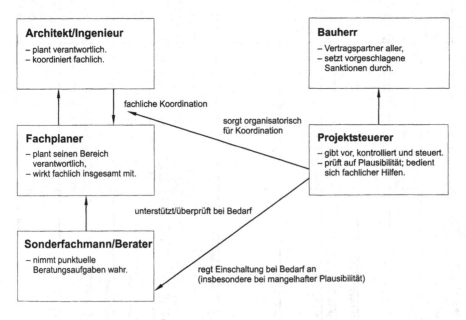

Bild 10.2   Beispiel Fachliche Überprüfung auf Projektebene

Ein Ausgleich mangelhafter fachlicher Leistungen, beispielsweise der Bauüberwachung, auf Projektebene ist weder zielführend noch sinnvoll. Vielmehr müssen diese Schwierigkeiten rechtzeitig auf Projektebene erkennbar werden und entsprechende Entscheidungen vorbereitet bzw. getroffen werden.

10.4 Leistungsschwerpunkte

Leistungsschwerpunkte im Projektmanagement bzw. in der Projektsteuerung liegen in der Fortführung der bis dahin bearbeiteten Leistungsdimensionen Organisation/Qualitätssicherung/ Terminplanung/Kostenplanung. Bis zur Ausführung wurden in diesen Dimensionen die jeweiligen Messgrößen und Parameter konzipiert und definiert. Während der Ausführung können diese Vorgaben allenfalls weiter verfeinert werden, vgl. hierzu die Behandlung dieser methodischen Bereiche in den Kapiteln 3 bis 6. Die Konzeptionsphase der Leistungsdimensionen muss daher bei Beginn der Ausführung bereits (weitestgehend) abgeschlossen sein.

Entscheidend sind in der Ausführung das inhaltliche Ausfüllen der Vorgaben mit manifesten Leistungsdaten, die Überwachung der Einhaltung von Vorgaben, insbesondere aber das Erkennen von und die Reaktion auf Änderungen bzw. Störungen.

Die Abwicklungskonzeption selbst, ob im Rahmen von Investorenmodellen, auf Bauherrnseite bei Generalunternehmern oder auf Generalunternehmerseite gegenüber Subunternehmen ist in dieser Definition unerheblich. Sie betrifft lediglich Schnittstellen, den Detaillierungsgrad der Informationen und die Möglichkeiten zur Einflussnahme.

10.4.1 Organisation

Ähnlich wie bei den vorangegangenen Phasen ist wiederum der organisatorische Rahmen auf Projektebene vorzusehen. Dies betrifft die Struktur der Projektorganisation ebenso wie die Abläufe.

Das Projektmanagement bzw. die Projektsteuerung wird die Projektorganisation gemeinsam mit dem Bauherrn für die Ausführungsphase definieren; grundsätzliche Organisationsvarianten sind zu diesem Zeitpunkt nicht mehr Gegenstand der Bearbeitung, da sie bereits in den Vorphasen erledigt wurden. Die neuen Projektbeteiligten werden in die Strukturen und Abläufe eingewiesen werden müssen. Die Kommunikation ist organisatorisch auf Projektebene zu gewährleisten, inhaltlich wird vieles auf Objektebene stattfinden.

Gebräuchliche Mittel hierfür sind Organisations- bzw. Projekthandbücher, die in dieser Phase mit aktuellen Daten fortgeschrieben werden. Kommunikationshilfsmittel sind neben Austausch von Schriftstücken und Daten vor allem Besprechungen.

Je nach Themengebiet sind einzelne Besprechungen mit konkreten Sachgebieten vorzusehen. Reine Termin- und Planungsbesprechungen sind möglichst von technischen Besprechungen zu entkoppeln.

Bei den rein technischen Besprechungen ist die ständige Anwesenheit des Projektsteuerers bzw. -managers zwar ratsam, aber nicht immer erforderlich. Grundsatzfragen müssen zu Beginn der Phase bereits geklärt worden sein. Die übrigen technischen Feinklärungen betreffen im Wesentlichen die Objektebene.

Entscheidend im Projektmanagement sind insbesondere die sog. Bauherrn-Jour-fixe-Besprechungen. In diesen Besprechungen werden der Projektstand zusammenfassend dargestellt und offene Fragen mit Terminen und Zuständigkeit erörtert.

Unvermeidlich reichen in verschiedenem Umfang auch Planungs- und Bauvorbereitungstätigkeiten in diese Phase. Hierzu gelten die Ausführungen zu den vorgelagerten Phasen, auf die hier nicht mehr besonders eingegangen werden soll.

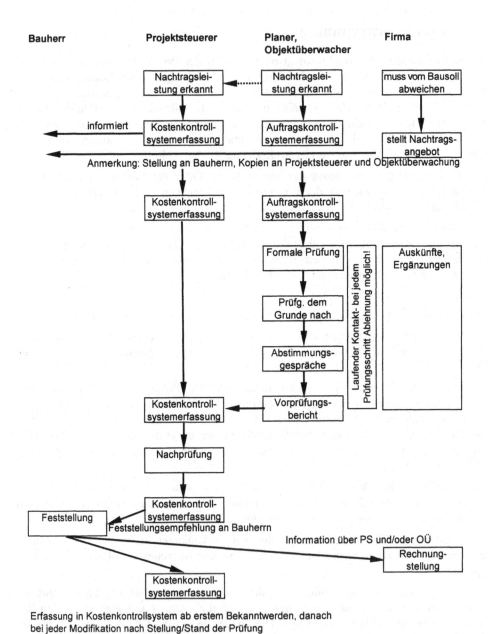

Bild 10.3   Beispiel Prüfung von Nachtragsangeboten der Ausführung

Zur Organisation gehören auch Vertragswesen und Begleitung des Vertragsvollzugs. Letzteres hat in dieser Phase die größere Bedeutung. Rechtsberatung ist in diesem Zusammenhang ebenso wie bei den Vertragsabschlüssen ein eigenes Gebiet. Der inhaltliche Vollzug der Bauverträge muss auf Objektebene geprüft werden. Auf Projektebene erfolgt jedoch hierzu eine „Endkontrolle" der regulären Abwicklung der Hauptverträge, ob beispielsweise die Abrechnungsunterlagen vollständig sind. Bei Nachtragsangeboten zur Ausführung wird die Projektebene in einer im Vertrag zu definierenden Form eingebunden sein, wie in Bild 10.3 gezeigt.

Für Aufgaben der Ausführung ist jedoch primär die Objektplanung zuständig. Im Rahmen der Kommunikation mit dem Bauherrn kann der Projektsteuerer hier zusätzlich seinen Sachverstand einsetzen und bei der Durchsetzung der Vertragspflichten mithelfen.

Weiter hingegen geht die Leistungsbandbreite bei projektbezogener Tätigkeit und bei der Begleitung des Vertragsvollzugs der Verträge der Objektplaner. Im Einzelnen ist dies in entsprechenden Verträgen oder Arbeitsanweisungen zu definieren. Vorzusehen ist in jedem Fall ein Steuerungsmechanismus für die Objektplanerleistungen und für das Änderungswesen. Die Dokumentation, die alle Leistungssäulen betrifft, ist zu organisieren, beispielsweise Planlieferlisten (Termin- und Inhaltsverfolgung des Planlaufes), Änderungsmanagement und Leistungsdefizite der Beteiligten.

Bei Planlieferlisten ist darauf zu achten, dass nicht etwa die Lieferung einzelner Pläne für die Ausführung vorgegeben werden, sondern dass Leistungszuordnungen, Meilensteine der Planung und Freigabeprozeduren in Zusammenarbeit mit den Projektbeteiligten im Soll festgelegt werden und tatsächliche Planmengen erfasst werden. Die Vorgabe einzelner Pläne ist deshalb nicht sinnvoll, weil durch bloßes Abarbeiten dieser Liste nicht erkennbar ist, ob tatsächlich die erforderlichen planerischen Angaben vorliegen; z. B. das Erreichen der Meilensteine (z. B. sämtliche zur Ausführung erforderlichen Pläne Ebene XX).

Das Änderungsmanagement ist in der Ausführungsphase deshalb von noch größerer Bedeutung als während der Planungsphase, da mit jeder Änderung eine Änderung der vertraglichen Grundlagen der Ausführung mit entsprechenden finanziellen Konsequenzen wahrscheinlich ist.

Beispiele für Planlieferlisten und Änderungsdokumentationen vgl. folgende Abbildungen.

Lfd. Nr.	Datum Eingang	Planbezeichnung	Plannr.	erstellt am	geändert am	von	geprüft am	von	freigegeben am	von	Bemerkung

Bild 10.4 Beispiel Planlieferliste

Zusammenfassend bildet damit der Organisationsbereich den fortgeschriebenen Rahmen für die physische Ausführung und die noch nicht abgearbeiteten Aufgaben auf Planungs- und Projektebene sowie den Rahmen für deren Verfolgung, Weiterentwicklung und Dokumentation.

Änderungsantrag Nr.:
Gegenstand:
Initiator der Änderung (mit Stelle, Begründung, Anlagenverweis))   <div align="right">Datum, Unterschrift(en)</div>
Auswirkungen auf Leistungen des Initiators -allgemein -Termine - Kosten <div align="right">Datum, Unterschrift(en)</div>
Auswirkungen auf Leistungen Betroffener - allgemein - Qualität(en) - Termine - Kosten <div align="right">Datum, Unterschrift(en)</div>
Stellungnahme Objektplaner/Fachplaner - allgemein - Qualität(en) - Termine - Kosten <div align="right">Datum, Unterschrift(en)</div>
Stellungnahme Projektsteuerer - allgemein - Qualität(en) - Termine - Kosten <div align="right">Datum, Unterschrift(en)</div>
Freigabe Bauherr <div align="right">Datum, Unterschrift(en)</div>
Verteiler:

Umlaufregelungen gem. Projekthandbuch sind zu beachten!

Bild 10.5   Beispiel Änderungsverfolgung

10.4.2 Qualitätssicherung

Dieser Bereich ist eng mit den übrigen Leistungssäulen verknüpft. Beispielsweise bildet der Organisationsbereich den Rahmen für die Verfolgung von Änderungen, im Bereich des Qualitätsmanagements werden bei Änderungen Risiken erwogen und geprüft, die Qualitätsveränderungen untersucht und Konsequenzen aufgezeigt.

Übliche technische Qualitätssicherungsmaßnahmen der Ausführung werden vielfach bereits durch Regelwerke erfasst, beispielsweise die Güteüberwachung von Bauteilen aus Beton in der DIN 1045. Qualitätsmanagement, wie bereits beschrieben, bedeutet mehr. In dieses Qualitätsmanagement sind nur die ausführenden Firmen mit einzubeziehen. Änderungen der Qualitätsstandards sind hinreichend zu dokumentieren. Änderungen durch Qualitätsstandards müssen im Rahmen des Änderungsdienstes systematisch erfasst und mit dem Gesamtkonzept abgeglichen werden. Unbedingt ist auch auf die Einbindung des Auftraggebers in diese Prozeduren zu achten.

Das begleitende Qualitätsmanagement stellt damit zusammenfassend die Weiterführung des in Vorphasen bereits aufgebauten QM-Systems dar. „Endstation" dieses Systems sind die Abnahmen und die Aufbereitung der Unterlagen für die Dokumentation und für den Betrieb. Zu den Leistungen auf Objektebene sind auf Projektebene die Abnahmen mitzuorganisieren und die Vollständigkeit der erforderlichen Unterlagen zu überprüfen. Auf die Rechtsproblematik der Mitwirkung von Projektsteuerern bei der Abnahme ist an dieser Stelle hinzuweisen. Entsprechende Vollmachten und Befugnisse sind ebenso eindeutig zu klären wie Haftungsfragen, wobei beides projektindividuell festzulegen ist. Dies gilt auch für Belange der Dokumentation und das Facility-Management.

10.4.3 Kostensteuerung

Die eigentliche Kostensteuerung, d. h. die laufende Abstimmung der Kostenentwicklung mit der Planung und umgekehrt, muss zu Beginn der Bauausführung abgeschlossen sein. Zu diesem Zeitpunkt sind die Vergaben oder zumindest wesentliche Teile davon bereits erledigt. Damit besteht die Kostensteuerung während der Ausführung ähnlich wie bei den übrigen Dimensionen der Projektleistungen in der Verfolgung der geplanten Größen und in der Bewältigung von Änderungen und Störungen. Zur erfolgreichen Bewältigung dieser Aufgaben ist zunächst eine abgesicherte Basis der Kostenplanung erforderlich (vgl. Kapitel Kostenplanung). Die projektbezogene Kostenplanung ist außerdem in andere Bereiche einzubinden und von diesen abzugrenzen. Die reine Projektbuchhaltung kann nicht Aufgabe der Kostenplanung sein. Die buchhalterische Abwicklung von Bestellungen, Rechnungen und Zahlungen stellt einen eigenen Aufgabenbereich dar. Ebenso wenig ist das Ausschreibungs-, Vergabe- und Abrechnungswesen (AVA) Gegenstand der Kostenplanung und -steuerung.

Diese Einbindung kann wie folgt gestaltet sein:

Dokumentenmanagement   **Qualitätsmanagement**   **Buchhaltung**

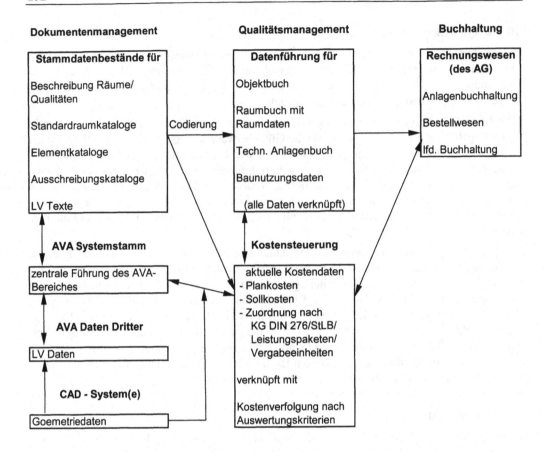

Bild 10.6 Beispiel Einbindung der Kostenplanung und -steuerung während der Ausführung

Neben der sinnvollen Strukturierung ist vor allem die Zeitnähe der Daten entscheidend. Oberstes Ziel der Kostenverfolgung ist die ständige Überprüfung der zu erwartenden Gesamtprojektkosten und die Einleitung von Maßnahmen bei Abweichungen gegenüber den Zielvorgaben.

Die zeitnahe Erfassung ist gerade in der Ausführungsphase wichtig, weil dort im Vergleich zu den vorigen Phasen weit größere Zahlungsraten anfallen.

In der Regel werden die Kosten, also der bisherige und zu erwartende Verbrauch an Gütern und Dienstleistungen, bewertet in €, periodenweise – z. B. monatlich – erfasst und verarbeitet. Zeitnahe Erfassung bedeutet die aktuelle Verwertung aller Kosteninformationen unabhängig von ihrem Bearbeitungsgrad. So sind z. B. Leistungen für Hauptvertragsleistungen und Nachträge sofort mit der Erbringung der Leistung zu erfassen, ggf. für entsprechende Erhebungen. Rechnungsdaten sind sofort mit dem Eingang der Rechnungen ungeprüft zu erfassen; Prüfungsergebnisse müssen später als Korrekturen einfließen. Gleiches gilt für sich abzeichnende Nachtragsleistungen. Es kann nicht auf den Eingang von Nachtragsangeboten gewartet werden.

In der Praxis bestehen hier häufig Schwierigkeiten bedingt durch ungenügende Definition der Schnittstellen wie mangelnde Information für erbrachte Leistungen, mangelnde Information über eingegangene Rechnungen, mangelnde – oder zu späte – Information über Zahlungen und vertragsrelevante Vereinbarungen.

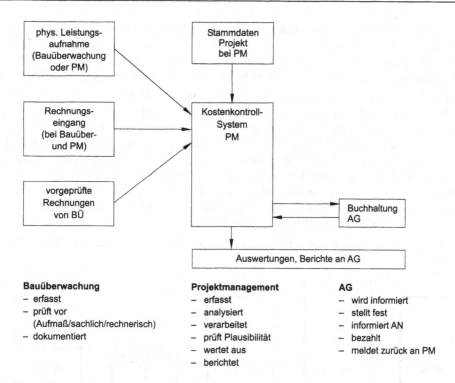

Bauüberwachung
– erfasst
– prüft vor
  (Aufmaß/sachlich/rechnerisch)
– dokumentiert

Projektmanagement
– erfasst
– analysiert
– verarbeitet
– prüft Plausibilität
– wertet aus
– berichtet

AG
– wird informiert
– stellt fest
– informiert AN
– bezahlt
– meldet zurück an PM

Bild 10.7 Beispiel Verlauf von Kosten und Zahlungen

Manche Systeme erheben diese Daten auch ereignisgesteuert, also unabhängig von Perioden. Dies setzt im Einzelnen jedoch entsprechende EDV-Instrumente voraus.

Inhaltlich bestehen für die Kostensteuerung während dieser Phase viele mögliche Systeme, die sich im Wesentlichen durch ihre Strukturierung unterscheiden. Einige Systeme verfolgen die Kosten nach Vergabeeinheiten und deren Unterteilung in Titel und Positionen. Andere Systeme führen die Ist-Daten zurück auf die Kostenelemente der DIN 276 oder auf raum- bzw. bereichsbezogene Daten.

Es gibt nicht nur eine richtige Lösung. Während der Ausführung werden bei der primären Kostenerfassung immer Vergabeeinheiten und deren sinnvolle Unterteilungen im Vordergrund stehen. Gleichzeitig muss, zumindest auf übergeordneter Ebene, die Durchgängigkeit der Kostensteuerung gewährleistet sein, was bedeutet, dass eine Strukturierung der Kosten früherer Phasen auch während der Ausführungsphase noch nachvollziehbar sein muss. Die „Messlatte" der Kosten während der Ausführung können nur Kostenplanungen aus früheren Phasen sein, damit das ursprüngliche Konzept und der Einfluss von Änderungen wiedergefunden werden kann.

Ein gewisses Problem stellt die Fixierung dieser Ausgangslösung dar. Der Kostenanschlag nach HOAI auf der Basis aller Angebote ist in der Praxis kaum sinnvoll, weil nur selten sämtliche Angebote zu einem Zeitpunkt eingeholt werden. So muss schon vor der Ausführung ein eindeutiges Budget verabschiedet werden, beispielsweise durch eine fortgeschriebene Kostenberechnung. Dieses Budget kann sich nachträglich ändern, z. B. durch Abweichen der Vergabeergebnisse, durch Planänderungen, durch Störungen usw. Wann ein „neues Budget" fixiert wird, hängt vom Einzelfall ab. Auch hier ist auf eine transparente Brücke zwischen altem und neuem Budget zu achten.

Tatsächlich entstandene Kosten müssen sich an diesen Budgets messen lassen. Dies setzt voraus, dass die Messgröße aktuell ist, also echte Sollgrößen zur Verfügung stehen. Ist-Kosten werden an diesen Sollgrößen in unterschiedlichster Form gemessen. In manchen Konzepten wird nach Projektbudgets und sog. Auftragsbudgets für die erteilten Aufträge unterschieden.

Plan-Daten stellen die ursprünglichen Budgetdaten dar. Soll-Daten sind die Soll-Daten zum jeweiligen Zeitpunkt für die tatsächliche Ist-Abwicklung. Ist-Daten müssen errechnet, erfasst und kontrolliert werden. Mit Ergänzung um offene Auftrags- und Projektbudgets ergeben sich hieraus die Prognosen zum Projektende („cost to completion"), die ggf. entsprechende Reaktionen auslösen müssen. Hingewiesen wird darauf, dass der mögliche Spielraum in der Regel nur die noch nicht vergebenen Leistungen betrifft. Modifizierungen bei bereits vergebenen Aufträgen führen selten zu Kostenreduktionen. Allerdings kann bei Reserven durchaus ein weiterer Rahmen, beispielsweise durch Heranziehen von Eventualpositionen höherer Qualität, auch bei bereits vergebenen Leistungen definiert werden.

Das Prinzip von Plan-, Soll-, Ist- und Prognose- bzw. Wird-Kosten kann wie folgt dargestellt werden:

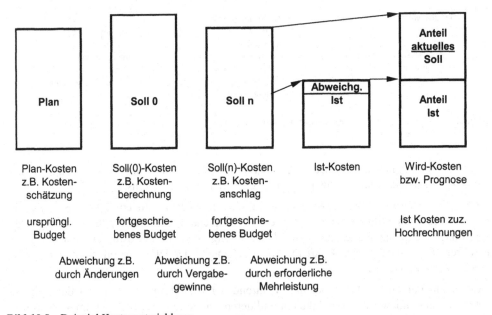

Bild 10.8   Beispiel Kostenentwicklung

Fallweise wird verlangt, die Kosten auch nach anderen Kriterien als nach Kostengruppen, Leistungsbereichen, Verträgen usw. aufzuteilen, z. B. nach Investoren, Bereichen, Räumen, steuerlichen Anforderungen u. v. m. Einige Systeme halten diese Unterteilung ständig nach und zeigen sie mit ihrer Kostenverfolgung auf. Dieses Verfahren ist in der praktischen Handhabung durch die ständig erforderliche Verfolgung aller Rasterungen äußerst kompliziert. Häufig wird deshalb insofern vereinfacht, als diese Unterteilungen zu bestimmten Projektzeitpunkten festgelegt und am Ende der Abrechnung ggf. korrigiert werden.

Ein Nebenprodukt der Kostenermittlung ist die Beantragung von Investitionsmitteln, wenn beispielsweise auch bei Gegensteuerungsmaßnahmen zusätzliche Mittel erforderlich werden. Hierfür sind – wie bei allen Änderungen – nachvollziehbare Entscheidungsgrundlagen zu schaffen.

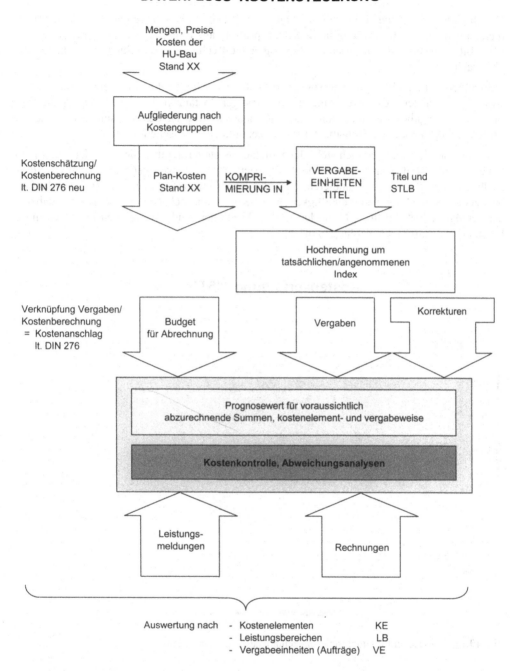

Bild 10.9 Beispiel für das System einer Kostenverfolgung

Zur Kostensteuerung gehören auch das Prüfen und Freigeben von Rechnungen zur Zahlung. Wie weit dies auf Projektebene vorzunehmen ist, ist Sache jeweiliger vertraglicher Vereinbarungen.

Die Objektüberwachung soll dabei nicht aus ihrer Pflicht entlassen werden. Bei Ausführungs-
rechnungen besteht die Prüfung in einer Nachprüfung auf Einhaltung von Formalien und auf
Plausibilitäten sowie die insgesamt ordnungsgemäße Rechnungsabwicklung durch die Objektüberwachung.

Gegenüber Planerrechnungen und sonstigen Rechnungen liegen die Dinge etwas anders. Hier
ist der Bereich der Kostensteuerung neben sonstigen Instanzen des Auftraggebers die erste
Prüf- und Freigabestufe. Im Rahmen der Kostensteuerung ist deshalb sinnvollerweise das
Prüfen und die vorläufige Freigabe der Planerrechnungen vorzusehen.

Einen eigenen Leistungsbereich stellt die Mittelabflusssteuerung dar. Sie ist in der Regel nicht
ohne weiteres mit den Instrumenten der Kostensteuerung zu bewältigen, auch wenn viele diesbezügliche Programme dies anbieten. Mit viel Erfahrung und ggf. mit einem Mittelabfluss
bezogenen Terminplan sind die Fälligkeiten von Kosten abzuschätzen. Ein Phänomen dabei ist
der verzögerte Mittelabfluss: Nach den letzten Abnahmen sind bei größeren Projekten in der
Regel noch 25–30 % der Zahlungen offen.

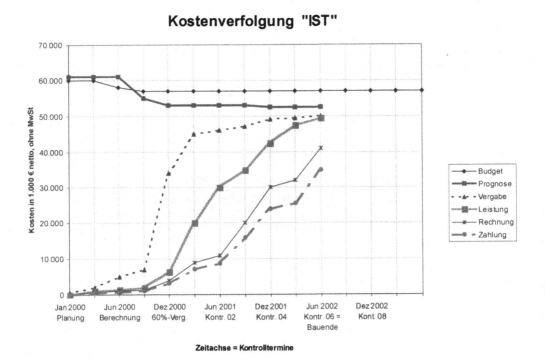

Bild 10.10   Beispiel für Graphische Darstellung des Zahlungsverlaufes

Übergroße Genauigkeit ist bei Mittelabflussplänen angesichts der zahlreichen Unsicherheiten
nicht angebracht. Die Rechnungsstellung der Firma kann nicht zeitnah sein, der Bauherr kann
unterschiedliche Zahlungsfristen in Anspruch nehmen usw. Daher empfiehlt sich die quartals-
weise Aufstellung der Soll-Werte mit monatlicher Interpolation zusammen mit entsprechender
Verfolgung der Ist-Daten.

10.4.4 Terminsteuerung

Für die Terminsteuerung auf Projektebene während der Ausführung ist die Definition der Schnittstelle besonders wichtig. Die Kommentierung zum § 31 HOAI [2] sieht nur eine sehr übergeordnete Terminsteuerung vor und geht wie der § 31 davon aus, dass die eigentliche Terminplanung auf der Ebene der Objektüberwachung vorgenommen wird.

Dieses Verfahren ist in der Praxis diskutabel. Die Grundleistung der Objektplaner während der Phase 8 besteht nur in der Aufstellung eines Terminplans und dessen Überwachung. Eine differenzierte Terminplanung wird hier nicht zu erwarten sein.

Demgegenüber bestehen ausgefeilte Methoden der Terminplanung seit Jahrzehnten, z. B. unter Zuhilfenahme der Netzplantechnik (vgl. Kapitel 5). Der Einsatz dieser Instrumente ist empfehlenswert. Wird Ähnliches mit dem Objektplaner oder auf Projektebene vereinbart, handelt es sich bei beiden Teilen um Besondere Leistungen, entweder nach § 15 oder § 55 bzw. § 57 HOAI. Vernünftig ist die Ansiedlung dieser Leistungen auf Projektebene. Damit muss aber dann die Schnittstelle zur Objektüberwachung definiert werden, beispielsweise durch Definition des Detaillierungsgrades, bis zu dem auf Projektebene Termine geplant werden.

Die Terminplanung selbst wurde bereits in diesem Buch umfassend abgehandelt. In jedem Fall sind auf Projektebene Kontrollmechanismen und Störungsmaßnahmen bei Abweichungen vorzusehen. Ob dies auf sekundären Daten basiert, z. B. auf Daten der Objektüberwachung, oder Termine, die direkt von der Projektebene aus geplant und kontrolliert werden, ist Sache der jeweiligen Verträge. Letzteres wird aber im Sinne der zeitnahen Informationsverarbeitung die bessere Variante sein.

So werden im Rahmen des Projektmanagements ständig die tatsächlichen und voraussichtlichen Terminentwicklungen im Vergleich zum Soll zu überprüfen und zu diskutieren sein. Dies ist im regelmäßigen Gespräch mit dem Auftraggeber zu erörtern (Jour-fixe-Besprechungen). Maßnahmenvorschläge sind zusammen mit den Projektbeteiligten zu erarbeiten und – je nach Stellung des Projektmanagers – direkt zu initiieren oder über den Bauherrn durchzusetzen.

Ein Sonderproblem sind hierbei Darstellungsweisen. Gerade durch die Instrumente der Netzplantechnik ist eine sehr kleinteilige Auflösung oder Darstellung von Abhängigkeiten möglich, die jedoch vielfach die wichtigsten Daten wie den globalen Baufortschritt nach monetären oder mengenbezogenen Messgrößen und/oder die Gesamtauswirkungen einzelner Abweichungen verschleiert.

Dementsprechend sind für die Terminentwicklungen „Destillate" zu entwickeln, die insbesondere dem Auftraggeber die kritischen Punkte überschaubar darstellen. Dies kann in Berichtform geschehen, als Tischvorlage zu den Jour-fixe-Besprechungen und/oder durch graphische Darstellungen.

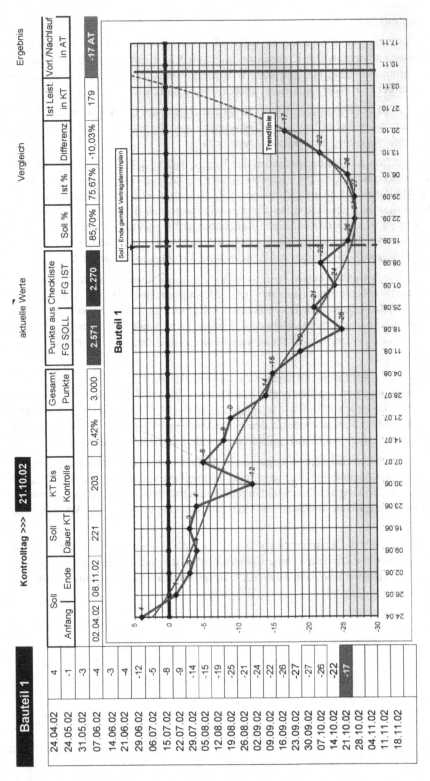

Bild 10.11   Beispiel einer zusammengefassten Darstellung der Terminentwicklung

10.5 Problemkreise

Nachfolgend sollen punktuell ohne Anspruch auf Vollständigkeit einige Problemkreise des Projektmanagements bzw. der Projektsteuerung während der Ausführung aufgezeigt werden.

Schnittstellenproblematik

Oft ist die Abgrenzung zu den Arbeiten anderer Projektbeteiligter diffus oder lückenhaft. Dies kann nur teilweise durch Aufgabenzuordnungen und Vertragsdefinitionen überwunden werden. Die Feinabstimmung ergibt sich aus der täglichen Arbeit. Im Zweifelsfall sollten lieber Einzelaufgaben nach Zuständigkeiten überbestimmt anstatt freigelassen werden.

Grad der inhaltlichen Bearbeitung auf Projektebene

In vielen Fällen müssen auf Projektebene Arbeiten und Arbeitsergebnisse strukturiert bzw. geprüft werden. Beispielsweise betrifft dies die Vorgabe von LV-Gliederungen zur Erleichterung der Kostenverfolgung, die Definition von Vergabepaketen, die Überprüfung der Ausschreibungen auf Übereinstimmung mit den Qualitäts- und Kostenvorgaben, die inhaltliche Definition der Ausführungsfristen usw. Hierfür sind im Einzelfall entsprechende Regelungen zu prüfen, die nicht vollständig sein können. In der Praxis kann der Projektsteuerer bzw. Projektmanager zur Definition von Qualitäten nur mitwirken. Bauwerkskosten (mit Einschränkungen bei der Haustechnik) und terminliche Vorgaben kann er selbständig ermitteln. Planungsergebnisse kann er lediglich auf Plausibilität prüfen. Buchhaltungsaufgaben erledigt er in der Regel nicht. Letztlich sind aber diese Leistungsbeiträge vertraglich zu definieren und für Sonderbereiche (Beispiel Haustechnik) ggf. weitere Spezialisten einzuschalten.

Änderungsmanagement

Hier bestehen in der Praxis bisher nur punktuelle Ansätze. Fraglos werden bei jedem Projekt Änderungen dokumentiert. Diese Dokumentationen sind aber fast immer in Schriftverkehr, Planungsergänzungen, Protokollen und ähnlichem „versteckt". Neuere Ansätze werden unter Zuhilfenahme von EDV-Werkzeugen ein durchgängiges Konfigurations-Management behandeln, wonach graphisch und in Schriftform sämtliche Änderungen nachvollziehbar mit Veranlasser usw. in einem eigenen Datenbereich gesammelt werden. Dieser Systematik stehen derzeit noch unvollständige EDV-Werkzeuge und generell der Termindruck bei der Abwicklung im Wege.

Konfliktmanagement

Jede Baumaßnahme wird nicht ohne sachliche Konflikte und Streitigkeiten bewältigt. Lösungsansätze zur Bewältigung dieser Konflikte sind bisher eher informell, beispielsweise durch psychologisches Konflikttraining und ad-hoc-Besprechungen. Nicht selten wird dabei die Schulung des Auftraggebers vergessen. So bewährt sich eine rechtzeitige Vorbereitung der Konfliktbewältigung mit begleitenden organisatorischen Maßnahmen, beispielsweise durch vorbestimmte Steuerungskomitees und rasche Entscheidungswege.

Managementinformationssysteme

Hierzu ist die Meinung der Praxis zweigeteilt. Bei vielen Ansätzen wird nach modularen Konzepten gearbeitet, d. h., die Leistungssäulen des Projektmanagements werden weitgehend isoliert bearbeitet und durch Abstimmbrücken miteinander verbunden. Andere Ansätze behandeln sämtliche Projektinformationen mit integriertem System. Die Wahrheit wird hier in der Mitte liegen: Alle Leistungsdimensionen auf Projektebene stellen letztlich ein Informationssystem dar, welches durch weitere Informationssysteme auf Objektebene zum Teil bedient und ergänzt wird. In der Verarbeitung der Informationen waren die modularen Ansätze wegen ihrer besseren Überschaubarkeit und geringeren Fehleranfälligkeit bisher bevorzugt worden. Auch sie sind aber Teil eines Gesamtsystems, welches entsprechend auszulegen und zu definieren ist.

Vertragsmanagement

Juristische Parameter gewinnen zunehmend an Bedeutung. Großbauvorhaben werden heute mit einer durchgängigen juristischen Begleitung abgewickelt. Unter Vertragsmanagement ist jedoch mehr zu verstehen. Alle erforderlichen Leistungsbilder sind entsprechend zu strukturieren und in Verträge einzuarbeiten. Mögliche Störungen, deren Auswirkungen und vertragliche Sanktionen sind gesamthaft, z. B. in Datenbanken, zu führen. Abweichungen vom Bausoll sind sofort auf ihre vertragliche Relevanz zu prüfen. Diese Aufgaben können nur in einer sinnvollen Zusammenwirkung von juristischen Experten und Projektmanagern zufriedenstellend gelöst werden. Bei juristischen Belangen sind bisher Projektmanager oft über das Ziel hinausgeschossen (z. B. durch Ausarbeitung vollständiger Verträge, Definition einzelner Vertragsbedingungen, juristischen Schriftverkehr usw.). Die Juristen ihrerseits haben vertragsformalistische und abwicklungsbezogene Aufgaben übernommen. In der Zukunft müssen Konzepte gefunden werden, bei denen beide Berufssparten in enger Zusammenarbeit ihren Sachverstand in die Projektabwicklung einbringen.

Im Nachtragsmanagement sind nach wie vor Zuordnung und Honorierung umstritten. Das Controlling dieser Leistungen kann als Beratungsleistung, als isolierte Besondere Leistung oder als Teil der PM/PS Leistungen definiert werden. Die eigentliche Bearbeitung jedoch von der Planung bis zur Vorbereitung der Beauftragung wird meist noch als Teil der Objektüberwachung gesehen. Die HOAI enthält hierzu aber keine Hinweise, sodass nach Meinung des Autors bei alleiniger Übernahme der LP 8 (Objektüberwachung) das Nachtragswesen (vgl. Bild 10.3) eine gesonderte Leistung darstellt.

Quellenangaben zu Kapitel 10

[1] Honorarordnung für Architekten und Ingenieure HOAI, a. a. O.

[2] Untersuchungen zum Leistungsbild, zur Honorierung und zur Beauftragung von Projektmanagement-Leistungen in der Bau- und Immobilienwirtschaft, Nr. 9 der Schriftenreihe des AHO, Bonn, 2004

[3] Hartmann, Peter: „Ableitung erfolgversprechender Handlungsstrategien und Handlungsweisen der Hochbau-Projektsteuerer als Beitrag zur besseren Einhaltung von Funktionen, Qualitäten, Kosten, Terminen sowie Ableitung eines geeigneten Persönlichkeitsprofils und der zweckmäßigen Ausbildungsinhalte auf der Grundlage eines Forschungsprojektes", unveröffentlichte Dissertationen, Univ. GH Kassel, 1998

11 Facility Management

Milliardenbeträge wurden in der Vergangenheit und werden auch zukünftig in Sachanlagen investiert. Einen erheblichen Anteil nehmen hierin die Gebäudeinvestitionen ein. Während über lange Zeit die wirtschaftliche Bedeutung einer baulichen Anlage als Erfolgsfaktor unternehmerischen Wirkens verkannt wurde, zwingen steigender Kostendruck und ein härterer internationaler Wettbewerb zunehmend zu einer kritischeren Bewertung dieses Kostenblocks: nicht neu bauen sondern besser nutzen beschreibt die heutige Situation.

Die Immobilie wird zunehmend als strategisches Erfolgspotenzial erkannt. Langfristige Prognosen sagen eine strukturelle Änderung der Mittelverwendung in öffentlichen wie auch industriellen Bauhaushalten voraus. Während in der Vergangenheit eindeutig das Schwergewicht im Neubaubereich lag und somit auch erhebliche Mittel hierfür gebunden wurden, bewegten sich die Aufwendungen für den Gebäudeunterhalt in einem vergleichsweise bescheidenen Rahmen. In den letzten Jahren hat sich *jedoch* eine *nachhaltige Veränderung im Bewusstsein zur Notwendigkeit eines geplanten* Gebäudeunterhaltes eingestellt.

Warum wird FM gebraucht?

- Hohe Immobilienkosten (beeinflussen das Betriebsergebnis)
- Zunehmende Komplexität von Gebäuden und Technik
- Häufige Nutzungsänderungen von Gebäuden
- Starke Abhängigkeit von Gebäude- und Informationstechnik
- Reduzierung des Personalaufwandes
- Höhere Anforderungen an Mitarbeiter und Management
- Gewährleistung von Wohlbefinden, Gesundheit und Sicherheit
- Konzentration auf das „Kerngeschäft" (Outsourcing)
- Stärkere Kundenorientierung gefordert
- Strengere gesetzliche Auflagen (Umwelt, Ergonomie, Nachhaltigkeit)

Derzeit kann man in Deutschland von einer Mittelverteilung von 60 % zu 40 % von Neubau zu Gebäudeunterhalt ausgehen. In einigen europäischen Ländern hat sich dieses Verhältnis jedoch bereits nahezu umgekehrt, d. h. nur noch ca. 35 % der Haushaltmittel werden für Neubauten und bereits 65 % für den Gebäudeunterhalt aufgewendet. Auch in der Bundesrepublik Deutschland geht die Entwicklung in diese Richtung: für Modernisierungs- und Sanierungsmaßnahmen werden vergleichsweise immer mehr Mittel investiert.

Diese Trendwende hat weitgehende Auswirkungen auf den Umfang des Arbeitsaufwandes, der für die fachliche Betreuung der Bauaufgabe anzusetzen ist. Während bei Neubauplanungen ein Bauwerk quasi auf der grünen Wiese entsteht und sämtliche Planungsvorgaben in Form von Programmen und Bedarfsanmeldungen abgesichert entwickelt werden können, sind bei der Planung, Durchführung und Kontrolle von Unterhaltsmaßnahmen wesentlich zeitaufwendigere Vorarbeiten erforderlich und häufig umfangreiche Sicherungsarbeiten mit oftmals überraschenden neuen Erkenntnissen der Bausubstanz notwendig. Eine vergleichende Bewertung identischer Arbeiten von Gebäudeunterhalt und Neubau kommt zu dem Ergebnis, dass bei der Planung von Gebäudeunterhaltsarbeiten mit einem reduzierten Wirkungsgrad von etwa 70 % gegenüber der Bearbeitung eines Neubauprojektes zu rechnen ist. Die Verschiebung der Schwergewichte auf die Gebäudebewirtschaftung wird dem zufolge auch ein erhöhtes Arbeitsvolumen nach sich ziehen. Bei ausschließlicher Bewertung der unterschiedlichen Produktivitätsfaktoren von Gebäudeunterhalt und Neubau werden sich bei Beibehaltung der derzeitig verfügbaren Personalstrukturen kurzfristig Engpässe ergeben.

Ein Anstieg des Personalbedarfs für die Aufgaben der Gebäudebewirtschaftung ist zu erwarten. Dieser wird nur zum Teil durch eine Umstrukturierung der Aufgabengebiete und einer Weiterbildung des bestehenden Personals zu befriedigen sein. Outsourcing-Konzepte bis hin zur Aufgabe strategischer Kernkompetenzen sind allerdings eher hilflose als fruchtbare Reaktionen, die dieses Problem nicht lösen werden. Durch den Einsatz adäquater Steuerungsinstrumente lassen sich Prozesse optimieren, die Produktivität steigern und damit bei gleichbleibendem Personalbestand die zukünftigen Anforderungen eines Facility Managements erfüllen.

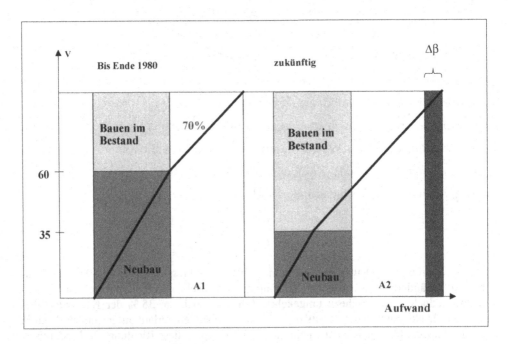

Bild 11.1   Neubau contra Bauen im Bestand

11.1 Gebäudebewirtschaftung

Die Gebäudebewirtschaftung beinhaltet die Gebäudenutzung und den Gebäudeunterhalt. Planung und Kontrolle der Nutzung erstrecken sich sowohl auf das Gebäude als Ganzes wie auch auf die einzelnen Gebäudeelemente innerhalb des Gebäudes.

Eine wesentliche Zielsetzung der Gebäudebewirtschaftung ist darin zu sehen, den Raumbedarf von Organisationseinheiten und Verwaltungsdienststellen, soweit wie möglich, aus dem bereits vorhandenen Potential zu befriedigen und Neubaumaßnahmen auf das unbedingt erforderliche Minimum zu beschränken. Gleichzeitig sollte jedoch größtmögliche Übereinstimmung zwischen den Nutzungsbedürfnissen der Organisation und den Nutzungseigenschaften des Gebäudes gewährleistet sein.

Da sich die Nutzungsbedürfnisse von Abteilungen und ihrer Mitarbeiter – analog zur Entwicklung von Inhalt und Umfang der zu erfüllenden Aufgaben – im Zeitablauf verändern, muss auch die Steuerung der Raum- und Gebäudenutzung dynamisch angelegt sein. Einmal getroffene Nutzer-Raum-Zuordnungen müssen daher, soweit möglich, grundsätzlich als disponibel betrachtet werden. Nur unter dieser Voraussetzung ist ein den veränderten Nutzungsbedürfnissen entsprechender Raumausgleich zwischen verschiedenen Organisationseinheiten durchführbar.

Neben dem Verwendungsaspekt ist bei der Nutzungsplanung auch der Zeitaspekt zu beachten. Umzüge erfordern Tage, höchstens Wochen. Neubauprojekte nehmen dagegen Jahre in Anspruch. Damit läuft man ständig Gefahr, dass sich bis zur Baufertigstellung der ursprünglich gegebene bzw. prognostizierte Bedarf bereits wieder verschoben haben kann.

Zu den Betriebs- und Bauunterhaltskosten kommen heute in beachtlichem Umfang noch zusätzliche Aufwendungen für Modernisierungs- und Energieeinsparungsmaßnahmen. Die Notwendigkeit für derartige Maßnahmen leitet sich aus den starken Interdependenzen zwischen den einzelnen Kostenarten im Unterhalts- und Modernisierungsbereich ab. So sind im Regelfall mangelhafte Wartungen die Ursache für schlechte Wirkungsgrade bei betriebstechnischen Anlagen und damit ursächlich verantwortlich für hohen Energieverbrauch. Ein ähnlicher Zusammenhang besteht zwischen der Wartungsqualität und der Gesamtlebensdauer von Bauteilen bzw. technischen Anlagen. Dieser Zusammenhang lässt sich am besten über den kostenmäßigen Aufwand bei häufigen Ersatzbeschaffungen nachvollziehen. Generell gilt hierfür, dass sich durch mittel- und langfristige Wartungs- und Unterhaltsplanung im Vergleich zu einem bedarfsfallorientierten Vorgehen erhebliche Kosteneinsparungen erzielen lassen. Die systematische Festlegung von Instandhaltungs- und Wartungsintervallen und die Vorausplanung von Art, Umfang und Zeitpunkt der Unterhaltsmaßnahmen erlauben die Bildung größerer Lose und die Vergabe im Ausschreibungsverfahren. Kostenintensive unvorhergesehene Belastungsspitzen können damit vermieden werden, Wettbewerbsvorteile werden in verstärktem Maße ausgenutzt.

Die Planung der Gebäudenutzung und des Gebäudeunterhaltes wird damit zu einer strategischen Managementaufgabe. Sie umfasst die Analyse, die Dokumentation, die Steuerung und die Optimierung aller relevanten Prozesse, die die wirtschaftliche Nutzung von Liegenschaften und Gebäuden mit deren Anlagen und Einrichtungen ganzheitlich und über den gesamten Lebenszyklus beeinflussen.

11.2 Definition des Begriffes Facility Management

Seit es Organisationen, Anlagen und Gebäude gibt, wurden diese, wenn auch nicht unter dem Begriff des Facility Managements, verwaltet und bewirtschaftet. Zur Abgrenzung der Verantwortlichkeiten legte man fest, dass sich Facility Management nicht im eigentlichen Sinne mit dem Kerngeschäft der Unternehmung beschäftigt, sondern dass die vordinglichste Aufgabe des Facility Management darin besteht, das Unternehmen mit der notwenigen Logistik, der Infrastruktur, den Technologien und allen zugeordneten Dienstleistungen zu versorgen. In diesem Sinne vereinbarten die nationalen Verbände Europas 1988 in Glasgow eine Definition von Facility Management. Der genaue Wortlaut der von der Euro-Facility Management Network verabschiedeten Definition ist folgender:

> Facility Management ist der ganzheitliche, strategische Rahmen für koordinierte Programme, um Gebäude, ihre Systeme und Inhalte kontinuierlich bereit zu stellen, funktionsfähig zu halten und an die wechselnden organisatorischen Bedürfnisse anpassen zu können. Damit wird deren höchste Gebrauchsqualität und Werthaltigkeit erreicht.

Die Inhalte, die unter dieser Definition zusammengefasst werden, haben sich in den letzten zehn Jahren erheblich verändert, seit man in den USA im Zuge von Sparanstrengungen entdeckte, dass Unternehmen bis zu 18 % ihrer jährlichen Gesamtausgaben für die Gebäudebewirtschaftung einsetzten. Diese Erkenntnis führte zu der allgemeinen Forderung, dass die Kosten für die Bewirtschaftung zu senken oder der Nutzen des Gebäudes zu erhöhen ist.

Man war sich bewusst, dass dies jedoch nur gelingen konnte, wenn man dem Facility Management auch Einfluss auf die Qualität der bewirtschafteten Objekte gewährte, also diesem bereits bei der Planung der Gebäude ein Mitspracherecht einräumte. Zusätzlich erweiterte man das Aufgabengebiet des Facilitymanagers um Zuständigkeiten, die bisher von anderen Abteilungen betreut wurden, und die ihm nunmehr ein nicht unerhebliches Eingriffsrecht in die Organisation der Gebäudenutzung gestatteten. Hinzu kamen weitere Verantwortungsbereiche wie das Umzugs- und das Energiemanagement sowie das völlig neue Aufgabengebiet des Umweltmanagements. Damit wurde das Facility Management in den Status einer ganzheitlichen strategischen Sachanlagenverantwortung erhoben.

Facility Management ermöglicht und begleitet die Kernprozesse eines Unternehmens und trägt somit zu seiner Wertschöpfung bei. Die Schwerpunkte des Facility Managements bilden jedoch der physische Arbeitsplatz des einzelnen Mitarbeiters und die Konzentration auf die Organisation seiner Arbeitsabläufe. Der tätige Mensch und das Gebäude mit seinen Arbeitsbedingungen bilden zusammen ein stabiles System, das als Unternehmensökotop bezeichnet wird. Befindet sich dieses Ökotop im Gleichgewicht, stellt dies einen bedeutsamen Beitrag zum unternehmerischen Erfolg dar. Dieser Balanceverpflichtung hat das Facility Management gerecht zu werden.

Was also ist Facility Management?

Das umfassende Facility Management bildet die begriffliche Einheit von Projektmanagement und Nutzungsmanagement und umfasst die Gesamtheit der im Lebenszyklus eines Bauwerkes ablaufenden Leistungserstellungsprozesse. Facility Management beinhaltet einen Zeitaspekt, eine raumorientierte Sicht und die Einbindung der Nutzerstruktur. Der Faktor „Zeit" umfasst hierbei den gesamten Lebenszyklus eines Bauwerkes von der Idee bis zum Abriss. Der „Raumaspekt" erfordert indes eine örtliche Orientierung der Geschäftsprozesse, während der „strukturierte Nutzer" auf die Unternehmensorganisation mit einer ständigen Veränderung der Nutzungsbedürfnisse hinweist, denen das Bauwerk gerecht werden muss. Damit wird Facility Management zu einer Dienstleistung, der Kundenansprüche zugrundeliegen. Der Kunde erwartet jedoch nicht lediglich ein Produkt, sondern eine maßgeschneiderte Lösung, die Nutzeranforderungen, Leistungserstellungsprozesse, Modifizierungen der Bauwerksfunktionen und Stillegungsprozesse abdeckt.

Daraus leiten sich folgende Prämissen für das Facility Management ab:

1. FM ist eine Organisations- und Arbeitsmethode.

2. FM beinhaltet das Managen von Anlagen und umfasst die Planung, die Realisierung, die Bewirtschaftung, die Wartung und Verwaltung, das Controlling, die Dokumentation von Sachgütern aber auch strategische Optimierungen, welche die Unternehmens-, Organisations- und die Projektplanung betreffen.

3. FM verfolgt ein ganzheitliches Managementkonzept, das allen Aspekten in der Lebensgeschichte von Bauwerken gerecht wird. Es umfasst damit alle Leistungserstellungsprozesse und betrifft den gesamten Lebenszyklus eines Gebäudes.

4. FM ist ein nach Stufen orientierter Prozess. Dieser stellt ein offenes System von Konzepten, Regeln und koordinierenden Programmen dar, die in einem ganzheitlichen strategischen Rahmen zu sehen sind.

   Alle Phasen – von der Projektidee bis zum Abriss – werden damit in einen integralen Zusammenhang gebracht.

5. FM schließt den Kulturbruch zwischen Planen, Bauen und Betreiben durch Einführung und Pflege eines phasenübergreifenden Informationsmanagements.

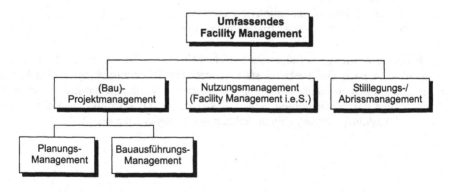

Abb. 11.2 Umfassendes FM

11.3 Aufgaben des Facility Managements

Es gibt nicht die FM-Aufgabe als solche. Es gibt auch keine Patentlösungen. Es gibt nur einen unternehmensspezifischen Lösungsansatz, der in wirtschaftlicher, ökologischer und ganzheitlicher Weise typische Arbeitsfelder der Gebäudebewirtschaftung integriert. Eine FM-Lösung kann zu Beginn nur einige wenige Problempunkte umfassen um erst mit zunehmender FM-Erfahrung schrittweise das vollständige Aufgabenspektrum abzudecken. Mit diesem Ansatz lassen sich fünf Schwerpunktthemen des FM abgrenzen, die ihrerseits jedoch nicht isoliert gesehen werden dürfen, sondern mit ihren jeweiligen Aufgabenfeldern wiederum diverse Integrationskreise bilden. Diese zu systematisieren und in einen unternehmensweiten Abgleich zu bringen ist Kernaufgabe des FM-Managers. Folgende Themenkreise umfassen im Wesentlichen das Facility Management:

- technisches Gebäudemanagement
  - Neu-, Um-, Ausbau, Sanierungen, Erhaltungen
  - Betriebsführung und Instandhaltungen
  - Hausmeister- und Reinigungsdienste

- kaufmännisches Gebäudemanagement
  - Vermietungen/Vertragswesen
  - operatives und strategisches Controlling

- Flächen-Management
  - Liegenschaften/Bestandsführung
  - Raum- und Schlüsselbuch
  - Umweltmanagement

- Sicherheit
  - Zugangskontrollen/Pförtner
  - Objekt- und Personenschutz, Wachdienst
  - betriebsärztlicher Dienst, Arbeitssicherheit

- Servicedienste
  - Catering
  - DV- und Telekommunikationsservice
  - Verwaltung gemeinsamer Einrichtungen usw.

Vorstehende Aufzählung hat nur exemplarischen Charakter. Die Intensität der einzelnen Aufgaben ist je nach Unternehmen stärker oder schwächer ausgeprägt. Auch können einzelne Funktionen entfallen bzw. neue hinzukommen. Verdeutlichen lassen sich deren Abhängigkeiten durch Darstellung eines „FM-Hauses", das operative Prozesse, Datenhaltung und Auskunftssystem in einen sachlichen Zusammenhang bringt.

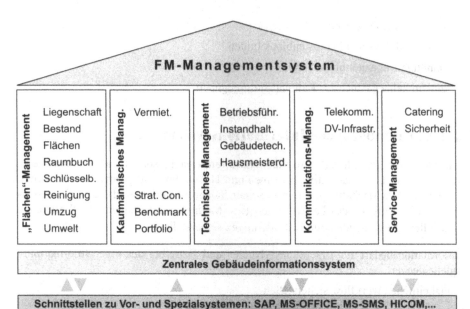

Bild 11.3 FM-Haus

Das Aufgabenspektrum des obigen FM-Haus steht vielfach auf tönernen Füßen. Die Gründe hierfür liegen häufig in seinem Unverständnis für die Notwendigkeit eines Facility Managements.

- Ungeachtet der Tatsache, dass ca. 25–50 % des bilanzierten Anlagevermögens und zwischen 10 und 18 % aller Aufwendungen grund- bzw. gebäudebezogen sind, fehlt vielfach die Erkenntnis, dass dieser Bereich professionell bearbeitet werden muss.

- FM-Aufgabengebiete sind häufig von einer starken Divisionalisierung geprägt. Ursache hierfür ist vielfach die unterschiedliche Zuordnung der FM-Aufgabenfelder zu verschiedenen Unternehmensressorts. Diese organisatorische Teilung bewirkt u. a., dass jeder FM-Teilbereich seine ,eigenen' Geschäftsprozesse optimiert, ohne das Ganze zu betrachten.

- Vielfach ist der Funktionsumfang von DV-Lösungen im FM-Bereich auf einige/wenige Aufgabengebiete wie z. B. Wartung und Instandhaltung beschränkt. Somit werden Stammdaten in verschiedenen Bereichssystemen mehrfach erfasst und geführt. Durchgängige Geschäftsprozesse sind mangels geeigneter Schnittstellen häufig nicht möglich.

- Bewirtschaftungs- und Nutzungskosten von Gebäuden werden den verschiedenen Abteilungen über die Finanzbuchhaltung als Gemeinkosten „zugeschlüsselt". Damit beginnt die Problematik. Es sind keine Aussagen über den variablen Anteil bzw. den fixen Kern der FM-Kosten möglich. Jegliche Leistungstransparenz, wie z. B. Grad der Auslastung, geht verloren. In der Konsequenz entstehen so Gemeinkosten, die

- nicht ‚controllbar' sind,

- einen undefinierten Fixkostenblock bilden,

- unnötige Kapazität binden und

- zudem keine Chance zur Rationalisierung geben.

11.4 Das raumbezogene Informationssystem

FM ist nicht nur das ‚doing' von Hausverwalterdiensten, sondern als Management-Funktion in erster Linie das aktive Erkennen und Nutzen von Einsparungsmöglichkeiten in der Gebäudebewirtschaftung. Um nun seiner Steuerungsfunktion als „Lotse" nachzukommen, ist es Aufgabe des Facility Managers, Methoden aufzubauen und Werkzeuge bereitzustellen, die folgende Grundanforderungen sicherstellen:

- Informationsbedarf für Eigentümer, Nutzer und Betreiber aus einer Informationsquelle decken

- ganzheitlichen workflow sicherstellen

- raumbezogene Analysen der Kostenstruktur ermöglichen

- Integration aller FM-Teilfunktionen

Bei der Einführung von FM hat man die Chance, gewachsene und ‚verkrustete' Strukturen aufzubrechen. Oberstes Ziel hierbei ist das Eleminieren von Arbeitsinseln und Prozessfragmenten durch eine integrierte Lösung, welche einen homogenen workflow schafft und Zusammenhänge auch über Hierarchien hinweg sichert.

Zur Realisierung dieses Ziels sind im Rahmen der Prozessmodellierung Abläufe zu definieren, welche z. B. die Prozessgeschwindigkeit steigern, die Kosten senken und zur allgemeinen Flexibilität beitragen. Bei dieser Entwicklungsarbeit sind die aktuellen Gegebenheiten bestmöglich in den Prozess einzubringen, wobei insbesondere die Rahmenbedingungen der Kapazitäts- und Personalplanung zu berücksichtigen sind.

Voraussetzung für die Einführung effizienter Geschäftsprozesse in der Gebäudebewirtschaftung ist die hinreichende Kenntnis des vorhandenen Gebäude- bzw. Raumzustandes. Um ein möglichst vollständiges Bild zu erhalten, muss daher im Regelfall zuerst die Ist-Situation erfasst, und in diesem Zusammenhang eine bereits verfügbare Gebäudedokumentation aktualisiert werden. Weiterhin muss eine Bedarfsanalyse des Soll-Zustandes durch Erhebung derjenigen Daten erfolgen, die für eine optimale Aufgabenerfüllung benötigt werden.

Ein derart raumbezogener zentraler Informationspool steht nicht in Konkurrenz zu bestehenden Buchhaltungssystemen, sondern ist vielmehr eine positive Ergänzung dessen. Denn zum Bewirtschaften von Facilities sind weit mehr Informationen nötig, als für die Kostenrechnung erforderlich. So werden beispielsweise neben den Leistungsdaten des FM-Prozesses auch nutzungsrelevante, vertragliche und gebäudespezifische Merkmale gepflegt. Anders ausgedrückt, es müssen in einem prozessorientierten FM-System nicht nur Finanzaspekte, sondern auch Kunden-, Geschäfts-, Entwicklungs- sowie Unternehmensziele abgebildet werden können.

Bedeutung der Information im Facility Management

60-70 % aller Unternehmen besitzen ungenügende Informationen über ihre Immobilien.

Falsche oder fehlende Information führt regelmäßig zu Fehlentscheidungen. (> 50 % der Befragten bestätigten dies!)

Unverhältnis hoher Aufwand für Überprüfung und Aktualisierung vorhandener Informationen.

Ca. 30-40 % der Planungszeiten in der Industrie entfallen auf Suche und Beschaffung von Informationen.

Ca. 75-80 % der Bearbeitungszeit eines Geschäftsvorfalles sind Liege-, Such- und Transportzeiten.

FM benötigt effizientes Informationsmanagement.

Die benötigten Daten werden im Regelfall vor Ort erhoben. Zur Durchführung von Interviews sind Fragebögen zweckmäßig, mit deren Hilfe die relevanten Daten abgefragt werden können. Die Grobgliederung der Fragebögen bildet eine begrenzte Anzahl von Datenkomplexen ab, z. B. Nutzung, Konstruktion, Ausbau etc., die wiederum nach verschiedenen Datengruppen unterteilt sind. Die Fragenkataloge werden weiterhin so strukturiert, dass zu jeder Datengruppe sowohl der Ist-Zustand als auch der Soll-Zustand festgehalten werden kann.

In die Befragung müssen alle betroffenen Abteilungen des Gebäudeträgers einbezogen werden. Parallel hierzu sind bei der Ist-Erhebung die bereits existierenden Quellen mit gebäudebezogenen Daten zusammenzustellen und zu analysieren. Vorrangiges Ziel der Soll-/Ist-Untersuchung ist immer eine Abklärung der Frage, ob eine Datensammlung auf Raumebene erforderlich ist oder ob eine Dokumentation auf Objekt-/Gebäudeebene ausreicht.

Die Ist-Analyse verdeutlicht vielfach dringenden Handlungsbedarf in der Organisation. Nachfolgend einige Feststellungen, die man immer wieder bei Ist-Erhebungen antreffen kann:

– Vorhandene Datenbestände sind größtenteils nicht vollständig. Sie reichen nicht aus, um den Informationsbedarf für eine wirkungsvolle Bedarfsplanung zu befriedigen.

– Die Aktualität der Daten ist vielfach zweifelhaft, die Datenfortschreibung erfolgte meist nicht systematisch.

– Aufgrund der auch heute noch zum überwiegenden Teil nicht DV- unterstützten Organisationsform der Datenhaltung sind umfangreiche Auswertungen – wenn überhaupt – nur mit unverhältnismäßig hohem Aufwand durchführbar.

– Einheitlichkeit im Aufbau der Datenbestände ist selten gegeben. Der Austausch, die Zusammenführung und der Vergleich von Daten verschiedener Bereiche werden dadurch erheblich erschwert.

– Die Kenntnis über außerhalb der eigenen Abteilung geführte Datenbestände ist bei den meisten Organisationen äußerst mangelhaft, ein abteilungs- oder fachübergreifendes Informationsverständnis ist nur in den seltensten Fällen vorzufinden.

– Eine Dokumentation, die lediglich die Objekt-/Gebäudeebene umfasst, ist zwar in der Lage, einen erheblichen Anteil des Informationsbedarfes für die Gebäudebewirtschaftung abzudecken, jedoch ist eine Datenerhebung auf Raumebene für betriebliche und organisatorische Fragestellungen nahezu unabdingbar. Im Regelfall ist diese aber nicht verfügbar.

– Pläne werden von vielen Verantwortlichen als unverzichtbare Arbeitsgrundlage eingestuft. Dies gilt auch für den Fall, dass sämtliche relevanten Daten aus einer Raumdatei in alphanumerischer Form zur Verfügung gestellt werden können. Gebäude- und Raumteile sollten direkt mit beschreibenden Attributen verbunden sein. Grundrisse und sonstige Pläne stehen jedoch vielfach nur in Form von Tekturen – ohne Bezug zu weiteren Datenquellen – zur Verfügung, die vielfach auch nicht den tatsächlichen Zustand beschreiben.

Aus diesen Erfahrungen lassen sich Ziele ableiten, die zu erreichen Aufgabe des Informationsmanagements ist.

Ziel des Informationsmanagement

↗	Bereitstellung bedarfsgerechter, aktueller konsistenter Information
↗	Abbildung und Steuerung der relevanten FM-Prozesse
↗	Vermeidung von Redundanz und Doppelarbeit
↗	Aufdeckung von Schwachstellen, Kostentreibern und Optimierungspotentialen (z. B. durch Benchmarks)
↗	Integration betrieblicher Information, Datenquellen und DV-Anwendungen (Durchgängigkeit der FM-Prozesse) und Erzeugung von Synergien
↗	Das Wissen der Mitarbeiter über die Immobilien dem Unternehmen dauerhaft verfügbar machen
↗	Durch Transparenz einen Beitrag zur Wertschöpfung des Unternehmens liefern

11.5 Realisierungskonzept

Der wirtschaftliche Erfolg einer gezielten Gebäudebewirtschaftung liegt vorrangig im Aufbau einer gebäude-/raumbezogenen Datenbank. Eine koordinierte und schrittweise Erhebung der benötigten Einzeldaten ist hierfür erforderlich. Die gespeicherten Informationen werden für verschiedenste Aufgabenstellungen benötigt. Die Erhebung der Daten muss daher nachvollziehbar sein, sowie der Zusammenhang zwischen Datenort und Dateninhalt erhalten bleiben. Für den Aufbau einer FM-Datenbank gelten einige grundsätzliche Hinweise, die allgemein gültigen Charakter haben.

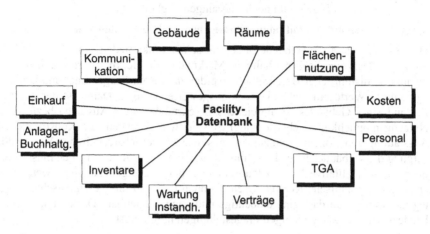

Bild 11.4 FM-Datenbank

– Für die Erstellung der Dokumentation wird ein Merkmalkatalog entwickelt, der diejenigen Beschreibungsmerkmale umfasst, die für die qualitative und quantitative Kennzeichnung eines Gebäude-/Raumzustandes von besonderer Bedeutung sind. In diesem Katalog haben nicht alle Merkmale das gleiche Gewicht, sondern sie unterscheiden sich hinsichtlich ihrer Erhebungsnotwendigkeit. Merkmale mit gleichartigen Charakteristiken werden in Gruppen zusammengefasst.

– Ähnlich verhält es sich bei der Verwaltung eines größeren Gebäudebestandes. Auch hier gibt es in der Gesamtheit aller vorkommenden Gebäude unterschiedliche Wichtigkeiten. Es werden daher analog den Merkmalgruppen verschiedene Gebäudeklassen definiert, in denen Gebäude mit gleichartiger Nutzung zusammengefasst sind.

– Eine EDV-unterstützte Raum- und Gebäudedokumentation wird durch eine Ordnungsstruktur getragen. Sämtliche Informationen zum Gebäude/Raum werden als Info-Objekte mit identifizierenden und klassifizierenden Merkmalen innerhalb dieser Ordnungsstruktur verwaltet. Info-Objekte werden weitgehend projektneutral definiert. Info-Objekte mit zugehörigen Merkmalkatalogen müssen jedoch für projektspezifische Besonderheiten jederzeit ergänzt werden können.

– Die Ordnungsstruktur wird aus zwei miteinander korrespondierenden Gliederungssystemen gebildet. Alle Gebäude-/Raumdaten sollten sowohl nach einer funktionalen als auch nach einer geometrischen Ordnung abgelegt werden.

– Die Angaben zu den Merkmalen werden entweder über die funktionale oder über die geometrische Gliederung zugeordnet. Die Durchgängigkeit von Raum über die Ebene bis zum Gesamtgebäude muss unauflösbar erhalten bleiben. Für die Merkmalaufnahme stehen damit alternativ drei Detaillierungsstufen zur Verfügung:

1. Stufe: gebäudebezogene Daten

2. Stufe: raumbezogene Daten mit Wertzuweisungen, die innerhalb einer akzeptablen Bandbreite noch Messungenauigkeit haben

3. Stufe: Raumdaten mit raumteilbezogenen VOB-gerechten Mengen

– Der einzelne Raum im Gebäude bildet mit seiner funktionalen/geometrischen Zuordnung die Basis für die Datenhaltung. Merkmale mit Merkmalwerten und Raumelemente mit ausführlicher Beschreibung werden dem Raum zugeordnet und können als aggregierte Werte auf Gebäudeebene ausgewertet werden. Damit ist der qualitative Zustand eines Gebäudes so hinreichend beschreibbar, dass Aussagen bezüglich der Nutzungsmöglichkeiten ebenso möglich sind wie Angaben zur Konstruktion, zur Ausstattung von einzelnen Nutzeinheiten sowie zur betriebstechnischen Ver- und Entsorgung des Gebäudes bzw. der Räume/Raumeinheiten. Diese Angaben müssen durch quantitative/qualitative Merkmalzuordnungen beliebig ergänzbar sein. Mengen, Flächen, bauphysikalische Kennwerte etc. können damit in die Gesamtbeschreibung integriert werden, so dass eine eindeutige und nachvollziehbare Darstellung eines Gebäudezustandes nach beliebigen Fragestellungen möglich ist.

– Eine wirkungsvolle Unterstützung, insbesondere bei der Ermittlung von Flächen, Kubaturen, Abwicklungslängen etc. bildet die Koppelung eines grafischen Dokumentationsverfahrens mit der Gebäudedatenbank. Unter „grafischen Dokumentationsverfahren" werden in diesem Zusammenhang CAD-Verfahren verstanden, die in der Lage sind, mit Hilfe von Digitalisierungsprozessen Datenbestände aufzunehmen, um diese Daten sowohl zur Berechnung von Flächen/Volumina etc. als auch zur Erstellung von Bestandsplänen zu verwenden. Für Planungsaufgaben aber auch für die Beurteilung von Raumnutzungsmöglichkeiten ist damit die Darstellung von Gebäudegrundrissen möglich. Bestandspläne und Gebäude-/Raumdokumentationen werden nunmehr inhaltlich derart verknüpft, dass wechselseitig der Abruf einzelner Teilbereiche eines Gebäudes sowohl in verbaler als auch in zeichnerischer Form durchführbar ist.

– Ein EDV-Modell der Gebäudebewirtschaftung sieht vor, alle gebäude-/raumbezogenen Daten in einer Datenbank zu verwalten. Dadurch wird ein rationeller Umgang mit großen Informationsmengen ermöglicht und die Informationsaufbereitung vereinfacht. Beliebige Auswertungen nach wählbaren Suchbegriffen unterstützen das Facility Management.

Grundsätzlich ist zu entscheiden, ob die Datenerhebungstiefe bis auf die Detaillierungsstufe von VOB-gerechten Aufmaßdaten vorgenommen wird oder ob stattdessen ein weniger genaues Messverfahren zur Anwendung gelangen kann. Eine Hilfe sind weiterhin bereits existierende Datenquellen, die für den Aufbau einer zentralen Gebäudedatei übernommen werden könnten. Beispielhaft seien die häufig anzutreffenden Reinigungspläne genannt.

11.6 EDV-Konzepte

Die Untersuchung alternativer EDV-Grobkonzepte hat vorrangig die Frage zu klären, ob für die EDV-Organisation eine zentrale oder dezentrale Lösung am zweckmäßigsten ist. Zur Darstellung der möglichen Bandbreite denkbarer Organisationsformen können innerhalb der beiden Pole „Zentralisation" und „Dezentralisation" verschiedene Alternativen entwickelt werden, unter denen die für die jeweiligen Ziele einer Gebäudebewirtschaftung zweckmäßigste auszuwählen ist. Es hat sich gezeigt, dass keine Organisationsform für sich allein in Anspruch nehmen kann, die bestgeeignetste zu sein. Es gibt folglich nicht eine Idealform der EDV-Organisation für die Gebäudebewirtschaftung, sondern es sind eine Reihe von Mischformen denkbar.

Unter Berücksichtigung der Forderung einer zeitlich unbeschränkten EDV-Verfügbarkeit am Arbeitsplatz sollte eine Lösung favorisiert werden, die eine sinnvolle Zwischenstufe zwischen zentraler und dezentraler Konzeption vorsieht. Hierbei könnte es sich um ein dezentral eingesetztes weitgehend autonomes System handeln, welches für Zwecke der Fernwartung, Diagnostik bzw. Systemunterstützung über eine Standleitung mit einem Zentralserver verbunden wäre. Der dezentrale Arbeitsrechner sollte am Arbeitsplatz des Facility Managers installiert werden. Über Netzwerke werden die Nutzer eingebunden, die mit intelligenten Arbeitsplatzsystemen auf PC-Basis ausgestattet sind.

Der Einsatz der Datenverarbeitung am Arbeitsplatz erfordert eine höhere Qualifikation der Mitarbeiter und führt damit zu einer qualitativen Verbesserung der sachlichen Aufgabenbearbeitung. Eng verknüpft mit der Organisation der EDV-Anwendung ist die Frage der Datenaktualisierung. Hierzu ist Folgendes zu beachten:

– Der Aufbau der Sach- und Geometriedatenbank sollte zentral durch das Facility Management koordiniert werden. Dieses organisiert und begleitet die Datenerhebung nach vorgegebenen einheitlichen Formalismen, kontrolliert bei Fremdleistung die übergebenen Datenbestände auf Verträglichkeit mit den Systemvorgaben und ist für die DV-Übernahme in das zentrale Datensystem verantwortlich.

– Verantwortlich für die fachliche Richtigkeit der Datenbestände sind die nutzenden Organisationseinheiten. Diese überwachen die Aktualität der gespeicherten Datenbestände im Rahmen ihrer Dienstobliegenheiten. Die Nutzer können auf den zentralen Datenbestand mit Arbeitsplatz-Computern zugreifen und ggf. Berichte für ihre Aufgabengebiete erstellen. Damit steht eine allgemein gültige Datenbasis für Statistik-, Modell- und Prognoseberechnungen sowie für die Erstellung von Wartungs- und Belegungsplänen zur Verfügung. Die Nutzer sind damit aber auch fachlich in die Datenbankverantwortung eingebunden und werden ihrerseits ein starkes Interesse daran haben, dass für ihre eigene Bearbeitung eine laufende Aktualisierung der Datenbestände erfolgt.

– Die Einbindung der Datenbank-Aktualisierung in den täglichen Verwaltungsvollzug erfährt dann eine wirtschaftlich zweckmäßige Ausformung, wenn die gemessenen bzw. berechneten Gebäudedaten unmittelbar für das Auftrags- und Abrechnungswesen der Gebäudebewirtschaftung eingesetzt werden. Dies setzt jedoch voraus, dass die Aufmaßdaten der Gebäudedatenbank gemäß den Anforderungen der VOB erhoben werden und in die Gebäudedokumentation ein Auftrags- und Abrechnungsverfahren integriert wird.

Facility Management benötigt Systemunterstützung, um erfolgreich umgesetzt und betrieben werden zu können. Die Informationstechnologie liefert Werkzeuge und Methoden, um FM-Prozesse beherrschbar zu machen. Hierfür hat sich die Bezeichnung CAFM Computer Aided Facility Management in der Praxis durchgesetzt. CAFM unterstützt das Facility Management mit Hilfe moderner Informations- und Kommunikationstechniken, die eine zentrale Datenbasis pflegen und nutzen, um Prozesse zur Steuerung von Flächen, Anlagen, Dienstleistungen, Verbräuchen und Inventarisierungen zu unterstützen. Trotz Verfügbarkeit dieser Technologien gilt jedoch der Grundsatz: Facility Management benötigt IT-Unterstützung, kann und darf jedoch nicht auf ein EDV-System reduziert werden.

11.7 Wirtschaftlicher Nutzen

Die vorrangige Zielsetzung einer Investition raumbezogene „Datenbank" besteht darin, die Voraussetzung für den Einsatz eines „Werkzeugkastens" der Gebäudebewirtschaftung zu schaffen bzw. zu verbessern. Mit Hilfe methodischer Verfahren zur Gebäudebewirtschaftung werden damit im Wesentlichen die Anforderungen der Kosten-/ Nutzenoptimierung verfolgt.

Bezüglich der Wahl des Betrachtungszeitraumes orientiert man sich bei Sachinvestitionen im Allgemeinen an der wirtschaftlichen Lebensdauer des Investitionsobjektes. Bei einem Investitionsvorhaben „Gebäudebewirtschaftung" sind die für die Beschaffung der DV-technischen Sachanlagen aufzuwendenden Mittel zwar nicht zu vernachlässigen; den entscheidenden Anteil des Gesamt-Investitionsvolumens wird jedoch die Datenerhebung sowie die softwaremäßige Erschließung des Datenbestandes ausmachen.

Da sich der Aufbau eines gebäudebezogenen Datenbestandes meist über größere Zeiträume erstreckt, lässt sich auch kein Investitionszeitpunkt, sondern nur ein Investitionszeitraum ermitteln. Während dieser Zeitspanne wird sich die Qualität des Investitionsobjektes „gebäudebezogenes Datensystem" und des damit erzielbaren „Outputs" ständig steigern. Unter der Voraussetzung, dass der Datenbestand laufend aktualisiert wird, unterliegt er damit weder einer technischen noch einer wirtschaftlichen Entwertung. Das Gegenteil ist vielmehr der Fall: durch die bereits beschriebene Trendverschiebung in der Bautätigkeit – weniger Neubau, mehr Bauunterhalt und Modernisierungsmaßnahmen – gewinnt der Datenbestand noch zusätzlich an Wert.

Raumbezogene Informationen bilden das Fundament für eine kontinuierliche Qualitätsverbesserung von Servicekonzepten und für eine Optimierung des Zusammenwirkens von Raum und Nutzung. Hierfür ist es erforderlich, bauliche Anlagen mit ihren Facilities bestmöglich auf die Bedürfnisse der Nutzung einzustellen, um im gemeinsamen Interesse von Eigentümer, Betreiber und Nutzer eine bestmögliche Wertschöpfung zu erreichen. Messbar wird diese durch die Entwicklung von Kennziffern, die eine Zustandsbewertung der Nutzungsbedingungen und einen Vergleich mit konkurrierenden Objekten ermöglichen. Häufig wird dabei in der Praxis von der Gliederung der Betriebskosten nach der DIN 18960 abgewichen und Kostenarten zugrundegelegt, die den betrieblichen Gegebenheiten näher kommen. Am Beispiel einer Bankgesellschaft lässt sich dies verdeutlichen.

Die Entwicklung und Analyse derartiger Kennziffern würde die Koppelung verschiedener Messsysteme mit dem zentralen Datenpool erfordern. Da dies jedoch fast nie der Fall ist, müssen die Erhebungsdaten ursachengerecht aufgenommen und im Regelfall mit

Hilfe von DV-unterstützten Analyseverfahren nach Flächen und Systemen umgelegt werden.

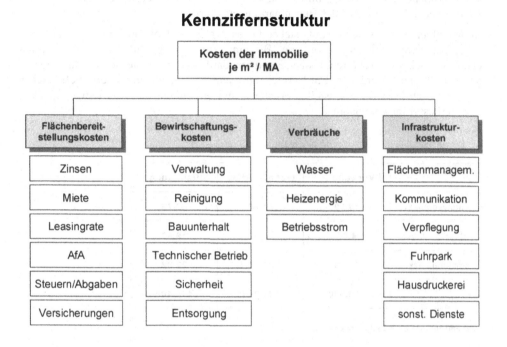

Bild 11.5 Kennziffernstruktur und Kostengruppendefinition

11.8 Benchmarking

Eine raumbezogene Bestandsdokumentation bildet das Fundament für ein effektives Immobilien-Controlling. Hierbei werden mit Hilfe des strukturierten Datenbestandes wirtschaftliche Kennziffern gebildet und diese in Bezug zu Vergleichsobjekten gesetzt. Hierfür hat sich der Begriff des Benchmarking etabliert.

Im Mittelpunkt des Benchmarking stehen neben der Gebäudeökonomie die internen Prozesse und deren Leistungserbringung. Benchmarking ermöglicht damit einen vergleichenden Blick auf Strukturen, Prozesse und Standards sowie auf die sich daraus ergebenden Kosten und Verbräuche. Ein Vergleich mit anderen am selben Standort befindlichen Einrichtungen lässt Schwachstellen erkennen und ermöglicht das kurzfristige Einleiten von Verbesserungsmaßnahmen.

	Verwaltung	techn. Betrieb	Reinigung
Analyseobjekt	14,50	41,26	42,72
Best in Class	4,07	19,37	19,80
Leistungslücke	10,43	21,89	22,92
Potential bei 20.000 m²	208.600	437.800	458.400
Gesamtpotential der Teilprozesse	1.104.800.-		

Bild 11.6   Ermittlung von Einsparungen

Benchmarking ist also der kontinuierliche Prozess, Produkte, Dienstleistungen und Praktiken zu messen und diese gegen den stärksten Mitbewerber oder die Firmen, die als Industrieführer angesehen werden zu setzen (David T. Carnes, Xerox Coporation).

Erfolgreiches Benchmarking erfordert somit neben der Unterstützung durch das Management die Bereitschaft und Offenheit aller Beteiligten sowie deren Willen, Veränderungen herbeizuführen. Ohne diese Voraussetzung ist jeder Benchmarkingprozess von vornherein zum Scheitern verurteilt. Aber auch das zu definierende Kennzifferngerüst erfordert Erfahrung mit Informationsstrukturen und Kenntnis der FM-Zusammenhänge. Werden hierbei bereits Fehler gemacht, sind die über das Benchmarking gewonnenen Kennziffern nicht geeignet, Klarheit und Transparenz in das Betriebsgeschehen zu bringen. Aber auch bei einem in sich stimmigen Kennzifferngerüst ist die Vergleichbarkeit der Rahmenbedingungen und die Ursachengleichheit der Kostentreiber sicher zu stellen. Erst bei einer Vergleichbarkeit der Erhebungsdaten mit den Kennziffern des Benchmarks können Handlungsalternativen zur Behebung von Schwachstellen entwickelt werden.

Damit wird Facility Management zu einem Controllingprozess, der – eingebunden in das Unternehmenscontrolling – einen eigenen Beitrag zur Absicherung der unternehmerischen Wertschöpfungskette leistet.

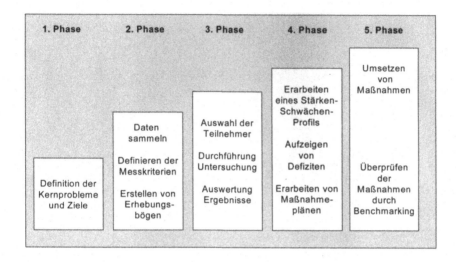

Bild 11.7 Benchmarking

12 Zusammenarbeit im Projekt

12.1 Bedeutung im Projektmanagement

Projektorganisationen sind kraft Definition temporär. Sie sind häufig eingegliedert in bestehende Organisationen. Formale und informelle Strukturen sollen die Zielerreichung für das Projekt sichern. Dies setzt entsprechende Methoden und Werkzeuge voraus. Ähnlich wie Unternehmensorganisationen sind Projektorganisationen aber auch sozio-ökonomische Systeme, d. h., sie sind soziale Gebilde mit einer wirtschaftlich ausgerichteten Zielsetzung. Neben dem Sachwissen der darin eingebundenen Personen haben die sog. *soft factors* erhebliche Bedeutung. Die Bedeutung dieser „weichen Faktoren" wird zunehmend in der Fachliteratur behandelt. Man hat erkannt, dass Projekterfolge das Ergebnis zielgerichteter Teamarbeit sind. Solche Teams können nur funktionieren, wenn neben der Bearbeitungsmechanik auch die Zusammenarbeit funktioniert. Mitentscheidend für das Funktionieren der Zusammenarbeit sind auch methodisch nur bedingt greifbare Faktoren aus zwischenmenschlichen Beziehungen, unterschiedliche Kommunikationsformen, individuelle Arbeitsweisen usw. Wenn „die Chemie" der Projektbeteiligten nicht stimmt, ist auch beim Einsatz des perfektesten Instrumentariums ein Projekterfolg eher zweifelhaft.

Zur Unterstützung der Zusammenarbeit im Projekt sind aber auch die Möglichkeiten moderner Informationstechnologien zu nutzen. Darauf wird später eingegangen.

12.2 Kommunikation als Schlüsselfaktor

12.2.1 Bedeutung der Kommunikation

Kommunikation bedeutet einerseits die Verständigung von Personen untereinander, die Übermittlung von Informationen und die Mitteilung von Sachverhalten, andererseits die Informationsverbindungen zwischen zwei Punkten sowie die Bildung sozialer Einheiten durch Verwendung von Sprache. Im Projektmanagement ist dies von besonderer Bedeutung. Projekte werden durch interdisziplinäres Arbeiten mit einer Vielzahl von Beteiligten realisiert. Die Tätigkeit des Einzelnen ist dabei mit anderen Disziplinen vernetzt. Diese komplexen Vernetzungen von Einzelstellen („Knoten") sind nur durch entsprechende Kommunikationskanäle möglich.

12.2.2 Kommunikationsprozess

Das Grundschema der Kommunikationsprozesse ist unabhängig von der Art der Kommunikation, sei sie sprachlich, non-verbal oder technisch.

Zu Beginn steht die *Botschaft*, die kommuniziert werden soll. Die Botschaft ist zunächst die abstrakte und objektive Sendeabsicht. Für die eigentliche Mitteilung ist diese erst noch zu konkretisieren. Dabei kann die Objektivität leiden, beispielsweise durch bewusste oder unbewusste Manipulation der Botschaft, durch Bezug auf andere Erfahrungshintergründe usw.

Der *Sender* gestaltet die abstrakte objektive Botschaft zu einer konkreten Sendung unter Nutzung seiner subjektiven Werkzeuge. Man spricht hier auch von Signalvorrat des Senders. Aus technischer Sicht können auch Funkfrequenzen als solche gesehen werden. Bezogen auf die verbale Übermittlung bezieht sich dies auf Semantik, Einzelformulierungen usw.

Das tatsächliche Senden der Botschaft setzt die *Wandlung in Übertragung* voraus, also in akustische, optische oder elektronische Signale.

Diese Signale werden auf dem *Übertragungskanal* übertragen.

Diese Signale werden beim Empfänger zunächst in einen für ihn aufnehmbaren *Empfang* gewandelt.

Damit gelangt die Botschaft schließlich zum *Empfänger*. Der Empfänger gleicht die eingehende Botschaft mit seinem Zeichenvorrat ab.

Die tatsächlich *wahrgenommene Botschaft* geschieht durch die Interpretation der umgewandelten Zeichen durch den Empfänger.

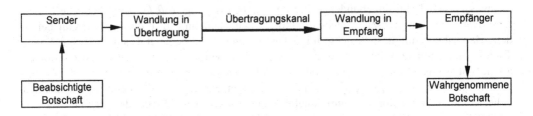

Mögliche Störungen:

Botschaft zu Sender:	Bewusste oder unbewusste Verfälschung der Botschaft (Manipulation)
Sender zu Übertragung:	Unvollständige oder falsche "Formulierung" der Botschaft
Übertragungskanal:	Störung der Übertragung ("Kanalrauschen")
Wandlung zu Empfänger:	Unvollständiger oder falscher Empfang, fehlende Kongruenz der Zeichen
Empfänger zu Botschaft:	Divergenz technischer Inhalt zu wahrgennommener Botschaft ("Perception"), Einfluss von Erfahrungshintergründen und Emotionen

Bild 12.1   Basis-Kommunikationsprozess

Dieser Prozess soll an zwei Beispielen kurz ausgeführt werden:

Beispiel 1:   Radiosendung:

Botschaft:	Information über einen Verkehrsunfall
Sender:	Zusammenstellung der seiner Ansicht nach wesentlichen Fakten.
Wandlung in die Übertragung:	Sprechen in das Mikrophon, Umwandlung in Funkwellen.
Übertragungskanal:	Über Kabel oder atmosphärisch.
Wandlung im Empfang:	Eingang in den Radioempfänger, Wiedergabe über den Lautsprecher.
Empfänger:	Abhören der Meldung, Wahrnehmung der seiner Ansicht nach wesentlichen Punkte.
Wahrgenommene Botschaft:	Destillat der Ereignisse, ggf. ergänzt um emotionale und/oder subjektive Bestandteile.

Die Störungsmöglichkeiten auf diesem Weg sind vielfältig:

Aus der beabsichtigten Botschaft wird durch Unkenntnis oder Weglassung von Fakten oder durch Überbetonung einzelner Fakten bereits eine gefärbte Botschaft. Auf dem Wege zur

Wandlung der Botschaft können sowohl technische Störungen (schadhaftes Mikrophon, undeutliche Sprache, weitere Störungen) auftreten. Der Übertragungskanal kann durch technische Einflüsse gestört sein („Kanalrauschen"). Die Wandlung in den Empfang kann aus ähnlichen Gründen gestört sein. Vom reinen Abhören bis zum Verständnis beim Empfänger sind wiederum Störungen und Verluste möglich (z. B. durch ihm unbekannte verwendete Fremdwörter). Die letztlich wahrgenommene Botschaft kann dann meilenweit von der ursprünglichen Botschaft entfernt sein („Aha, wieder einmal ein Auffahrunfall, weil sich keiner an die vorgeschriebenen Abstände hält!").

Die direkte sprachliche Kommunikation folgt im gleichen Muster.

Beispiel 2:

Der Projektleiter will über die Ablösung des Fachbauleiters für Technische Ausrüstung Starkstrom informieren (beabsichtigte Botschaft). Er will dies möglichst kurz und wertfrei fassen und dem Projektteam mitteilen, dass der bisherige Fachbauleiter, der von ihm nicht besonders geschätzte Herr X, durch den neuen Fachbauleiter, Herrn Y, ersetzt wurde.

Seine sprachliche Botschaft an das Projektteam lautet „Herr X ist nicht mehr Fachbauleiter Elektro. Ab dem .... übernimmt Herr Y diese Fachbauleitung."

Vielleicht haben durch den Baulärm auf der Baustelle einige Besprechungsteilnehmer den Namen nicht korrekt verstanden („Kanalrauschen"). Einige Empfänger kennen nicht den genauen Aufgabenbereich der betreffenden Fachbauleitung. Mit ihrem Zeichenvorrat gehen sie davon aus, dass nunmehr sämtliche Elektroarbeiten inkl. Regeltechnik von einem anderen Herrn betreut werden (Störung bei der Wandlung im Empfang). Damit ist der Prozess noch nicht zu Ende. Die wahrgenommene Botschaft kann durchaus sein: „Endlich rührt sich was in diesem Projekt" oder „So kann es ja nicht funktionieren, wenn bewährte Leute ständig vergrault werden".

Bisher wurde der Prozess nur in der einen Richtung beschrieben. Die Praxis ist aus folgenden Gründen wesentlich komplizierter:

- Verbale Kommunikation, insbesondere im Verlauf eines Gesprächs, wird immer ergänzt durch non-verbale Kommunikation (z. B. Sprachfärbung, Körpersprache).

- Meist findet die Kommunikation in beiden und mehreren Richtungen im schnellen Wechsel statt.

Die Störungen im einkanaligen Prozess können auch durch das Kinderspiel „stille Post" illustriert werden, bei der in einer Kette eine Botschaft dem jeweils nächsten ins Ohr geflüstert wird. Ausgangsbotschaft und Empfangsbotschaft weisen dabei oft kuriose Unterschiede auf.

Bewusst oder unbewusst wird auch non-verbale Kommunikation gesendet und empfangen. Im letztgenannten Beispiel könnte die Aussage durch verächtliche Handbewegungen und/oder entsprechende Sprachfärbungen unterstrichen worden sein. Der Empfänger könnte beim Hören den Kopf schütteln, applaudieren usw.

Durch den schnellen Wechsel in der Kommunikation, bei der in Sekundenbruchteilen der Sender zum Empfänger wird und umgekehrt, werden die Kommunikationsprozesse weiter kompliziert. Kulturelle Unterschiede haben dabei durchaus ihre Bedeutung. Nach psychologischen Studien sollte im deutschen Sprachraum immer nur einer sprechen, im romanischen Sprachraum gilt diese Gesprächsführung als ineffizient, weil man beim gleichzeitigen Einsatz von Sprechern in kürzerer Zeit Probleme klären könne. Kopfschütteln gilt in einigen Kulturen als Zustimmung. Lachen soll im asiatischen Raum peinliche Situationen überbrücken usw.

12.2.3 Kommunikationsmodelle

Das einfachste Kommunikationsmodell ist die sog. Kette. Läuft eher die Kommunikation nur in eine Richtung, von oben nach unten, liegt ein hierarchisch organisiertes Befehl-Gehorsam-System vor. Auch bei möglicher Kommunikation in zwei Richtungen eignet sich dieses Modell sicherlich nicht für das Projektmanagement.

Nachfolgend sind einige Grundmodelle für die Kommunikation aufgezeigt. Keines dieser Modelle wird jedoch in der reinen Form für die Bearbeitung größerer Projekte geeignet sein.

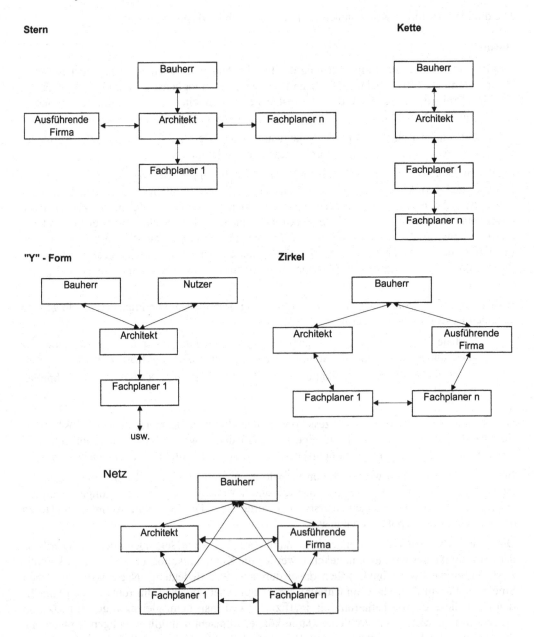

Bild 12.2 Beispiele für Kommunikationsmodelle

Traditionelle Organisationsformen im Bauprojekt folgten früher im Wesentlichen der Organisationsform des Zirkels. Besonders betraf dies die Abstimmungen zwischen den Planern und Planabläufen.

Modernere Kommunikationsmodelle gehen davon ab, weil durch die damit verbundene Kommunikations- und Bearbeitungssequenz Informations- und Zeitverluste auftreten.

Heutige Kommunikationsmodelle bestehen in der Regel aus einer Mischung von Stern und Netz. Grundsätzlich ist die netzförmige Kommunikationsanbindung aller Beteiligten wünschenswert, da – zumindest theoretisch – alle nahezu zeitgleich über denselben Informationsstand verfügen. Die Grenzen bei der netzförmigen Kommunikationsstruktur liegen im Mengengerüst und in der fehlenden Hierarchie. Mit den erforderlichen Mengen an Einzelkommunikationen wird das Netz sehr schnell überlastet. Im reinen Netz ist nicht erkennbar, wer die Kommunikationen letztlich steuert.

Gelöst wird dies damit, dass die Informationen an gewissen Stellen gebündelt werden („Stern"). Vorab wird definiert, welche Informationen vernetzt werden (beispielsweise informelle Abstimmungen, Besprechungen) und welche Informationen zentral verwaltet und gesteuert werden.

Derartige Modelle sind für alle Projektinformationen anwendbar, von der Information für Planungsinformationen bis hin zum Austausch einzelner verbaler Kommunikationselemente. Insbesondere für die EDV-Verarbeitung geht der derzeitige Trend bei Projekten jeder Größenordnung in die Richtung der sternförmigen Kommunikation, bei der zumindest die wesentlichen Projektinformationen zentral gesammelt werden. Für diesen Datenpool bestehen dann selektive Austausch- und Zugriffsmöglichkeiten. Bei sehr großen Projekten kann dieses Sternkonzept durch „Satelliten-Sterne" ergänzt werden.

12.2.4 Kommunikationssicherung

Theoretisch wäre die optimale Kommunikation dann gegeben, wenn alle Projektbeteiligten gleichzeitig über denselben objektiven Informationsstand verfügen.

Praktisch ist dies schon wegen der Menge der Daten und wegen der vorerwähnten Einzelprobleme im Koordinationsprozess nicht machbar.

Wie kann aber nun die Kommunikation sinnvoll gefördert werden?

Kommunikation beginnt beim Zuhören. Zuhören bedeutet aktives und bewusstes Aufnehmen der Gesprächsinhalte des Partners und das Hineindenken in den Standpunkt der Gegenseite. Häufige Fehler drücken sich dadurch aus, dass der Zuhörer vorschnell antwortet und das vielleicht nur unvollständig Aufgenommene sofort und unkritisch in seine Denkbahnen einordnet. Diese Fehler können durch aktives Hören vermieden werden. Voraussetzung seitens des Sprechenden sind dazu das Eingehen auf den Zuhörer, die Klarheit der Strukturierung seiner Aussage und die Konzentration auf die wesentlichen Aussagepunkte.

Sog. *k. o.-Sätze* führen zu einem Abbruch der Kommunikation. Mit ihnen wird bewusst oder unbewusst die Kommunikation geradezu abgewürgt. Der Partner ärgert sich und/oder stößt mit seinen Argumenten in das Leere. Beispiele sind: „Das haben wir immer schon so gemacht", „Das haben wir bereits ohne Erfolg versucht", „Das ist nicht finanzierbar", „Immer bringen Sie so unrealistische Vorschläge" usw. Derartige Sätze sind daran erkennbar, dass häufig Wörter wie *immer* oder *nie* darin vorkommen, und dass sie rationalen Argumenten nicht zugänglich sind.

Bei der *Einzelkommunikation* sind die vorbeschriebenen Störungen, soweit es geht, auszuschalten, d. h.

- das Sender-/Empfängerprinzip muss bewusst gemacht werden, die vorbeschriebenen Störungen sind, so weit wie möglich, auszuschließen.

- Für die objektiven technischen Sachverhalte sind strukturelle, technologische und andere Randbedingungen so zu gestalten, dass Störungen weitestgehend ausgeschlossen werden.

- Für die persönliche Kommunikation müssen Störungen zwangsläufig in Kauf genommen werden. Schließlich besteht die Projektorganisation aus Einzelpersonen. Durch diese Störungen dürfen jedoch weder die Zielorientierung noch die Teamarbeit verloren gehen.

- Persönliche Kommunikation ist durch gewisse Formalien zu ergänzen, z. B. durch Auswahl der „richtigen" Projektbeteiligten in fachlicher und menschlicher Hinsicht, durch Besprechungsorganisationen, durch Prozeduren der Ergebnissammlung usw.

12.3 Arbeit im Projektteam

Projekte lassen sich nur durch das Zusammenspiel vieler Projektbeteiligten realisieren. Mit Teamarbeit soll eine Art von kollektiver Intelligenz erreicht werden. Analogien hierzu finden sich in der Biologie, beispielsweise bei Mikroorganismen und Ameisen: Ein Ameisenstaat ist zu gewaltigen Leistungen fähig, eine Einzelameise ist verloren.

Entscheidend ist daher in der Frühphase die Bildung des Projektteams. Das Projekt beginnt mit der Entscheidung zu seiner Realisierung. Parallel dazu wird das Projektteam gebildet. Praktisch geschieht das durch die Auswahl der Beteiligten und durch ein sog. *start-up*- oder *kick-off-meeting*". In diesem ersten Treffen lernen sich die Beteiligten der Frühphase kennen. Die Projektzielsetzungen werden als gemeinsame Zielsetzungen verabschiedet. Aufgabenverteilungen werden besprochen. Grundsätzliche Organisationsrichtlinien werden festgelegt.

Im Zuge der weiteren Arbeiten werden Projektteam und Organisation laufend den Erfordernissen angepasst. Strukturen für das Funktionieren der Organisation werden laufend verfeinert (vgl. hierzu Kapitel „Organisation").

Vordergründig geht es in jedem Stadium der Teamzusammensetzung darum, dass die erforderlichen Arbeiten sinnvoll strukturiert an die weitergegeben werden, die sie fachlich am besten bewältigen können. Gesteuert wird dies durch den Projektleiter oder das Leitungsteam.

Gerade angesichts der komplexen Organisationsformen und der „Projektpsychologie" wird dies nicht ausreichen. Für ein Projekt sind höchst unterschiedliche Individuen mit unterschiedlichem Persönlichkeitsprofil temporär zusammengefasst. Es muss erreicht werden, dass alle Beteiligten auf dasselbe Ziel, ggf. unter Unterordnung der eigenen Person, hinarbeiten. Entscheidend dafür ist die Rolle des Projektleiters, für den in der Literatur immer wieder nahezu übermenschliche Eigenschaften gefordert werden. Er soll Führungsqualitäten haben, aber nicht autoritär sein. Er soll den globalen Überblick behalten und gleichzeitig fachlich kompetent sein. Er soll hohen Einsatz aufweisen und dabei menschliche Aspekte berücksichtigen usf. Das Team soll vollen Einsatz für das Projekt leisten, gleichzeitig soll jeder seine Fachkompetenz und Identität behalten. Das Team soll harmonisch zusammenarbeiten und gleichzeitig konfliktfähig (und konfliktlösungsfähig) sein.

Diese Forderungen sind nicht widerspruchsfrei. Aus der eigenen Erfahrung sind – neben Erfüllung der erforderlichen sachlichen und technischen Voraussetzungen – die folgenden Faktoren erfolgsentscheidend für Projektteams im Bau:

Der *Projektleiter* ist in den meisten Fällen die Schlüsselfigur. Er soll über das erforderliche Charisma verfügen. Dieses Modewort ist nur schwer in einfachem Deutsch zu beschreiben. Gemeint ist damit eine besondere, schwer zu fassende Ausstrahlung und Wirkung auf Dritte zusammen mit sog. natürlicher Autorität. Der Projektleiter soll eine Integrationsfigur sein, die „das Team zusammenhält". Natürlich ist wünschenswert, dass der Projektleiter hohe Fachkompetenz besitzt. Lücken in der Fachkompetenz sind meist jedoch weniger gravierend als Lücken in der sozialen und organisatorischen Kompetenz. Dazu benötigt er auch die nötigen Vollmachten und ein Maß an Unabhängigkeit, um im Sinne des Projektes wirken zu können. Schließlich soll er nach außen hin auch einen sog. „Machtpromotor" darstellen, dessen Wort und dessen Verbindungen auch im erweiterten Projektumfeld Gewicht haben.

Projektleiter	Charisma Integrationsfigur Fähigkeiten/Fähigkeitsmatrix Unabhängigkeit „Machtpromotor"
Aufgabenidentifizierung	Schlüssigkeit der Aufgabenstellung Identität Projektziele/persönliche Ziele Bereitschaft und Möglichkeit zur Verantwortung
Teamzusammensetzung	Erforderliche Fachkompetenz Sinnvolle Ergänzung von Fachdisziplinen Akzeptanz von außen Interne Kritikfähigkeit
Teameinordnung	Einbindung in Projektumfeld Früher Einbezug von Projektbeteiligten Einbezug bzw. Zugang zu „Machtpromotoren Sicherstellung der erforderlichen Kommunikationswege
Einbezug der Leitung	Identifikation der übergeordneten Leitung mit Team und Aufgabe Unterstützung durch übergeordnete Leitung Ressourcenbereitstellung Anerkenntnis von Leistungen
Selbstverständnis	Selbstverständnis als „winning team" Selbstbewusstsein Unterstützung Dritter ohne Selbstaufgabe

Bild 12.3 Erfolgsfaktoren für Bau-Projektteams

Erfolgreiche Projektteams verfügen über eine überdurchschnittliche *Identifizierung mit der Aufgabe*. Dazu müssen Projektzielsetzung und Aufgabenstellung schlüssig sein. Die Projektziele müssen sich so weit wie möglich mit den persönlichen Zielen decken (ein überzeugter Greenpeace-Anhänger wird bei einem Einsatz in einem Kernkraftprojekt wohl seine Schwierigkeiten haben). Es müssen Bereitschaft und Möglichkeit zur Verantwortungsübernahme bestehen.

Die *Teamzusammensetzung* muss nicht nur menschlich „stimmen". Erforderliche Kompetenz bei den Teammitgliedern und eine sinnvolle Ergänzung von Fachdisziplinen müssen gegeben sein. Diese Fähigkeiten müssen auch von außen akzeptiert werden. Interdisziplinäre Teams sind schon dem Grunde nach inhomogen. Verstärkt wird dies bei Einbezug mehrerer Nationalitäten und/oder Minderheiten. Eigene Beobachtungen haben ergeben, dass sehr inhomogene Teams zwar mehr Konfliktansätze bieten, in ihrem Erfolgspotential aber genauso hoch einzuschätzen sind wie von Beginn an harmonische Teams. Geringeres Erfolgspotential weisen demgegenüber Teams auf, deren Mitglieder im Wesentlichen identische Qualifikationen haben.

Ein weiterer Erfolgsfaktor ist die *Teameinordnung*. Damit sind die Einordnung in das Projektumfeld gemeint, der Einbezug und Zugang zu den Projektbeteiligten, die Sicherstellung erforderlicher Kommunikationsstrukturen usw. Die für die Arbeit erforderlichen Kommunikationswege müssen physisch und organisatorisch sichergestellt sein.

Erfolgreiches Projektmanagement erfordert, gleich ob innerhalb eines Unternehmens oder als ausgegliedertes Projekt, den *Einbezug der übergeordneten Leitung* und deren Identifikation mit dem Projekt, den Projektaufgaben und dem Projektteam. Sie muss das Projekt in der geeigneten Weise fördern.

Schließlich ist *das Selbstverständnis* des Projektteams wichtig. Damit sind quasi alle Teameigenschaften zusammengefasst. Team und Mitglieder müssen mit gesundem Selbstbewusstsein auftreten und sich als *winning team*, als Erfolgsmannschaft, verstehen. Sie sollen Dritte durchaus unterstützen, aber dabei nicht die eigene Rolle und Identität aufgeben.

12.4 Persönliches Zeitmanagement

Konflikte und Probleme sind nicht dadurch lösbar, dass man sie Dritten überlässt und ihnen die Schuld daran zuweist. Vielmehr muss bei Problemen und Konflikten das Team zuerst bei sich selbst nach Lösungen und Verbesserungen suchen. Dem sollte eine kritische Beleuchtung des einzelnen Teammitglieds durch ihn selbst vorausgehen.

Eines der häufigsten Probleme ist der Umgang mit der Ressource Zeit. Als Exkurs soll deshalb nachfolgend das persönliche Zeitmanagement behandelt werden.

In einem Arbeitsleben stehen nach der akademischen Ausbildung rund 7.000 Arbeitstage bzw. rund 60.000 Arbeitsstunden zur Verfügung. Erfahrung und Einzeluntersuchungen lehren uns, dass diese Zeit zwischen 10–20 % für entscheidende, nicht-delegierbare Aufgaben verbraucht wird. Wichtige, delegierbare Aufgaben nehmen einen Umfang von 20–30 % ein. Der Rest entfällt auf zwar schlecht delegierbares, aber weniger wichtiges Tagesgeschäft. Den Prioritäten folgend sollte jedoch die meiste Zeit auf entscheidende und nicht-delegierbare Aufgaben verwendet werden.

Dies ist in der Praxis anerkannt schwierig, sollte aber das Ziel für das Zeitmanagement sein. Um dies zu erreichen, muss Zeit geplant (nicht verplant!) werden.

Neben den im Handel angebotenen Zeitplanungssystemen haben sich dafür einige einfache Spielregeln entwickelt, nämlich
- methodische Planung der persönlichen Zeit analog der Terminplanung im Projekt
- Setzen von Prioritäten
- Beschränkung der Zeitplanung auf einen Teil der zur Verfügung stehenden Zeit, damit Schaffung von Reserven für Störungen und Unvorhergesehenes
- Konzentration der Zeit für wichtige Arbeiten in Zeiträume mit hohem persönlichen Leistungsvermögen
- Berücksichtigung von Erholungszeiten
- Bündelung der Aufgaben in „Blöcke" (z. B. Besprechungsblock, Telefonierblock usw.)

Das folgende Bild liefert hierfür einige Anregungen.

Zeitverteilung

ABC - Regel Soll

A: 50 - 70%	B: 20 - 30%	C: 10 - 20%

(Ist)

A: 10 - 20%	B: 20 - 30%	C: 50 - 70%

A = entscheidende, nicht delegierbare Aufgaben
B = wichtige Aufgaben, jedoch delegierbar
C = weniger wichtig, Tagesgeschäft, schlecht delegierbar

Zeitverplanung

Max. 70% der Zeit verplanen!

1 Monat	=	3 Wochen
1 Woche	=	4 Tage
1 Tag	=	5 Stunden

Blockbildung

Prioritäten setzen

Aufgaben bündeln

z.B. Bauüberwachung - typischer Tag; auch hier: 30% für Unvorhergesehenes!

Uhrzeit	7	8	9	10	11	12	13	14	15	16	17	18
Block	Baustellenrundgang	Firmengespräche	Planungsgespräche	Telefonblock, Posterledigung	Überwachung vor Ort	Mitagessen mit Projektbeteiligter	Überwachung vor Ort	Überwachung vor Ort	Besprechungsblock	Schriftverkehr	Abrechnung	Bautagebuch, Ablage

Bild 12.4 Zeitplanungsregeln

Allzu systematische Zeitplanungen bleiben umstritten. Sie können zu Zeitstress führen, zu übertriebenem Formalismus und zu Einschränkung der freien Kommunikation. So haben Untersuchungen bei Führungskräften in den USA ergeben, dass Manager mit zum Teil chaotischer Terminorganisation höchst erfolgreich waren bzw. sind, weil sie sich außerhalb fixer Termine im Wesentlichen in ihrem Unternehmen bewegten. Offenbar war die damit verbundene Kommunikation so erfolgreich, dass Schwächen in der Zeitplanung überdeckt wurden.
Ein weiteres Argument gegenüber systematisierter Terminplanung ist die persönliche Lebensfreude. Sie soll nicht unter starren Reglementierungen leiden. Angesichts des ablaufenden „Zeitreservoirs" soll keine Panik auftreten. Sinnvoll verbrachte Arbeits- und Freizeit sollte man eher als angehäuftes Kapital und nicht als einen Verbrauch zeitlicher Ressourcen sehen.

12.5 Informationsmanagement in Projekten

12.5.1 Projektsichten

Bauprojekte stehen im Spannungsfeld zwischen Planen und Realisieren. Jeder dieser beiden Bereiche übernimmt einerseits eine technische und andererseits eine kaufmännische Verantwortung für den Projekterfolg. Planen heißt Entwerfen und Finanzieren, Realisieren hingegen Baubetrieb mit baubegleitendem Rechnungswesen. Bei der Abwicklung der hierfür erforderlichen Arbeitsschritte werden auf der einen Seite Ingenieure bzw. Architekten und auf der anderen Seite Baukaufleute tätig. Eine derartige Kompetenzverteilung ist heute bei größeren Bauvorhaben der Normalfall und wird nur bei kleineren Baumaßnahmen durchbrochen.

Problematisch erweist sich vielfach, dass sich Ingenieure und Kaufleute in den verschiedenen Phasen des Bauens unterschiedlicher Sprachen und Darstellungsformen bedienen. Die Sprache des Ingenieurs ist im Wesentlichen die Zeichnung, die Sprache des Kaufmanns die Zahlentabelle. Beide arbeiten mit von einander abweichenden Ordnungssystemen oder Kontexteinordnungen. Sie verfolgen somit das Projekt aus unterschiedlichen Blickrichtungen.

Projekte und Prozesse werden durch Strukturen und Daten beschrieben. Die Ergebnisse werden üblicherweise thematisch mit Hilfe von Projektdokumenten festgehalten. Als *strukturierte Dokumente* werden hierbei Kosten- und Terminpläne, Entwurfs- und Ausführungszeichnungen, Leistungsverzeichnisse oder die Dokumente des Auftrags- und Abrechnungswesens bezeichnet. Diese werden durch zahlreiche *unstrukturierte Dokumente* ergänzt: funktionale, technische, vergaberechtliche, abnahmerelevante Erläuterungen, Niederschriften, Protokolle, Stellungnahmen, Berechnungen, allgemeiner Schriftverkehr, Behinderungsanzeigen oder Nachtragsanmeldungen stellen nur einen Auszug aus dem nahezu bei jedem Projekt anfallenden Schriftgut dar. *Unstrukturierte Dokumente* sind im Regelfall frei formuliert und meist ohne inhaltlichen Bezug zu den Daten der *strukturierten Dokumente*. Strukturierte Daten sind auf elektronischen Weg auswertbar, unstrukturierte Dokumente hingegen lediglich elektronisch verwertbar.

Auch Darstellungsformate spielen für die Kommunikation zwischen Ingenieuren und Kaufleuten eine wichtige Rolle. Aus der Ingenieursicht übernehmen graphische Daten, beim Baukaufmann alphanumerische Daten die Führungsrolle in der Projektkommunikation. Beide ergänzen sich in ihren Inhalten und führen dennoch nur selten zu einer vollständigen Projektaussage. Zu stark grenzen sie sich in ihren Gliederungen, in ihren Strukturzuordnungen und in ihren Beziehungen zu Geschäftsprozessen gegeneinander ab.

Strukturierte und unstrukturierte Daten des Projektvollzugs in eine inhaltliche Geschlossenheit zu bringen, die jeweiligen Zustands- bzw. Entwicklungstendenzen darzustellen und hierbei technische und kaufmännische Zusammenhänge zu wahren stellt eine wichtige Anforderung an ein Projekt bezogenes Informationsmanagements dar. Eine weitere Differenzierung ist zunehmend aus organisatorischer Sicht notwendig. Erste Projektdaten werden bei der Projektformulierung durch den Besteller definiert. Zum Teil sind dies Vorgaben des Bedarfes aus der Raum- und Funktionsplanung, zuweilen auch sehr frühe Aussagen zu Qualitätstandards. Zum überwiegenden Teil werden Projektdaten jedoch auf der Erstellerseite generiert und stellen das Ergebnis operativer Prozesse dar. Diese Prozesse sind nach Projektphasen organisiert und beinhalten technische wie auch kaufmännische Aussagen. Diese sind vielfach in allgemein verständlicher Form als Ergebnisse oder Vorgaben der Projektarbeit abgefasst, so dass sie von allen Beteiligten in gleicher Weise verstanden werden können: wie ist eine Planungsvorgabe gelöst, welche Kosten entstehen, wie viel Zeit wird benötigt etc. Mit zunehmender Planungsschärfe und mit dem Einsetzen von Bauprozessen wird verstärkt ein ausgeprägter technischer bzw. kaufmännischer Sachverstand mit Detailwissen gefordert, was eine differenziertere Behandlung der Planungs- und Leistungsdaten erforderlich macht. Dies führt zu Datentranformation, zu Datenverknüpfungen und zu Datenaggregationen nach unterschiedlichen Regelwerken.

Der Bruch zwischen den verschiedenen Projektsichten und den Detaillierungsgraden von Projektinformationen zieht sich wie ein roter Faden durch alle Phasen eines Bauprojektes. Damit rückt zwangsläufig die Notwendigkeit einer phasenübergreifenden Plattform für alle Projektbeteiligten in den Vordergrund. Und damit auch die Bedeutung von Informationen für das Projektmanagement.

12.5.2 Projektdaten - Projektinformationen

Der Zusammenhang von „Daten" und „Informationen" prägt entscheidend das Verständnis für Projektabläufe. So definiert die ISO 2382/I Daten als formalisierte Fakten zur Kommunikation, Interpretation und Verarbeitung durch Menschen oder Maschinen. Erst durch die Interpretation von Daten in ihren kausalen Zusammenhängen entstehen Informationen und als Folge daraus zielorientiertes Wissen. In diesem Sinne unterscheidet man bei der Einordnung von Daten zwischen einer syntaktischen Betrachtungsweise, nach der Daten als Zeichen oder Signale einer Nachrichtenübermittlung verstanden werden, einer semantischen Betrachtung, nach der eine Zeichenfolge von Daten bereits eine Bedeutung hat sowie der pragmatischen Auslegung von Daten als Informationen, die einen bestimmten Zweck verfolgen.

Aus der nachfolgenden Graphik wird ersichtlich wie aus Daten Informationen entstehen, wie diese in Prozesse eingebunden werden und wie aus einer Prozesskette Projektergebnisse entstehen. Strukturen bilden das Ordnungsprinzip für die Informationsströme eines Projektes, Regelwerke organisieren deren Einbindung in die Prozesswelt.

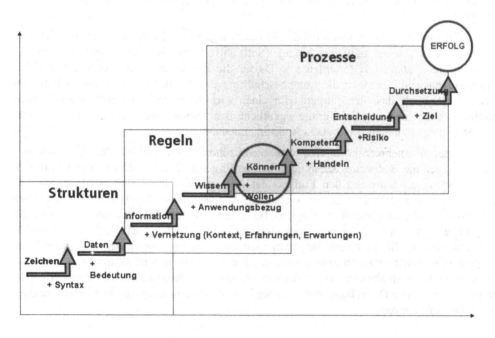

Bild 12.5 Informationshierarchie

Eine Vielzahl allgemein einsetzbarer bzw. fachspezifischer DV - Lösungen ermöglicht die Bearbeitung einer nahezu unbegrenzten Anzahl von Daten. Mit Hilfe von Anwendungsprogrammen lassen sich Berechnungen, Nachweise, Analyse und graphische Darstellungen in beliebiger Art und ohne größere Einschränkungen durchführen. Um aus Daten auch zweifelsfreie Informationen erzeugen zu können sind jedoch nicht nur anwendbare DV-Programme erforderlich, sondern mindestens ebenso wichtig ist die Verfügbarkeit stimmiger Daten. Hierin liegt das eigentliche Problem. Da die Datenerhebung vielfach unkoordiniert und zudem auch inhaltlich nicht eindeutig nachvollziehbar erfolgt, verbindliche Projektstrukturen für ihre fachliche Einordnung fehlen und häufig eine allgemeingültige Terminologie für die Beschreibung von Daten nicht existiert überfordern unterschiedliche Aussagen zum gleichen Sachverhalt immer dann den Empfänger, wenn sich diese auf die selben Informationsquellen beziehen. Die oft nach subjektiver Einschätzung interpretierten Daten können in ihrem Kontext in diesen Fällen den komplexen Sachaussagen nicht gerecht werden und führen zu einer zunehmenden Hilflosigkeit beim Versuch, dies dennoch verstehen zu wollen.

12.5.3 Informationen im Projektalltag

Unser Verhältnis zu Informationen lässt sich auch heute noch aus einer historisch gewachsenen Wertschätzung erklären. Traditionell waren Informationen immer ein knappes und teures Gut. Sämtliche bürokratischen Institutionen waren damit auf eine Hauptaufgabe ausgerichtet, deren Grundsatz lautete: wann immer sich eine Information bietet, greife danach! Diese Einstellung hat sich im Grunde nur geringfügig verändert, obwohl sich die Verfügbarkeit von Informationen dramatisch verändert hat. Informationen in beliebiger Art und Weise werden ohne Einschränkungen über verschiedenste Foren angeboten, sie stehen über das Internet nahezu unbeschränkt zur Verfügung. Für die Projektarbeit gibt es nur ein Problem: Man muss die erforderlichen Informationen so zeitgerecht zur Verfügung haben, dass diese noch rechtzeitig in Prozessabläufe oder Projektentscheidungen eingebunden werden können. Informationen sind vielfach wie Konsumartikel: Kommen sie zu spät, sind sie veraltet und werden nicht mehr gebraucht!

Die nachfolgende Graphik verdeutlicht den Projektalltag. Man plant die Bearbeitung eines Geschäftsprozesses in seiner zeitlichen Abfolge (Soll) und ermittelt für diesen einen Zeit-rahmen, nach dem dieser abgewickelt werden soll. Da für die Bearbeitung die erforderlichen Daten nicht verfügbar sind verzögert die Datenbeschaffung und Datenauswertung den Arbeitsfortschritt so erheblich, dass der Zeitpunkt für einen wirksamen Projekteingriff ungenutzt verstreicht. Es bleibt zu wenig Zeit für die eigentliche Bearbeitung, Analysen, Alternativuntersuchungen und das Einleiten von Steuerungsmaßnahmen unterbleibt.

Informationen übernehmen heute eine zunehmend führende Rolle in der Projektabwicklung. Wenn man sich die Bedeutung der in der heutigen Projektwelt eingesetzten Computeranwendungen vor Augen führt und den Einfluss der bewusst oder unbewusst wahrgenommenen Auswirkungen von DV-basierten Auswertungen, Analysen bzw. Simulationen auf Entscheidungsprozesse erkennt gewinnt die Frage an Bedeutung , welche Informationen eigentlich für ein erfolgreiches Projektmanagement benötigt werden. Gleichzeitig ist nicht zu übersehen, dass durch eine ständig wachsende Informationsmenge auch ein Zustand erreicht werden kann, der für die Projektarbeit zunehmend belastend wird. Denn ein zu Viel an Informationen kann sehr schnell das Aufnahmevermögen des Angesprochenen überfordern, unorganisierte oder nur schwer erfassbare Darstellungen die Aufmerksamkeit von den eigentlichen Entscheidungsschwerpunkten ablenken.

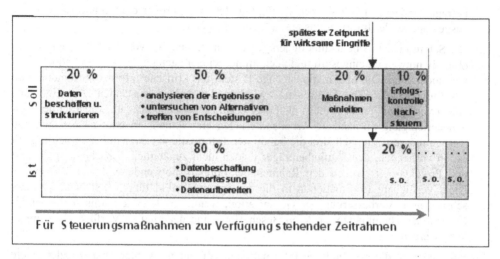

Bild 12.6   Zeitmanagement

Bei der Beurteilung eines Informationsvorrates kann man drei charakteristische Zustände unterscheiden:

Zustand I: Informationen sind geordnet nach Themenbereichen vorhanden.

Zustand II: Die zur Erfüllung einer Aufgabe objektiv unstrittig notwendigen Informationen sind vorhanden.

Zustand III: Die nach subjektiver Einschätzung benötigten Informationen stehen zur Verfügung.

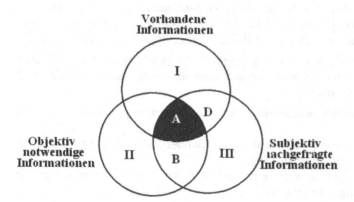

Bild 12.7
Informationszustand

Sind alle drei Informationszustände erfüllt, spricht man von einer vollständigen Informationsabdeckung. Dies ist jedoch nahezu nie der Fall. Die Frage ist daher, welcher Informationsbedarf objektiv erforderlich ist, um eine Aufgabe zufrieden stellend erfüllen zu können. An Hand einer Schnittmengenanalyse lässt sich Folgendes erkennen:

a) Die Schnittmenge A von objektiv notwendigen, nachgefragten und auch vorhandenen Informationen stellt die Zielmenge dar. Informationen werden benötigt, wie sie nachgefragt werden und wie sie zur Verfügung stehen. Je größer die Schnittmenge, desto ausgewogener der Informationshaushalt eines Projektes.

b) Die Schnittmenge B beinhaltet diejenigen Informationen, die von der Projektleitung als objektiv notwendig eingestuft und auch immer wieder nachgefragt werden, jedoch nicht vorhanden sind. Die Informationsmenge B stellt das kritische Informationspotential eines Projektes dar. Die Diskrepanz zwischen den beiden Zuständen „benötigt" und „nicht verfügbar" entsteht meist als Folge organisatorischer Mängel, wenn bei der Aufgabenerledigung vorhandene Arbeitsunterlagen erst aktualisiert oder neue angefertigt werden müssen. Vielfach sind die benötigten Informationen zwar in der Projektorganisation vorhanden, dem Aufgabenträger jedoch nicht zugänglich. Entscheidungs-bedarf und Projektarbeit stecken den Rahmen der objektiv notwendigen Informationen ab. Nicht verfügbare Informationen in diesem Spannungsfeld führen erst dann zu einer schrittweisen Verbesserung der Organisation, wenn aus der Erkenntnis fehlender Informationen Handlungen zu deren Beschaffung und dauerhaften Verfügbarkeit eingeleitet werden.

c) Sind dagegen die notwendigen Informationen vorhanden, werden aber trotzdem nicht nachgefragt (Schnittmenge C), so kann dies einmal daran liegen, dass der Aufgabenträger nicht die Notwendigkeit sieht, diese für die Aufgabenerfüllung an sich notwendigen Informationen zu berücksichtigen oder er zu überlastet ist, um sich auch noch mit diesen zu befassen. Der Grund kann allerdings auch sein, dass die an sich verfügbaren Informationen nur unvollkommen aufbereitet sind oder der organisatorische Zugriff auf diese zu aufwendig ist.

d) Problematisch ist die Schnittmenge D, da es sich hier um Informationen handelt, die nachgefragt werden, obwohl sie objektiv nicht zur Erfüllung der Aufgabe notwendig wären. Diesen Fall findet man zunehmend beim Einsatz von Informationssystemen. Die Möglichkeiten des Computereinsatzes führen immer häufiger dazu, auch solche Informationen zu sammeln, zu speichern und zu berichten, die für die Entscheidungsfindung oder den Aufgabenvollzug an sich unnötig sind, jedoch irgendwann von irgendwem einmal angefordert wurden. Obwohl diese beispielsweise nur einige wenige Male nachgefragt wurden aber trotzdem in einem Berichtswesen geführt werden müssen sie längerfristig gepflegt werden und blähen den Berichtsumfang mehr als notwendig auf.

Von besonderem Interesse für die Sicherstellung optimaler Projektbedingungen sind naturgemäß die objektiv notwendigen Informationen, die nicht oder nur unzureichend vorhanden sind. Die wesentlichen Gründe hierfür sind:

– Eine vorgeschaltete Aufgabe wurde nicht oder nur unvollständig zum Abschluss gebracht.
– Eine parallel laufende Arbeit, die unmittelbaren Einfluss auf das Ergebnis der anstehenden Aufgabe hat dauert länger als geplant.
– Die Informationsweitergabe ist nicht organisiert, d. h. Informationen werden nicht an den betroffenen Empfänger weitergeben.
– Informationen sind unsicher, lückenhaft oder fehlerbehaftet.

Informationsdefizite einerseits und eine nur schwer steuerbare Erwartungshaltung andererseits prägen zunehmend die Projektwelt. Aus dieser Erkenntnis lassen sich nunmehr allgemeine Prinzipien für ein Informationsmanagement ableiten und Faktoren bestimmen, die für das Projektmanagement speziell in diesem Zusammenhang von Bedeutung sind.

Ein Problem ist zweifellos das begrenzte Maß an Aufnahmefähigkeit, mit der sich die menschliche Komponente einer Organisation – aber nicht ausschließlich diese – den eingehenden bzw. verfügbaren Informationen widmen kann. Mit der Aufnahmefähigkeit eng verbunden ist das Maß an Aufmerksamkeit, das man den eingehenden Informationen widmen kann.

Hierzu einige allgemeine Hinweise:

– Viele Entscheidungsträger neigen wider besseren Wissens dazu, Informationen bei ihrer Entscheidungsfindung berücksichtigen zu wollen, die ihre Aufnahme- und Verarbeitungskapazität eindeutig übersteigen. Sie müssen zwangsläufig scheitern, denn mit dem Versuch, alle Informationen aufnehmen und werten zu wollen, erreichen sie letztendlich nur eine Verschlechterung ihres Informationszustandes. Damit drohen Misserfolge durch Überlastung.

– Projektleiter haben eine Vielzahl von Entscheidungen zu treffen. Sie glauben zuweilen, diese Entscheidungen würden leichter zu treffen sein, wenn sie besser informiert werden. Gleichwohl ist ihnen bewusst, dass „besser informiert werden" nicht heißt, mit „mehr" Informationen belastet zu werden. Was sie folglich anstreben ist, „weniger aber besser aufbereitete" Informationen zur Verfügung zu haben. Deshalb sind Informationssysteme, die allein darauf ausgerichtet sind, dem Entscheidungsträger „mehr" Informationen zu liefern, zum Scheitern verurteilt, wenn diese keine sinnvolle Eingrenzung des Informationsvorrates ermöglichen. Internetanwendungen sind hierfür ein anschauliches Beispiel.

– Informationsverarbeitung ist letztendlich nichts anderes als ein Verteilungsverfahren für Zeitanteile, die man einerseits der Aufnahme und andererseits der Verarbeitung von Informationen widmen kann. Verwendet man für die Aufnahme zu viel Zeit, steht damit weniger Zeit für die Bearbeitung zur Verfügung. Ein Optimierungsproblem, das letztlich auf die Frage hinausläuft wie viele Informationen man unbeschadet empfangen kann, ohne damit seine persönliche Aufnahmefähigkeit zu überlasten. Und gleichzeitig eine zentrale Frage des Projektmanagements: wer ist für das Informationsmanagement verantwortlich!

12.5.4 Projektcontrolling

Controlling und Projektmanagement sind Funktionen die immer wieder in verschiedenen Zusammenhängen genannt werden. Die Funktion des Controllings hat seine Ursprünge in der stationären Industrie. Ohne auf die einzelnen Definitionen der Literatur und die unterschiedlichen Interpretationen in Deutschland und den angelsächsischen Ländern näher einzugehen, sei hier auf eine Definition verwiesen die dem Verständnis nach, der hier dargestellten Controlling-Plattform zugrunde gelegt wird (vgl. Horváth P., 2001: Controlling 8. Auflage, München 2001 S. 83):

„Die induktive Analyse anhand von Praxis und Literatur lässt die Controllingaufgaben als eine Funktion erkennen, die durch die Koordination von Planung, Kontrolle sowie Informationsversorgung die Führungsfähigkeit von Organisationen zu verbessern hilft."

Übertragen auf die im Baubereich üblichen Projektorganisationen unterstützt das Projektcontrolling die Projektführung und somit das Projektmanagement. Dabei wird die Funktion des Projektcontrollings als ein permanenter Prozess verstanden, der bei Bauherrenorganisationen erforderlich wird, die ständig eine gewisse Anzahl von mehr oder weniger großen Neubau- oder Umbaumaßnahmen betreuen. Ein Projektcontrolling wird auch zunehmend bei Projekten installiert, bei welchen der Bauherr selbst das Projektmanagement übernimmt und eine verantwortliche Stelle für das Informationsmanagement einrichtet. Dies sind in der Regel entweder privaten Unternehmen mit einem größeren Immobilienbestand, öffentliche Institutionen, oder Infrastrukturunternehmen wie die Deutsche Bahn.

Controlling ist eine Funktion, die durch die Koordination von Planungen, durch deren Kontrolle bei der Umsetzung sowie durch Informationsversorgung der Entscheidungsebenen die Führungsfähigkeit von Organisationen zu verbessern hilft. Bezogen auf Projektorganisationen unterstützt das Controlling die Projektführung und damit das Projektmanagement. Hierfür benötigt das Projektcontrolling aktuelle und transparente Projektdaten. Wird jedoch dem Informationsmanagement beim Aufbau der Projektorganisation nicht der erforderliche Stellenwert eingeräumt, sind Fehlentwicklungen in der Projektführung unvermeidlich. Im Wesentlichen sind dies:

– Die für die Planung und Abwicklung von Bauprojekten erforderlichen Prozessketten werden nur unzureichend in die internen Geschäftsprozesse eines Bauherrn eingebunden. Die nahtlose Integration der Kosten- und Finanzdaten der Projekte in das betriebliche Rechnungswesen wird in den seltensten Fällen erreicht. Die im Zusammenhang mit einer Baumaßnahme entstehenden finanziellen Risiken für das Unternehmen selbst werden damit nur unzureichend erfasst.

– Trotz umfangreicher Regelwerke in Form von Projekthandbüchern werden sich durch die Dynamik des Projektgeschehens informelle Strukturen innerhalb der Projektorganisation bilden, die sich bis in die Kommunikation mit extern Beteiligten erstrecken. Die Folge sind undurchsichtige Arbeitsabläufe, gut behütete Informationsinseln und damit verbunden unterschiedlich interpretierte Projektzustände. Verstärkt wird dies durch die Verwendung unterschiedlicher DV-Verfahren, die als Insellösungen nur über unzureichende Datenschnittstellen verfügen. Insbesondere bei Projekten mit einer Vielzahl von Beteiligten führt dies zu erheblichen Verständnisschwierigkeiten und zu einem zusätzlichen Arbeitsaufwand, um aus den diversen Unterlagen die tatsächliche Situation eines Projektes herauszufiltern.

– Die in einem Unternehmen eingesetzten ERP-Systeme für die Planung, Finanzierung, Einkauf und Controlling des Kerngeschäftes genügen nur bedingt den bauspezifischen Anforderungen. Dadurch wird für das Projektcontrolling die Installation einer bauspezifischen Controlling-Plattform erforderlich, um die Informationsströme eines Projektes mit den Informationsbedürfnissen der Entscheidungsebene abzugleichen, die Geschäftsprozesse mit externen Projektbeteiligten zu koordinieren sowie die Integration des Projektcontrolling mit dem Unternehmenscontrolling (z. B. SAP) sicherzustellen. Werden diese nicht, zu spät oder in ungeeigneter Form eingeführt, entsteht zwangsläufig ein Bruch in der Projektkommunikation.

12.5.5 Paradigmen

In der stationären Industrie zählt die Integration von Unternehmensprozessen zu einer der wichtigsten Errungenschaften der letzten Jahre. Integrierte Lösungen für die DV-Unterstützung technischer und kaufmännischer Kernprozesse sind heute unter den Abkürzungen ERP (Enterprise Ressource Planung) oder PPS (Produktionsplanung und Steuerung) weit verbreitet.

Den entscheidenden Schritt bei der Entwicklung integrierter Anwendungen bildet der Ansatz, die Führungs- und Controllingsysteme auf der Grundlage von Paradigmen zu gestalten. Unter Paradigmen versteht man im Allgemeinen Anschauungen und Überzeugungen. Sie stellen Modelle dar, die den Zustand von Organisationen oder Gesellschaften beschreiben. Aus Paradigmen lassen sich Gesetze und Regeln zur Formulierung von Methoden ableiten, mit denen die Integration von Geschäftsprozessen gelöst werden. Das vorherrschende Paradigma der Industrie ist heute das „Kunden-Lieferanten-Verhältnis" mit klar strukturierten Einkaufsprozessen.

Paradigmen unterliegen Veränderungsprozessen. Treten nämlich zu irgendeinem Zeitpunkt bei einem Paradigma unerwartete Verhältnisse auf, die nicht in den ursprünglichen Erklärungsbereich fallen, kann es notwendig werden, das Paradigma zu erweitern oder ein neues Paradigma zu entwerfen. In einer derartigen Situation befindet sich derzeit die Welt des Bauens, da die Interaktion und damit der Zusammenhang von „Planen und Bauen" sowie die daraus resultierenden Beziehungen nicht allein mit dem „Kunden-Lieferanten-Verhältnis" beschrieben werden können. Auch ist dieses Paradigma nur bedingt geeignet, partnerschaftliche Planungsteams zu erklären.

Planen und Bauen unterliegt den Regeln eines Projektmodells: Etwas Neuartiges, oftmals Einmaliges wird innerhalb definierter Phasen mit verbindlichen Zeitschienen und mit einer Vielzahl Beteiligter entwickelt. Neuartigkeit im Projekt bezieht sich hierbei nicht allein auf das Werk selbst, sondern gleichfalls auf die Organisation der Leistungsträger, deren Kommunikationsbeziehungen jeweils neu vereinbart werden und deren Leistungsübergabe/-abnahme wechselnden Ansprüchen unterliegt. Projekte unterscheiden sich insbesondere von einer industriellen Fertigung durch die schrittweise Entwicklung von Leistungsinhalten, durch die Verschiedenartigkeit der Prozesse, durch die Weiterentwicklung vertraglicher Vereinbarungen, ganz allgemein dadurch, dass letztendlich erst mit Abschluss eines Projektes dessen Leistungsmerkmale abschließend bekannt sind. Dem folgt konsequenterweise auch das Einkaufsverhalten bei Projekten: Bestelländerung sowohl in der Qualität als auch in der Quantität des zu liefernden Produktes bestimmen den Alltag von Projekten.

Projekte sind in ihrem Lebensrhythmus untrennbar mit den Risiken der Terminwahrung, der Finanzierbarkeit und der Qualitätssicherung verbunden. Die daraus abgeleiteten Controllingdaten werden im Regelkreis von Planung, Kontrolle und Steuerung laufend mit den Projektzielen gespiegelt, um im Bedarfsfall neue Zielgrößen zu entwickeln.

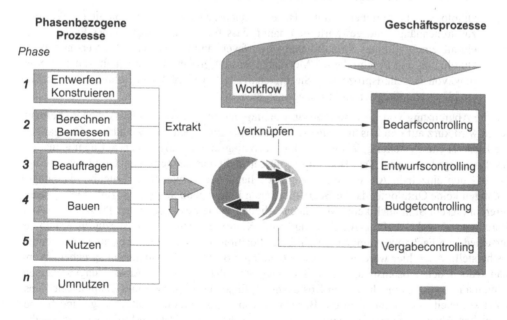

Bild 12.8 Geschäftsprozesse im Projektcontrolling

Phasenkonzepte und der Regelkreisgedanke bestimmen das Paradigma eines Projektes. Dieses steht nicht im Widerspruch zum industriellen Paradigma, sondern ergänzt dieses, indem es dessen Muster aufnimmt und die Unschärfen des Projektrelevanten „Kunden-Lieferanten-Verständnisses" durch ein erweitertes Modell definiert. Die Folgen dieser Erweiterung sind in den Controllingprozessen der Projekte erkennbar.

12.5.6 Metadaten – Ontologien

Es liegt auf der Hand, als Werkzeuge des Projektcontrolling die in der Industrie eingeführten und bewährten Lösungen – beispielhaft sei an dieser Stelle SAP genannt – um bauspezifische Ansätze zu erweitern. Gegen ein derartiges Vorgehen würde jedoch zum Einem sprechen, dass bauspezifische Anwendungen im Normalfall nur eine untergeordnete Bedeutung in öffentlichen bzw. industriellen Verwaltungen einnehmen. Zum Anderen würden bei einer derartigen Erweiterung die eingeführten und bewährten Anwendungen nur zusätzlich belastet. Es würde eine höhere Komplexität bei der Anwendung der Gesamtlösung entstehen, da die für die Planung und Abwicklung von Bauprojekten notwendigen Methoden/Verfahren in die Abläufe einer standardisierten Bestellung integriert werden müssten. Das entscheidende Argument gegen ein derartiges Vorgehen bildet jedoch das unterschiedliche Integrationsverständnis, das den beiden Paradigmen der industriellen bzw. baubetrieblichen Fertigung mit ihren jeweiligen Ontologien zugrunde liegen. Hierzu eine kurze Erklärung zum Begriff der Ontologie.

–   Ein erklärtes Ziel der Informatik ist es, Daten, Regeln oder Modelle aus vorgelagerten Anwendungen für nachgelagerte Prozesse und Verfahrensabläufe verfügbar zu machen. Diese Aufgabe wird DV-Systemen mit technischen bzw. kaufmännischen Ausrichtungen übertragen. Dabei ist nicht auszuschließen, dass auch Daten ausgetauscht werden, welche selbst wiederum Informationen darüber enthalten, wie die übergebenen Daten strukturiert sind. Man bezeichnet derartige Beschreibungen für Datenstrukturen als Metadaten. Um diese für Anwendungen interpretierbar zu machen, benötigt man eine Repräsentation der zugrundeliegenden Begriffe und deren Beziehungen. Hierfür hat sich in der Informatik der Begriff der Ontologie eingebürgert.

–   Ontologie beschreiben mit Hilfe standardisierter Terminologien Wissenszusammenhänge und gewährleisten damit, dass für alle Beteiligten eines Fachgebietes ein allgemein gültiges Struktur- und Begriffsverständnis existiert. Das Verständnis für Ontologien und beschreibende Metadaten ist von großer Bedeutung für die Modellierung von Geschäftsprozessen. Sie bilden weiterhin Gerüst und Rahmen für die Entwicklung von integrierten Informationssystemen.

Um die Abgrenzung von isolierter Fachanwendung und integrierten Prozessketten zu verdeutlichen wird kurz auf den Zusammenhang von Schlüsselsystemen und Metadaten eingegangen. Die Prozesskette Bestellung, Wareneingang, Rechnungsabwicklung basiert auf dem Konstrukt des Buchungsvorganges. Der Buchungsschlüssel stellt das gemeinsame Ordnungkriterium dar, das den einzelnen Anwendungen zugrunde liegt. Die verwendeten Datenbezeichnungen benötigen keine Ontologie, da die Begrifflichkeiten hinreichend abgegrenzt sind. Sie repräsentieren in diesem Sinn auch keine Metadaten. Ähnlich verhält es sich bei der Prozesskette Ausschreibung-Vergabe-Auftrag-Abrechnung (AVA-Kette), die den Leistungsbezug innerhalb der verschiedenen Fachanwendungen mit Hilfe der Positionsnummern eines Leistungsverzeichnisses herstellt. Auch hier wäre es falsch von Ontologie bzw. von Metadaten zu sprechen. Wenn man jedoch den Kostenstand aus Teilbeträgen von Planungs- und Abwicklungsprozessen, wenn man den Zusammenhang von Kostenansatz, Finanzierungsträger und Zeitpunkt der Kostenwirksamkeit oder wenn man die Beziehung von Konstruktion, Bauteilmenge und baubetrieblichen Ablauf aufzeigen möchte sind hierfür beschreibende Daten erforderlich, die aus den

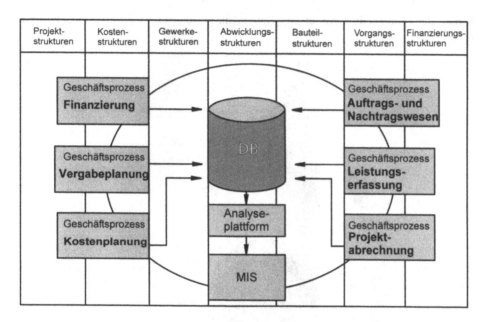

Bild 12.9 Integrationskreis Kostencontrolling

verschiedenen Sichten der verbundenen Geschäftsprozesse eine integrierte Gesamtschau bilden. Derartige Beschreibungsdaten des Bedarfs, der Konstruktion, der Kosten, der Termine, der Finanzierung und der Leistungsvereinbarung – um nur einige zu nennen – basieren auf einem gemeinsamen Begriffsverständnis und werden als Metadaten bezeichnet. Deren Einordnung in Projektzusammenhänge ist ohne Verständnis für das zugrundeliegende Paradigma nicht möglich.

12.5.7 Controllingplattform

Am Beispiel der größten Bauorganisation für Infrastrukturprojekte in Deutschland wird zusammengefasst die Funktion von Controllingplattformen erläutert. Charakteristika dieser Organisation sind die große Anzahl gleichzeitig bearbeiteter Projekte, die dezentralen Projektstandorte in den Niederlassungen sowie die nach Zentralen und Projektabteilungen gegliederten Geschäftsprozesse.

Um Projekte dezentral bearbeiten und zentral steuern zu können ist es zunächst erforderlich, verbindliche Strukturen für die Projektgliederung vorzugeben. Dabei wird in einer Raum-Zeit-Beziehung Umfang und Detaillierung derjenigen Daten vorgegeben, die mit Hilfe von geregelten Geschäftsprozessen erzeugt werden und aggregiert werde. Zusätzliche Vorgaben für fachliche Kosten-, Termin- und Kapazitätsstrukturen, die Festlegung für Produkt- und Zustandsbeschreibungen sowie die Definition von Informationsobjekte bilden Gerüst und Rahmen des Projektcontrollings. Dem liegt eine für alle Verfahren verbindliche Terminologie in Form von Metadaten zugrunde. Fachkataloge bilden Bestandteil der Organisationsrichtlinien.

Die Pflege der Projektontologie und die Verwaltung der Zugriffsrechte auf das System, die Rollen innerhalb der Geschäftsprozesse, das Regelwerk des Schnittstellennavigators, die Verfügbarkeit von Sekundärstrukturen für Funktions- und Systemsichten, Plausibilitätsprüfungen zur Sicherung der Datenqualität etc. erfolgt Datenbank gestützt und wird über die Plattform organisiert.

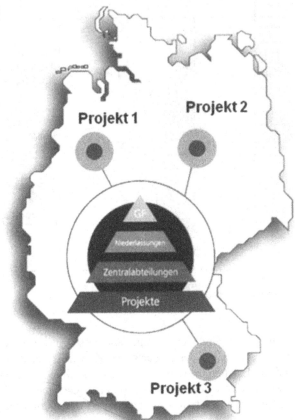

Bild 12.10
Projektportfolio

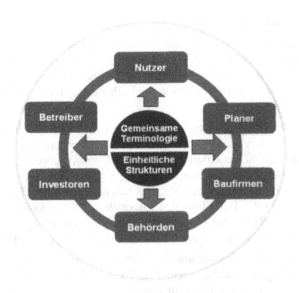

Bild 12.11   Projektplattform – Vernetzung von Bedarf, Planung und Bauen

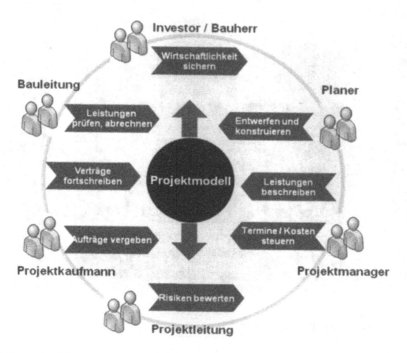

Bild 12.12   Projektplattform: Projektprozesse, Projektmodelle

Die Lösung wird als Plattform bezeichnet, da sie nicht aus einer einzigen vollumfänglichen Applikation besteht, sondern auch am Markt oder im Unternehmen bereits etablierte Produkte für Teilfunktionen nutzt und zu einer Gesamtlösung integriert. Das Controlling-System selbst kann als eine Art Leitwarte verstanden werden, über die den Geschäftsprozessen die Methoden und Standardverfahren zur Verfügung gestellt werden sowie deren Anwendung überwacht wird. Das Anwendungsspektrum reicht hierbei von der Planung von Raum- u. Funktionsprogrammen über die Erstellung von Kosten-, Termin- und Finanzplänen zu den Vergabe-, Vertrags-, Auftragsprozessen und über diese zur Leistungserfassung, dem Nachtragswesen und zur Leistungsabrechnung, um nur die wichtigsten Kernfunktionen zu nennen. Das Paradigma, welches diesen Anwendungen zunächst unterlegt wurde ist die traditionelle „Kunden-Lieferanten-Beziehung". Die Plattform ist der Kunde, der Lieferant der Prozessbeteiligte, der eine Fachanwendung aufruft und mit dieser Informationsobjekte erzeugt, welche gleichzeitig auch Bausteine des Controllingprozesses bilden. Informationsobjekte geben vor, welche Daten in welcher Art und Umfang die Bedingungen eines Geschäftsprozesses erfüllen, zu welchen Strukturknoten diese gehören, nach welchen Regeln sie bearbeitet werden und welcher Ontologie sie unterliegen. Damit können Informationsobjekte auch mit am Markt eingeführten Drittsystemen erzeugt und der Plattform übergeben werden. Dort werden sie anschließend auf Vollständigkeit, Plausibilität und Strukturverträglichkeit geprüft.

An dieser Stelle und mit dem Anspruch eines offenen Systems erfolgt der Paradigmenwechsel. Das auf der Plattform implementierte Zielsystem für das Projektcontrolling erhält und verwaltet einzelne Informationskonserven, deren Inhalte bekannt sind und zueinander in Beziehung gesetzt wurden. Dadurch entstehen Integrationsketten, wie diese für Controllingprozesse benötigt werden. Um nur einige Beispiele zu nennen: In der Phase der Kostenplanung werden z. B. auf der Grundlage phasenbezogener Detailkostenpläne Alternativen zu der vom Planer erstell-

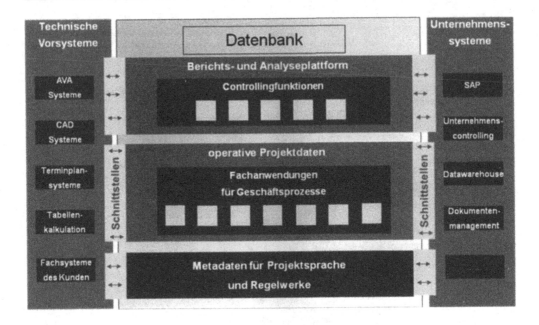

Bild 12.13   Elemente einer Projektplattform

ten Kostenberechnung simuliert und diese wiederum als Vorgabe für den weiteren Planungsprozess vorgegeben. Im Rahmen der Angebotsbearbeitung können Angebotsszenarien ent-
worfen werden, um Auftragsrisiken frühzeitig erkennbar zu machen. Nach erfolgter Beauftragung wird an Hand der Leistungsentwicklung und unter Berücksichtigung von Leistungsänderungen das zu erwartende Projektergebnis hochgerechnet. Vertrags-, Nachtrags- und
Abrechnungsprozesse werden parallel zur Leistungsfeststellung geführt und mit Unterstützung
der Fachanwendungen aktualisiert. Unter Berücksichtigung buchhalterischer Gesichtspunkte
können Bestellungen und Abrechungsergebnisse nach der Ordnungstruktur der unternehmensweiten ERP-Systeme gebucht und über Online-Schnittstellen direkt an das Rechnungswesen übergeben werden. Durch Einbeziehung der Terminplanung in diesen Prozess erfolgt sys-
temunterstützt die Erstellung von Mittelabflussplänen.

Nach erfolgreicher Bearbeitung erhalten die erzeugten Informationsobjekte einen Dokumen-
tenstatus. Bei einer dezentralen Bearbeitung der Informationsobjekte ist der Status der übergebenen Bearbeitungszustände von Bedeutung. So dürfen beispielsweise Informationsobjekte,
deren Daten noch nicht abschließend freigegeben wurden nicht in bestimmte Auswertungen
einfließen. Das gleiche betrifft Informationsobjekte, die storniert wurden. Um dies zustandsge-
recht zu steuern, wird für jedes Informationsobjekt ein Dokumentstatus vorgehalten. Parallel
dazu kann ein Informationsobjekt verschiedene Genehmigungsschritte durchlaufen. Diese
werden über einen Kunden spezifischen Geschäftsprozess-Status verwaltet.

12.5.8 Datawarehouse (Berichts- und Analysisplattform)

Operative Anwendungsprogramme für Planungs- und Abwicklungsprozesse in Verbindung
mit der Statusverwaltung sichern die Aktualität der Controllingprozesse. Controlling als Un-
terstützungsfunktion für das Projektmanagement beschäftigt sich jedoch schwerpunktmäßig
mit der prozessübergreifenden Analyse. In regelmäßigen Abständen müssen die Ergebnisse der

Projektanalyse im Rahmen des Berichtswesens dokumentiert und kommentiert werden. Einzelne Fragestellungen des Projektmanagements müssen darüber hinaus vielfach kurzfristig beantwortet werden. Die Daten der operativen Prozessebene bieten hierfür die Basis und sichern damit die Aktualität der Berichtsinhalte.

Um operative Systeme durch komplexe Auswertungsalgorithmen nicht zu stark zu belasten und gleichzeitig die speziellen Anforderungen an die Datenanalyse abzudecken, wird die operative Controllingdatenbank periodisch in einem sogenannten Datawarehouse abgelegt. Hierfür ist die Anbindung der operativen Daten an die Metadaten zwingend notwendig, da über diese die dokumentierten Verarbeitungsregeln der Prozessebene in das Datawarehouse kommuniziert werden. Für Auswertungsprozesse wird daher neben den relationalen Datenbanken auch die Technologie der mehrdimensionalen Datenanalysen (OLAP-Technologie) eingesetzt. In Kombination mit speziellen Frontendtools kann damit ein bestimmter Sachverhalt, z. B. die Darstellung des aktuellen Kostenstandes komfortabel und multidimensional nach Projektstruktur, Kostenphasen, Finanzierungsträgern und Zuständigkeitsbereiche ausgewertet werden. Der Bezug zu den Ausgangsdokumenten und damit zu den Ausgangsdaten bleibt dabei immer erhalten.

Generell können die Daten eines Datawarehouses nur ausgewertet aber nicht verändert werden. Planungs- und Simulationsaufgaben lassen sich hingegen in den operativen Fachmodulen nur eingeschränkt für die angesprochenen Themen lösen. Um hier mehr Flexibilität zu schaffen, ist die Einrichtung eines sogenannten „Operational Data Store" für komplexe Simulationen ein zukünftiger Ansatz. Daten aus verschiedenen Themengebieten werden aus dem Data-

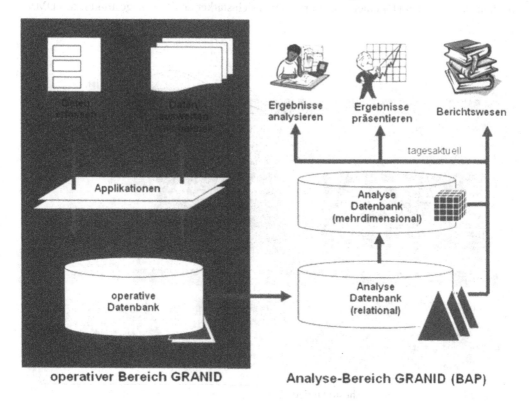

Bild 12.14 Analyse und Berichtsplattform

warehouse übernommen, um damit beispielsweise verschiedene Szenarien eines Mittelabfluss-
planes zu simulieren. Hat die Projektleitung sich auf ein Szenario festgelegt, dienen die Ergebnisse dieser Planung/Simulation als Vorgabe für die weitere operative Planung.

12.5.9 Dokumentenmanagement – Systeme

Strukturierte Dokumente basieren auf vereinbarten Strukturvorlagen und verfolgen verschiedene Sichten des Projektgeschehens. Strukturierte Dokumente werden andererseits durch zahlreiche unstrukturierte Informationen ergänzt. Die Qualität von Controllingaussagen kann durch
die in unstrukturierten Dokumenten (Niederschriften, Protokolle etc.) enthaltenen Aussagen
erheblich gesteigert werden. Dabei handelt es sich um sogenannte "weiche Informationen", die
derzeit sehr schwer durch relationale Datenmodelle abzubilden sind. Für die Verwaltung von
unstrukturierten Dokumenten sind am Markt verschiedene Technologien verfügbar. Einige
dieser Systeme haben ihren Ursprung im Bereich der klassischen Archivierung und bieten
heutzutage auch leistungsfähige Verwaltungsfunktionen (Volltextsuche, Klassifizierung etc.).
Sie werden als Dokumentenmanagement Systeme (DMS) bezeichnet. Voraussetzung für deren
Einsatz auf der Controllingplattform ist jedoch eine mehrere Ebenen umfassende Dokument-
struktur im DMS. Mit dieser lassen sich Dokumente mehreren Vorgängen zuordnen. Gleichzeitig wird jedes Dokument der im DMS angelegten Ablagestruktur zugeordnet. Die Integration beider Funktionsbereiche bringt somit den zusätzlichen Vorteil, dass Dokumente nach unterschiedlichsten Strukturen gesucht werden können. Für Suchabfragen nach strukturierten
Projektdokumenten ist der operative Funktionsbereich der Plattform maßgebend, Abfragen
nach unstrukturierten Dokumenttypen orientieren sich stärker an der Ablagestruktur des DMS.

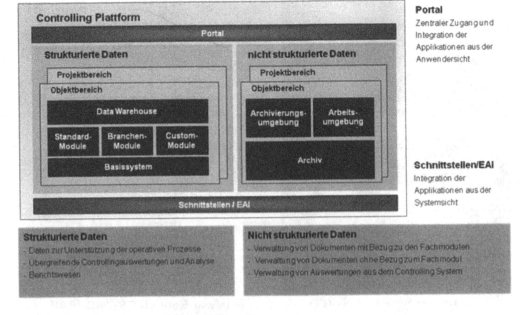

Bild 12.15   Strukturierte – nicht strukturierte Daten

12.5.10 Ausblick

Die beschriebene Systematik des Informationsmanagements für Controllingprozesse wird seit Jahren bei einer Vielzahl von unterschiedlichen Projekten eingesetzt und den wachsenden Anforderungen angepasst. Nur so konnte das Projektmanagement für Großprojekte mit Investitionsvolumina von mehreren Mrd. Euro und mit dezentralen Organisationsstrukturen erfolgreich durchgeführt werden. Die Austauschformate der Projektstrukturen und deren Informationsobjekte wurden in der Vergangenheit mangels geringer Standardisierung (Ausnahme: GAEB-Formate) nach den Erfordernissen der zu realisierenden Projekte gestaltet.

Derzeit ist weltweit eine Vielzahl von Gremien damit beschäftigt, allgemeingültige Vorgaben für den Informationsaustausch zu erarbeiten. Diese zunächst branchenneutralen Sprachen, wie z. B. XML für die Beschreibung bzw. Strukturierung von Ontologien, werden auch auf bauspezifische Belange übertragen. Darüber hinaus sind internationale Gremien wie die IAI (Industrieallianz für Interoperabilität) mit der von ihr erarbeiteten Schnittstellenspezifikation IFC (Industrial Foundation Classes) für den Datenaustausch bei CAD-Anwendungen tätig.

Die Funktionen der Projektsteuerung und des Projektcontrollings werden derzeit laufend erweitert, um in Verbindung mit dem Wissen um die Gestaltung von Projektabläufen die heutigen Möglichkeiten der Projektkommunikation zu nutzen. Fordern dann große Bauherrn Arbeitsergebnisse von ihren Planern und Baufirmen auf der Basis vereinbarter Standardabläufe, entsteht die notwendige Dynamik für das bessere Verständnis von Controllingprozessen.

13 Innovative Abwicklungs- und Vertragsmodelle

13.1 Generelle Entwicklungen

Nach dem Allzeit-Hoch 1995 (Bauhauptgewerbe) bzw. 1996 (Bauinvestitionen) war der Baumarkt in Deutschland bis heute stetig rückläufig. Die Zahl der im Bau Beschäftigten hat sich bis 2005 in etwa halbiert. Die Baupreise haben sich in dieser Zeit trotz Inflation der Kostenfaktoren kaum verändert. Technologische Innovationen, zu denen das Bauwesen schon aufgrund der hohen Arbeitsintensität immer gezwungen war, reichen zur Bewältigung dieser „Schere" nicht mehr aus. Die Öffentliche Hand ist kaum mehr in der Lage, benötigte Infrastrukturmaßnahmen zu finanzieren. Das Basel II Abkommen der Banken (Kreditvergabe Konditionengestaltung nur nach Risikobewertung mit abgestimmten Kriterien) baut erhebliche Hürden bei jeglicher Finanzierung im Bereich „Bauen" auf.

Auch wenn ab 2006 eine gewisse Erholung auf dem Bausektor zu verzeichnen ist, herrscht insbesondere bei Großprojekten ein nach wie vor intensiver Preiswettbewerb. Nachfrager und Anbieter sind daher dabei, neue Wege zu suchen. Den klassischen Bauherrn findet man bei Großbauvorhaben nur noch selten. Seitens der Nachfrager treten Konstellationen mit privater Finanzierung durch Fonds-Konstrukte („Investorenmodelle") auf, die komplette Baulösungen mit nur wenigen Vertragspartnern fordern. Die in Frage kommenden Anbieter sehen sich zunehmend als Systemanbieter mit geforderter Kompetenz in der gesamten Abwicklung. So entstanden neue Konzepte der Finanzierung und Vertragsgestaltung, die nachfolgend erläutert werden. Zum Nutzen beider Parteien hat man in Großbritannien so genannte Partnering-Modelle entwickelt, die durch konstruktive Zusammenarbeit aller Projektpartner Streitigkeiten mit den damit verbundenen Reibungsverlusten vermeiden und frühzeitigen Austausch von Know-how sichern helfen sollen. Ähnliche Ansätze werden im privaten Sektor in Deutschland derzeit versucht.

13.2 Neue Schnittstellen

Die Organisation neuer Abwicklungsformen ist in der Regel komplizierter als im Kapitel „Organisation" für traditionelle Abwicklungen beschrieben. In die Projektstrukturen sind die komplexen Aufbauten *für das Projekt* mit einzubeziehen. Zu den üblichen Schnittstellen zwischen Bauherr/Planer(n)/Sonderfachleuten/Unternehmer(n)/Behörden kommen weitere in das Projekt eingebundene Einheiten. Die Partner werden dabei mit vielen Vertragswerken eingebunden, die diese Schnittstellen regeln. Illustriert wird dies durch die folgenden Beispiele, einmal für ein sog. Konzessionsmodell (vgl. Bild 13.1), einmal aus der Privatwirtschaft für einen Bürokomplex (vgl. Bild 13.2). Beide Darstellungen sind vereinfacht und geben nicht die komplexen Evolutionen von Projektentwicklung bis Nutzung und Exit-Szenarios wieder.

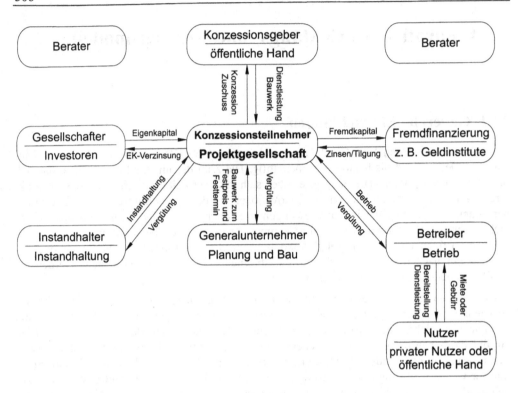

Bild 13.1   Typische Organisationsstruktur eines Konzessionsmodells nach Jacob und Kochendörfer [1]

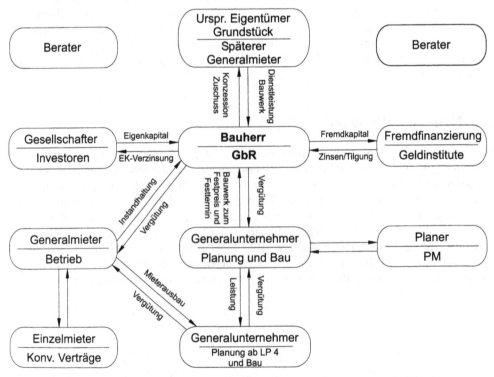

Bild 13.2   Organisationsbeispiel (vereinfacht) für Errichtung und Betrieb eines Bürokomplexes

13.3 Partnering

Im Prinzip verlangt die VOB bereits partnerschaftliches Zusammenwirken der Baubeteiligten. So hat der BGH 1999 u. a. entschieden [2]:

1. *Die Vertragsparteien eines VOB/B-Vertrages sind bei der Vertragsdurchführung zur Kooperation verpflichtet.*

2. *Entstehen während der Vertragsdurchführung Meinungsverschiedenheiten zwischen den Parteien über die Notwendigkeit oder die Art und Weise einer Anpassung des Vertrages oder seiner Durchführung an geänderte Umstände, sind alle Parteien grundsätzlich verpflichtet, durch Verhandlungen eine einvernehmliche Beilegung der Meinungsverschiedenheiten zu versuchen.*

In der Urteilsbegründung heißt es weiter:

„Nach der Rechtsprechung des BGH sind die Vertragsparteien eines VOB/B-Vertrages während der Vertragsdurchführung zur Kooperation verpflichtet. Aus dem Kooperationsverhältnis ergeben sich Obliegenheiten und Pflichten zur Mitwirkung und gegenseitigen Information. Die Kooperationspflichten sollen u. a. gewährleisten, dass in Fällen, in denen nach Vorstellung einer oder beider Parteien die vertraglich vorgesehene Vertragsdurchführung oder der Inhalt des Vertrages an die geänderten tatsächlichen Umstände angepasst werden muss, entstandene Meinungsverschiedenheiten oder Konflikte nach Möglichkeit einvernehmlich beigelegt werden."

Die bisherige Praxis sieht anders aus. Ab Vertragsabschluss sichert jeder Projektbeteiligte seine Rechte, Streitfälle werden konfrontativ angegangen und oft erst lange nach Abschluss des Bauvorhabens geklärt. Besonders eklatant war dies in Großbritannien, wo ein der VOB ähnliches Regelwerk, das den Belangen des Bauwesens Rechnung trägt, nicht existiert.

Dem will das Partnering entgegen wirken. Im Latham-Report [3] in Großbritannien wurden deshalb unter anderem Innovationen und Erneuerungen der derzeitigen Wettbewerbsformen gefordert. Partnering bedeutet das kooperative Zusammenwirken von Bauherr, Planern und Ausführenden in Form eines frühzeitig gebildeten Teams, mit dem gemeinsam Ideen und letztlich das Bauwerk partnerschaftlich realisiert werden sollen.

Mit diesem Ansatz sollen klassische Konfliktbeziehungen der Beteiligten aufgelöst werden.

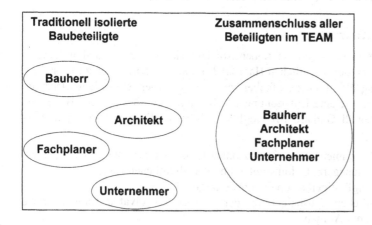

Bild 13.3 Gemeinschaftlicher Zusammenschluss aller Baubeteiligten nach [4]

Hieraus wird erwartet, dass durch faire Honorierung der Leistung und partnerschaftliches Verhalten im Endeffekt ein für alle Parteien sinnvolles und wirtschaftliches Ergebnis erzielt wird („Win-Win-Situation"). Beispielsweise sollen Bauherr und Unternehmer bei kostengünstigen Vergaben an Nachunternehmer profitieren (s. o.).

Gute Absichten sind dazu nicht ausreichend. Es müssen Vertrags- und Vergütungsmechanismen geschaffen werden, die dieses Klima günstig beeinflussen, bzw. Anreizmechanismen (GMP) und zwingende projektbegleitende Konfliktregularien und Schlichtungen. Die gewählte Projektorganisation muss dem Partnering Raum lassen.

Daraus haben sich Organisationsformen wie Simultaneous Engineering, bei dem Auftraggeber und Auftragnehmer von Anfang an gemeinsam das Projekt realisieren, und sog. Construction Management-Modelle entwickelt (s. u.).

Beim Partnering wird unterschieden zwischen strategischem Partnering und Projektpartnering [5]. Strategisches Partnering bedeutet den Aufbau einer partnerschaftlichen Zusammenarbeit über ein Einzelprojekt hinaus („Prime Contractor"), Projektpartnering die partnerschaftliche Zusammenarbeit im Projekt.

Dem strategischen Partnering werden in [5] Budget-Unterschreitungen von bis zu 30 % nachgesagt – auf dem deutschen Markt erscheint dies unrealistisch. Dies betrifft sowohl die Größenordnung als auch die längerfristige Bindung an eine Bauunternehmung, die aus deutscher Sicht für den Gültigkeitsbereich der VOB/A nicht möglich ist und wegen der Marktgegebenheiten wohl kaum für die Gesamtleistung gewählt wird. Projektübergreifende Zusammenarbeit gibt es durchaus auch in Deutschland. So arbeiten Hauptunternehmer mit Nachunternehmern, Facility-Management-Einheiten mit Unternehmern und mit Handwerkern nicht selten mit permanenten Bindungen zusammen.

Für Großprojekte steht das Projekt-Partnering im Vordergrund, bei dem die Beteiligten als gleichwertige Partner mit dem gemeinsamen Ziel der Abwicklung eines bestimmten Projekts arbeiten. Dies widerspricht auch der VOB nicht.

Ein wertvoller Anfang für Partnering Modelle in Deutschland wäre bereits ein entsprechendes Verhältnis zwischen Haupt- bzw. Generalunternehmer und Subunternehmern.

13.4 PPP Public-Private-Partnership im Bauwesen

13.4.1 Grundsätzliches Konzept

Mit PPP ist keine Organisationsvariante beschrieben, sondern vielmehr eine Handlungsstrategie. Darunter ist das Bestreben der öffentlichen Hand und privater Unternehmen zu verstehen, gemeinsam eine Realisierung öffentlicher Aufgaben zu erreichen. Dies ist mit längerfristigen Verträgen abzusichern. Dabei ist eine Unterteilung in Mietkauf-, Leasing-, Miet-, Betreiber- und Konzessionsmodelle gemäß Gerhard [6] möglich. Als wesentliche Kriterien bei PPP-Modellen nennt Kumlehn [7]:

- Partnerschaftliche Zusammenarbeit eines Konsortiums aus privaten Planern, Bauunternehmen, Projektmanagern, Geldinstituten und der öffentlichen Hand
- Vereinbarung eines langfristigen Kooperationsvertrages
- Entlastung des öffentlichen Haushalts durch den Einsatz von privatem Kapital für die Finanzierung öffentlicher Aufgaben
- Partnerschaftliche Aufteilung der Projektrisiken nach dem Grundsatz, dass Risiken dort getragen werden, wo sie am ehesten beherrscht werden können

- Erfolgsabhängige Vergütung der privaten Projektgesellschaft
- Transparente Kostenrechnung durch eine privatwirtschaftliche Organisationsstruktur
- Effizienzsteigerungen bei der Erfüllung öffentlicher Aufgaben durch Spezialisierungseffekte in Verbindung mit dem Einsatz von privatwirtschaftlichem Know-how
- Einwirkungsmöglichkeiten der öffentlichen Hand auf die Gestaltung des Projekts

Allgemein verspricht man sich von den PPP Modellen die gemeinschaftliche Realisierung vormals rein öffentlicher Aufgaben mit gesteigerter Effektivität. Letztere soll durch Einbezug des privaten Know-hows und die Entlastung öffentlicher Haushalte erreicht werden. PPP ist bei zahlreichen öffentlichen Aufgaben möglich, wie in Bild 13.4 gezeigt:

Verkehr	Ver-/Entsorgung	Öffentlicher Hochbau	
Luft (Flughäfen etc.)	**Energie** (Erzeugung, Verteilung)	**Verwaltung** (Rathäuser, Verwaltungsgebäude etc.)	**Bildung** (Kindergärten, Schulen, Bibliotheken, Universitäten)
Straße (Fahrwege, Lenkungssysteme, Brücken, Tunnel)	**Wasser** (Gewinnung, Aufbereitung, Verteilung, Entsorgung)	**Gesundheit/Alter** (Krankenhäuser, Sanatorien, Altenheime etc.)	**Sicherheit** (Polizeigebäude, JVA etc.)
Schiene (Bahnhöfe, Trassen, Beförderungsmittel etc.)	**Abfall** (Abfuhr, Beseitigung, Verwertung)	**Freizeit / Kultur** (Sportstätten, Museen, Theater etc.)	**Wirtschaft** (Messegelände, Infrastruktur etc.)
Wasser (Häfen, Wasserwege etc.)	**IT u. ä. Technologien**	**Sonstiges**	

Bild 13.4 Mögliche Aufgaben (aus Arbeitsgruppe 2.5 der Initiative D21 [8])

Die Mehrzahl dieser Aufgaben hat auch als Bauaufgabe Relevanz. In der obigen Matrix sind Teilbereiche enthalten, die in Deutschland bereits mehr oder weniger privatisiert sind wie Ver- und Entsorgung, Krankenhäuser, Sportstätten usw. Grenzen werden in der Eignung von Projekten für PPP vorrangig darin gesehen, dass keine Kernkompetenzen des Staates (z. B. Justizvollzugsanstalten (obwohl bereits in Deutschland im Gespräch!), in Großbritannien umfänglich privatisiert) abgegeben werden sollen [9], und dass PPP-Projekte nur Sinn machen, wenn lt. Gutachten der Beratergruppe [10]

- die Projekte sorgfältig auf ihre PPP-Eignung geprüft werden
- die Risiken fair auf die beteiligten Partner verteilt werden
- ein Wettbewerb auf Bieterseite gesichert wird
- in Wirtschaftlichkeitsvergleichen die Überlegenheit der PPP-Lösung nachgewiesen wird und
- in den einschlägigen Verträgen über die gesamte Projektlaufzeit anreizorientierte Vergütungsmechanismen festgeschrieben werden.

13.4.2 Markt in Deutschland für PPP im Bauwesen

Auf Sicht lässt sich das durch PPP zusätzliche Investitionsvolumen (ohne Betriebsanteil) derzeit laufender Bestrebungen wie folgt abschätzen (vgl. [11]):

Das Investitionsvolumen lag lt. Bundesamt für Statistik 1992–2002 im öffentlichen Bau zwischen 26 und 39 Mrd. € p. a. Als maßgebliche Ausgangszahl unter Berücksichtigung von Rückstau kann man optimistisch rd. 35 Mrd. € p. a. annehmen. Bei 20 % Eignung für PPP würden hieraus Bauinvestitionen von rd. 7 Mrd. € jährlich resultieren.

In den nächsten 10 Jahren ist nach Meinung des Verfassers nach einer Startphase im Mittel mit einem jährlichen Volumen von 5 bis 10 Mrd. € zu rechnen. Bei der Unschärfe dieser Annahme spielen eventuelle Effizienzgewinne bei der Marktabschätzung keine Rolle. Für das Bauhauptgewerbe Bauindustrie würde dies rund die Hälfte, also rund zwischen 2,5 % und 5 % der Bauleistung bedeuten, wobei nach der obigen Rechnung auch noch „traditionelle" Projekte zumindest teilweise entfallen. Wenn sich die Unternehmen nicht als Komplett- und Dienstleistungsanbieter verstehen, die auch in der Betriebsphase Erträge erzielen, wird für sie auch PPP nur einen marginalen Zuwachs und nicht den Weg aus der Krise bedeuten.

13.4.3 Merkmale der PPP Modelle

Derzeit praktizierte Modelle gehen von einer befristeten, länger dauernden Zusammenarbeit aus. Die gebräuchlichen Vertragsmodelle sind in Bild 13.5 nach Objektart und Kriterien zusammengestellt.

	Erwerber	FM Leasing	Vermietung	Inhaber	Contracting	Konzession
Vertragsobjekt	Neubau/ Sanierung	Neubau/ Sanierung	Neubau/ Sanierung	Neubau/ Sanierung	Neubau/ Sanierung	Neubau/ Sanierung
Laufzeit (Jahre)	20-30	20-30	20-30	15-20	5-15	15-30
Planung/Bau Finanzierung/ Betrieb	AN	AN	AN	AN	AN	AN
Eigentum am Objekt	AN	AN	AN	AG	AG	AG/AN
Eigentums- übertrag	AG	Option (Vertrag)	Option (Verkehrswert)	AG	AG	AN/AG
Grundstück	AN (AG)	AN (AG)	AN (AG)	AG	AG	AN/AG
Verwertungs- risiko	AG	AN	AN	AG	AG	AN/AG

Bild 13.5 Mögliche PPP Modelle (Quelle: [12] nach [10])

Das *Erwerbermodell* ist einem Leasing- oder Mietkauf-Modell am ähnlichsten. Während der Vertragslaufzeit erhält der AN für seine Investition und den laufenden Betrieb die vertragliche monatliche oder jährliche Vergütung. Am Ende der Laufzeit wird das Objekt zu definierten Konditionen dem AG übertragen.

Im *FM Leasing* stellt der AN ein Gebäude mit umfassendem Facility Management dem AG über eine definierte Laufzeit gegen Entgeltraten wie oben zur Verfügung. Eine Kaufoption für den AG am Ende der Laufzeit ist für den kalkulierten Restwert vorgesehen. Der AN wird deshalb neben den FM Kosten auch eine Teilamortisation einkalkulieren.

Das *Vermietungsmodell* ist mit dem FM Modell mittelbar vergleichbar. Nachdem aber dort am Ende der Laufzeit der Marktwert des Objekts angesetzt und regelmäßig von einer Räumung des Gebäudes ausgegangen wird, entspricht dieses Modell einer langfristigen Vermietung mit Berücksichtigung von Amortisation und Wertsteigerung.

Beim *Inhabermodell* ist der AG bereits mit der Errichtung Eigentümer. Rechtlich kann dem AN während der Laufzeit ein Nießbrauch eingerichtet werden, der AG bezahlt Entgelt wie beim Erwerbermodell. Der AN erbringt hier eine Dienstleistung inkl. Errichtung und Betrieb. Ohne Betriebsphase wäre dies das bekannte Forfaitierungsmodell, bei dem der Errichtungspreis über Raten geleistet wird.

Das *Contractingmodell* betrifft (Ein-) Bauarbeiten bzw. betriebswirtschaftliche Optimierungen von technischen Anlagen oder Teilen davon. Der AN bezieht sein Entgelt aus eingesparten Kosten, u. U. auch aus Energielieferungen und aus Beiträgen des AG.

Im *Konzessionsmodell* als Variante der ersten vier Modelle wird dem AN das Recht eingeräumt, sich durch Einnahmen von Dritten selbst Erlöse zu verschaffen.

Für alle diese Modelle hat die Beratergruppe (s. o.) bereits Grundsätzliches für mögliche Vertragskonstellationen definiert, auf das hier nicht weiter eingegangen werden soll.

Formalisierter sind die Modelle im Verkehrswegebau. Es handelt sich dort um Konzessionsmodelle nach sog. A-Modellen für den Autobahnbau und F-Modellen für Ingenieurbauwerke und Straßen (vgl. hierzu [12] und [13]).

Finanziert werden Errichtung und laufender Betrieb durch Anschubfinanzierungen und/oder Rückflüsse aus Benutzungsgebühren, die direkt von Benutzern oder von der Öffentlichen Hand über Maut oder sog. shadow tolls (fiktive benutzungsabhängige Mautgebühren) geleistet werden.

In der Literatur finden sich Behauptungen, durch die Kombination von öffentlicher Aufgabe und Unternehmer-Know-how ließen sich Effizienzgewinne von 15 % und mehr der Gesamtkosten realisieren. Aus Untersuchungen des Verfassers ließ sich diese Behauptung nicht belastbar belegen. Ein *gut geführtes* Projekt der Öffentlichen Hand ist oft schlanker und wirtschaftlicher abzuwickeln als ein kompliziertes und risikoreiches PPP Projekt (siehe auch 13.2).

13.4.4 Wirtschaftlichkeit

Den Wirtschaftlichkeitsüberlegungen müssen Kosten-Nutzenbetrachtungen vorausgehen. Es macht wenig Sinn, ein PPP Projekt anzugehen, nur weil die öffentliche Hand als Investor dann nicht sofort belastet wird. Ebenso zweifelhaft sind Modelle, die nur durch Steuervorteile der jeweiligen Einheit Nutzen bieten (z. B. Sale and Lease Back mit Cross Border Leasing). Die nicht sofort konventionell finanzierbare Bedarfsdeckung sollte vielmehr einen so hohen Nutzen bringen, dass ein nur über ein PPP Modell finanzierbares Projekt zu rechtfertigen ist. Das häufige Argument der „günstigeren" Realisierung mit PPP gegenüber konventioneller Finanzierung lässt sich durch den Wegfall von Sonderabschreibungen kaum darstellen und ist auch nicht im Sinne der Konsolidierung der Finanzen (vgl. Punkt 3.2). So hat das Bayer. Innenministerium schon 1991 darauf hingewiesen, dass PPP Projekte weder für die öffentliche Hand noch für den Bürger teurer sein dürfen als konventionell finanzierte Projekte [14].

In gewissem Gegensatz zu sonstigen Investitionsentscheidungen der öffentlichen Hand stehen bei PPP Projekten jedoch in den Dimensionen Machbarkeit, Wirtschaftlichkeit und Wettbewerb nicht mehr die reinen Errichtungskosten, sondern die Kosten über den gesamten (Vertrags-) Lebenszyklus im Vordergrund.

13.4.5 Projektmanagement bei PPP Projekten

Die traditionellen Leistungsbilder der Projektsteuerung in den Dimensionen Qualität / Organisation / Kosten / Termine nach HOAI § 31 bzw. AHO werden als bekannt vorausgesetzt. In der Praxis hat sich bereits erwiesen, dass zur Erbringung technisch und wirtschaftlich sinnvoller Leistungspakete dieses Leistungsbild vertikal und horizontal nicht ausreicht.

Mit der horizontalen Dimension sind die Leistungsspektren in der jeweiligen Phase gemeint. So ist typischerweise bei Kosten und Terminen immer wieder vom Überprüfen der Leistungen Dritter die Rede, ohne dass in den Grundleistungen Dritter entsprechende Leistungsanforderungen in der notwendigen Tiefe festgelegt sind (Beispiel: Kostenschätzung und -berechnung im Hochbau nach Elementen).

In der vertikalen Dimension sind zwar bereits die Leistungsphasen nach HOAI im Vorfeld um die Projektvorbereitung (Projektentwicklung, strategische Planung, Grundlagenermittlung) erweitert. Trotz der Konzentration der nachfolgenden Phasen gegenüber der HOAI sind durch Überschneidungen der Projektstufen 3 und 4 in der Praxis diese Stufen als Definition inhaltlich und zeitlich eigenständiger Phasen häufig nicht möglich. Die letzte Stufe 5 liegt irgendwo zwischen Leistungsphase 8 und 9 der HOAI, weil sie die Projektbetreuung nicht beinhaltet.

Sinnvolle Projektsteuerungsverträge werden Leistungen in Anlehnung an den AHO-Vorschlag und unter Berücksichtigung der Leistungen der übrigen Projektbeteiligten abfordern. Es handelt sich dabei i. W. um Leistungen für Bauherren oder Investoren. In sog. Projekt-Controllingverträgen finden sich ähnliche Leistungen wieder, jedoch mit dem Fokus des jeweiligen Auftraggebers (Beispiele: Aufsichtsorganisationen, Fördermittelgeber, Finanziers).

Natürlich finden klassische Projektmanagement-Funktionen auch an anderen Stellen statt, z. B. beim Projektentwickler, beim Planer, im Bauunternehmen, beim Nutzer etc. Diese sind jedoch nicht in vergleichbaren Regelwerken definiert.

Zu den ohnehin schon komplexen Aufgaben im Bau-Projektmanagement kommen zusätzliche Aufgaben an verschiedenen Stellen der Organisation mit erweiterten Horizonten und über einen längeren Zeitraum hinzu. Auf vielen Ebenen der PPP Organisationen wird es an technischem Wissen fehlen. So wird es auch Aufgabe des PM sein, technische und wirtschaftliche Zusammenhänge gesamthaft zu behandeln.

Bild 13.6 ist ein Versuch der Gegenüberstellung vom Bau- und PPP-Projektmanagement.

Erkennbar ist hieraus außer dem größeren Aufgabenumfang vor allem die herausragende Bedeutung der Frühphase. Objektiver Wettbewerb wird in dieser Phase problematisch darzustellen sein, weil das Leistungsziel vom Auslober entweder nur sehr global oder lückenhaft definierbar ist. Für die eigentliche Realisierung ist die Projektgesellschaft gefordert. Zweifelhaft ist dabei, ob die bisherigen Instrumente der VOB bzw. der VOL als Regularien ausreichen oder überhaupt geeignet sind. Andere Ansätze wären Partnering-Konzepte mit Rahmenvereinbarungen und offener Rechnungslegung aller Parteien.

Klassische PM-Phasen für Bauinvestitionsprojekte	Vorstudien	Konzeption	Detaildefinition	Vorbereitung der Ausführung	Bauphase	Abnahmen, Übergaben		
übliches Ergebnis	Bedarfsstruktur, grundsätzliche Investitionsentscheidung	Grundsystem und Standort	Vorplanung	Planung und Bauvorbereitung zur Vertragsreife	Bau	übergebenes und betriebsfähiges Bauwerk		
Projektphasen PPP-Projekte	Vorstudien	Konzeption	Detaildefinition	Vorbereitung Realisierung	Physische Realisierung	Abnahmen, Übergaben	Betrieb	Abschluss
erwartbares Ergebnis	Projektkonzept	PPP-Vertrag	definierte Planungs- und Bauverträge			betriebsfähige Anlage	Betrieb	Projektübergabe bzw. Abbruch
PM Aufgaben bei								
Auslober	Bedarfsstudien, Kosten-Nutzenbetrachtungen, Marktanalysen	Erarbeitung vertragsreifer Kriterien, Verträge	Projektcontrolling, Risikomanagement	Projektcontrolling, Risikomanagement	Projektcontrolling, Risikomanagement	Projektcontrolling, Risikomanagement	Projektcontrolling, Risikomanagement	Übernahme, Organisation Weiterführung
Projektgesellschaft	Formation, Organisation, Abklärung, Machbarkeit und Finanzierung, Akquisition	Projekt- und Vertragsorganisation, Finanzierung	Vorbereitung und Abschluss von Verträgen mit GU				Sicherstellung, Betrieb	Übergabe
Generalunternehmer Planung und Bau				übliches PM von Planung und Bau	übliches PM von Planung und Bau	übliches PM des Abschlusses von Planung und Bau		
Instandhalter							PM Instandhaltung	
Betreiber					Vertagsabschlüsse, Vorbereitung, Betrieb	Aufnahme, Betrieb	PM Betrieb	

Bild 13.6 Bau- und PPP Projektmanagement nach [11]

13.4.6 Fazit zu PPP

Angesichts der Mittelknappheit der öffentlichen Haushalte ist PPP ein Instrument, das helfen kann, dringende Bauinvestitionen mit privater Hilfe zu realisieren. Musterland hierfür ist Großbritannien, wo bereits in großem Umfang PPP, ca. 20 % der ansonsten öffentlichen Investitionen, praktiziert wird. Nicht alle Projekte eignen sich für PPP, nicht zuletzt wegen des hohen Aufwands der Projektentwicklung.

Deutschland ist hier am Anfang. Dennoch wird schon jetzt PPP als „Wunderwaffe" gegen die Konjunkturflaute am Bau gesehen.

Die bisherigen Zahlen sprechen ebenso dagegen wie die Struktur der Bauindustrie. Mittelfristig wird sich auch bei optimistischen Annahmen das PPP Volumen für das Bauhauptgewerbe bei max. 5 % der heutigen Gesamtleistung bewegen. Erst wenn Bauunternehmen den Bogen ihrer Leistungen weiter spannen und sich als technische Dienstleister sehen, werden sie von diesem Volumen maßgeblich profitieren. Dazu ist noch einige Entwicklungsarbeit zu leisten. Untersuchungen sprechen dafür, dass auch der Mittelstand dazu wesentliche Beiträge leisten kann. Die Schlüsselrollen werden aber Großbetriebe einnehmen, die wiederum nachrangig zu den Investoren und zwischengeschalteten Institutionen tätig werden.

PPP erfordert komplizierte langfristige Projektkonstellationen unter heute teilweise noch nicht abschließend geklärten rechtlichen Rahmenbedingungen. Dazu kommen grundsätzliche volkswirtschaftliche Bedenken.

Dennoch kann man davon ausgehen, dass in Zukunft ein erheblicher Anteil an öffentlichen Investitionen als PPP realisiert werden wird. Für die beratenden Berufe stellt dies eine mindestens genauso große Chance wie für die ausführende Industrie dar. Für komplexe PM Aufgaben werden sich nicht nur neue juristische Felder ergeben, sondern auch wirtschaftliche und technische. Dies setzt für traditionelle Bau-Projektsteuerer die Beschäftigung mit diesen Feldern und die Erweiterung des technischen Know-hows voraus.

13.5 Construction Management Modelle

13.5.1 Alternativen

In Großbritannien wird das Construction Management häufig als Beratungsleistung („as advisor", „at agency") definiert [15], [16]. Dies entspricht der deutschen Projektsteuerung mit Unterstützung des Auftraggebers durch ein professionelles Team. Die Honorierungsmöglichkeiten sind vielfältig. Der Regelfall ist die Honorierung nach Gebühr ähnlich wie für Leistungen der Objektplanung. Dieser Beratungsansatz war in England schon deshalb erfolgreich, weil Kostenermittlungen durch einen eigenen Berufsstand („quantity surveyors" oder „cost consultants") abgedeckt sind und bei der im anglosaxonischen Raum zunächst neuen Abwicklung mit überlappenden Planungs- und Ausführungsphasen („fast track") deren Beherrschung durch Experten gewünscht wird (vgl. [17]).

Im Zusammenhang mit pauschalen Preisvereinbarungen ist zunehmend das Construction Management „at risk" von Bedeutung. Dabei übernimmt der Construction Manager das Risiko der Überschreitung des garantierten Maximalpreises. Als Construction Manager kann sowohl eine Projektmanagement-Gesellschaft als auch ein Systemanbieter, z. B. ein Baukonzern („CM as constructor"), fungieren.

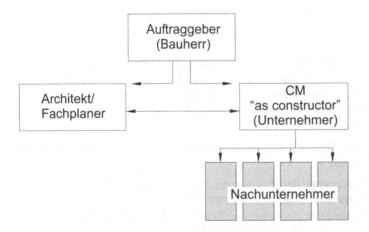

Bild 13.7　Struktur des CM nach [15] und [18]

Die Schnittstellen zu Architekt und Fachplaner müssen dabei, abgestimmt auf den Einzelfall, präzise definiert werden. Bei entsprechenden gestalterischen Ansprüchen ist denkbar, dass der Architekt alle Leistungsphasen abdeckt. Genauso gut kann aber auch der Construction Manager Teile oder die Gesamtheit der Planungsleistungen übernehmen.

Unterschiede zum klassischen GU/GÜ- oder zum Totalunternehmer-Modell sind daraus nicht sofort erkennbar.

Diese sind für den Construction Manager „at risk" u. a. [16]:

- Bildung eines Projektteams mit Mitgliedern von Auftraggeber und Auftragnehmer (CM) sowie Architekt und Fachplanern
- umfassender Beratungsansatz der Dienstleistungen des CM für alle Phasen des Projekts: Planung, Steuerung, Ausführung und Betrieb
- Value Engineering, d. h. Optimierung der Planung in Hinblick auf Kosten, Qualität, Abläufe und den späteren Betrieb des Objekts
- Vergütung des CM auf „cost plus fee" Basis, die Einzelkosten der Teilleistung (vorwiegend als Nachunternehmervergütungen) werden mit einem System an „fees" (Pauschalen bzw. Zuschläge für die Koordinations- und Planungsleistungen) an den Auftraggeber durchgereicht. Die fees errechnen sich ähnlich wie die Generalunternehmerzuschläge, es besteht aber eine deutlich stärkere Transparenz des Zustandekommens der fees.
- Vergabe von Bauleistungen von CM im eigenen Namen, aber mit Beteiligung des Bauherrn am Nachunternehmermanagement in Form von Teilnahme an Vergaben, Einflussnahme auf Vergabeunterlagen, Teilnahme an Verhandlungen, Einflussnahme auf die Vergabeentscheidung selbst, Begleitung der Bauausführung der Nachunternehmer sowie Kontrolle der Abrechnung, aber
- Beteiligung des Bauherrn auch an den Nachunternehmerrisiken (Kostenüberschreitung, Insolvenzen sowie Verzug der Nachunternehmer, soweit nicht Koordinationsleistungen des CM betroffen sind)
- kooperativer Umgang mit Streitigkeiten (Anwendung von Schlichtungsmodellen)
- frühzeitige Einbeziehung des Unternehmers in die Planung und Möglichkeiten der frühzeitigen Findung eines Gesamtpreises, häufig Absprache eines garantierten Maximalpreises (GMP, s. u.)
- Bonusregelungen für den CM Partner, beispielsweise im Rahmen von GMP Vereinbarungen (s. u.)

13.5.2 Projektabwicklungs- und Vertragsformen

Unter Berücksichtigung der obigen Ausführungen zum ganzheitlichen Realisierungsansatz und Partnering bei gemeinsamer Optimierung der Realisierung von Anfang an erscheint eine frühzeitige Zusammenarbeit mit einem GMP-Partner logisch. Im Wesentlichen würde dies dem Simultaneous Engineering entsprechen, bei dem das Vorhaben vom Bauherrn mit nur einem Partner von Anfang an gemeinsam entwickelt wird.

Im Sinne der Aufrechterhaltung von Wettbewerbssituationen ist ein solches Verfahren offensichtlich problematisch. Gebräuchlich sind daher mehrstufige Verfahren.

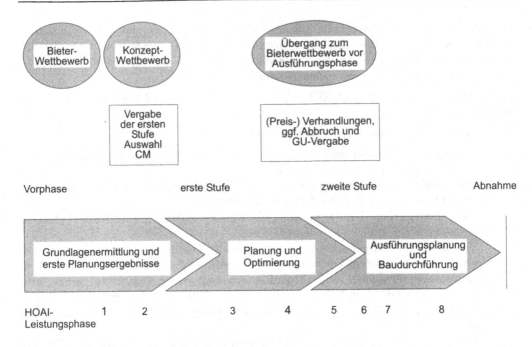

Bild 13.8   Zweistufige Auswahl des CM-Partners nach [16]

Dabei definiert der Bauherr zunächst die Projektanforderungen und entwickelt lediglich die Grundkonzeption des Projekts. Mit dieser Projektkonzeption geht der Bauherr an den Markt und erhält primär nach Leistungsfähigkeitsgesichtspunkten, erst sekundär nach Preisge-sichtspunkten, einen CM-Partner. Dieser CM-Partner bekommt zunächst einen Auftrag zur Planung. In dieser Planungsphase soll er sein Realisierungs-Know how einbringen und bereits frühzeitig Ausführungsaspekte berücksichtigen. Häufig arbeitet er hier mit den Architekten und Planern des Bauherrn zusammen und soll durch Konstruktions- und Funktionsoptimierun-gen die Planung entsprechend beeinflussen. Zum Ende der Planungsphase (erste Stufe) gibt der Partner ein Gebot ab. Erreichen die Parteien keine Einigung über das Angebot des Part-ners, wird das Projekt mit den in der ersten Stufe erstellten Unterlagen ausgeschrieben und in den Bieterwettbewerb gegeben, an dem der ursprüngliche Partner oft ebenso teilnehmen darf.

13.5.3 Voraussetzungen für CM

Interessant sind vor allem CM Modelle „at risk". Diese Modelle werden sinnvollerweise mit Partnering Ansätzen und GMP Modellen (s. u.) kombiniert. Damit das Risiko für den CM Partner (und damit für das Gesamtprojekt!) beherrschbar bleibt, sind entsprechende Vertrags-modelle individuell zu konzipieren. Die CM Partner brauchen auf beiden Seiten neben Klarheit der von ihm zu erbringenden Leistungen entsprechendes Know-how und Erfahrung.

CM Modelle sind geeignet für größere Bau-Investitionsprojekte, bei denen die Funktion im Vordergrund steht (Shopping Malls, Bürokomplexe), nicht aber für kleinere Projekte und/oder Projekte, deren Konzeption während der Errichtung erst definiert bzw. maßgeblich modifiziert wird (z. B. Repräsentationsbauten, Museen).

13.6 GMP Garantierter Maximalpreis

13.6.1 Das GMP-Modell

Auf den internationalen Märkten, vor allem in den USA und Großbritannien, ist das Modell des garantierten Maximalpreises oder Guaranteed Maximum Price (GMP) schon lange ein gängiges Wettbewerbs- und Vertragsmodell. In Deutschland wurden derartige Modelle in unterschiedlichsten Variationen ebenfalls angewandt, z. B. beim Neubau Sony-Center Berlin oder bei den Projekten der Bayerischen Immobilien AG.

Die Basis dieses Modells ist schnell erklärt:

Ein GMP-Angebot setzt sich z. B. zusammen aus

- Nachunternehmerkosten
- GMP-Partner-Herstellkosten inkl. seiner Baustelleneinrichtung
- Gemein- und Managementkosten („Overhead")
- Gewinn- und Risikomarge

Nachdem bei Großprojekten zum überwiegenden Teil Nachunternehmer tätig sind, beanspruchen deren Kosten meistens den größten Preisanteil.

Das Modell geht nun davon aus, dass Nachunternehmerkosten im IST, ggf. auch Herstellkosten des GMP-Partners, das ursprüngliche Angebot über- oder unterschreiten können. Für diesen Fall wird ein Mechanismus vorgesehen, der wie folgt funktioniert:

Fall 1:

Die Herstellkosten werden gegenüber der ursprünglichen Vereinbarung im IST überschritten. In diesem Fall würden die Deckungsbeiträge (für Overhead und Gewinn- und Risikomarge), absolut oder in Prozent, und damit die Gesamtkosten den garantierten Maximalpreis überschreiten. Nachdem aber ein Maximalpreis vereinbart ist, muss der GMP-Anbieter diese Differenz selbst tragen.

Fall 2:

Herstellkosten von GMP-Partner und Nachunternehmer liegen unterhalb des Budgets. Dies kann zur Folge haben, dass auch der Deckungsbeitrag einer Reduktion unterworfen ist, sofern dafür eine entsprechende Vereinbarung vorliegt, z. B. Prozentsatz der Herstellkosten. Zwingend ist dies nicht. In jedem Fall liegen aber die Herstellkosten inkl. der Deckungsbeiträge unter den ursprünglich fixierten Herstellkosten. Die Differenz zum garantierten Maximalpreis wird dann in einem vorab vereinbarten Verhältnis zwischen Auftraggeber und Auftragnehmer aufgeteilt.

In der Praxis sind dazu noch folgende Varianten anzutreffen:

- Einbezug von Planungskosten
- Separater Ausweis von Herstellkosten des GMP-Partners
- Ansatz von Risikomargen als eigene Position
- Progressive oder degressive Schemata der Aufteilung von Überschüssen bei Unterschreitung des geplanten GMP

Betrachtet man die GMP-Mechanik isoliert, handelt sich also um ein besonderes Vergütungsmodell.

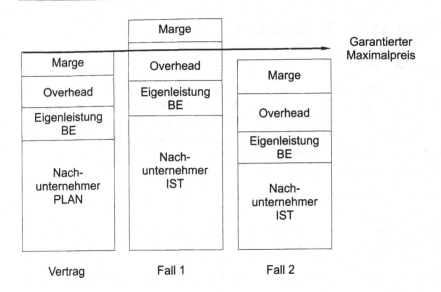

Bild 13.9   Grundsätzliches GMP-Modell

13.6.2 Hintergründe und Motivation für GMP-Vereinbarungen

GMP-Vereinbarungen sind vor allem bei größeren kommerziellen Projekten im Hochbau anzutreffen. Solche Projekte stehen gemeinhin unter hohem *Termindruck*. Sobald die Realisierung entschieden ist, möchte man das Vorhaben möglichst schnell zur Eigennutzung oder zur
Vermietung verwerten. Im Planungs- und Realisierungsablauf verlässt man daher die sequen-
zielle Bearbeitung, wie sie beispielsweise die HOAI vorsieht, wonach erst nach der Ausführungsplanung die Vergabe vorbereitet und getätigt wird. Vielmehr findet die Vorbereitung der
Vergabe und die Vergabe selbst häufig im Entwurfstadium, manchmal sogar im Vorentwurf-
stadium (Leistungsphasen 2 bzw. 3 nach HOAI) statt. Zu diesem Zeitpunkt sind die Voraussetzungen für einen Einheitspreisvertrag, der auf einer weitgehend abgeschlossenen Planung basiert, in der Regel nicht gegeben. Es wird deshalb auf Leistungsbeschreibungen nach Leistungsprogramm oder andere globalisierende Formen der inhaltlichen Vertragsdefinitionen aus-
gewichen.

Bei den *Kosten* wünscht sich der Auftraggeber möglichst niedrige Kosten und gleichzeitig hohe Kostensicherheit, der Auftragnehmer möglichst hohe Margen und geringes Risiko. Niedrige
Kosten und frühzeitige Kostensicherheit sind gemeinhin konkurrierende Ziele. Hohe Kostensicherheit kann dann erreicht werden, wenn der Vertragsinhalt sehr genau, beispielsweise auf
Grund einer soliden Planung, die dann unverändert umgesetzt wird, realisiert wird. Dies verträgt sich jedoch schlecht mit der oben erwähnten Schiene der Terminabwicklung.

Niedrige Kosten können dann erreicht werden, wenn vor – und auch nach der Vergabe der
Ausführungsleistungen – technische, wirtschaftliche und vertragliche Optimierungen möglich
sind. Dies setzt aber vor allem nach Auftragsvergabe komplizierte Mechanismen und Strukturen voraus.

Derzeit werden weit über 50 % der größeren Hochbauvorhaben schlüsselfertig beauftragt. Dies
bedeutet, dass der beauftragte Unternehmer alle Ausführungsleistungen, häufig auch noch Planungsleistungen, zur schlüsselfertigen Funktion des Gebäudes zu erfüllen hat. Die vertragliche

Vergütung wird in der Regel mit einem sog. Global-Pauschalvertrag vereinbart, wonach das Vollständigkeitsrisiko der beauftragten Leistung beim Unternehmer liegt. Eine weitere Tendenz besteht im Rückzug der Baukonzerne auf Managementleistungen, d. h., die eigentliche Herstellung bzw. die Herstellkosten entstehen durch eine Vielzahl von Subunternehmern.

Für den Auftragnehmer bedingt dies ein beträchtliches Risiko:

- Kosten der Vollständigkeit für die schlüsselfertige Leistung durch Kalkulationsfehler und/oder entsprechende Vertragsklauseln
- Unsicherheit über die tatsächlich zu erzielenden Nachunternehmerpreise, weil entsprechende Vergaben erst nach Abschluss des Hauptvertrags möglich sind
- Generelle Pauschalierungsrisiken
- Risiken aus Insolvenzen der Nachunternehmer
- technische Risiken aus den Pauschalierungen

Es bestehen aber auch Risiken für den Auftraggeber durch

- mögliche Lücken im Vertragswerk
- wenig Möglichkeiten der Optimierung nach Auftragsvergabe
- unklare Vergütungssituationen bei Änderungen

Diese Risiken versucht man mit immer komplizierteren Vertragswerken in den Griff zu bekommen, wobei auf Grund der Wettbewerbsituation bis zum Vergabezeitpunkt der Unternehmer marktbedingt in der Regel in der ungünstigeren Position ist. Erst nach Auftragserteilung wird er mit Kräften versuchen, durch günstige Nachunternehmervereinbarungen und Nachträge bei Leistungsänderungen seine Position zu verbessern.

Dies kann für beide Parteien nicht befriedigend sein. Trotz Pauschalierung verbleibt dem Auftraggeber ein hohes Risiko bei Änderungen. Die in der VOB vorgesehenen Mechanismen zur Kompensation greifen mangels eines strukturierten Angebots häufig nicht. Den Auftragnehmer stellen derartige Vereinbarungen nicht nur vor erhebliche Managementprobleme. Zur Sicherung seiner Erträge ist er dem ständigen Kampf mit dem Auftraggeber nahezu verpflichtet.

Bei Vertragsabschlüssen mit einer Global-Pauschale fällt es relativ leicht, in vielen Verhandlungen im Wettbewerb einen Preis zu finden. Viel schwieriger ist es, den Gegenwert, die Leistungen, eindeutig und mit geringem Risiko zu definieren.

Das GMP-Modell entspringt dem Versuch einer fairen Lösung dieses Dilemmas. Einerseits soll mit der Definition eines Maximalpreises, der garantiert wird, eine Kostensicherheit erreicht werden. Andererseits bleiben die Vergütungsmechanismen in einem gewissen Rahmen variabel. Nachunternehmerleistungen, die schließlich bei Vergabe und danach offen gelegt werden müssen, um die Funktion des Modells zu gewährleisten („gläserne Taschen" des GMP Partners), bleiben für beide Teile transparent. Risiken mit Ausnahme von Änderungen durch den Auftraggeber lassen sich in vernünftiger und für den Auftraggeber überschaubarer Form teilen. Auch die Kosten von Änderungen werden durch die vorliegende Transparenz teilweise objektivierbarer.

Der *Auftraggeber* wird GMP-Modelle als Alternative zu Global-Pauschalverträgen sehen. Seine Motivation besteht in der Kostensicherheit durch die Garantie und die Möglichkeit der Teilhabe an den Vergabegewinnen bei Nachunternehmerleistungen. Zweitrangig erscheint hierbei die größere Transparenz bei derartigen Verträgen, weil deren Wahrnehmung für den Auftraggeber mit entsprechendem Aufwand verbunden ist und Auftraggeber sich häufig zutrauen, auch bei Pauschalaufträgen Änderungskosten vertraglich und technisch in den Griff zu bekommen.

Niedrigere Kosten wird der Auftraggeber auch aus einem anderen Effekt erwarten können: typische Deckungsbeiträge außerhalb der Baustellengemeinkosten für Allgemeine Geschäftskosten, Konzernumlage sowie Wagnis und Gewinn liegen bei Schlüsselfertig-Vorhaben erfahrungsgemäß bei mindestens 15 % (bei Einbezug von sog. Vergabegewinnen). Solche Größenordnungen sind als Deckungsbeitrag bei GMP-Verträgen so zumindest derzeit auf dem Markt für Großprojekte in Deutschland nicht realisierbar – erwarten kann man hier 11-15 % bei einem erweiterten Leistungsspektrum [15]. Auch bei Ansatz von Risikomargen, auf die letztlich auch der Auftraggeber zurückgreifen kann, wird er im Endeffekt geringere Zuschläge als bei einem regulären Global-Pauschalvertrag erwarten können.

Zunächst stellt die Garantie für den GMP-*Auftragnehmer* ein gewisses Risiko dar. Dieses Risiko wird er mit seinem Management beherrschen müssen. Gleichzeitig bietet sich ihm die Chance, bei geschickter Abwicklung einen Teil der Früchte hieraus zu ernten.

Im Vordergrund aber wird er die Beschränkung des Wettbewerbs sehen. Nur wenige Anbieter sind in der Lage, GMP-Risiken zu übernehmen und zu beherrschen. Folglich reduziert sich der Kreis der Anbieter erheblich. In den Vertragsverhandlungen kann außerdem der angebotene GMP strukturiert erläutert werden. Mit der Strukturierung entfällt ein reines „Feilschen" um einen zu beauftragenden Pauschalpreis.

Das Risiko von Änderungen wird der Auftragnehmer ähnlich sehen wie bei Pauschalverträgen. Nach dem deutschen Rechtshintergrund ist auch ein GMP-Vertrag kein Freibrief für Änderungen durch den Auftraggeber. Von ihm zu vertretende Veränderungen des Leistungsziels werden immer mehr zu Vergütungsforderungen führen, die nicht mit der Preisgarantie abgedeckt sind.

13.6.3 Anwendung von GMP Vereinbarungen

Nach den gesetzlichen Rahmenbedingungen in Deutschland stellt also ein GMP-Vertrag ohne weitere Regularien der Abwicklung einen Global-Pauschalvertrag mit besonderer Vergütungsregel dar. Der Motivation der Kostensicherheit des Auftraggebers wird damit nur in engen Grenzen entsprochen, weil jede Änderung zum Vertragsgegenstand in der Regel auch eine Änderung der Vergütung zur Folge hat. Die Kostenminimierung bleibt dadurch – und durch den unvermeidlichen Ansatz einer Risikomarge auf Auftragnehmerseite, sei es offen oder im Angebot der Nachunternehmerleistungen – fraglich. Für den Auftragnehmer werden erhöhte Anforderungen an sein Projektmanagement gestellt, ohne dass er an dessen Erfolgen im vollen Umfang partizipieren kann.

Damit macht ein GMP-Modell als reine Vergütungsregelung wenig Sinn. Anstelle einer Win-Win-Situation, bei der beide Partner bei erfolgreicher Projektabwicklung profitieren, bleibt ein Spannungsfeld widersprüchlicher Interessen mit großen Risiken der Leistungsvergabe im Wettbewerb und der Kostensicherheit für beide Partner.

Damit werden GMP Vereinbarungen in der Regel mit Construction Management unter Einbezug von Partnering Ansätzen getroffen. Die Preisbildung findet dabei in zwei Stufen statt (vgl. Bild 13.8).

In der ersten Phase (Optimierungsphase) erhält der Auftragnehmer für seine Beratungs- und Optimierungsbemühungen eine Pauschalvergütung, die zunächst kostenerhöhend wirkt, weil der Auftraggeber diese zusätzlich zu den von ihm eingeschalteten Planern vergüten muss. Nachdem aber in dieser Phase lediglich Personalkosten anfielen und zudem die Pauschale verhandelbar ist, hält sich diese Ausgabe in Grenzen.

Am Ende dieser Phase wird der Auftragnehmer einen GMP anbieten, wobei das Wort „Garantie"
nach einhelliger Meinung der Fachleute einen Etikettenschwindel darstellt, weil sich Erweiterungen der Leistung nach Vertragsabschluss mit Sicherheit auch auf den Preis durchschlagen werden.

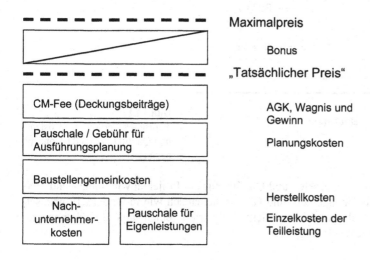

Bild 13.10   Beispiel für die Zusammensetzung eines GMP-Preises nach [16]

Aus persönlichen Beobachtungen des Verfassers ist nicht erwiesen, ob gerade in der heutigen
Marktsituation, Construction Management tatsächlich zu niedrigeren Preisen als bei der klassischen GU-Vergabe geführt hat. Belastbare derartige Vergleiche existieren nicht (Verschiedenartigkeit der Projekte, andere Leistungszeiträume, andersartig geprägte Umstände). Mit Sicherheit jedoch führt Construction Management nach den Erfahrungen der letzen Jahre zu rea-
listischeren Preisen. Klassisches Claim-Management fand in den größeren Bauvorhaben, die
dem Verfasser bekannt sind, bisher nur eingeschränkt statt. Die vertraglich vereinbarten Preise
wurden im erstaunlichen Maße gehalten, Optimierungsgewinne waren vorhanden.

Die Entwicklung von Kosten und Qualität für den typischen Bauprozess bei GU-Vergabe mit
Pauschalpreis lässt sich wie folgt darstellen:

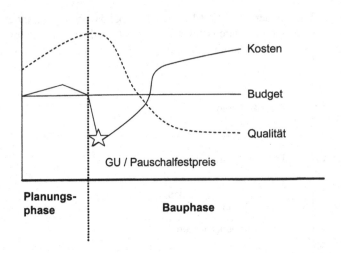

Bild 13.11
Typischer Verlauf von Kosten
und Qualität beim GU-Konzept
nach [19]

Demgegenüber ist der Verlauf von Kosten und Qualität für ein Projektabwicklungs- und Vertragsmodell mit Construction Management und GMP schematisch wie in Bild 13.12 anzusetzen (der Knick in der Kurve während der Realisierung illustriert gemeinsame Bemühungen zur Kostensenkung während der Realisierung)

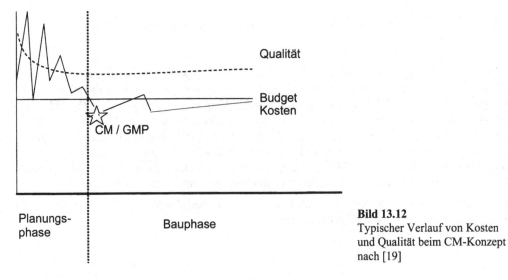

Bild 13.12
Typischer Verlauf von Kosten
und Qualität beim CM-Konzept
nach [19]

Auf die Unterscheidung von Construction Management und Design and Construction Management wurde hier verzichtet, da Construction Management Verträge in der Regel immer ein Planungselement beinhalten.

13.6.4 Schlüsselfaktoren für den Erfolg, Vor- und Nachteile

GMP-Modelle sind unbedingt mit geeigneten Abwicklungsformen zu kombinieren. Sie bieten folgende Vorteile (vgl. auch [15]):

– Transparenz von Kosten und Entscheidungsprozessen
– kleine Projektteams auf Bauherrnseite

- frühzeitige Einbringung des Know-hows aller Partner
- frühzeitige Kosten- und Terminsicherheit für den Bauherrn
- größere Einflussmöglichkeit auf Termine und Kosten
- kurze Projektabwicklungszeiten
- frühzeitige Verzahnung von Planung und Ausführung
- Partnering-Ansätze („Kooperation")

Als nachteilig kann man folgende Punkte zusammenfassen:
- eingeschränkter Wettbewerb bei den meisten GMP-Bestimmungsmethoden
- beschränkte Anzahl an kompetenten Bietern für CM-Leistungen
- nicht für alle Auftraggeber geeignet
- nicht für alle Projekte geeignet
- geringes Kostensenkungspotenzial im normalen Wohn- und Gewerbebau kleineren bis mittleren Umfangs

Für die typischen Einmalbauherren oder Bauträger, die in doloser Absicht Knebelverträge mit Generalunternehmern abschließen, sind GMP-Verträge nicht geeignet. Auf Auftraggeberseite setzen GMP- und CM-Modelle hohe Fachkompetenz in technischer, kaufmännischer und juristischer Hinsicht voraus. Sie müssen Erfahrung in der Abwicklung vergleichbarer Projekte haben und von Anfang an Kooperationsbereitschaft zeigen.

Erfahrung mit alternativen Vertragsmodellen sind auf Auftragnehmerseite ebenso gefragt wie Erfahrung im Projektmanagement. Planungs- und Ausführungskompetenz im zu beauftragenden Marktsegment, z. B. Hotels, Freizeitparks, Gewerbehochbauten, etc. versteht sich von selbst, weil ansonsten keine Optimierungserfolge zu erwarten sind.

13.7 Fazit

Seit Beginn der 90er Jahre des letzten Jahrhunderts werden gesamtheitliche Ansätze im Projektmanagement gefordert, die im Bauwesen erst jüngst Eingang in Forschung und Lehre gefunden haben. Auch dieses Buch veranschaulicht im Wesentlichen die gängigen Vorgehensweisen und Techniken.

Nachdem technologische Innovationen die komplexen Aufgaben des Bauens in Zusammenhang mit einer angespannten Marktsituation alleine nicht lösen konnten, hat man schon längst die Bedeutung von Management Ansätzen erkannt. Mit eigenen Erfahrungen und mit Blick auf den internationalen Markt haben sich bei Nachfragern und Anbietern neue Konzepte entwickelt, die auch hier sicher nicht abschließend behandelt wurden. PPP, CM und GMP Modelle sind neue Ansätze zur besseren Ausschöpfung der Marktvolumina und zur Bewältigung der vielfältigen Aufgaben des Bauens. Es zeigt sich aber vor allem mit Partnering Modellen, dass analytische Instrumente zur Aufgabenbewältigung nicht ausreichen. Schon bei CM Modellen verbleibt die Grauzone der „guten Absicht". Bei Partnering Modellen wird noch klarer, dass vertragliche Vereinbarungen zu Handlungsweisen ohne den Kooperationswillen der Parteien nur bedingt greifen.

Immerhin sind damit Ansätze für eine verbesserte Kultur im Bauwesen gegeben. Nur mit einer solchen können auch in engen Märkten für alle Beteiligten effiziente Projektrealisierungen vonstatten gehen. Es bleibt zu hoffen, dass sich damit auch eine neue Ethik der Vertragsparteien über reine Hülsen des Ethik-Managements hinaus durchsetzt, von der die Projekt*partner* – die ja in der Realisierung des Projekts ein gemeinsames Interesse haben (sollten) – entsprechend profitieren.

Quellenangaben zu Kapitel 13

[1]   Jacob, D, Kochendörfer, B.: Effizienzgewinne bei privatwirtschaftlicher Realisierung von Investitionsvorhaben, 3. Europäisches Symposium, Berlin, 2002

[2]   Urteil des BGH vom 23.05.1996 = BGHZ 133, 44, 47 und Urteil des BGH vom 28.10.1999, BauR 2000, 409ff

[3]   Latham, M.: Constructing a Team, Final Report, Department of the Environment, London 1994

[4]   Gralla, M.: Garantierter Maximalpreis, B.G. Teubner Verlag, Wiesbaden 2001

[5]   Bennett, J./Jayes, S: Trusting the Team – The Best Practice Guide to Partnering in Construction, Reading Construction Forum, Centre for Strategic Studies in Construction, Reading 1995

[6]   Gerhard, J. A.: Effizienzgewinne bei PPP-Verkehrsinfrastrukturprojekten und volkswirtschaftlicher Nutzen – ein Widerspruch?, unveröffentlichte Diplomarbeit am Lehrstuhl für Tunnelbau und Baubetriebslehre an der TU München, 2003

[7]   Kumlehn, F.: Auschreibungs- und Vergabemodell für private Vorfinanzierungs- und PPP-Projekte, IBB, TU Braunschweig, 2001

[8]   Unterarbeitsgruppe 2.5 der Initiative 21: Prozessleitfaden Public Private Partnership, www.initiatived21.de/, Berlin, 2003

[9]   o. V.: Der Staat setzt auf Private, Finanzreport 01/2002, Düsseldorf, 2002

[10] Beratergruppe „PPP im öffentlichen Hochbau" Gutachten PPP im öffentlichen Hochbau, http://www.bmvbw.de/Bauwesen-.346.htm Berlin/ Frankfurt / Berlin, 2003

[11] Mayer, P.E.: PPP Public-Private-Partnership Modelle für Bauprojekte in „Projekte erfolgreich managen" Lose-Blatt-Sammlung, Köln, 2004

[12] Küspert, G.: Dienstleistungsmodelle zur Dynamisierung der Bauwirtschaft, Vortrag TU München, 2003

[13] Alfen, H.W., PPP Entwicklung in Deutschland und aktueller Stand, Seminarunterlagen Weimar, 2003

[14] Bay. Staatsministerium des Inneren: Hinweise zur Planung, Finanzierung und Organisation kommunaler Einrichtungen unter besonderer Berücksichtigung der Einsatzes von Fremdkapital, Bekanntmachung vom 11.12.1991 Nr. I B 3-3036-17/3

[15] Richter, Th., Treml, R.:, Construction Management und GMP aus Auftraggebersicht, Tagungsunterlagen Arcon Rechtsanwälte, München, 2003

[16] Mayer, P. E., Richter, Th.: Skriptum Planung und Organisation von Bauprojekten für die ebs, München, 2003/2004

[17] John Hughes D'Aeth: Construction Management – The UK Experience, Tagungsunterlagen Arcon Rechtsanwälte, München, 2003

[18] Kochendörfer, B., Liebchen, J.: Bau-Projekt-Management, B.G. Teubner Verlag, Wiesbaden, 2001

[19] Büllesbach, J., Kortyka, C.: Neue Projektabwicklungs- und Vertragsformen in der Praxis, Bauingenieur Band 77, Düsseldorf, 2002

Sachwortverzeichnis

Weitere Titel aus dem Programm

Weglage, Andreas / Gramlich, Thomas /
Pauls, Bernd / Pauls, Stefan /
Schmelich, Ralf / Pawliczek, Iris
**Energieausweis – Das große
Kompendium**
Grundlagen - Erstellung - Haftung
Weglage, Andreas (Hrsg.)
2., akt. Aufl. 2008. XIV, 499 S.
Geb. EUR 49,90
ISBN 978-3-8348-0443-3

Lübbe, Eva
Klausurtraining Bauphysik
Prüfungsfragen mit Antworten
zur Bauphysik
4., überarb. u. akt. Aufl. 2008.
XXXXVIII, 272 S. mit 81 Abb. u. 40
Tab. Br. EUR 24,90
ISBN 978-3-8348-0593-5

Willems, Wolfgang M. / Dinter, Simone /
Schild, Kai
Vieweg Handbuch Bauphysik Teil 1
Wärme- und Feuchteschutz,
Behaglichkeit, Lüftung
2006. XX, 636 S. mit 246 Abb. u.
223 Tab. Geb. EUR 49,90
ISBN 978-3-528-03982-0

Willems, Wolfgang M. / Schild, Kai /
Dinter, Simone
Vieweg Handbuch Bauphysik Teil 2
Schall- und Brandschutz,
Fachwörterglossar deutsch-englisch,
englisch-deutsch
2006. XVI, 556 S. mit 84 Abb. u.
209 Tab. Geb. EUR 49,90
ISBN 978-3-8348-0188-3

Lohmeyer, Gottfried C. O. / Post,
Matthias / Bergmann, Heinz
Praktische Bauphysik
Eine Einführung mit
Berechnungsbeispielen
6., überarb. u. erw. Aufl. 2008.
XVII, 811 S. mit 293 Abb., 300 Tab. u.
323 Beisp. Geb. EUR 49,90
ISBN 978-3-8351-0182-1

Richter, Ekkehard / Fischer,
Heinz-Martin / Jenisch, Richard /
Klopfer, Heinz / Freymuth, Hanns /
Petzold, Karl / Stohrer, Martin /
Häupl, Peter / Homann, Martin
Lehrbuch der Bauphysik
Schall - Wärme - Feuchte - Licht -
Brand - Klima
6., vollst. überarb. Aufl. 2008. XXI,
731 S. mit 580 Abb. u. 160 Tab.
Geb. EUR 49,90
ISBN 978-3-519-55014-3

**VIEWEG+
TEUBNER**

Abraham-Lincoln-Straße 46
65189 Wiesbaden
Fax 0611.7878-400
www.viewegteubner.de

Stand Januar 2009.
Änderungen vorbehalten.
Erhältlich im Buchhandel oder im Verlag.

Studieren mit Vieweg + Teubner

Beer, Klaus
Bewehren nach DIN 1045-1
Tabellen und Beispiele für Bauzeichner
und Konstrukteure
2., akt. Aufl. 2009. V, 225 S. Br.
EUR 29,90
ISBN 978-3-8348-0585-0

Gruber, Franz Josef / Joeckel, Rainer
Formelsammlung für das
Vermessungswesen
14., akt. Aufl. 2008. XIII, 182 S.
mit 205 Abb. Br. EUR 19,90
ISBN 978-3-8348-0588-1

Colling, François
Holzbau - Beispiele
Musterlösungen, Formelsammlung,
Bemessungstabellen
2., überarb. Aufl. 2008. VII, 226 S. Br.
EUR 17,90
ISBN 978-3-8348-0258-3

Colling, François
Holzbau
Grundlagen, Bemessungshilfen
2004. XVIII, 302 S. Br. EUR 32,90
ISBN 978-3-528-02569-4

Bindseil, Peter
Massivbau
Bemessung und Konstruktion im
Stahlbetonbau mit Beispielen
4., akt. Aufl. 2008. XV, 571 S. mit 511
Abb. u. 43 Tab. Br. EUR 29,90
ISBN 978-3-8348-0148-7

Gertis, Karl / Mehra, Schew-Ram /
Veres, Eva / Kießl, Kurt
Bauphysikalische
Aufgabensammlung mit Lösungen
Wärme - Feuchte - Schall - Brand -
Tageslicht - Stadtbauphysik
4., überarb. Aufl. 2008. XVII, 512 S. mit
252 Abb. u. 31 Tab., 240 Verständnisfr.,
120 Aufg., 22 Arbeitsbl., 5 Datenbl.
u. 9 Merkbl. Br. EUR 34,90
ISBN 978-3-8348-0582-9

VIEWEG+
TEUBNER

Abraham-Lincoln-Straße 46
65189 Wiesbaden
Fax 0611.7878-400
www.viewegteubner.de

Stand Januar 2009.
Änderungen vorbehalten.
Erhältlich im Buchhandel oder im Verlag.